无机化学

（第2版）

主编　曹凤岐

东南大学出版社
南　京

内容提要

本书主要介绍物质的宏观性质、微观结构、宏观性质与微观结构的应用，注重理论与实践的联系，重视无机化学在生物学、药学、医学中的应用。

本书共13章，内容包括：绪论、溶液、化学反应中的能量变化、化学反应速率与化学平衡、酸碱平衡与沉淀平衡、原子结构、分子结构与晶体结构、氧化还原反应、配位化合物、p区元素、s区元素、d区和ds区元素、无机化学实验及第2章至第9章的习题、检测题参考答案。

本书可作为高等医药院校生物学、药学、医学等专业的专科教材，也可供相关科研人员参考使用。

图书在版编目(CIP)数据

无机化学/曹凤歧主编．—2版．—南京：东南大学出版社，2010.1（2018.3重印）
ISBN 978-7-5641-1941-6

Ⅰ．无…　Ⅱ．曹…　Ⅲ．无机化学－高等学校－教材
Ⅳ．061

中国版本图书馆CIP数据核字(2009)第209699号

东南大学出版社出版发行
（南京四牌楼2号　邮编210096）
出版人：江建中
江苏省新华书店经销　　江苏扬中印刷有限公司
开本：787mm×1092mm　1/16　印张：20　字数：511千字
2010年1月第2版　2018年3月第10次印刷
印数：55001－58000　定价：40.00元
（凡因印装质量问题，可直接向读者服务部调换。电话：025－83792328）

第二版前言

《无机化学》教材第一版2003年由东南大学出版社出版以来，受到国内许多兄弟院校化学教师的重视，被全国众多兄弟院校师生使用，在使用的过程中，他们发现的不妥之处以及改进的意见等，均以通信的方式或在有关的教学研讨会上与编者进行了广泛的交流、探讨。在此，对关心本教材和提出宝贵意见的老师和学生，表示由衷的感谢！

本次修订的原则是：全书内容及编排体系基本不变，主要对一版中的不妥和错误之处进行修订，考虑到21世纪化学科学与药学科学的发展及学生综合素质不断提高的要求，增加了“绪论”一章内容，适当增加了化学与药学的相互渗透知识。

参加本书二版修订工作的有王越、陈亚东、何海军、陆军农、黎红梅、熊晔蓉、刘静、陈颂仪、曹凤岐，主编曹凤岐。

在本书的二版修订过程中，我们仍然力图全书体现内容的基础性及强调实践能力的提高，但由于编者的水平有限，书中仍有欠妥甚至错误之处，恳请同行专家及广大读者批评指正。

曹凤岐

2009年9月

前　言

更新教育思想，转变教育观念，培养高素质人才以适应21世纪药学教育的发展是成人高等药学教育的根本目的。无机化学是药学及相关学科高等教育的一门主干基础课，对学生的知识结构、能力培养起着极其重要的作用。教材是教学的基础，为了适应药学成人高等教育的发展需要，我们在成人高等教育多年教学实践的基础上，编写了这本《无机化学》教材。

本书在内容的选择上力图体现内容的基础性及强调实践能力的提高。内容包括无机化学教学大纲、无机化学教学日历、无机化学理论、无机化学实验及附录。无机化学理论部分包括溶液、化学反应中的能量变化、化学反应速率与化学平衡、酸碱平衡与沉淀平衡、原子结构、分子结构与晶体结构、氧化还原反应、配位化合物、p区元素、s区元素、d区和ds区元素共十一章及2至9章的习题、检测题参考答案。无机化学实验包括8个基础无机化学实验。附录包括无机化学的一些常用数据。学生应按教学进度、教学大纲的要求完成学习任务。

本书在编写过程中得到中国药科大学许多专家、教授的支持和帮助，对此编者深表谢意。

参加本书编写工作的有王越、李嘉宾、陈亚东、何海军、陆军农、黎红梅、熊晔蓉、刘静、陈颂仪、曹凤岐。

尽管编者在教材的编写过程中力图做到选材恰当，既要体现基础性、实践性，又要体现基础课教材便于教学的特点，但由于编者的水平有限，书中定有欠妥甚至错误之处，恳请同行专家及读者批评指正。

曹凤岐

2003年4月

目　录

无机化学教学大纲

无机化学是研究无机化合物的结构、性质及其应用的一门化学分支学科。无机化学既是其他化学学科的基础，又是药学学科的基础。无机化学包括无机化学理论课内容和实验课内容。无机化学理论课内容包括物质的微观结构、物质的宏观性质及微观结构与宏观性质在无机化合物中的应用三部分。原子结构、分子结构与晶体结构、配合物结构属于微观结构范畴，化学热力学、化学动力学、化学反应速率、化学平衡、酸碱平衡与沉淀平衡、氧化还原反应属于宏观性质范畴，p 区元素、s 区元素、d 区和 ds 区元素属于应用范畴。无机化学实验包括 8 个无机化学实验。

无机化学是一门自然科学，学习无机化学，必须以自然辩证法为指导，树立唯物观、科学观，反对唯心观、形而上学。通过无机化学的学习，应该掌握无机化学的基本知识、无机化学实验的基本操作，并能将其灵活应用于实践。

学时计划：理论课面授学时：36 学时　　理论课自学学时：144 学时

理论课考试学时：2 学时　　实验课学时：18 学时

1　无机化学理论

第 2 章　溶液

1. 掌握溶液的概念(真溶液、气体溶液、固体溶液)。

2. 掌握溶液浓度的概念：物质的量的浓度、摩尔分数、质量摩尔浓度。

3. 熟练掌握各种不同浓度之间的换算。

4. 掌握稀溶液的依数性(通性)，了解 Raoult 定律的适用范围，掌握依数性的定性规律及依数性的定量计算。

第 3 章　化学反应中的能量变化

1. 了解热力学的常用术语：体系、体系分类、环境、状态、状态函数、状态方程、过程和途径。

2. 了解状态函数的特点及分类。

3. 掌握热力学第一定律 $\Delta U=Q-W$ 的计算，了解热力学第一定律的适用范围。

4. 掌握内能(U)、焓(H)的物理意义及其一般化学变化过程 ΔU、ΔH 的计算，了解 ΔU 与 Q_V、ΔH 与 Q_p 的关系。

5. 掌握熵(S)的物理意义，了解熵的一般规律，掌握化学反应熵变的计算。

6. 了解吉布斯函数的物理意义，基本掌握化学反应 ΔG 的计算，能利用 ΔG 判断化学反应的方向。

第 4 章　化学反应速率与化学平衡

1. 了解化学反应速率的表示方法、平均速率与瞬时速率的概念。

2. 了解化学反应速率方程的表达、反应速率常数、反应级数的概念。

3. 了解反应级数与反应分子数的区别与联系。

4. 掌握质量作用定律，熟练掌握基元反应、复杂反应的概念。

5. 了解温度、浓度、压力、催化剂对化学反应速率的影响。

6. 掌握平衡常数 K 的物理意义及其表述方法。

7. 熟练掌握利用平衡常数 K 计算转化率(α)、平衡时有关组分的浓度。

8. 了解影响化学平衡的因素(浓度、温度、压力)。

第 5 章　酸碱平衡与沉淀平衡

1. 掌握酸碱质子理论,一般了解酸碱电子理论。

2. 掌握溶液酸、碱性的表述方法,溶液的酸、碱性与 pH 的关系。

3. 掌握一元弱酸、弱碱和多元弱酸、弱碱的概念,熟练掌握一元弱酸、弱碱溶液 pH 的计算方法,一般了解多元弱酸、弱碱溶液 pH 的计算方法。

4. 一般了解(定性)利用酸、碱质子理论分析盐的水解的本质,了解盐的水解与溶液的酸、碱性的关系。

5. 掌握缓冲溶液的概念、组成、pH 的计算,了解缓冲溶液的应用。

6. 掌握溶度积的概念及利用溶度积计算难溶性盐的溶解度,了解沉淀的生成、溶解和转化。

第 6 章　原子结构

1. 了解 H 原子光谱及波尔氢原子模型,了解微观粒子的运动属性(波粒二象性、测不准关系、Schrödinger 方程)。

2. 掌握四个量子数(n、l、m、m_s)的物理意义及取值范围,了解波函数、原子轨道、电子云的概念。

3. 了解原子轨道的角度分布图、电子云的径向分布函数图。

4. 掌握简并轨道、Pauling 能级组及能级图。

5. 了解屏蔽效应与钻穿效应。

6. 一般了解核外电子构型与周期、族、区的关系,了解价层电子构型、核外电子构型、最外层电子构型、最高能级组的概念。

7. 了解电离能、电子亲和能、电负性、原子半径的概念。

第 7 章　分子结构与晶体结构

1. 了解离子键的形成、本质、强度(晶格能 U),一般了解离子的特征(离子半径、离子电荷、离子电子构型),掌握离子键的特点。

2. 熟悉共价键的本质(量子力学对 H_2 的处理),掌握价键理论的要点。共价键的类型(σ 键、π 键)及共价键的特点。

3. 掌握杂化轨道理论的要点、杂化类型(sp、sp^2、sp^3、sp^3d、sp^3d^2)与分子的空间构型的关系,掌握 H_2O、NH_3 的不等性杂化。了解电子对构型与分子构型的区别和联系。

4. 掌握价层电子对互斥理论的要点。

5. 一般了解价键理论、杂化轨道理论、价层电子对互斥理论的综合应用。

6. 了解键的极性(键矩)、分子的极性(偶极矩),掌握分子的极性与分子间作用力的关系。

7. 了解氢键的本质、类型。

8. 一般了解晶体的分类(原子晶体、分子晶体、离子晶体、金属晶体),各类晶体的特征。

第 8 章　氧化还原反应

1. 熟练掌握氧化数法、离子—电子法对氧化还原反应方程式的配平,了解氧化数的概念,掌握化合物中元素氧化数的确定方法。

2. 一般了解电极电势的产生机理,掌握标准电极电势的概念。

3. 掌握标准电极电势的应用,判断氧化剂、还原剂的相对强弱,判断在标准态时氧化还原反应进行的方向，利用标准电极电势计算平衡常数(K)，掌握标准态时电池电动势$E^{\ominus}_{电池}$的计算方法。

4. 了解 Nernst 方程，非标准态时是电池电动势$E_{电池}$的计算方法，了解影响电极电势的因素(浓度、温度、压力、酸碱性等)。

第 9 章　配位化合物

1. 了解配合物的定义，掌握配合物的组成、命名，了解配体的分类(简单配体、多齿配体)、配合物的分类(简单配合物、螯合物)。

2. 掌握配合物价键理论的要点，并能用价键理论解释配离子的空间构型。

3. 了解外轨型、内轨型配合物，了解配合物的磁性，一般了解高自旋与低自旋配合物。

4. 掌握配位平衡中平衡常数($K_{稳}$)的物理意义，并能用$K_{稳}$ 或$K_{不稳}$计算溶液有关组分的平衡浓度。

5. 了解酸碱平衡、沉淀平衡、氧化还原平衡对配位平衡的影响。

第 10 章　p 区元素

1. 熟悉卤素的氧化性、还原性、稳定性、酸性变化规律，了解卤素含氧酸的氧化性、酸性和稳定性，了解卤素及卤化物的一些重要性质。

2. 了解氧、硫的通性，掌握过氧化氢(H_2O_2)的化学性质，熟练掌握硫、硫化物、硫的含氧酸及其盐的重要化学性质。

3. 熟悉氮、磷单质结构与性质的关系，掌握亚硝酸及其盐的氧化还原性、硝酸的氧化性，了解硝酸盐的热分解规律，熟悉磷酸的弱酸性、磷酸盐的溶解性及酸碱性，熟悉砷、锑、铋的氧化物、含氧酸及硫化物性质。

4. 掌握碳的单质、碳酸、碳酸盐的结构与性质，了解硅酸及硅酸盐的结构与性质，了解硼的缺电子的结构特征、硼酸及硼砂的结构与性质。

5. 熟悉铝、锡、铅单质的性质，熟悉铝、锡、铅氧化物及其氢氧化物的两性，熟悉锡盐、铅盐的氧化还原性。

第 11 章　s 区元素

1. 了解氢分子的形成和相对稳定性。

2. 了解单质金属的活泼性、氢氧化物的碱性、盐的溶解性。

第 12 章　d 区和 ds 区元素

1. 掌握 d 区和 ds 区元素的价层电子构型的特点及其与性质的关系。

2. 掌握 Cr、Mn、Fe、Co、Ni、Pt、Cu、Ag、Zn、Hg 的化合物的性质。

3. 了解 d 区、ds 区元素的一些无机药物的性质。

2　无机化学实验

实验一　酸碱滴定

实验二　化学反应速率

实验三　药用氯化钠的制备、性质及杂质限度检查

实验四　硫酸亚铁铵的制备

实验五　铜、银、锌、镉、汞

实验六　氧、硫

实验七　配合物

实验八　葡萄糖酸锌 $Zn(C_6H_{11}O_7)_2 \cdot 3H_2O$ 的制备

1 绪论

世界由物质所组成，物质处于永恒的变化(运动)之中。物质的变化包含物理变化和化学变化。自然科学是以认识自然规律为目的的科学，其包括物理学、化学、生命科学、天文学、地质学等分支。自然界所有变化都是物质变化以及与它有关的能量变化二者的表现。自然科学的各个分支从不同角度研究这些变化的规律以及产生这些变化的物质基础和能量基础。

化学是研究物质的组成、结构、性质及其变化规律的一门科学。化学科学的发展在人类日常生活的各个方面都发挥着重要的作用，甚至与人类的文明进程息息相关。

从古代开始人们就有与化学相关的生产实践活动，如制陶、金属冶炼、火药的应用，等等。当今社会，化学更是与人们的衣食住行密切相关。当前世界范围内，人们最关心的几个重大问题，如环境保护、能源开发利用、功能材料研究和生命现象奥秘的探索等都与化学紧密相关。

1.1 化学的出现与化学的分类

化学来源于两个方面。首先，它来源于传统技艺，如冶金、酿酒、鞣革及印染等。这是从实践上了解物质的行为。其次，它可以追溯到古希腊的哲学家对有关物质本性的问题的认识。

冶金学——制取及使用金属的科学和工艺——是传统技艺发展化学知识的一个重要方面。在没有能够解释冶炼操作和指导其进展的任何理论基础的情形下，这项技艺经过了长时间的发展，并且达到相当高级的程度。进展主要是通过反复摸索试验以及通过偶然发现而取得的。早期发现金属活泼性的顺序，绝大部分是按照从矿石中取得金属的难易程度而排列的。矿石是指作为金属来源而开采的混合物。金是最早应用的金属之一，因为它在自然界存在未化合的金属单质，例如块金，直到大约公元前 3 500 年，储量较丰富的铜还没有得到应用，此后才发现了从铜矿石获取铜的方法。这个发现无疑是偶然的，那可能是当某些铜矿石被投入煤火中时发生的。将铜矿石与炭一起加热，可以得到金属铜。直到大约公元前 1 500 年，获取铁的方法还没有发展起来，虽然自然界铁比铜丰富得多。

希腊人亚里士多德(Aristotle)及柏拉图(Plato)曾提出全部自然界是由四种元素——火、土、空气、水组成。例如，一段没干的木材能够燃烧，产生烟(空气)与火焰(火)，余下灰烬(土)，也许甚至会在瞬间有树液(水)出现。通过突出元素的基本属性，四元素的观点得到了发展。这些属性是冷、热、干和湿。在它的理想形式，每一元素具有两个相关的属性。例如，干和冷产生土，水是湿而冷的元素。希腊人相信，一种元素可以由于改变其属性而变成任何其他元素。例如，以干的属性取代湿的属性，可使水变成土。这一概念以及与之相联系的推理持续了一千年以上，影响了整个中世纪的思想。但到达中世纪时，元素和与之相联系的属性的数目已经增长。炼丹士们在这个推理的范围内考虑问题，因而企图把普通的金属变成金子。他们的尝试是根据这种观点，即对这些金属添加必需的“贵”品质或属性，便可能使它们“成长”为金子。在为了引起这种变化而进行的徒劳无益的尝试中，炼丹士们发现了新的化学药品并发展了使用它们的新方法。希腊人的元素观点在中世纪得到进一步发展，产生了可燃材料具有燃烧属性的看法。与这个属性相联系的元素，根据火的希腊语，叫做燃素。这时，物质的基本属性的观点与元素的观点变得相当混淆。燃素的概念曾被用来说明许多观察到的事物。人们曾相信，只有当物体含有燃素时才能燃烧。燃素从一物体逸走之后，此物体就不再是可燃的了。

1772 年，拉瓦锡(Lavoisier)开始进行燃烧的实验，抛弃了燃素论。他提出，一个物体燃烧时，氧离开空气，并结合到燃烧的物体中。根据这个观点，煤(含有碳)的燃烧是氧与碳之间的反应。这个反应的生成物是叫做二氧化碳的气体物质。这个反应可归纳成

$$\text{碳}+\text{氧}\longrightarrow\text{二氧化碳}$$

其中箭头可读成“生成”或“产生”。由于不考虑燃素能够更好地理解燃烧，燃素论便慢慢消失了。今天，我们把燃烧定义为伴随有发热和发光的快速反应。我们还发现，正如拉瓦锡所提出的，绝大多数常见的燃烧反应实际上的确与氧有关。

通常都把拉瓦锡看做是现代化学之父，因为他信赖仔细控制的实验，并且不仅进行定性观察而且采用定量测定。在他的研究中，拉瓦锡还放弃了这样一个古代观点，即如果一个材料含有某一特定元素，它就必须具有那种元素的属性。他采纳波义耳(Boyle)于 1661 年提出的“元素是基本物质，所有其他物质都可以由元素构成，而所有其他物质也可以分解成这些基本物质”这一具有重要意义的观点。

从此，化学不再被看成是以实用为目的的技艺，被明确地确定为科学。

中国的化学家、哲学家也为化学的发展作出了重要贡献。在中古时代，中国就能制造精致的医药器具，例如，铜滤药器、铜药勺、银灌药器等。在《本草纲目》中记载的无机药物就有 266 种，并且出现了一些较为复杂的人工合成的无机药物，如轻粉(Hg_2Cl_2)、黄矾[可能是 $Fe_2(SO_4)_3$]等。关于轻粉，本草纲目中有如下记载：“升炼轻粉法：用水银一两，白矾二两，食盐一两，同研，不见星。铺于器内，以小乌盆覆之。筛灶灰，盐水和，封固盆口，以炭打二炷香。取开，则粉升于盆上矣。其白如雪，轻盈可爱。一两水银可升粉八钱”。这是个卓越的无机合成反应，用现代的观点加以分析，上述过程可用下列反应式表示：

$$12Hg+4KAl(SO_4)_2+12NaCl+3O_2=2K_2SO_4+6Na_2SO_4+2Al_2O_3+6Hg_2Cl_2$$

如此复杂的反应，在当时能实现，必是经过长期实验的结果。

人类在长期实践过程中产生了对化学物质分类的要求，17 世纪化学成为科学，才逐渐形成了化学本身的分类。自从波义耳提出“定性检出极限”的概念后，分析检验化学物质由重视物理性质发展到重视化学性质，形成了初步的定性分析，为近代分析化学做了准备。18 世纪中期发展出定量分析。18 世纪后期，欧洲的采矿、冶金、机械等工业迅速发展，要求以矿物、岩石和金属等为主要对象进行化学分析。1829 年，德国化学家制定了系统定性分析法，从此分析化学成为系统的科学知识。

18 世纪末是区分无机化合物和有机化合物的最早开端。这时有人把酸区分为矿物酸、植物酸和动物酸三类。说明当时有了矿物化学、植物化学和动物化学的区别。当后来发现植物界与动物界存在某些相同的化合物时，认识到植物与动物的化学没有原则区别，于是化学分为无机化学和有机化学的见解得到广泛承认。

随着物理学的发展，化学家利用物理学的原理来阐明化学现象，物理化学这一化学分支学科逐渐形成。19 世纪末，化学的四大分支化学都取得了飞速发展。历史证明，化学分类的方法对化学的发展起到了积极的推动作用，并且与人类文明进程息息相关。

19 世纪末 20 世纪初，由于量子力学的诞生，随之化学也进入微观领域。许多化学分支在传统的基础上，把宏观研究与微观研究结合起来，从深度和广度两方面向前发展。同时由于与化学相关的其他学科的发展涉及更多的化学问题，如物理学、生物学、天文学和地学等无不与

化学交织在一起。特别是20世纪50年代以来发展起来的各种尖端科学、国防科学及工业生产等方面的需要，对化学提出多方面的要求，促使化学的发展日益深入，越来越细，从而增加了许多新的化学分支。如，稀有元素化学、配合物化学、核化学、放射化学、高分子化学、表面化学和催化化学等。同时化学又与其他学科多方面交叉渗透，也增加了许多新的化学分支。例如，生物化学、元素有机化学、量子化学、结构化学、天体化学、地球化学、药物化学、纳米化学等。

随着化学及相关学科的发展，化学研究的领域愈来愈专门，分工愈来愈细，但化学的内容整体包括三个方面，物质的微观结构、物质的宏观性质、微观结构及宏观性质的应用。而当今化学发展的总趋势可以概述为，从宏观到微观，从静态到动态，从定性到定量，从体相到表相，从描述到理论。

1.2 化学研究基本方法——实验方法和理论方法

化学的基础活动是进行细心的观察。这些观察可以是定性的或是定量的，化学家寻求可以将他们的观察加以统一的普遍关系。对种种观察和经验进行总结的一个简洁的文字说明或者一个数学方程式，称作一个假说。假说是一种尝试性的解释。人们可以应用这个假说来提出各种预测，但是，只有当这些预测可以由进一步的实验来检验，从而被证实时，这个假说才是有用的。一个能够连续经受住这种检验的假说便称为理论。一个理论可以用于综合一个广泛的领域。物质的原子结构理论就是这样的一种情况。

化学家所采用的研究方法，不能保证不失败。不同科学家的处理方法，和他们的性格、环境及训练都有关系。很少有两位科学家以同样的方式来处理同一个问题。虽然我们能够用文字扼要地或干净利落地讲出科学的结论，但这并不意味着科学的进展是顺利的、确定的或可以预测的。科学研究的路途很可能是不规则的和不确定的，进展常常是缓慢的，而且许多大有希望的线索原来却是死胡同。在学习的过程中，我们将会看到，幸运的偶然发现有时在科学的发展上起了重要的作用。通常我们略去那些在产生我们目前看法的过程中所出现的怀疑、争论、个性的冲突和概念的变革。还应当记住，我们的理论不是雕刻在石头上的，它们只是暂时的。

实验方法和理论方法是化学家常用的研究方法。

1.2.1 实验方法

化学是实验科学。例如在研究某类药物时，要用实验方法制备它们，制得之后要用实验方法确定它们的组成和结构，测定它们的化学性质和物理物质，确定它们的毒性和疗效，有时还要研究它们为什么会有这种疗效和毒性。

试验与实验不同。试验是实验工作的一部分，它的目的是确定某种物质、某种方法是否具有某种物质、某种作用。例如，用药理试验证实某种化合物可否用于治疗某种疾病等。化学工作者的实验工作包括制备与合成、组成与结构的测定、各种性质的测定、反应机理及反应条件的研究等。

1.2.2 理论方法

虽然所有化学研究都以实验为基础，但离不开用理论方法去分析实验结果。实验结果只是表面现象，只有经过理论处理才能了解本质。理论处理有不同的方法。

(1) 对实验数据进行数据处理，得到经验规律，例如，波义耳定律、凝固点下降与浓度的关系、反应速率与温度的关系等这些化学基本规律都是早期化学家总结出来的。

(2) 对实验结果进行理论分析，这种处理比上述处理更深入，可以进一步探索事物的本质。从物质光谱、磁性等实验结果通过理论处理得到原子、分子结构是我们最熟悉的例子。

(3) 对客观体系进行理论模拟，例如用计算机可以模拟一种药物进入人体之后，药物的作用机理。

(4) 对真实体系进行理想化研究。例如，理想气体是一种理想模型(假定分子间没有相互作用，分子不占有空间)。任何实际气体都有相互作用，分子当然有一定的体积。只有当实际气体无限稀薄(压强接近零)、温度很高时，实际气体状态才接近于理想气体状态。

实验方法和理论方法是化学研究的常用方法，对化学及相关学科研究者而言应该努力贯彻“实验—理论—实验”的原则。

1.3 大学化学的学习方法

化学是一门实验科学，任何时期，理论的发现、建立和验证都要通过实验。因此在大学化学的学习过程中要充分认识到化学实验在化学学习过程中的重要性。

化学对人们的知识结构、能力培养及素质提高有着极其重要的作用，因此我们在学习过程中应重视下述三个“注重”。

1.3.1 注重以基本自然规律为指导

自然规律统治着整个宇宙，人类的一切活动必须遵循自然规律，化学活动同样也应以自然规律为指导，从而进一步揭示未知自然规律，增强我们学习的主动性和积极性。例如，化学变化、生物变化的变化方向由两条重要的基本自然规律控制：体系在变化过程中倾向于取得较低的能量状态及体系在变化过程中倾向于取得较大的混乱度。化学变化、生物变化的终态(化学平衡、生物平衡)表现为“能量”和“混乱度”的高度对立统一，即“对称”。20 世纪人类在化学、物理学等诸多领域中的许多成就，从相对论的创立、量子力学的诞生、多肽及蛋白质分子的结构测定、各种光谱的产生、药物设计及构效关系的研究到基因测序，无一不与“能量”、“混乱度”、“对称”紧密联系在一起。因此，在化学的学习过程，我们应该恰当把握好“能量—混乱度—对称”这一主线。

例如，了解晶体的稳定性。非晶体其内部结构处于相对无序状态，久而久之其内部结构将转化为相对有序状态，也就是在一定条件下非晶体将自发转化为晶体，晶体是这一自发过程的终态。若仅考虑混乱度的变化 $\Delta S<0$，好像违背了体系变化过程中的混乱度增加这一基本自然规律，但由于结构由无序到有序的过程中的能量变化 $\Delta H<0$，且 $\Delta H<T\Delta S$，因此 $\Delta G<0$，所以晶态稳定。

1.3.2 注重模型的引出、理想模型与实际状态的比较

物质世界千变万化的化学现象都是通过实验观察得到，而在实验基础上的综合、归纳，必然涉及对实验数据进行数学处理，对实验结果进行理论分析，对客观体系进行理论模拟。如人类为了对实际气体进行研究，提出了理想气体模型。爱因斯坦(Einstein)为了揭示宇宙的起源，提出了宇宙密度均匀的假设。因此，我们在学习过程中，应注重模型的引出思想及理想模型与实际状态的比较，甚至查阅有关内容的原始文献，变应试学习为研究性学习，体会自然科学的美学性。

例如，学习多电子原子轨道模型的建立。氢原子只有一个电子，处理多电子原子时不能直接套用氢原子的量子力学结论，这是由于氢原子中只有电子和原子核之间的相互作用，多电子原子中除了核和电子之间的相互作用，还有电子与电子之间的相互作用，目前我们无法对多电

子原子电子运动状态的薛定谔(Schrödinger)方程精确求解，我们以氢原子模型作为多电子原子的理想模型，假设氢原子中电子的能量的表达式与多电子原子中电子的能量表达式相似，从而引进有效核电荷和屏蔽常数的概念。

1.3.3 注重由特殊到一般、由性质到结构

结构和性质的关系是化学的主要内容之一，通常描述结构与性质的关系时一般由结构探讨性质，由一般过渡到特殊。此时，我们往往被逻辑性很强的描述所吸引，而把当前对某一性质的结构认识当成一件很容易的事件，可以用来解释和预见一切性质。事实上，在早期探讨结构和性质的关系时，往往是由性质出发探索结构，研究一般性质时往往由特殊到一般。通过注重由特殊到一般，由性质到结构，我们将会认识到科学研究的艰难性、艰辛性，了解到某一方面的一个发现，可能会产生一个新的领域、新的学科，甚至会对我们的世界产生重大影响。

例如，研究水的结构和性质的关系，通常我们在知道了水分子的结构(极性分子，不等性 sp^3 杂化，水分子之间可以形成氢键)之后讨论水的性质(高沸点、高蒸发热、雪花的六角形外形)，这种由结构到性质的讨论方法我们易于接受，但我们不要因此而认为科学研究非常容易，科学研究是一项艰辛的工作，对水分子的早期研究恰恰是由性质来探讨结构。

此外，我们还应充分认识到科学的基本理论(定律、原理)的应用也有局限性，如牛顿力学的基本定律仅适用于研究宏观物体的运动状态、酸碱质子理论仅适用于有质子转移的过程等。在学习和研究过程中不应有“相信一切”和“否定一切”两种极端的思维方法，否则就不可能产生今天的科学。

2 溶液

一种物质以分子、原子或离子分散于另一种物质中所构成的均匀而又稳定的分散体系叫做溶液。一般把能溶解其他物质的化合物叫做溶剂，被溶解的物质叫做溶质。例如，把白糖放入水中，糖粒溶解，糖以水合分子的形式溶于水中。把食盐放入水中，它则以离子的形式溶于水中成食盐水溶液。酒精、苯作溶剂可溶解有机物，这样的溶液称非水溶液。除液态溶液外，还有气态溶液和固态溶液。气态混合物都是气态溶液，例如空气就是气态溶液。少量的碳溶于铁而成钢，锌溶于铜而成黄铜，它们都是固态溶液。

液态溶液按组成溶液的溶质与溶剂的状态可分为三种类型：气态物质与液态物质形成的溶液、固态物质与液态物质形成的溶液、液态物质与液态物质形成的溶液。在前两种溶液中，常将液态物质看成溶剂，把另一组分（气态物质或固态物质）看成溶质。在液态物质与液态物质组成的溶液中，一般将含量较多的组分称为溶剂，含量较少的称为溶质。

2.1 液体的沸点与蒸气压

2.1.1 液体的沸点

当我们对液体加热，在未达到沸点之前，仅限于液面上能量较大的分子开始蒸发变成气体，蒸气压也逐渐增加，当温度增加到液体的（饱和）蒸气压等于外界压力时，气化作用就不仅限于液面，在整个液体中的分子都能发生气化作用，液体开始沸腾，此时的温度就是该液体的沸点。

液体的沸点随外压而变化，压力愈大，沸点愈高。当外压为标准情况的压力（即 101.325 kPa）时的沸点，则称为正常沸点。一般书上或手册上所给出的液体沸点如未注明外压，指的就是“正常沸点”。我们平常说水的沸点是 100℃，就是指的这种情况。高山地区（如青藏高原）气压低，不到 100℃时水就沸腾（通常在 90℃左右）。相反的，在压力锅里，压力可达常压的 1 倍，水的沸点甚至可到 120℃左右。

有些物质（例如某些有机化合物）在常压下蒸馏易于分解或被空气氧化，就可在减压的情况下进行蒸馏，以降低其沸点。减压蒸馏常用于分离提纯沸点较高的物质，减压蒸馏有时也叫真空蒸馏，这是俗称，事实上并不是真空，而是降低外压使其有一定的真空度。

2.1.2 液体的蒸气压

蒸气压是液体的重要性质，它与液体自身的本质和所处的温度有关。蒸气压反映溶液中有少数能量较大的分子有脱离母体进入空间的倾向，这种倾向也称为逃逸倾向。

和气体分子一样，在液体中，在一定温度下，总能量是一定的。由于分子运动而发生彼此碰撞，结果其中有的分子能量较大，有的能量较小，能量的分布有一定的规律。总有一部分能量较大的分子能克服分子间的引力，可从液体表面逸出到空间里去。在一定温度下具有这样能量的分子在总分子中所占的百分数也是一定的，也就是说，单位时间内从单位表面上逸出的分子数是一定的。而衡量这种逃逸倾向需借助于蒸气的压力。

设将液体(例如水)放在抽空的、封闭的容器中,液面上有一定的自由空间,液体中能量较大的那部分分子,就能克服分子间的引力,而进入液面上的空间,这个过程就是蒸发。在一定温度下,单位时间内单位表面上所逸出的分子数有定值。已经形成蒸气的分子,在液面上不断地混乱运动,一定会有一部分分子撞击到液面上,又被液面上的分子拉回,重新凝结为液体。开始时空间里的分子数不多,凝结量也不多,而蒸发过程却始终以等速进行,随着时间的推移,蒸气中的分子愈来愈多,凝结量也逐渐增加,最终达到动态平衡,即蒸发出来的分子数等于凝结下来的分子数。宏观上看,蒸气的密度不再增加,此时就可用液面上的饱和蒸气压来衡量或表示液体的逃逸倾向即液体的蒸气压。这里可以看到,在未达动态平衡之前,液面上蒸气的压力不断在增加,是一个变值,只有达到饱和状态时,液面上蒸气的压力(即饱和蒸气压)才不再增加并有定值。我们就用这种饱和蒸气的压力来衡量液体的蒸气压。

由此可见,液体的蒸气压是属于液体自身的性质,它由平衡时的饱和蒸气的压力来衡量。如果我们在一个密闭的容器里装满了液体,没有一定的自由空间,也没有蒸气存在的可能,当然也不会有蒸气的压力,但对液体来说,它依然是具有蒸气压,依然存在着少数能量较大的分子离开母体而进入空间的倾向性,并且在定温下,这种倾向性是一定的。

蒸气压的概念不仅用于液体,固体中能量较大的分子也有脱离母体进入空间的倾向,因此在定温下也有一定的蒸气压,不过数值一般很小,常不予考虑而已。表 2-1 和表 2-2 分别为水和冰在不同温度下的蒸气压。

表 2-1 水在不同温度下的蒸气压

温度/℃	0	10	20	30	40	50	60
压力/Pa	610.5	1 228	2 337.8	4 242.8	7 375.9	12 334	19 916
温度/℃	70	80	90	100	120	140	180
压力/Pa	31 157	47 343	70 096	101 325	198 536	361 426	1 002 611

表 2-2 冰在不同温度下的蒸气压

温度/℃	0	−10	−20	−30	−40
蒸气压力/Pa	610.7	259.9	103.26	38.01	12.84
温度/℃	−50	−60	−70	−80	−90
蒸气压力/Pa	3.936	1.08	0.261	0.055	0.009 3

2.2 溶液的浓度

2.2.1 溶质 B 的浓度或溶质 B 的物质的量浓度(c_B)

溶质 B 的浓度或溶质 B 的物质的量浓度(c_B)定义为溶质 B 的物质的量除以溶液的体积:

$$c_B = \frac{n_B}{V} \tag{2-1}$$

式中,n_B 代表 B 的物质的量,V 代表溶液的体积。c_B 的 SI 单位为摩尔每立方米($mol \cdot m^{-3}$),

常用的单位为摩尔每立方分米($mol \cdot dm^{-3}$)或摩尔每升($mol \cdot L^{-1}$)。

例如:

$c_{NaOH}=1\ mol \cdot L^{-1}$是每升含有氢氧化钠 40 g,基本单元是(NaOH)。

$c_{H_2SO_4}=1.5\ mol \cdot L^{-1}$是每升含有硫酸 1.5×98 g,基本单元是($H_2SO_4$)。

$c_{(1/2H_2SO_4)}=3\ mol \cdot L^{-1}$是每升含有硫酸 3×49 g,基本单元是($1/2H_2SO_4$)。

$c_{(1/5KMnO_4)}=0.1\ mol \cdot L^{-1}$是每升含有高锰酸钾 3.16 g,基本单元是($1/5KMnO_4$)。

$c_{Hg_2^{2+}}=1\ mol \cdot L^{-1}$是每升含有 1 价汞阳离子 401.18 g,基本单元是(Hg_2^{2+})。

$c_{(1/2Ca^{2+})}=1\ mol \cdot L^{-1}$是每升含有钙阳离子 20.04 g,基本单元是($1/2Ca^{2+}$)。

2.2.2 溶质 B 的质量摩尔浓度(m_B)

溶质 B 的质量摩尔浓度定义为溶液中溶质 B 的物质的量除以溶剂的质量,即

$$m_B = \frac{n_B}{m_A} \tag{2-2}$$

式中,n_B 代表溶质的物质的量,m_A 代表溶剂的质量,m_B 的 SI 单位为 $mol \cdot kg^{-1}$。在使用 m_B 作为质量摩尔浓度时,应注意与质量符号 m_B 加以区别。

2.2.3 B 的摩尔分数(x_B)

B 的摩尔分数定义为 B 的物质的量与混合物的物质的量之比,或称 B 的物质的量分数,即

$$x_B = \frac{n_B}{\sum_A n_A} \tag{2-3}$$

式中,n_B 代表 B 的物质的量,$\sum_A n_A$ 代表溶液中所有物质的物质的量的总和。为量纲 1 的量,SI 单位为 1。

2.2.4 质量分数(w_B)

质量分数表示溶质的质量(M_B)在溶液总质量中所占分数。以 A 为溶剂,B 为溶质,M_A、M_B 分别表示溶剂和溶质的质量。则质量分数为

$$w_B = \frac{M_B}{M_A + M_B} \times 100\% \tag{2-4}$$

例 1 已知盐酸的质量分数为 9.66%,密度为 $1.18\ g \cdot mL^{-1}$,则该溶液的物质的量浓度为多少?

解:$c_B = \frac{w \cdot V \cdot \rho}{M_{r\,HCl}} = \frac{9.66\% \times 1000 \times 1.18}{36.46} = 3.13(mol \cdot L^{-1})$

例 2 试计算由 40 g 乙二醇($C_2H_6O_2$)和 60 g 水所组成的一种防冻溶液的质量摩尔浓度(已知 $C_2H_6O_2$ 的相对分子质量 $M_r=61.2$)。

解:$m_B = \frac{n_B}{m_A} = \frac{m_B/M_r}{m_A} = \frac{40/61.2}{60} \times 10^3 = 10.9(mol \cdot kg^{-1})$

例 3 一种气体溶液含 2.00 g He 和 4.00 g O_2,则溶液中 He 和 O_2 的物质的量分数各为多少?

解:先求出溶液中 He 及 O_2 的物质的量。

He 的相对原子质量 $A_r=4.00$:

$$n_{He}=\frac{2.00}{4.00}=0.5(\text{mol})$$

O_2 的相对分子质量 $M_r=32.0$：

$$n_{O_2}=\frac{4.00}{32.0}=0.125\ (\text{mol})$$

$$x_{He}=\frac{0.5}{0.5+0.125}=0.8$$

$$x_{O_2}=\frac{0.125}{0.5+0.125}=0.2$$

2.3 难挥发非电解质稀溶液的依数性

将一难挥发非电解质溶于某一溶剂时，溶液的蒸气压将比纯溶剂的蒸气压降低；溶液的沸点比纯溶剂的沸点升高；溶液的凝固点比纯溶剂的凝固点降低；在溶液和纯溶剂之间要产生渗透压。当溶液的浓度较稀时，“蒸气压降低”、“沸点升高”、“凝固点降低”、“渗透压”的数值仅与溶液中溶质的质点数有关，而与溶质的本性无关，我们称这些性质为“依数性”。

2.3.1 蒸气压下降—Raoult 定律

温度一定时，在密闭容器中，单位时间内由液面蒸发出的分子数和由气相回到液体内的分子数相等时，气、液两相处于平衡状态，这时蒸气的压强叫做该液体的饱和蒸气压，通常又称为蒸气压。它仅与液体的本质和温度有关，与液体的量以及液面上方空间的体积无关。实验证明，相同温度下，当把难挥发的非电解质溶于溶剂形成稀溶液后，稀溶液的蒸气压比纯溶剂的蒸气压低。这是因为溶剂的部分表面被溶质所占据，因此在单位时间逸出液面的溶剂分子数就相应减少，结果达到平衡时，溶液的蒸气压必须低于纯溶剂的蒸气压，这种现象称为溶液的蒸气压下降。

19 世纪 80 年代，法国物理学家拉乌尔(Raoult)研究了几十种溶液蒸气压下降与浓度的关系(图 2-1)。对于难挥发的非电解质稀溶液，他得出了如下经验公式：

$$p=p^0x_A \tag{2-5}$$

式中，p 为溶液的蒸气压；p^0 为纯溶剂的蒸气压；x_A 为溶剂的摩尔分数。在一定温度下，难挥发非电解质稀溶液的蒸气压等于纯溶剂的蒸气压与溶剂摩尔分数的乘积。

设 x_B 为溶质的摩尔分数，由于：

$$x_A+x_B=1$$

因此 $$p=p^0(1-x_B)$$

$$p^0-p=p^0x_B$$

即 $$\Delta p=p^0x_B \tag{2-6}$$

式(2-6)表明，在一定温度下，难挥发非电解质稀溶液的蒸气压下降值 Δp 和溶质的摩尔分数成正比，而与溶质的本性无关。这一结论称为 Raoult 定律。

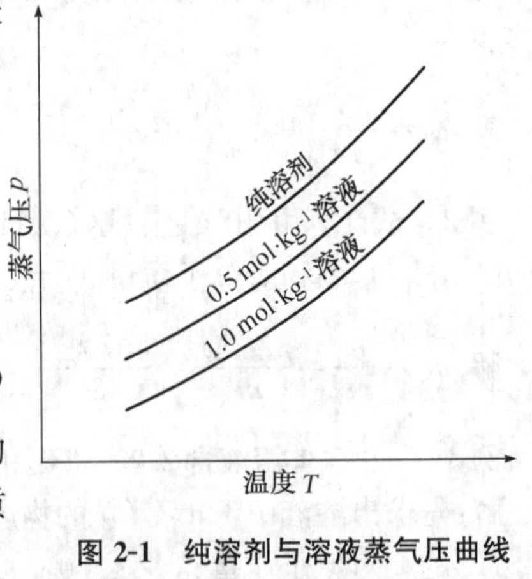

图 2-1 纯溶剂与溶液蒸气压曲线

若溶质的物质的量为 n_B，溶剂的物质的量为 n_A，则 $x_B=\frac{n_B}{n_A+n_B}$，当溶液很稀时，因 $n_A \gg n_B$，所以 $x_B \approx n_B/n_A$。如取 1 000 g 溶剂，并已知溶剂的摩尔质量为 M_A，则 $n_A=1\,000/M_A$，按质量摩尔浓度定义，在数值上 $n_B=m$，所以：

$$x_B=\frac{n_B}{n_A+n_B} \approx \frac{n_B}{n_A}=m \cdot \frac{M_A}{1\,000}$$

因此，对很稀的溶液：

$$\Delta p=p^0 x_B=p^0 \cdot \frac{M_A}{1\,000} \cdot m=K \cdot m \tag{2-7}$$

式中，K 为比例常数，它等于 $p^0\frac{M_A}{1\,000}$。上式表示：在一定温度下，难挥发非电解质稀溶液蒸气压下降 Δp 与溶液的质量摩尔浓度成正比，比例常数取决于纯溶剂的蒸气压和摩尔质量。

例 4 已知 20℃时水的饱和蒸气压为 2.33 kPa，将 17.1 g 蔗糖（$C_{12}H_{22}O_{11}$）与 3.00 g 尿素[$CO(NH_2)_2$]分别溶于 100 g 水。计算这两种溶液的蒸气压各是多少？

解：蔗糖的摩尔质量 $M_r=342\ g \cdot mol^{-1}$，所以溶液的质量摩尔浓度：

$$m=\frac{17.1}{342}\times\frac{1\,000}{100}=0.500(mol \cdot kg^{-1})$$

H_2O 的摩尔分数：

$$x_{H_2O}=\frac{\frac{1\,000}{18.0}}{\frac{1\,000}{18.0}+0.500}=\frac{55.5}{55.5+0.5}=0.991$$

蔗糖的溶液的蒸气压：

$$p=p^0_{H_2O} \cdot x_{H_2O}=2.33\times0.991=2.31(kPa)$$

尿素的摩尔质量 $M_r=60.0\ g \cdot mol^{-1}$，溶液的质量摩尔浓度：

$$m=\frac{3.00}{60.0}\times\frac{1\,000}{100}=0.500(mol \cdot kg^{-1})$$

所以尿素溶液中，$x_{H_2O}=0.991$，蒸气压 $p=2.31$ kPa，这两种溶液，质量分数虽然不同，但是溶剂的摩尔分数相同，蒸气压也就相等。

2.3.2 沸点升高

液体的蒸气压随温度升高而增加，当蒸气压等于外界压力时，液体就沸腾，这个温度就是液体的沸点（T_b^0），在标准大气压下水的沸点为 373 K。因溶液蒸气压低于纯溶剂的蒸气压，所以在 T_b^0 时，溶液的蒸气压就小于外压。当温度继续升高到 T_b 时，溶液的蒸气压等于外压，溶液才沸腾，溶液的沸点高于纯溶剂的沸点，这一现象称之为溶液的沸点升高。溶液沸点和溶剂沸点之差（$T_b-T_b^0$）即为溶液沸点升高 ΔT_b。溶液越浓，其蒸气压下降越多，则沸点升高越多（图 2-2）。

所以稀溶液的沸点升高与蒸气压下降成正比，故：

$$\Delta T_b=K'\Delta p$$

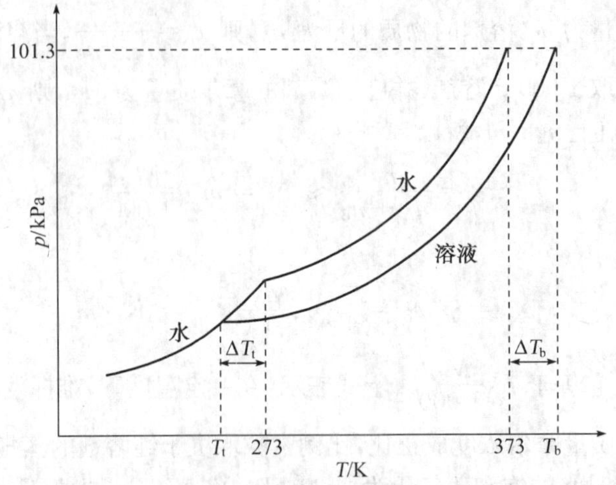

图 2-2　溶液沸点升高和凝固点下降

式中，K'为比例常数。将式(2-7)代入上式得：

$$\Delta T_b = K'Km = K_b \cdot m \tag{2-8}$$

式中，ΔT_b 为溶液的沸点升高值，K_b 为溶剂的摩尔沸点升高常数，它与溶剂的摩尔质量、沸点、汽化热有关，K_b 值可由理论推算，也可由实验测定。测定几种不同质量摩尔浓度(m)的稀溶液的 ΔT_b 值，以 $\Delta T_b/m$ 为纵坐标，m 为横坐标作图，外推到 $m=0$，在纵坐标上的截距即为 K_b。表 2-3 列出了一些常见溶剂的 K_b 值。

从式(2-8)可以看出，难挥发非电解质稀溶液的沸点升高只与溶液的质量摩尔浓度成正比，而与溶质的本性无关。

表 2-3　常用溶剂的 K_f 和 K_b 值

溶剂	T_f/K	K_f/(K·kg·mol^{-1})	T_b/K	K_b/(K·kg·mol^{-1})
水	273.0	1.86	373	0.512
苯	278.5	5.10	353.1	2.53
环己烷	279.5	20.20	354.0	2.79
乙酸	290.0	3.90	391.0	2.93
乙醇	155.7	1.99	351.4	1.22
氯仿	209.5	—	334.2	3.63
萘	353.0	6.90	491.0	5.80
樟脑	451.0	40.00	481.0	5.95

例 5　已知苯的沸点是 80.2℃，萘的摩尔质量为 128 g·mol^{-1}，取 2.67 g 萘($C_{10}H_8$)溶于 100 g 苯中，测得该溶液的沸点升高了 0.531 K，试求苯的沸点升高常数。

解：$\Delta T_b = K_b \cdot m$

∴ $$0.531 = K_b \times \frac{2.67}{128} \times \frac{1\,000}{100}$$

$$K_b=2.55(K \cdot kg \cdot mol^{-1})$$

若已知溶剂的 K_b 值，就可从沸点升高求溶质的摩尔质量。

2.3.3 凝固点下降

凝固点是物质的固相与它的液相平衡共存的温度。纯溶剂和它的固相成平衡共存时的温度就是该溶剂的凝固点 T_f^0，在此温度液相的蒸气压与固相的蒸气压相等。纯水的凝固点为 273 K，在此温度水和冰的蒸气压相等。但在 273 K 水溶液的蒸气压低于纯水的蒸气压，所以水溶液在 273 K 不结冰。若温度继续下降，因冰的蒸气压下降率比水溶液大，当降到 T_f 时，冰和溶液的蒸气压相等，这个平衡温度（T_f）就是溶液的凝固点。溶剂凝固点与溶液的凝固点之差（$T_f^0-T_f$）就是溶液的凝固点降低 ΔT_f（图 2-2）。

和沸点升高一样，溶液的凝固点降低 ΔT_f 也与 Δp 成正比，因而难挥发非电解质稀溶液的凝固点降低和溶液的质量摩尔浓度成正比，而与溶质的本性无关，即

$$\Delta T_f = K_f \cdot m \tag{2-9}$$

比例常数 K_f 叫作溶剂的摩尔凝固降低常数，K_f 与溶剂的凝固点、摩尔质量以及熔化热有关，所以 K_f 值只决定于溶剂本性。实验测定 K_f 方法与测量 K_b 方法类似。一些常见溶剂的 K_f 值见表 2-3。应用式(2-9)也可测定溶质的摩尔质量，并且准确度优于蒸气压法和沸点法。因为 Δp 和 ΔT_b 都不易测准，而且一种溶剂的 K_f 值通常总大于 K_b 值（表 2-3），所以用凝固点下降法测摩尔质量精确度高些。用现代实验技术，ΔT_f 可以测准到 0.000 1℃。

例 6 取 0.749 g 谷氨酸溶于 50.0 g 水，测得凝固点为－0.188℃，试求谷氨酸的摩尔质量。

解：据式(2-9)，$\Delta T_f=K_f \cdot m$

$$0.188=1.86\times\frac{0.749}{M}\times\frac{1000}{50.0}$$

$$\therefore \quad M=148(g \cdot mol^{-1})$$

按谷氨酸分子式[$COOHCH \cdot NH_2 \cdot (CH_2)_2 \cdot COOH$]计算，其摩尔质量应为 148 g·mol⁻¹。

例 7 1,2-亚乙基二醇 $CH_2(OH)CH_2(OH)$ 是一种常用的汽车防冻剂，它溶于水并完全是非挥发性的(b. p. 197℃)。计算在 2 505 g 水中溶解 651 g 该物质的溶液的凝固点，夏天能否将它用于汽车散热器中？（1,2-亚乙基二醇的摩尔质量是 62.01 $g \cdot mol^{-1}$）

解：溶液的质量摩尔浓度：

$$m=\frac{651}{62.01}\times\frac{1\,000}{2\,505}=4.19(mol \cdot kg^{-1})$$

$$\Delta T_f=K_f \cdot m=1.86\times4.19=7.79(K)$$

因为纯水的凝固点是 273 K，该溶液在 265.21 K 凝固。该溶液的沸点升高。

$$\Delta T_b=0.52\times4.19=2.2(K)$$

因为此溶液在 375.2 K 沸腾，夏天它能用于汽车散热器中防止溶液沸腾。

汽车散热器的冷却水在冬季常需加入适量的乙二醇或甘油等以防止水的冻结；冰盐浴的冷冻温度远比冰浴的低，这些应用都基于凝固点降低原理。有机化学实验中常用测定沸点或

熔点的方法检验化合物的纯度，这是因为含杂质的化合物可看做是一种溶液，化合物本身是溶剂，杂质是溶质，所以不纯物质的熔点比纯化合物低，沸点比纯化合物高。

2.3.4 渗透压

用图 2-3 能说明渗透压现象。装置的左边是纯溶剂，右边是非电解质的稀溶液，两边用半透膜隔开，半透膜允许溶剂分子通过而溶质分子不能透过，如细胞膜、萝卜皮、肠衣、蛋衣、人造火棉胶膜等都是半透膜。开始，两边毛细管液面高度相同，若保持两侧的温度、压力相等，则溶剂分子可自动地从左侧通过半透膜渗透到右侧，结果右侧毛细管中的液面将上升，溶液的浓度也会减小，这种渗透过程直到渗透平衡状态为止，溶剂分子通过半透膜从纯溶剂或从稀溶液向较浓溶液的净迁移叫渗透。对于一定温度和一定浓度的溶液，为了阻止左侧溶剂向右侧溶液渗透，需在右侧溶液上方施加一定的压力，这种阻止纯溶剂向溶液渗透所需的压力叫渗透压，当用比右边更稀的溶液代替纯溶剂时，也能观察到类似现象。综上所述，半透膜的存在和膜两侧单位体积内溶剂分子数不相等是产生渗透现象的两个必要条件。渗透总是溶剂分子从纯溶剂向溶液，或是从稀溶液向浓溶液的迁移，从而缩小溶液的浓度差。

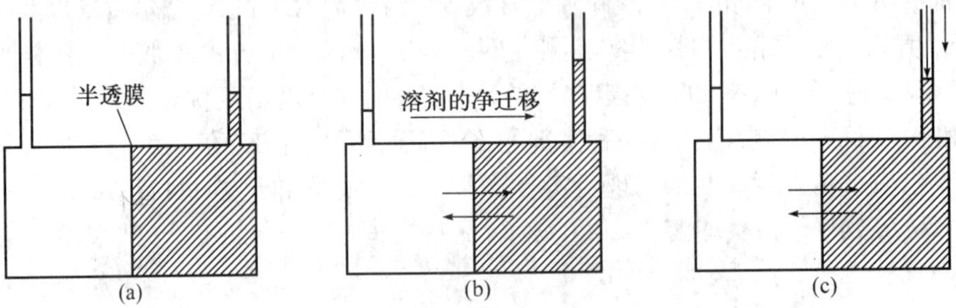

图 2-3 渗透现象和渗透压

(a) 渗透发生前 (b) 渗透现象 (c) 渗透压(Π)

1886 年荷兰物理学家范特霍夫(Van't Hoff)指出："理想稀释溶液的渗透压与溶液的浓度和温度的关系同理想气体方程式一致"，即

$$\Pi V = nRT \qquad 或 \qquad \Pi = cRT \tag{2-10}$$

式中，Π 是渗透压(kPa)，T 是热力学温度(K)，V 是溶液的体积(L)，c 是物质的量浓度($mol \cdot L^{-1}$)，R 是气体常数，用 $8.314\ kPa \cdot L \cdot mol^{-1} \cdot K^{-1}$ 表示。从上面的式子可以看出，在一定的条件下，难挥发非电解质稀溶液的渗透压与溶液中溶质的浓度成正比，而与溶质的本性无关。所以，难挥发非电解质稀溶液的所有依数性决定于溶液中溶质粒子的浓度而与溶质粒子的本性无关。若两个溶液的浓度(c 或 m)相同，则它们有相等的渗透压，称它们为等渗溶液。若两个溶液有不等的渗透压，较浓的溶液为高渗，较稀的溶液为低渗。

对于稀溶液(水溶剂)，1 kg 的水溶液相当于 1 升水溶液：

$$m \Leftrightarrow c$$

渗透压的计算公式又可表述为

$$\Pi = mRT \tag{2-11}$$

例 8 将血红素 1.00 g 溶于适量水中，配成 100 mL 溶液，此溶液的渗透压为 0.366 kPa

(20℃)，求：(1)溶液的物质的量浓度；(2)血红素的摩尔质量。

解：(1)据 Van't Hoff 方程：

$$\Pi = cRT$$

$$c = \frac{\Pi}{RT}$$

$$= \frac{0.366}{8.314 \times 298} = 1.50 \times 10^{-4}(\mathrm{mol \cdot L^{-1}})$$

(2)设血红蛋白的摩尔质量为 M_r，由物质的量的浓度定义可得：

$$1.50 \times 10^{-4}\ \mathrm{mol \cdot L^{-1}} = \frac{1.00\ \mathrm{g}/M_r}{(100/1000)\ \mathrm{L}}$$

$$M_r = 6.7 \times 10^4$$

所以，血红蛋白的摩尔质量 $M_r = 6.7 \times 10^4\ \mathrm{g \cdot mol^{-1}}$。

在医学上对大量失水的病人，往往需要静脉滴注大量的5%葡萄糖或0.9%的 NaCl 的灭菌液，因为它们与血液的渗透压相等，我们称它们为生理等渗溶液。为什么大量输液时必须与血液等渗？因为红细胞膜具有半透膜性质，正常情况时红细胞膜内的细胞液与膜外的血液是等渗的，若大量滴注渗透压比血液渗透压高的溶液(称为高渗溶液)，使血浆浓度增大，红细胞内的细胞液将向血浆渗透，结果使红细胞萎缩。若大量滴注渗透压比血液渗透压低的溶液(称为低渗溶液)，结果使血浆稀释，血浆中的水分将向红细胞渗透，使红细胞膨胀，严重时可使红细胞破裂，这种现象叫溶血现象。正常人体中，体液能够维持恒定的渗透压，这对水、盐的代谢起着极为重要的作用。血浆中有很多盐类离子和各种蛋白质，因此血浆具有相当大的渗透压(约 7.6×10^5 Pa)，其中由盐类离子产生的渗透压叫晶体渗透压，占血浆渗透压的绝大部分，由各种蛋白质所产生的渗透压叫胶体渗透压，仅占血浆渗透压的极小部分，但胶体渗透压的存在具有重要的生理意义。

以上我们讨论的是难挥发非电解质稀溶液的依数性。对于电解质溶液和浓度较大的非电解质溶液，上述定量关系不适用，但定性上我们仍然可以判断依数性的大小。对于电解质溶液，要将溶液浓度换算成质点浓度，然后再比较依数性的大小。例如：0.1 $\mathrm{mol \cdot L^{-1}}$ NaCl 溶液、0.1 $\mathrm{mol \cdot L^{-1}}$ $CaCl_2$ 溶液、0.1 $\mathrm{mol \cdot L^{-1}}$ $C_{12}H_{22}O_{11}$ 溶液的质点浓度分别为 $0.1 \times 2\ \mathrm{mol \cdot L^{-1}}$、$0.1 \times 3\ \mathrm{mol \cdot L^{-1}}$、$0.1\ \mathrm{mol \cdot L^{-1}}$，相应的溶液的蒸气压 $p_{CaCl_2} < p_{NaCl} < p_{C_{12}H_{22}O_{11}}$，而相应的溶液的沸点 $T_{CaCl_2} > T_{NaCl} > T_{C_{12}H_{22}O_{11}}$。

挥发性溶质所形成的溶液的依数性在此不做介绍。

思考题

1. 溶液有什么特征？溶液的浓度有哪几种常见表示方法？
2. 什么叫稀溶液的依数性(通性)？依数性的适用范围是什么？
3. 溶液的沸点升高、凝固点下降的本质是什么？
4. 什么是半透膜？什么是渗透现象？
5. 如何计算难挥发电解质溶液的依数性？

习题

1. 在 450 mL 水中，加入 90 mL 32%密度为 1.20 $\mathrm{g \cdot mL^{-1}}$ 的 HNO_3，所得的溶液密度为 1.03 $\mathrm{g \cdot mL^{-1}}$，

求此溶液物质的量浓度和 HNO_3 的质量分数？

2. 现有甲醇质量摩尔浓度为 3.26 $mol \cdot kg^{-1}$，乙醇的物质的量分数为 0.0728 的甲醇和乙醇的水溶液，求乙醇的质量摩尔浓度。
3. 取某有机物晶体 0.028 g 与 0.247 g 樟脑熔融混合，测得熔点为 152.0℃。求此物质的相对分子质量（已知樟脑的熔点为 178.0℃，$K_f = 40.0\ K \cdot kg \cdot mol^{-1}$）。
4. 若将 3.299 g 氯化亚汞（最简式为 HgCl）熔于 100 g $HgCl_2$ 中，所得混熔物凝固点下降了 2.41℃，求氯化亚汞在该混熔物中的相对分子质量及分子式。[$A_r(Hg) = 200$，$A_r(Cl) = 35.5$，氯化亚汞的 $K_f = 34.4\ K \cdot kg \cdot mol^{-1}$]
5. 在 293 K 时，500 g 水中含 25.97 g 己六醇的水溶液，测得其蒸气压为 2.327 kPa，已知在此温度下，纯水的蒸气压为 2.3378 kPa，计算己六醇的相对分子质量。
6. 取 2.00 g 葡萄糖溶于 100 g 乙醇中，乙醇的凝固点下降了 0.221℃。另有一物质 1.50 g 溶于 100 g 乙醇中，凝固点下降了 0.230℃。已知乙醇的 $K_b = 1.22\ K \cdot kg \cdot mol^{-1}$，葡萄糖的相对分子质量为 180。求：

   (1) 该物质的乙醇溶液的 ΔT_b 是多少？并与 ΔT_f 值比较。

   (2) 在 303 K 时，该物质乙醇溶液的渗透压约为多少 kPa？
7. 将 9.63 g 牛血清蛋白质配成 1.00 L 水溶液，测得该溶液在 298 K 时的渗透压为 0.353 kPa。计算该蛋白的相对分子质量。若该溶液的密度近似为 1.00 $g \cdot mL^{-1}$，则能否用凝固点下降法测定蛋白质的相对分子质量？为什么？（水的 $K_f = 1.86\ K \cdot kg \cdot mol^{-1}$）
8. 现有一种难挥发的非电解质水溶液的沸点上升了 0.26℃。求此溶液的凝固点及在 298 K 时溶液的蒸气压。

第2章　检测题

一、选择题

1. 有同温同体积的三杯葡萄糖溶液，A杯溶液浓度为1 $mol \cdot kg^{-1}$，B杯溶液浓度为1 $mol \cdot dm^{-3}$，C杯溶液质量分数为10%。已知葡萄糖的相对分子质量为180，则各杯中葡萄糖的质量 ……（　　）

(A) C杯多　(B) B杯多　(C) A杯多　(D) A杯等于B杯

2. 1 000 g水中溶解0.1 mol食盐的水溶液与1 000 g水中溶解0.1 mol葡萄糖的水溶液，在1.013×10^5 Pa的状态下，下列有关沸点的陈述中正确的是 ……（　　）

(A) 都高于100℃，但食盐水比葡萄糖水要低

(B) 都高于100℃，但葡萄糖水比食盐水要低

(C) 食盐水低于100℃，葡萄糖水高于100℃

(D) 食盐水高于100℃，葡萄糖水低于100℃

3. 若溶液的浓度都为0.1 $mol \cdot dm^{-3}$，则下列水溶液的沸点由高到低排列，顺序正确的是 …（　　）

(A) Na_2SO_4，NaCl，HAc　(B) $Al_2(SO_4)_3$，NaCl，Na_2SO_4

(C) NaAc，K_2CrO_4，NaCl　(D) NaCl，$K_2Cr_2O_7$，$CaCl_2$

4. 下面几种溶液，① 0.1 $mol \cdot dm^{-3}$ $Al_2(SO_4)_3$，② 0.2 $mol \cdot dm^{-3}$ $CuSO_4$，③ 0.3 $mol \cdot dm^{-3}$ NaCl，④ 0.3 $mol \cdot dm^{-3}$尿素。按溶液的凝固点由高到低排列，顺序正确的是 ……（　　）

(A) ①②③④　(B) ①③②④　(C) ④②①③　(D) ④②③①

5. 在100 g水中含4.5 g某非电解质的溶液于−0.465℃时结冰，则该非电解质的相对分子质量约为(已知水的$K_f = 1.86\ K \cdot kg \cdot mol^{-1}$) ……（　　）

(A) 90　(B) 135　(C) 172　(D) 180

6. 在相同温度下，和1%尿素[$CO(NH_2)_2$]水溶液具有相同渗透压的葡萄糖($C_6H_{12}O_6$)溶液的浓度约为 ……（　　）

(A) 2%　(B) 3%　(C) 4%　(D) 5%

7. 处于恒温条件下的一封闭容器中有两杯液体，A杯为纯水，B杯为蔗糖水溶液。放置足够长时间后则发现 ……（　　）

(A) A杯水减少，B杯水满后不再变化

(B) B杯水减少，A杯水满后不再变化

(C) A杯变成空杯，B杯水满后溢出

(D) B杯水干并有蔗糖晶体，A杯水满后溢出

8. 溶解3.24 g硫于40 g苯中，苯的沸点升高0.81℃。若苯的$K_b = 2.53\ K \cdot kg \cdot mol^{-1}$，则溶液中硫分子的组成是 ……（　　）

(A) S_2　(B) S_4　(C) S_6　(D) S_8

9. 为防止水在仪器内结冰，可在水中加入甘油($C_3H_8O_3$)。欲使其冰点下降至−2.0℃，则应在100 g水中加入甘油(水的$K_f = 1.86\ K \cdot kg \cdot mol^{-1}$) ……（　　）

(A) 9.98 g　(B) 3.30 g　(C) 1.10 g　(D) 19.78 g

10. 测得人体血液的冰点降低值$\Delta T_f = 0.56$ K。已知$K_f = 1.86\ K \cdot kg \cdot mol^{-1}$，则在体温37℃时血液的渗透压是 ……（　　）

(A) 1 776 kPa　(B) 388 kPa　(C) 776 kPa　(D) 194 kPa

二、填空题

1. 现有四种水溶液：(a) 0.2 mol·dm^{-3} KCl；(b) 0.1 mol·dm^{-3} $C_{12}H_{22}O_{11}$；(c) 0.25 mol·dm^{-3} NH_3；(d) 0.04 mol·dm^{-3} $BaCl_2$。按凝固点由高到低排列的顺序是________________。

2. 海水结冰的温度比纯水结冰的温度________，其温度改变值可以用____________关系式表示。

3. 物质的量的浓度、质量摩尔浓度、摩尔分数中与温度有关的是________________，与温度无关的是________________。

4. Raoult 定律的适用条件____________、____________、____________。

5. 难挥发、非电解质、稀溶液的沸点升高、凝固点下降的本质是____________。

三、计算题

1. 在 303 K 时，丙酮(C_3H_6O)的蒸气压是 37 330 Pa，当 6 g 某非挥发性有机物溶于 120 g 丙酮时，其蒸气压下降至 35 570 Pa。试求此有机物的相对分子质量。

2. 在 293 K 时，蔗糖($C_{12}H_{22}O_{11}$)水溶液的蒸气压是 2 110 Pa。纯水的蒸气压是 2 333 Pa。试计算 1 000 g 水中含蔗糖的质量。已知蔗糖的摩尔质量为 342 g·mol^{-1}。

3. 常压下将 2.0 g 尿素(CON_2H_4)溶入 75 g 水中，求该溶液的凝固点。已知水的 K_f＝1.86 K·kg·mol^{-1}。

4. 人的血浆凝固点为－0.56℃，求 37℃时人血浆的渗透压。已知水的 K_f＝1.86 K·kg·mol^{-1}。

3 化学反应中的能量变化

能量控制着宇宙间所有事物的运动及人类的一切活动。人们所需要的能量主要是由化学反应提供的，因此，我们应该知道化学反应过程中能量的变化规律。对化学工作者（药学或化工工作者）来说，预言物质能否发生化学反应、化学反应过程中将有怎样的能量变化及化学反应是否能够进行到底、进行的程度怎样，都有十分重要的意义。例如空气中有取之不尽的氮和氧，是否可利用氮与氧作用生成氧化氮，从而生产工业上需要的硝酸呢？通过计算，我们知道氮和氧在常温常压下是不可能发生化学反应的，不必为寻找催化剂而枉费心机，但在高温下两者能够反应，这就可引导人们研究创造一个高温条件，以空气为原料制得硝酸。热力学研究的是能量转换过程中所遵循的规律。应用热力学原理，研究化学反应过程中能量的变化规律，形成化学热力学。本章仅介绍我们在后续章节将要使用的几个热力学函数，以及如何利用这些函数来判断化学反应进行的方向和能量变化。

3.1 热力学中的常用术语

学习热力学首先要掌握几个常用的术语，这些术语有时与习惯概念不完全一致，它们具有严格的定义，若模糊不清就会得出错误的结论。

3.1.1 体系与环境

用热力学研究问题时，首先要确定研究对象的范围和界限。热力学研究对象的一定量物质和一部分空间叫做体系，而与体系有关的其余部分叫做环境。如研究烧杯中溶液里的反应，这个溶液是体系，而烧杯和烧杯周围的相邻部分就是环境，这时体系和环境之间有界面。有时体系和环境之间没有明确的界面，如在气体反应体系中所产生的气体与周围环境的空气相混，体系和环境间就没有明确的界面。

按照体系与环境之间进行物质和能量交换的不同情况，可以把体系分为三类：

(1) 敞开体系　体系和环境之间既可以有物质交换，亦可以有能量交换；

(2) 封闭体系　体系和环境之间不可能有物质交换，只可以有能量交换；

(3) 孤立体系　体系和环境之间不可能有物质交换，亦不可能有能量交换。

例如，把一个盛有一定量热水的烧瓶选作体系，则该体系为敞开体系，因为既有水分子逸入环境（周围的空气），又和环境交换热量。若用塞子把这个烧瓶封闭起来，则此体系就成为封闭体系，因为它与环境只有热量交换。如果把所用的烧瓶改为保温瓶，则此体系就接近于孤立体系。

究竟选用哪一部分作为体系，这并没有什么一定的规律，而是根据客观情况的需要，以处理问题的方便为准则。

3.1.2 状态和状态函数

通常用体系的宏观性质，如体积、压力、温度、浓度、表面张力等来描述体系的热力学状态。

当这些性质有确定值时，体系就处于一定的状态；当体系某个性质发生变化时，体系的状态也随之发生改变。因此，用数学语言来说，这些用来规定体系热力学状态的宏观性质，都叫做状态函数。例如，气体的 p、V、T、n 等都是状态函数，它们的数值确定了，体系的状态也就确定了，因此，我们也可以说状态是体系的物理性质和化学性质的综合表现。状态函数具有以下重要性质：

(1) 体系的所有状态函数之间是相互联系的。因此只要测出某些易测的性质，就可以通过相互联系的数学式，计算出难以测量的性质的数值。这是在热力学中引进状态函数概念的一个方便之处。例如，若把气体看成是理想气体，只要测出 p、V、T、n 中的任何三个数值，就可以通过理想气体方程算出第四个状态函数值。

(2) 任何状态函数的变化值，只与体系的起始状态和最终状态有关，而与变化的过程和途径无关。例如，将一杯水由始态 10℃变到终态 30℃，无论是直接从 10℃加热到 30℃，或者先从 10℃加热到 50℃，然后再降温到 30℃，或采用其他不同的途径，温度的变化值都是：

$$\Delta t = t_{终} - t_{始} = 30℃ - 10℃ = 20℃$$

亦即温度是状态函数，不管变化的途径如何，只要体系的始态和终态温度是相同的，其变化值一定是一样的。状态函数的这一特性可以使研究的问题大大简化，因为我们可以不用研究许多复杂的中间过程，只要知道始态和终态就可以计算出变化前后某些状态函数的变化值，进而有可能判断变化的方向和限度。

根据体系的性质（状态函数）与体系中物质数量的关系，又可将它们分为两类：

(1) 容量性质：如质量、体积等。此种性质在一定条件下有加和性，即其数值与体系中物质的数量成正比，是体系中各部分该性质的总和。例如，在恒温恒压下将体积为 V_1 的氮气与体积为 V_2 的氮气混合后，它们的总体积为(V_1+V_2)。

(2) 强度性质：这种性质取决于体系自身的特性，和体系中物质的数量无关，没有加和性。例如，两杯等量的 100℃的水混合在一起，温度不会升高到 200℃，仍旧是 100℃，故温度是强度性质。另外，体系的两个容量性质相除之后得到的是强度性质，例如密度、摩尔质量、压力等都是强度性质。

3.1.3 过程和途径

体系状态所发生的一切变化均称为过程。如果体系的状态是在温度恒定的条件下发生了变化，则此变化称为恒温过程；同理在压力恒定的条件下，体系状态发生的变化，则此变化称为恒压过程，余类推。

在体系状态发生变化时，从一始态到一终态，可以经过不同的方式。这种由同一始态到同一终态的不同方式可称为不同的途径。例如，一体系由始态(25℃，10^5 Pa)变到终态(100℃，5×10^5 Pa)，可以先经恒压过程，再经恒温过程；亦可先经恒温过程，再经恒压过程(图 3-1)。在这种变化中，正如上面所述，体系状态性质的变化数值，不因变化途径的不同而异。

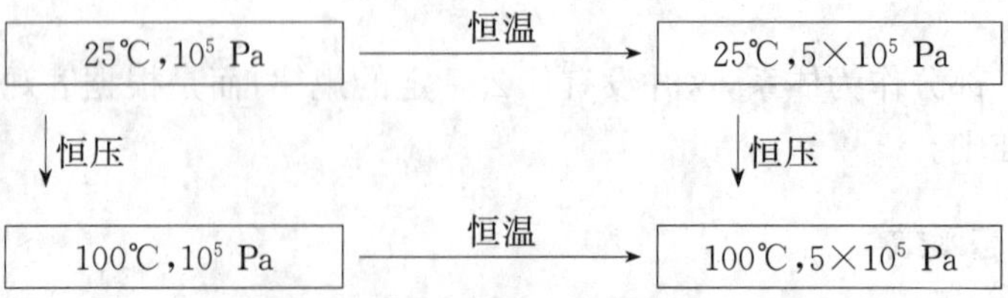

图 3-1 不同途径的示意图

3.2 热力学第一定律

3.2.1 热力学第一定律

早在 19 世纪中叶，能量守恒已成为公认的建立在大量精确实验基础上的自然规律。所谓能量守恒与转化定律即自然界的一切物质都具有能量，能量有各种不同的形式，能够从一种形式转化为另一种形式，从一个物体传递给另一个物体，而在转化和传递中能量的总数量不变。换言之，在孤立体系中，能量的形式可以转化，但能量的总值不变。将能量守恒原则应用于热能的转化与传递就可以得出热力学第一定律，所以热力学第一定律就是能量守恒定律。

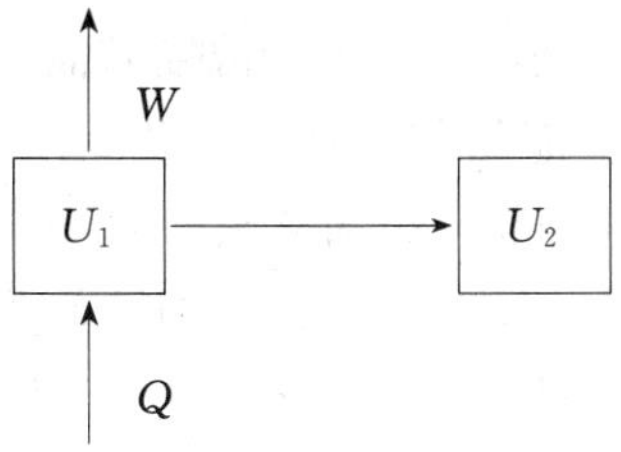

图 3-2 热力学第一定律表达式示意图

用符号 U 表示体系的内能。它是体系内部各种能量的总和，包括体系中分子、原子或离子等质点的动能，各质点相互吸引或排斥而产生的势能，以及各质点内部电子的能量、核能等。如果对某一封闭体系加热，体系吸收热量为 Q，并对环境做功为 W，则体系从内能为 U_1 的开始状态变成内能为 U_2 的终了状态(图 3-2)，根据能量守恒定律，其变化值为

$$\Delta U = U_2 - U_1 = Q - W$$

$$\Delta U = Q - W \tag{3-1}$$

式(3-1)就是热力学第一定律的数学表达式。语言描述为："体系的内能变化等于体系所吸收的热减去它所做的功"。

热力学中用热(Q)和功(W)的正、负号表示以热或功的形式传递能量的方向。习惯上规定：

(1) 体系吸收热量，Q 为正值，反之为负值。

(2) 体系对环境做功，W 为正值，反之为负值。

在利用热力学第一定律数学表达式进行计算时，一定要注意 ΔU、Q 和 W 的单位一致。

例 1 如果能量状态 U_1 的体系吸收热量 800 J，对环境做功 100 J，求体系的内能变化 ΔU 和终态能量 U_2。

解：据题意 $Q=800\ \text{J}, W=100\ \text{J}$

∴ $\Delta U = Q - W = 800\ \text{J} - 100\ \text{J} = 700\ \text{J}$

又 $\Delta U = U_2 - U_1$

∴ $U_2 = U_1 + \Delta U = U_1 + 700\ \text{J}$

例 2 仍然是上题中能量为 U_1 的体系，若释放出 200 J 的热量，环境对体系做功 900 J，求体系的内能变化 ΔU 和终态能量 U_2。

解：据题意 $Q=-200\ \text{J}, W=-900\ \text{J}$

∴ $\Delta U = Q - W = -200\ \text{J} - (-900\ \text{J}) = 700\ \text{J}$

又 $\Delta U = U_2 - U_1$

∴ $U_2 = U_1 + 700\ \text{J}$

由上述两例可以看出，虽然 Q 和 W 值随变化的途径不同而改变，但因为体系的始态 U_1

和终态 U_2 是相同的，所以体系在这两种变化时的 ΔU 是相同的。

3.2.2 内能是状态函数

内能的绝对值目前仍无法测定，但它的变化值 ΔU 可以通过 Q 和 W 求出。如上所述，内能的变化只与体系的始态和终态有关，而与过程的具体途径无关，所以内能是状态函数，本书对此不做证明。

内能既然是状态函数，由内能的定义可知，它是体系本身的一个容量性质，在一定的状态下有一定值。

3.2.3 热和功不是状态函数

热力学中将各种形式的能量传递分成两大类：一类是热，另一类是功。把由于温度差而引起的体系和环境之间进行的能量传递形式称为热。除热以外的其他能量传递形式都称为功。与内能不同，热和功是体系发生状态变化过程中体系与环境交换的能量。功和热只有在变化过程中出现，过程进行完了，就转变为体系或环境的内能。没有变化过程，就没有功和热，而且它们的数量还随变化途径不同而改变，因此，它们是过程变量，而不是状态函数。

功有电功、机械功、膨胀功等，热力学上把因体系体积变化而引起的体系和环境之间交换功称为膨胀功，而把除膨胀功之外的所有功称为非膨胀功。在化学反应中常常遇到的是膨胀功。例如，在外压 p 不变的情况下，如果体系从体积 V_1 变化到体积 V_2，则体系对环境所做的膨胀功为 $p(V_2-V_1)$ 或 $p\Delta V$。

3.3 化学反应的热效应与焓变

大多数化学反应体系都属于封闭体系。在这类反应的过程中，体系通常以热和体积功的形式与环境交换能量，而体积功与热相比是微不足道的，因此，研究化学反应中能量的变化主要集中在热量问题上。应用热力学第一定律研究化学反应的能量变化问题的学科称为热化学。当化学反应完成之后，使产物的温度回到反应前反应物的温度，体系所放出或吸收的热量称为该反应的热效应(简称反应热)。

3.3.1 恒容反应热、恒压反应热与焓变

3.3.1.1 恒容反应热

一般在封闭体系中进行的反应都是在恒容下进行的。若反应过程中不做非膨胀功，则由于体系的体积不变，所以也不可能做膨胀功，即 $W=0$，根据热力学第一定律的数学表达式 $\Delta U=Q-W$ 可以得出 $\Delta U=Q_V$，Q_V 为恒容热效应，即在恒容情况下体系所放出或吸收的热量恰好等于体系内能的变化。

3.3.1.2 恒压反应热与焓变

一般在敞口容器中进行的化学反应都是在恒压下进行的。对于一个恒温、恒压只做膨胀功的化学反应来说，它的热效应可作如下计算：

因为 $W=p\Delta V$，$Q=Q_p$

据热力学第一定律数学表达式有：

$$\Delta U=Q_p-p\Delta V$$
$$Q_p=\Delta U+p\Delta V$$

又因为　$p_{始}=p_{终}=p_{外}=p$(恒压)

则　$Q_p=\Delta U+\Delta(pV)=\Delta(U+pV)$

令　$H=U+pV$(H 称为焓)

则　$Q_p=\Delta H=\Delta U+p\Delta V$　(3-2)

式中,Q_p 为恒压反应热。上述公式表明:恒压过程的热效应 Q_p 等于体系的焓变 ΔH。在化学反应过程中,焓变 ΔH 就直接称为恒压反应热。

分析焓 H 的定义,我们可以发现焓 H 具有下列性质:

(1) 因为 U、p、V 都是状态函数,焓 H 也应是状态函数,其变化值 ΔH 只与体系的始态和终态有关,而与途径无关。例如,1 g 0℃的水焓值为 H_1,当在 101.325 kPa 压力下加热到 100℃时要吸收 418 J 的热量,其焓值也要增加同样的数值,即 1 g 100℃水的焓值 $H_2=H_1+418$ J。

(2) 焓 H 和内能 U 一样,绝对值是无法测量的,但是它的变化值 ΔH 可以通过测量恒压反应热得到。

(3) 和内能 U 一样,焓 H 也是体系的一个容量性质,具有加和性。例如,在同样条件下,1 mol 水的焓值是 1 g 水的 18 倍。

(4) 化学反应过程中的 ΔH 与 ΔU 的关系:

据焓的定义　$H=U+pV$

在恒压条件下　$\Delta H=\Delta U+\Delta(pV)$

$\Delta H=\Delta U+p\Delta V$　(3-3)

式中,ΔV 为反应前后的体积变化。

若假设反应中的气体为理想气体:

$$\Delta V=\frac{RT}{p}\Delta n$$

$\Delta H=\Delta U+\Delta nRT$　(3-4)

式中,Δn 为产物中气体的总物质的量－反应物中气体总物质的量;

$R=8.314\ \text{J}\cdot\text{mol}^{-1}\cdot\text{K}^{-1}$。

据上述推导过程和结论,我们可以发现:

(1) 对反应物和产物都是液体或固体的反应,反应前后体积变化极小,$p\Delta V$ 项可以忽略,此时,$\Delta H=\Delta U$,或 $Q_P=Q_V$。

(2) 对于涉及有气体参加的反应:

若 $\Delta n>0$(体积增大)时,$\Delta H>\Delta U$;

若 $\Delta n=0$(体积不变)时,$\Delta H=\Delta U$;

若 $\Delta n<0$(体积减小)时,$\Delta H<\Delta U$。

例 3　1 mol C_6H_6(l)在恒容下燃烧(25℃),

$$C_6H_6(l)+7\frac{1}{2}O_2(g)\longrightarrow 6CO_2(g)+3H_2O(l)$$

已知 $\Delta U_{298}=-3\ 268.1\ \text{kJ}\cdot\text{mol}^{-1}$,求 ΔH_{298} 为多少?

解:据公式 $\Delta H=\Delta U+\Delta nRT$

据题意　　$\Delta n=6-7.5=-1.5(\text{mol})$

$\Delta U=-3\ 268.1(\text{kJ}\cdot\text{mol}^{-1})$

则　　$\Delta H=-3\ 268.1+(-1.5)\times 8.314\times 298\times 10^{-3}$

$=-3\ 271.8(\text{kJ}\cdot\text{mol}^{-1})$

例 4　450 g 水蒸气在 101.3 kPa 和 100℃凝结成水,已知水的蒸发热为 2.26 kJ · g^{-1},试计算此过程的 $W,Q,\Delta H,\Delta U$。

解:450 g 水蒸气的物质的量为 450/18.0=25.0(mol)

根据公式　$W=p\Delta V=\Delta nRT$

Δn=反应后气体物质的量－反应前气体物质的量

$=0-25=-25.0(\text{mol})$

∴　$W=p\Delta V=\Delta nRT=-25.0\times 8.314\times 373\times 10^{-3}$

$=-77.5(\text{kJ})$

$Q=450\times(-2.26)=-1\ 017(\text{kJ})=Q_p$

$\Delta H=Q_p=-1\ 017(\text{kJ})$

$\Delta U=Q-W=-1\ 017-(-77.5)$

$=-939.5(\text{kJ})$

3.3.2　盖斯定律

化学反应所释放的热量是目前世界上生产和生活中所需能量的主要来源。此外,化学反应的热量问题在化工生产、药物合成等方面具有重要的意义。前面我们主要是应用热力学第一定律讨论了恒容反应热 $Q_V(\Delta U)$和恒压反应热 $Q_p(\Delta H)$以及它们之间的相互关系,下面我们着重讨论恒压反应热 ΔH 的各种计算方法。

3.3.2.1　*热化学方程式的写法*

表示化学反应与热效应关系的方程式称为热化学方程式。例如:

298 K,101.3 kPa 条件下,氢气与氧气反应生成水的热化学方程式可写成

$$H_2(g)+\frac{1}{2}O_2(g)=H_2O(l)+285.8\ \text{kJ}\cdot\text{mol}^{-1}$$

也可以写成

$$H_2(g)+\frac{1}{2}O_2(g)=H_2O(l)\qquad \Delta H^{\ominus}=-285.8\ \text{kJ}\cdot\text{mol}^{-1}$$

为了使符号与热力学习惯一致,本书采用后者(目前,有些书用 $\Delta_r H_m^{\ominus}$ 代替 $\Delta H^{\ominus}$)。

书写热化学反应方程式时,必须注意下列几点。

(1) 要标明反应的温度和压力。习惯采用 101.3 kPa 为标准压力。热力学规定物质处于 101.3 kPa 下的状态为标准状态,由于温度没有指定,因此每个温度下都存在一个标准态。用右上标"$^{\ominus}$"表示标准态。温度则用括号标注在 ΔH 之后。如 $\Delta H^{\ominus}(298)$表示参加反应各物质都处于标准态,并在 298 K 时反应的恒压热效应。因常用 298 K 的热效应,为了简便起见,不注明温度即表示是 298 K 时的热效应。

(2) 必须在化学式的右侧注明物质的状态,因为物质的聚集状态不同焓值是不同的,有关化学反应的焓变也是不同的。例如:

$$H_2(g)+\frac{1}{2}O_2(g)=H_2O(g) \qquad \Delta H^{\ominus}=-241.8\ \mathrm{kJ\cdot mol^{-1}}$$

与上述生成液态水的 $\Delta H^{\ominus}$ 不相等。

若有几种晶型，还应注明是哪一种，例如：

$$C(石墨)+O_2(g)=CO_2(g) \qquad \Delta H^{\ominus}=-393.5\ \mathrm{kJ\cdot mol^{-1}}$$

$$C(金刚石)+O_2(g)=CO_2(g) \qquad \Delta H^{\ominus}=-395.4\ \mathrm{kJ\cdot mol^{-1}}$$

(3) 化学式前的系数是化学计量数，它是无量纲的，可以是整数或简单分数。

(4) 反应热的单位是 $\mathrm{kJ\cdot mol^{-1}}$，表示的是摩尔反应热即按照所给反应式发生 1 mol 反应时吸收或放出的热量，该处基本单元为“化学式前的系数＋化学式”。

例如，上述反应 $H_2(g)+\frac{1}{2}O_2(g)=H_2O(g)$ 中，$\frac{1}{2}O_2$ 为一基本单元。

$$H_2(g)+I_2(s)=2HI(g) \qquad \Delta H^{\ominus}=52\ \mathrm{kJ\cdot mol^{-1}}$$

$$\frac{1}{2}H_2(g)+\frac{1}{2}I_2(s)=HI(g) \qquad \Delta H^{\ominus}=26\ \mathrm{kJ\cdot mol^{-1}}$$

(5) 正反应与逆反应的 $\Delta H^{\ominus}$ 大小相等，但符号相反，例如：

$$2HI(g)=H_2(g)+I_2(g) \qquad \Delta H^{\ominus}=-52\ \mathrm{kJ\cdot mol^{-1}}$$

3.3.2.2 盖斯定律

1840 年盖斯(Hess)在总结大量实验事实的基础上，提出了一条定律：“一个化学反应不管是一步完成还是分几步完成，其热效应总是相同的。”实际上，从热力学的观点来说，这条定律是状态函数性质的必然结果。也就是说，在恒压或恒容条件下，当体系只做膨胀功而不做其他功时，反应的热效应 $\Delta H(Q_P)$ 或 $\Delta U(Q_V)$ 只与反应的始态和终态有关，而与反应中间所经历的各途径无关。

例如，反应 $C(s)+\frac{1}{2}O_2(g)=CO(g)$ 的热效应很难直接测量，因为人们很难控制碳的氧化只生成 CO 这一步而不继续氧化成 CO_2，但是让碳全部氧化成 CO_2 的反应热是比较容易测定的。

$$C(s)+O_2(g)=CO_2(g) \qquad \Delta H_1^{\ominus}=-393.3\ \mathrm{kJ\cdot mol^{-1}}$$

由其他方法制得纯 CO，由 CO 氧化成 CO_2 的反应热亦已知为

$$CO(g)+\frac{1}{2}O_2(g)=CO_2(g) \qquad \Delta H_2^{\ominus}=-282.8\ \mathrm{kJ\cdot mol^{-1}}$$

根据盖斯定律，我们可以将反应：

$$C(s)+O_2(g)=CO_2(g)$$

设计成两步完成：

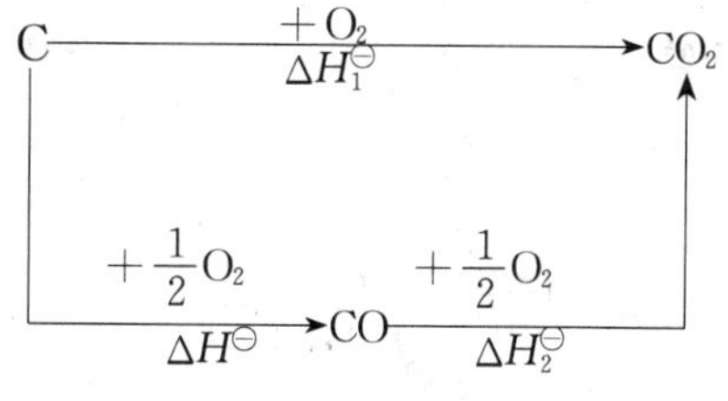

而

$$\Delta H_1^{\ominus}=\Delta H^{\ominus}+\Delta H_2^{\ominus}$$

所以，反应 $C(s)+\frac{1}{2}O_2(g)=CO(g)$ 的热效应 $\Delta H^{\ominus}$ 为 $-110.5\ \mathrm{kJ\cdot mol^{-1}}$。

例 5 已知下列反应在 298 K 时反应热为

(1) $CH_3COOH(l)+2O_2(g)=2CO_2(g)+2H_2O(l)$ $\quad \Delta H_1^{\ominus}=-870.3\ kJ\cdot mol^{-1}$

(2) $C(g)+O_2(g)=CO_2(g)$ $\quad \Delta H_2^{\ominus}=-393.5\ kJ\cdot mol^{-1}$

(3) $H_2(g)+\frac{1}{2}O_2(g)=H_2O(l)$ $\quad \Delta H_3^{\ominus}=-285.8\ kJ\cdot mol^{-1}$

计算反应

(4) $2C(s)+2H_2(g)+O_2(g)=CH_3COOH(l)$的 $\Delta H^{\ominus}$。

解:通过分析可以发现:

$(2)\times 2+(3)\times 2-(1)=(4)$

即 $2C(s)+2O_2(g)=2CO_2(g)$ $\quad 2\Delta H_2^{\ominus}$

$2H_2(g)+O_2(g)=2H_2O(l)$ $\quad 2\Delta H_3^{\ominus}$

+) $2CO_2(g)+2H_2O(l)=CH_3COOH(l)+2O_2(g)$ $\quad -\Delta H_1^{\ominus}$

$2C(s)+2H_2(g)+O_2(g)=CH_3COOH(l)$ $\quad \Delta H^{\ominus}$

$$\begin{aligned}\Delta H^{\ominus}&=2\times\Delta H_2^{\ominus}+2\times\Delta H_3^{\ominus}-\Delta H_1^{\ominus}\\&=2\times(-393.5)+2\times(-285.8)-(-870.3)\\&=-488.3(kJ\cdot mol^{-1})\end{aligned}$$

3.3.2.3 标准生成热

恒温恒压下化学反应的热效应(ΔH)等于产物焓的总和减去反应物焓的总和,即

$$\Delta H=H_{终}-H_{始}=\sum H_{产}-\sum H_{反}$$

如果能够知道参加化学反应的各个物质焓的绝对值,对于任一反应只要直接查表就能计算其反应热,那当然是方便的。但是实际上焓的绝对值目前是无法测定的。为了解决这一困难,人们采用了一个相对标准,可以很方便地用来计算反应的 ΔH。规定:在给定温度和标准状态下由最稳定的单质生成 1 摩尔某纯物质时的反应热称为该物质的标准生成热,用符号 $\Delta H_f^{\ominus}$ 表示。按照这个规定,在标准状态下最稳定单质的标准生成热为零。

例如,在 298 K 及标准状态下

$$C_{(石墨)}+O_2(g)=CO_2(g) \qquad \Delta H^{\ominus}=-393.5\ kJ\cdot mol^{-1}$$

则 $CO_2(g)$在 298K 时的标准生成热 $\Delta H^{\ominus}_{f(CO_2)}=-393.5\ kJ\cdot mol^{-1}$

有了标准生成热之后,就可以很方便地计算出许多反应的热效应,当然也可以用来计算某些物质的标准生成热。在途径设计时,我们都可以设计成:反应物⟶单质⟶产物,即

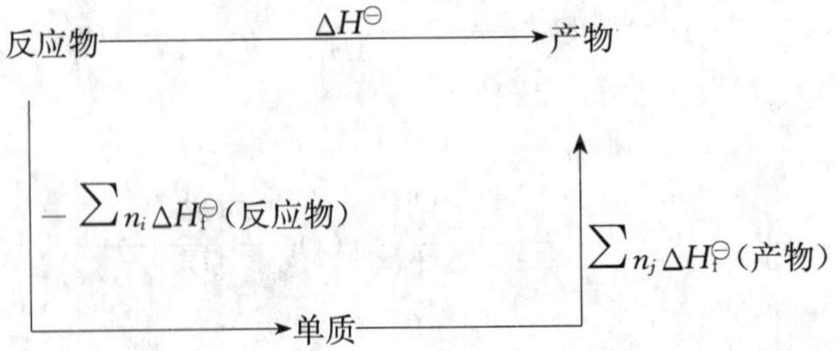

根据盖斯定律得到:

$$\Delta H^{\ominus}=\sum n_j\Delta H_{f,产物}-\sum n_i\Delta H_{f,反应物} \tag{3-5}$$

式(3-5)表示，任何一个在标准状态下进行的化学反应的热效应 $\Delta H^{\ominus}$，等于产物的标准生成热之和减去反应物标准生成热之和。式中 n_i，n_j 分别表示各反应物和各产物的分子式前的系数。

例 6 根据标准生成热数据，计算下列反应的 $\Delta H^{\ominus}$。

$$CH_4(g)+2O_2(g) \longrightarrow CO_2(g)+2H_2O(l)$$

解：从附录查表，得 $\Delta H_f^{\ominus}, CH_4(g)=-74.8\ kJ \cdot mol^{-1}$

$\Delta H_f^{\ominus}, CO_2(g)=-393.5\ kJ \cdot mol^{-1}$

$\Delta H_f^{\ominus}, H_2O(l)=-285.8\ kJ \cdot mol^{-1}$

因此，

$$\begin{aligned}\Delta H_r^{\ominus} &= [\Delta H^{\ominus}_{f,CO_2(g)}+2\Delta H^{\ominus}_{f,H_2O(l)}]-[\Delta H^{\ominus}_{f,CH_4(g)}+2\times\Delta H^{\ominus}_{f,O_2(g)}] \\ &=(-393.5-2\times285.8)-(-74.8+0) \\ &=-890.3(kJ \cdot mol^{-1})\end{aligned}$$

3.4 化学反应的方向

3.4.1 反应的自发过程

3.4.1.1 自发过程的方向性

自然界所发生的过程都具有一定的方向性。例如：水从高处流向低处；气流从高压处自动流向低压处；电流自动由高电位处流向低电位处等。自然界所发生的这些变化是“自发”的，所谓“自发”是指这些过程在没有任何外部力量的作用而能“自己”进行。自发过程的逆过程是非自发的，例如，298 K 的水绝不会结成冰，低处的水不会自动由低处流向高处。(见表 3-1)

表 3-1 一些自发过程的特征

实 例	自发进行方向	推动力	进行限度
水流	高水位→低水位	Δh	$\Delta h=0$
气流	高压处→低压处	Δp	$\Delta p=0$
热传导	高温物体→低温物体	ΔT	$\Delta T=0$
电流	高电位→低电位	ΔE	$\Delta E=0$

自发过程不可能无限制进行下去，例如，两个不同温度的物体相接触，将会发生高温物体自动将热传给低温物体，此时，高温物质温度越来越低，低温物体温度越来越高，当两物体的温度相等时，热传递过程也就结束，达到了平衡状态。

3.4.1.2 自发过程的推动力

表 3-1 列出了一些自发的物理过程的某些性质。从表 3-1 可以看出每一个自发过程都有一种推动力。水流的推动力是 $\Delta h=h_2-h_1$，其自发流动的方向是从高处流到低处。

一切自动进行的化学反应都是自发过程。例如：放在潮湿空气中的铁会生锈；Zn 和 $CuSO_4$ 水溶液能自动反应置换出 Cu，等等。它们的逆过程则都是不能自发进行的。因为谁也没有见过铁锈会自动变成铁；Cu 和 $ZnSO_4$ 水溶液不会自动反应变成 Zn 和 $CuSO_4$。和一切自发的物理过程一样，自发的化学反应也应该有一种推动力。

通过对自然界各种自发过程的本质进行深入的研究，发现有两种基本规律控制着自然界所有自发过程的方向：

(1) 体系倾向于取得较低的能量状态；

(2) 体系倾向于取得较大的混乱度。

自发过程总是朝着其中一个倾向或同时朝着两个倾向进行，亦即自发过程至少必须满足其中的一个倾向。例如：一盒火柴落到地上变成散乱状态，一方面降低了势能，另一方面又增加了混乱度，两种倾向兼有；两种气体自动相互扩散，体系的能量不变，但混乱度增加。

3.4.2 熵和熵变

3.4.2.1 熵的物理意义和性质

混乱度是和物质的质点运动直接相关的。物质内部的质点处在不停的运动之中，体系内部质点的混乱程度是体系的一个性质，因而应有一物理量来反映这一性质的大小。当然这一物理量也应是状态函数，在热力学中，把反映体系混乱度大小的状态函数称为熵，用符号 S 表示。体系内质点的混乱度越大熵值越大，混乱度越低熵值越小。

熵和内能、焓一样都是物质体系的容量性质。体系有定态，熵值就有定值。但是熵也与它们有所不同：内能和焓的绝对值是无法测量的，单质的内能和焓也不等于零，稳定单质的标准生成焓为零是人为规定的，而每种物质的熵的绝对值是可以测出或计算出来的，在常温常压下单质的熵不等于零。热力学把某物质在任意温度时的熵值称为绝对熵，用 S_T 表示。若在标准状态下，则用符号 $S_T^{\ominus}$ 表示，当 $T=298\ K$ 时，用 $S^{\ominus}$ 表示，单位是 $J \cdot K^{-1} \cdot mol^{-1}$。

3.4.2.2 影响熵值的因素

根据上述，体系的混乱度越高，则其熵值越大。物质的熵值与下列因素有关。

(1) 聚集状态　同一种物质所处的聚集状态不同熵值不同。总是气态熵值 $S(g)$ 大于液态熵值 $S(l)$，液态熵值 $S(l)$ 大于固态熵值 $S(s)$。例如，298 K，CH_3OH 和 I_2 不同聚集状态标准熵数据如下：

物质	$CH_3OH(g)$	$CH_3OH(l)$	$I_2(g)$	$I_2(s)$
$S_T^{\ominus}/(J \cdot K^{-1} \cdot mol^{-1})$	237.65	126.78	260.58	116.73

(2) 温度　温度升高，物质内部质点热运动加强，混乱度增加，因此，物质的熵随温度升高而增大。例如，不同温度气态 H_2O 的熵值：$S_{298}^{\ominus}=188.74\ J \cdot K^{-1} \cdot mol^{-1}$，$S_{400}^{\ominus}=198.61\ J \cdot K^{-1} \cdot mol^{-1}$，$S_{500}^{\ominus}=208.49\ J \cdot K^{-1} \cdot mol^{-1}$。

(3) 压力　当温度不变时，减小压力，熵值增加。但通常情况下，压力对液态和固态熵值的影响很小，对气体熵值影响较大。

(4) 物质的分子结构和相对分子质量　一般说来，一个分子的原子数越多，其混乱度越大，熵值也越大；原子数相同时，相对分子质量(或相对原子质量)越大，物质的熵值越大。例如：$S(C_2H_6)>S(CH_4)$；$S(Ne)>S(He)$。

3.4.2.3 化学反应的熵变

化学反应的熵变是产物的熵值与反应物熵值之差，在标准状态时反应的标准熵可用下式(3-6)计算：

$$\Delta S^{\ominus}=\sum n_j S_{j,产物}^{\ominus}-\sum n_i S_{i,反应物}^{\ominus} \tag{3-6}$$

例 7　求反应 $2HCl(g)=H_2(g)+Cl_2(g)$ 的标准熵变。

解：从附录查表，得

$$S^\ominus(HCl,g)=186.7\ J\cdot K^{-1}\cdot mol^{-1}$$
$$S^\ominus(H_2,g)=130.6\ J\cdot K^{-1}\cdot mol^{-1}$$
$$S^\ominus(Cl_2,g)=223.0\ J\cdot K^{-1}\cdot mol^{-1}$$
$$\begin{aligned}\Delta S^\ominus&=(130.6+223.0)-2\times186.7\\&=-19.8(J\cdot K^{-1}\cdot mol^{-1})\end{aligned}$$

根据熵的性质，分析化学反应的 $\Delta S^\ominus$ 的符号，可以得出下面几条近似规律(表 3-2)。

表 3-2　一些化学反应的 $\Delta S^\ominus$(298 K)

化学反应	$\Delta S^\ominus$ $(J\cdot K^{-1}\cdot mol^{-1})$	$\Delta n_{气}$	$\Delta n_{总}$
(1) $CaCO_3(s)=CaO(s)+CO_2(g)$	+161	+1	
(2) $N_2O_4(g)=2NO_2(g)$	+177	+1	
(3) $CH_4(g)+2O_2(g)=CO_2(g)+2H_2O(l)$	−242	−2	
(4) $2HCl(g)=H_2(g)+Cl_2(g)$	−20	0	
(5) $CuSO_4\cdot5H_2O(s)=CuSO_4(s)+5H_2O(l)$	+157		+5
(6) $PbBr_2(s)=Pb(s)+Br_2(l)$	+56		+1
(7) $PbI_2(s)=Pb(s)+I_2(s)$	+5		+1
(8) $2AgI(s)=2Ag(s)+I_2(s)$	−26		+1

(1) 反应结果增加了气体的摩尔数，$\Delta S^\ominus>0$；反应结果减少了气体的摩尔数，$\Delta S^\ominus<0$。

(2) 对于不涉及气体的反应，当反应前后总摩尔数增加(足够大)，则 $\Delta S^\ominus>0$。

(3) 反应中消耗固体产生液体时，$\Delta S^\ominus>0$。

此外，由于 S 和 H、U 一样，都是状态函数，因此适用于 ΔH、ΔU 的一些原理也可适用于求 ΔS，例如：如果一反应可看做两个或更多个化学反应的总和，总反应的 ΔS 等于各反应的 ΔS 的总和。

3.4.3　化学反应的判据

我们已经谈到，自发化学反应的推动力有两个：体系的能量降低($\Delta H<0$)和体系的混乱度增加($\Delta S>0$)。有许多化学反应这两个因素是一致的。但是也有许多化学反应这两个因素是相互矛盾的。例如，Fe 生锈的反应，其 $\Delta H^\ominus$ 和 $\Delta S^\ominus$ 为

$$2Fe(s)+\frac{3}{2}O_2(g)=Fe_2O_3(s)$$
$$\Delta H^\ominus=-822.2\ kJ\cdot mol^{-1}$$
$$\Delta S^\ominus=-271.9\ J\cdot K^{-1}\cdot mol^{-1}$$

在常温常压下这个反应是自发的。在该反应中，$\Delta H^\ominus<0$，有利于自发反应，而 $\Delta S^\ominus<0$ 却不利于自发反应。这说明应有综合这两个因素的物理量来作为自发反应的标准。

3.4.3.1　有用功与自由能变化的 ΔG

1867 年，美国科学家吉布斯认为反应自发性的标准是它产生有用功的本领(此时有用功就是我们前面所描述的非膨胀功)。吉布斯利用热力学原理证明：在恒温和恒压下，如果在理论上或实践上一个反应能被利用来做有用功，则该反应是自发的；如果一个反应必须由环境对它做功才能进行，则该反应是非自发的。此外，有用功是指人类可利用的功，如电功、机械功

等。但体积功(膨胀功)也是有用的,例如,炸药爆炸所做的体积功就是有用的。下面举几个例子来说明吉布斯自发性标准的含义。

若甲烷燃烧反应

$$CH_4(g)+2O_2(g)=CO_2(g)+2H_2O(g)$$

在内燃机中进行,则可以做机械功,所以它是自发的;又如,若反应

$$Zn(s)+CuSO_4(l)=ZnSO_4(l)+Cu(s)$$

在原电池中反应,则可以做电功,因此它也是自发反应。

与上面两个例子相反,欲使水分解,需要通电对其做功:

$$H_2O(g)\xlongequal{\text{通电}}H_2(g)+\frac{1}{2}O_2(g)$$

即环境对反应做功才能使它发生,因此可以判断它是非自发的。由此可见,非自发并不含有"不可能"之意。

在前面我们利用恒温恒压下,化学反应的热效应只与体系的始终态有关,而与途径无关的特点,体现了体系状态函数 H 的性质。理论和实践表明,在恒温恒压下,化学反应所能做的最大有用功也只是与体系的始终态有关,而与途径无关,因此它也一定体现了体系某一状态函数的性质,我们把体系这个状态函数称为吉布斯自由能,简称自由能,用 G 表示。自由能定义为

$$G=H-TS \tag{3-7}$$

恒温恒压时,反应的自由能变化 ΔG 与最大有用功 $W'_{\text{最大}}$ 的关系为

$$-\Delta G=W'_{\text{最大}} \tag{3-8}$$

即在恒温恒压下,一个化学反应能够做的最大有用功等于反应自由能的减少。

通过以上讨论可知,反应自由能变化的 ΔG 的符号与反应自发性之间存在着一个简单关系,可分三种情况(图 3-3):

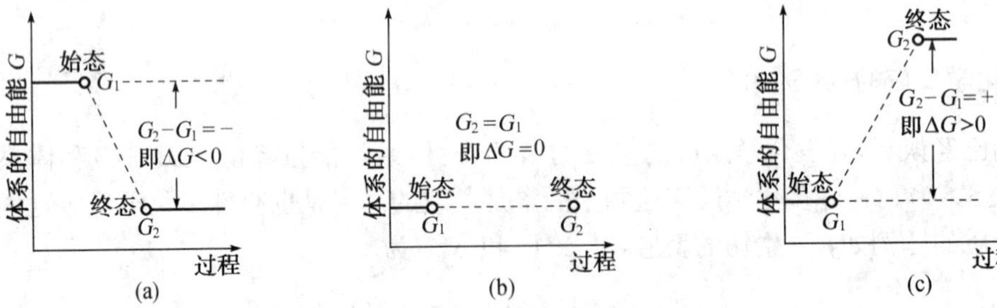

图 3-3 体系自由能变化

(*a*) 自发过程 (*b*) 平衡状态 (*c*) 非自发过程

(1) $\Delta G<0$,即 $W'_{\text{最大}}>0$,在恒温恒压下,反应可以产生有用功,因而反应是自发的。

(2) $\Delta G>0$,即 $W'_{\text{最大}}<0$,在恒温恒压下,反应必须由环境对其做功才能发生,因此是非自发的。

(3) $\Delta G=0$,即 $W'_{\text{最大}}=0$,体系达到平衡状态。

综上所述,自由能 G 和 ΔG 有如下性质:

(1) 因为 H、T 及 S 是状态函数,由自由能定义式 $G=H-TS$ 可知,G 也是一个状态函数,且为容量性质。化学反应自由能的变化可表示为

$$\Delta G=\sum n_j G_{产物}-\sum n_i G_{反应物} \tag{3-9}$$

(2) 若一个反应可分成几步进行，则总反应的自由能变化必定等于各分步反应的自由能变化之和。

3.4.3.2 标准生成自由能 $\Delta G_f^{\ominus}$

与内能及焓一样，自由能的绝对值无法测出，因此也就不能利用公式 $\Delta G=\sum n_j G_{产物}-\sum n_i G_{反应物}$ 计算得到自由能的变化值 ΔG，但是可以采用由标准生成热 $\Delta H_f^{\ominus}$ 求 $\Delta H^{\ominus}$ 的方法，由 $\Delta G_f^{\ominus}$ 求 $\Delta G^{\ominus}$，$\Delta G_f^{\ominus}$ 称为物质的标准生成自由能。$\Delta G_f^{\ominus}$ 规定为纯物质在 101.3 kPa 下由稳定单质生成 1 mol 化合物时反应的自由能变化。因此，在 101.3 kPa 下，任何稳定单质的 $\Delta G_f^{\ominus}$ 定为零。这样我们就可以仿由 $\Delta H_f^{\ominus}$ 求 $\Delta H^{\ominus}$ 的方法来求 $\Delta G^{\ominus}$：

$$\Delta G^{\ominus}=\sum n_j \Delta G_{f,产物}-\sum n_i \Delta G_{f,反应物}$$

即一个化学反应的标准生成自由能变化等于产物的标准生成自由能之和减去反应物的标准生成自由能之和。

例 8 判断在 101.3 kPa 及 298 K 时下列反应是否自发？

$$4NH_3(g)+5O_2(g)=4NO(g)+6H_2O(l)$$

解：查附录得 $\Delta G^{\ominus}_{f,H_2O(l)}=-237.2\ \mathrm{kJ\cdot mol^{-1}}$

$\Delta G^{\ominus}_{f,NO(g)}=86.7\ \mathrm{kJ\cdot mol^{-1}}$

$\Delta G^{\ominus}_{f,NH_3(g)}=-16.6\ \mathrm{kJ\cdot mol^{-1}}$

则

$$\begin{aligned}\Delta G^{\ominus}&=[4\Delta G_{f,NO(g)}+6\Delta G_{f,H_2O(l)}]-[4\Delta G_{f,NH_3(g)}+5\Delta G_{f,O_2(g)}]\\&=[4\times 86.7+6\times(-237.2)]-[4\times(-16.6)+5\times 0]\\&=-1\,010.0(\mathrm{kJ\cdot mol^{-1}})\end{aligned}$$

故此反应在 298 K，101.3 kPa 下是自发的。

3.4.3.3 吉布斯—赫姆霍兹方程

我们已经知道，每一个化学反应都有其特定的 ΔH、ΔS 及 ΔG 值。ΔH 是反应时能量变化，ΔG 决定反应在恒温恒压下自发进行时产生有用功的多少，ΔS 是化学反应的混乱度变化。三者之间的关系很容易从自由能的定义推出。

$$G=H-TS$$

$$\Delta G=\Delta H-\Delta(TS)$$

由于温度恒定，则：

$$\Delta G=\Delta H-T\Delta S \tag{3-10}$$

式(3-10)就是著名的吉布斯—赫姆霍兹方程。它描述了化学反应的 ΔG 随温度 T 的变化关系式，实际过程中有广泛的应用。

(1) 已知 T K 时的 $\Delta H_T^{\ominus}$、$\Delta S_T^{\ominus}$，求 T K 时的 $\Delta G_T^{\ominus}$：

$$\Delta G_T^{\ominus}=\Delta H_T^{\ominus}-T\Delta S_T^{\ominus}$$

(2) 已知 T K 时的 $\Delta H_T^{\ominus}$、$\Delta S_T^{\ominus}$，求另一温度 T'时的 $\Delta G_T^{\ominus}{}'$。

因为一般情况下 ΔH、ΔS 随温度的变化较小，可以用 $\Delta H_T^{\ominus}$ 代替 $\Delta H_T^{\ominus}{}'$，$\Delta S_T^{\ominus}$ 代替 $\Delta S_T^{\ominus}{}'$，所以有：

$$\Delta G_T^{\ominus}{}'=\Delta H_T^{\ominus}-T'\Delta S_T^{\ominus}$$

通常我们得到的 $\Delta H^{\ominus}$和 $\Delta S^{\ominus}$为 298 K 时的，因此有：

$$\Delta G_T^\ominus = \Delta H_{298}^\ominus - T\Delta S_{298}^\ominus$$

(3)根据 ΔH、ΔS 的符号判断温度对反应自发性的影响。例如，当 $\Delta H<0$，$\Delta S>0$ 时，$\Delta G=\Delta H-T\Delta S$ 必定在任何温度下都小于零，因此此反应在任何温度下都是自发的。各种情况反应的自发方向性见表 3-3。

表 3-3　恒压下温度对反应自发性的影响

	ΔH	ΔS	$\Delta G=\Delta H-T\Delta S$	评　论	例　子
类型 1	－	＋	永远是－	在任何温度都是自发变化	$\frac{1}{2}H_2(g)+\frac{1}{2}F_2(g)=HF(g)$
类型 2	＋	－	永远是＋	在任何温度都是非自发变化	$CO(g)=C(s)+\frac{1}{2}O_2(g)$
类型 3	－	－	在低温－ 在高温＋	在低温是自发变化 在高温是非自发变化	$HCl(g)+NH_3(g)=NH_4Cl(g)$
类型 4	＋	＋	在低温＋ 在高温－	在低温是非自发变化 在高温是自发变化	$CaCO_3(s)=CaO(s)+CO_2(g)$

例 9　用计算说明为什么常温下 $HCl(g)$ 遇 $NH_3(g)$ 时就产生白烟，即 NH_4Cl 的微粒；高温时 NH_4Cl 就分解成 HCl 与 NH_3 两种气体。

解：

$$HCl(g)+NH_3(g)=NH_4Cl(s)$$

查表可知上述反应

$$\Delta H^\ominus=-176.9\ \text{kJ}\cdot\text{mol}^{-1}$$

$$\Delta S^\ominus=-284.6\ \text{J}\cdot\text{mol}^{-1}$$

则 298 K 时

$$\Delta G^\ominus=\Delta H^\ominus-298\times\Delta S^\ominus$$

$$=-176.9-298\times(-284.6)\times10^{-3}$$

$$=-84.8(\text{kJ}\cdot\text{mol}^{-1})$$

$$\Delta G^\ominus<0$$

因此，常温下正反应自发，即 $HCl(g)$ 遇到 $NH_3(g)$ 生成 $NH_4Cl(s)$。

由于 $\Delta H^\ominus<0$，$\Delta S^\ominus<0$，因此，随着温度升高，$\Delta G^\ominus$ 越来越大。当 $\Delta G^\ominus=0$ 时，反应达到平衡状态；当 $\Delta G^\ominus>0$ 时，正反应不自发，逆反应自发，即 $NH_4Cl(s)$ 分解，此时的温度至少为

$$T\geqslant\frac{\Delta H^\ominus}{\Delta S^\ominus}(\text{由 }\Delta G^\ominus=0,0=\Delta H^\ominus-T\Delta S^\ominus\text{ 得到})$$

$$T\geqslant\frac{176.9}{284.6\times10^{-3}}=622(\text{K})$$

例 10　计算反应 $CaCO_3(s)=CaO(s)+CO_2(g)$ 自发进行的最低温度。

解：已知上述反应

$$\Delta H^\ominus=178\ \text{kJ}\cdot\text{mol}^{-1}$$

$$\Delta S^\ominus=161\ \text{J}\cdot\text{K}^{-1}\cdot\text{mol}^{-1}$$

则 298 K 时

$$\Delta G^\ominus=\Delta H^\ominus-298\times\Delta S^\ominus$$

$$=178-298\times161\times10^{-3}$$

$$=130(\text{kJ}\cdot\text{mol}^{-1})$$

因此，常温下反应不自发。

欲使反应自发，需 $\Delta G_T^\ominus<0$，即 $T\Delta S^\ominus\geqslant\Delta H^\ominus$

$$T\geqslant\frac{\Delta H^\ominus}{\Delta S^\ominus}=\frac{178}{161\times10^{-3}}=1\ 106(\text{K})$$

因此，反应自发的最低温度为 1 106 K。

思考题

1. 热力学第一定律适用于敞开体系、封闭体系、孤立体系中的哪些体系？
2. 什么是状态函数？状态函数有什么特点？
3. 内能(U)、焓(H)、熵(S)、吉布斯函数(G)的物理意义及量纲分别是什么？
4. 公式 $\Delta H=\Delta U+RT\Delta n$ 或 $Q_p=Q_V+RT\Delta n_g$ 的适用条件及公式中 Δn 的意义是什么？
5. 如何在恒温、恒压条件下判断化学反应的方向性？
6. 如何在恒温、恒压条件下判断一个物质的 $S_{m(g)}$、$S_{m(l)}$、$S_{m(s)}$ 的变化规律？
7. 同一物体的同一状态，在恒温时，压力与熵值大小的变化规律是什么？
8. 同一物体的同一状态，在恒压时，温度与熵值大小的变化规律是什么？
9. 同温、同压、同状态的 $S_{m(H_2)}$、$S_{m(O_2)}$、$S_{m(Cl_2)}$ 的变化规律是什么？
10. 同温、同压、同状态的 $S_{m(CH_4)}$、$S_{m(CH_3CH_3)}$、$S_{m(CH_3CH_2CH_3)}$ 的变化规律是什么？

习　题

1. 已知 $2Mg(s)+O_2(g)=2MgO(s)$　　$\Delta H^{\ominus}=-1\ 204\ kJ\cdot mol^{-1}$

计算：(1) 生成每克 MgO 的反应热。

(2) 要释放 1 kJ 热量，必须燃烧多少克的 Mg？

2. 甘油三油酸酯是一种典型的脂肪。当它被人体代谢时产生下列反应：

$$C_{57}H_{104}O_6(s)+80O_2(g)=57CO_2(g)+52H_2O(l)$$

$$\Delta H^{\ominus}=-3.35\times10^4\ kJ\cdot mol^{-1}$$

计算：(1) 1 g 这种脂肪代谢时放出多少热量？

(2) 代谢消耗 1 kg 这种脂肪，将有多少能量以热的形式被排出？

3. 1 g 糖(相对分子质量为 342)被人体代谢时，放出 16.7 kJ 热量，若需 8.70×10^3 kJ 的热量，需吃多少糖？

4. 应用 $\Delta H_f^{\ominus}$ 数据，计算下列反应的 $\Delta H^{\ominus}$：

$$2C_2H_2(g)+5O_2(g)=4CO_2(g)+2H_2O(g)$$

5. 已知 $Cu_2O(s)+\frac{1}{2}O_2(g)=2CuO(s)$　　$\Delta H^{\ominus}=-143.7\ kJ\cdot mol^{-1}$

$CuO(s)+Cu(s)=Cu_2O(s)$　　$\Delta H^{\ominus}=-11.5\ kJ\cdot mol^{-1}$

计算：CuO 的标准生成热 $\Delta H_f^{\ominus}$。

6. 反应 $2C_8H_{18}(l)+25O_2(g)=16CO_2(g)+18H_2O(g)$ 的 $\Delta H^{\ominus}=-11\ 003\ kJ\cdot mol^{-1}$，试用 $\Delta H_f^{\ominus}$ 计算 C_8H_{18} 的标准生成热 $\Delta H_f^{\ominus}$。

7. 已知 $MnO_2(s)=MnO(s)+\frac{1}{2}O_2(g)$　　$\Delta H^{\ominus}=134.8\ kJ\cdot mol^{-1}$

$Mn(s)+MnO_2(s)=2MnO(s)$　　$\Delta H^{\ominus}=-250.1\ kJ\cdot mol^{-1}$

计算：MnO_2 的 $\Delta H_f^{\ominus}$。

8. 计算下列各种情况的 ΔU：

(1)　$Q=50$ J，$W=10$ J；

(2)　$Q=20$ J，$W=-30$ J；

(3)　放出 25 J 热量，接受 15 J 的功。

9. 反应 $N_2(g)+3H_2(g)=2NH_3(g)$ 在恒容的密闭容器内进行，放出热量为 87.2 $kJ\cdot mol^{-1}$。

计算：(1) ΔU；(2) Δn_g；(3) 25°时的 ΔH

10. 在一敞口的试管内加热时，反应 $2KClO_3(s)=2KCl(s)+3O_2(g)$，放出 89.5 kJ · mol^{-1} 热量。

计算：(1) ΔH；(2) Δn_g；(3) 298 K 时的 ΔU

11. 预言下列过程体系熵变 ΔS 的符号：

(1) 水变成水蒸气；

(2) 气体等温膨胀；

(3) 苯与甲苯相溶；

(4) 盐从过饱和水溶液中结晶出来。

12. 对下列四个反应

(1) $2N_2(g)+O_2(g)=2N_2O(g)$　　$\Delta H^{\ominus}=163\ \text{kJ}\cdot\text{mol}^{-1}$

(2) $NO(g)+NO_2(g)=N_2O_3(g)$　　$\Delta H^{\ominus}=-42\ \text{kJ}\cdot\text{mol}^{-1}$

(3) $2HgO(s)=2Hg(l)+O_2(g)$　　$\Delta H^{\ominus}=180.4\ \text{kJ}\cdot\text{mol}^{-1}$

(4) $2C(s)+O_2(g)=2CO(g)$　　$\Delta H^{\ominus}=-221\ \text{kJ}\cdot\text{mol}^{-1}$

问在 10^5 kPa 下哪些反应在所有温度下都能自发进行？哪些反应只在高温或只在低温下自发进行？哪些反应在所有温度下都不能自发进行。

第3章 检测题

一、选择题

1. 下列物质中，$\Delta_f H_m^\ominus$ 不等于零的是 …………（ ）

(A) Fe(s)　(B) C(石墨)　(C) Ne(g)　(D) Cl_2(l)

2. 已知在298 K时反应 $2N_2(g)+O_2(g)=2N_2O(g)$ 的 $\Delta_r U_m^\ominus$ 为166.5 kJ·mol^{-1}，则该反应的 $\Delta_f H_m^\ominus$ 为 …………（ ）

(A) 164 kJ·mol^{-1}　(B) 328 kJ·mol^{-1}　(C) 146 kJ·mol^{-1}　(D) 82 kJ·mol^{-1}

3. 将固体 NH_4NO_3 溶于水中，溶液变冷，则该过程的 ΔG，ΔH，ΔS 的符号依次是 …………（ ）

(A) +，−，−　(B) +，+，−　(C) −，+，−　(D) −，+，+

4. 下列反应中，$\Delta_r H_m^\ominus$ 与产物的 $\Delta_f H_m^\ominus$ 相同的是 …………（ ）

(A) $2H_2(g)+O_2(g)\longrightarrow 2H_2O(l)$　(B) $NO(g)+\frac{1}{2}O_2(g)\longrightarrow NO_2(g)$

(C) C(金刚石)⟶C(石墨)　(D) $H_2(g)+\frac{1}{2}O_2(g)\longrightarrow H_2O(g)$

5. 下列物质中，摩尔熵最大的是 …………（ ）

(A) MgF_2　(B) MgO　(C) $MgSO_4$　(D) $MgCO_3$

6. 下列反应中，$\Delta_r S_m^\ominus$ 最大的是 …………（ ）

(A) $C(s)+O_2(g)\longrightarrow CO_2(g)$　(B) $2SO_2(g)+O_2(g)\longrightarrow 2SO_3(g)$

(C) $3H_2(g)+N_2(g)\longrightarrow 2NH_3(g)$　(D) $CuSO_4+5H_2O(l)\longrightarrow CuSO_4\cdot 5H_2O(s)$

7. 下列反应中，$\Delta_r S_m^\ominus$ 最小的是 …………（ ）

(A) $CO(g)+\frac{1}{2}O_2(g)\longrightarrow CO_2(g)$　(B) $SO_2(g)+\frac{1}{2}O_2(g)\longrightarrow SO_3(g)$

(C) $C(s)+O_2(g)\longrightarrow CO_2(g)$　(D) $S(s)+O_2(g)\longrightarrow SO_2(g)$

8. 下列反应在常温下均为非自发反应，在高温下仍为非自发的是 …………（ ）

(A) $Ag_2O(s)\longrightarrow 2Ag(s)+\frac{1}{2}O_2(g)$　(B) $Fe_2O_3(s)+\frac{3}{2}C(s)\longrightarrow 2Fe(s)+\frac{3}{2}CO_2(g)$

(C) $N_2O_4(g)\longrightarrow 2NO_2(g)$　(D) $6C(s)+6H_2O(g)\longrightarrow C_6H_{12}O_6(s)$

9. 液体沸腾过程中，下列几种物理量中数值增加的是 …………（ ）

(A) 蒸气压　(B) 摩尔自由能　(C) 摩尔熵　(D) 液体质量

10. 下列过程中，$\Delta G=0$ 的是 …………（ ）

(A) 氨在水中解离达平衡　(B) 氧气燃烧

(C) 乙醇溶于水　(D) 炸药爆炸

二、填空题

1. 在100℃，恒压条件下水的汽化热为2.26 kJ·g^{-1}。1 mol水在100℃时气化，则该过程的 Q=______，ΔH=______，ΔS ______，ΔG=______。

2. 有A，B，C，D四个反应，在298 K时反应的热力学函数分别为

反　应	A	B	C	D
$\Delta_r H_m^\ominus$/kJ·mol^{-1}	10.5	1.80	−126	−11.7
$\Delta_r S_m^\ominus$/J·mol^{-1}·K^{-1}	30.0	−113	84.0	−105

则在标准状态下，任何温度都能自发进行的反应是____，任何温度都不能自发进行的反应是____；另两个反应中，在温度高于____℃时可自发进行的反应是____，在温度低于____℃时可自发进行的反应是____。

3. 已知 1 mol 液态的苯完全燃烧生成 $CO_2(g)$ 和 $H_2O(l)$，则该反应的 Q_p 与 Q_V 的差值为____________ $kJ \cdot mol^{-1}$（温度 25℃）。

4. 下列反应 (1) $C(s)+O_2(g)=CO_2(g)$

(2) $2CO(g)+O_2(g)=2CO_2(g)$

(3) $NH_4Cl(s)=NH_3(g)+HCl(g)$

(4) $CaCO_3(s)=CaO(s)+CO_2(g)$

则按 $\Delta_r S_m^\ominus$ 减小的顺序为____________________________。

5. 反应 $2HgO(s)=2Hg(l)+O_2(g)$ $\Delta H_m^\ominus=181.4\ kJ \cdot mol^{-1}$，则 $\Delta H_m^\ominus(HgO,s)=$__________。已知 $A_r(Hg)=201$，生成 1 g Hg(l)的焓变是__________kJ。

6. 已知反应 $CaCO_3(s)=CaO(s)+CO_2(g)$ 在 298 K 时 $\Delta G_m^\ominus=130\ kJ \cdot mol^{-1}$，1 200 K 时 $\Delta G_m^\ominus=-15.3\ kJ \cdot mol^{-1}$，则该反应的 $\Delta_r H_m^\ominus$ 为______________，$\Delta_r S_m^\ominus$ 为______________。

7. 将下列物质按摩尔熵值由小到大排列，其顺序为____________________。

LiCl(s)　Li(s)　$Cl_2(g)$　$I_2(g)$　Ne(g)

8. 在 25℃时，NaCl 在水中的溶解度为 6 $mol \cdot dm^{-3}$，在此温度下，若将 100 g NaCl 置于 500 g 水中，则 NaCl 溶解过程的 $\Delta_r G$ ____0，$\Delta_r S$ ____0（填">"或"<"）。

三、计算题

1. 已知下列数据：

(1) $Zn(s)+\frac{1}{2}O_2(g)=ZnO(s)$　　$\Delta_r H_m^\ominus(1)=-348.0\ kJ \cdot mol^{-1}$

(2) S(斜方)$+O_2(g)=SO_2(g)$　　$\Delta_r H_m^\ominus(2)=-296.9\ kJ \cdot mol^{-1}$

(3) $SO_2(g)+\frac{1}{2}O_2(g)=SO_3(g)$　　$\Delta_r H_m^\ominus(3)=-98.3\ kJ \cdot mol^{-1}$

(4) $ZnSO_4(s)=ZnO(s)+SO_3(g)$　　$\Delta_r H_m^\ominus(4)=235.4\ kJ \cdot mol^{-1}$

求 $ZnSO_4(s)$的标准生成热。

2. 常温常压下 $B_2H_6(g)$燃烧放出大量的热

$$B_2H_6(g)+3O_2(g)=B_2O_3(s)+3H_2O(l)\quad \Delta_r H_m^\ominus=-2\ 165\ kJ \cdot mol^{-1}$$

相同条件下 1 mol 单质硼燃烧生成 $B_2O_3(s)$时放热 636 kJ，$H_2O(l)$的标准生成热为$-285.8\ kJ \cdot mol^{-1}$，求 $B_2H_6(g)$的标准生成热。

3. 已知下列数据：

	$SbCl_5(g)$	$SbCl_3(g)$
$\Delta_r H_m^\ominus/kJ \cdot mol^{-1}$	-394.3	-313.8
$\Delta_f G_m^\ominus/kJ \cdot mol^{-1}$	-334.3	-301.2

求反应 $SbCl_5(g) \rightleftharpoons SbCl_3(g)+Cl_2(g)$

(1)在常温下能否自发进行?

(2)在 500℃时能否自发进行?

4 化学反应速率与化学平衡

化学反应速率讨论化学反应在给定条件下进行的快慢问题，而化学平衡讨论化学反应在给定条件下进行的趋势大小，即反应进行的程度问题。

进行趋势大的反应，反应速率不一定大；而进行趋势小的反应，反应速率有可能很大。例如，H_2 和 O_2 化合成 H_2O 的反应，其进行的趋势很大，但在常温下反应速率很小，甚至不能察觉。NO 气体聚合成 N_2O_4 的反应，其进行的趋势虽很小，但反应速率却极大。反应进行的趋势与反应进行的速率是两回事，不能混为一谈。

4.1 化学反应速率

4.1.1 化学反应速率表示法

化学反应的速率是极不相同的，不同反应的速率有很大的差别。有的反应速率很快，例如火药的爆炸，照相胶片的感光，酸碱中和反应，等等，几乎瞬间就可以完成。有的反应则速率很慢，例如氢、氧化合成水，在常温下几乎不能觉察，金属的腐蚀、橡胶和塑料的老化，需要长年累月才能觉察其变化。即使同一反应，在不同的条件下，速率也是不相同的。

为了比较化学反应速率的大小，需要了解反应速率的表示方法。

在反应过程中，反应物和生成物的量随反应的进行都在变化。反应物的量随着反应的进行不断减少，而生成物的量不断增加。化学反应速率通常采用单位时间内反应物浓度的减少或生成物浓度的增加来表示。对于一个一般的反应：

$$a\mathrm{A}+b\mathrm{B}=d\mathrm{D}+e\mathrm{E}$$

$$v_{\mathrm{A}}=-\frac{\Delta c_{\mathrm{A}}}{\Delta t} \qquad v_{\mathrm{D}}=\frac{\Delta c_{\mathrm{D}}}{\Delta t}$$

浓度的单位通常用 $mol \cdot L^{-1}$，时间单位按具体反应的速率大小相应采用秒(s)、分(min)或小时(h)表示。这样，反应速率的单位可以是：$mol \cdot L^{-1} \cdot s^{-1}$；$mol \cdot L^{-1} \cdot min^{-1}$；$mol \cdot L^{-1} \cdot h^{-1}$等。

例 1 在某条件下，将 2 mol N_2O_5 放入 1 L 容器中加热分解。4 s 后测得 N_2O_5 的浓度为 1.2 $mol \cdot L^{-1}$。求该反应的反应速率。

解：	$2N_2O_5$	$=4NO_2$	$+O_2$
开始时各物质浓度/$mol \cdot L^{-1}$	2	0	0
4 s 后 N_2O_5 浓度/$mol \cdot L^{-1}$	1.2		
4 s 内浓度的变化量	−0.8	1.6	0.4
平均每秒浓度的变化量/$mol \cdot L^{-1} \cdot s^{-1}$	−0.2	0.4	0.1

所以当以 N_2O_5 的浓度变化表示时，反应速率为

$$v_{\mathrm{N_2O_5}}=-\frac{\Delta c_{\mathrm{N_2O_5}}}{\Delta t}=0.2\ \mathrm{mol \cdot L^{-1} \cdot s^{-1}}$$

当以 NO_2 的浓度变化表示时，反应速率为

$$v_{NO_2}=\frac{\Delta c_{NO_2}}{\Delta t}=0.4\ \text{mol}\cdot\text{L}^{-1}\cdot\text{s}^{-1}$$

因为反应过程中，反应物浓度是逐渐减少的，即 $\Delta c_{反应物}$ 为负值，所以须加一负号，使反应速率为正值。

从上面的计算可以看出，同一反应的反应速率，当用不同物质的浓度表示时，其数值是不同的。但它们之间有一定的数量关系，它们的比恰好等于反应式中各物质的计量系数之比：

$$v_{N_2O_5}:v_{NO_2}:v_{O_2}=2:4:1 \tag{4-1}$$

对于一个一般的反应：

$$aA+bB=dD+eE$$

有

$$\frac{1}{a}v_A=\frac{1}{b}v_B=\frac{1}{d}v_D=\frac{1}{e}v_E \tag{4-2}$$

实验表明，一个反应的速率通常不是固定不变的。对于绝大多数反应，反应速率是随着反应的进行而减小的。为了准确地表示某一时间 t 时的反应速率，需要用在某一瞬间进行的瞬时速率 v 来表示。瞬时速率是 Δt 趋近于零时，平均速率的极限。

$$v_A=-\lim_{\Delta t\to 0}\frac{\Delta c_A}{\Delta t}=\frac{\text{d}c_A}{\text{d}t}$$

$$v_D=\lim_{\Delta t\to 0}\frac{\Delta c_D}{\Delta t}=\frac{\text{d}c_D}{\text{d}t}$$

4.1.2 浓度对反应速率的影响

化学反应速率的大小首先取决于参加反应的物质的本性，但其他外界条件，如温度、浓度、压力、催化剂等，亦可能影响反应速率。

4.1.2.1 速率方程与速率常数

物质在氧气中的燃烧比在空气中快得多，这是因为空气中只含有约 20%的氧气。可见，恒温下的化学反应，其速率主要取决于反应物浓度。反应物浓度愈大，反应速率愈快。对于一个一般的反应：

$$aA+bB=dD+eE$$

$$v\propto c_A^m\cdot c_B^n$$

或

$$v=kc_A^m\cdot c_B^n \tag{4-3}$$

式(4-3)中，c_A、c_B 分别表示反应物 A、B 的浓度；m、n 一般由实验测定，分别表示式中 c_A、c_B 的指数。上述方程称为速率方程。比例常数 k 称为速率常数。k 的物理意义是：单位浓度时的反应速率。k 不随浓度改变，但随温度变化，通常随温度升高而增大。k 一般是通过实验测定得到的。

如果反应物是气体，速率方程中的物质浓度可以用气体的分压来表示。如：

$$NO_2(g)+CO(g)=NO(g)+CO_2(g)$$

$$v=k'p_{NO_2}\cdot p_{CO}$$

$k'p_{NO_2}\cdot p_{CO}$ 与 $kc_{NO_2}\cdot c_{CO}$ 相比，显然 k 与 k' 在数值上是不同的。

如果反应中有纯固体或纯液体参加，例如 C 的燃烧

$$C(s)+O_2(g)=CO_2(g)$$

由于纯液体和纯固体的浓度是不变的，可视为常数，故在速率方程中不列入它们的浓度

$$v=kc_{O_2}$$

或 $$v=k'p_{O_2}$$

前面说过，一个反应的速率可以用参与反应的任一物质来表示，这时速率方程中的速率常数 k 有可能不同。如：

$$2N_2O_5=4NO_2+O_2$$

$$v_{N_2O_5}=-\frac{dc_{N_2O_5}}{dt}=k_1c_{N_2O_5}$$

$$v_{NO_2}=\frac{dc_{NO_2}}{dt}=k_2c_{N_2O_5}$$

$$v_{O_2}=\frac{dc_{O_2}}{dt}=k_3c_{N_2O_5}$$

因为 $$v_{N_2O_5}:v_{NO_2}:v_{O_2}=2:4:1$$

所以 $$k_1:k_2:k_3=2:4:1$$

所以弄清速率常数与速率方程的关系是非常重要的。

速率方程中，反应物浓度的指数 m、n 分别称为反应物 A 和 B 的反应级数，它们的代数和称该反应的总反应级数。

$$\text{总反应级数}=m+n$$

表 4-1 某些化学反应的速率方程和反应级数

化学反应	速率方程	总反应级数
$2H_2O_2=2H_2O+O_2$	$v=k\cdot c_{H_2O_2}$	1
$S_2O_8^{2-}+2I^-=2SO_4^{2-}+I_2$	$v=k\cdot c_{S_2O_8^{2-}}\cdot c_{I^-}$	1+1=2
$4HBr+O_2=2H_2O+2Br_2$	$v=k\cdot c_{HBr}\cdot c_{O_2}$	1+1=2
$2NO+2H_2=N_2+2H_2O$	$v=kc_{NO}^2\cdot c_{H_2}$	2+1=3
$CH_3CHO=CH_4+CO$	$v=kc_{CH_3CHO}^{3/2}$	3/2
$2NO_2=2NO+O_2$	$v=kc_{NO_2}^2$	2
$NO_2+CO=NO+CO_2$（高于 523 K 时）	$v=kc_{NO_2}\cdot c_{CO}$	1+1=2

从表 4-1 中可以看出，反应级数可以是整数，可以是分数，还可以是零。一般的，反应级数不一定与反应式中的计量系数相吻合，对于大多数反应都是如此。因而一个化学反应速率方程的确定，主要是通过实验来完成的。

例 2 有一化学反应，$aA+bB=C$，在 298 K 时，将 A、B 溶液按不同浓度混合，得以下实验数据：

A 的初始浓度/(mol·L^{-1})	1.0	2.0	4.0	1.0	1.0	1.0
B 的初始浓度/(mol·L^{-1})	1.0	1.0	1.0	1.0	2.0	4.0
v/(mol·L^{-1}·s^{-1})	1.2×10^{-2}	2.3×10^{-2}	4.9×10^{-2}	1.2×10^{-2}	4.8×10^{-2}	1.9×10^{-1}

求该反应的速率方程及速率常数。

解:该反应的速率方程可写为

$$v=kc_A^m \cdot c_B^n$$

分析数据,找出 m、n 值,就得到速率方程。

前三次实验,B 的浓度保持不变,而改变 A 的浓度。当 A 浓度增大为原来的 X 倍,反应速率也增加原来的 X 倍,可见,反应速率与 A 浓度成正比,$v \propto c_A$,$m=1$。后三次实验,A 浓度保持不变,而改变 B 的浓度。当 B 浓度增大为原来的 X 倍,反应速率增加为原来的 X^2 倍。可见,反应速率与 B 浓度的平方成正比,$v \propto c_B^2$,$n=2$。因此,有:

$$v=kc_A \cdot c_B^2$$

为三级反应。

将任一组数据代入方程,可求得 k:

$$k=\frac{v}{c_A \cdot c_B^2}=\frac{1.2\times10^{-2}\ \mathrm{mol\cdot L^{-1}\cdot s^{-1}}}{(1.0\ \mathrm{mol\cdot L^{-1}})\times(1.0\ \mathrm{mol\cdot L^{-1}})^2}$$
$$=1.2\times10^{-2}\ \mathrm{L^2\cdot mol^{-2}\cdot s^{-1}}$$

速率常数 k 的量纲随反应级数的不同而不同,见表 4-2。

表 4-2　速率常数的单位

反应级数	速率方程	k 的单位
1	$v=kc_A$	$\mathrm{s^{-1}}$
3/2	$v=kc_A^{3/2}$	$(\mathrm{L\cdot mol^{-1}})^{1/2}\cdot \mathrm{s^{-1}}$
2	$v=kc_A^2$	$(\mathrm{L\cdot mol^{-1}})\cdot \mathrm{s^{-1}}$
3	$v=kc_A^3$	$(\mathrm{L\cdot mol^{-1}})^2\cdot \mathrm{s^{-1}}$
n	$v=kc_A^n$	$(\mathrm{L\cdot mol^{-1}})^{n-1}\cdot \mathrm{s^{-1}}$

4.1.2.2　基元反应和非基元反应

实验表明绝大多数化学反应并不是简单地一步反应就能完成的,往往是分步进行的。例如:

$$H_2+I_2=2HI$$

分两步完成:第一步　$I_2(g)=2I(g)$　　快

第二步　$H_2(g)+2I(g)=2HI(g)$　　慢

在化学反应中,每一个由反应物一步就转变为生成物的反应称为基元反应,由一个基元反应构成的反应称为简单反应。例如:

$$SO_2Cl_2=SO_2+Cl_2$$
$$2NO_2=2NO+O_2$$
$$NO_2+CO=NO+CO_2$$

大多数化学反应都由两个或两个以上的基元反应构成,这样的反应我们称为非基元反应或复杂反应。

在复杂反应中,各步反应的速率是不同的。整个反应的反应速率取决于速率最慢的那一步反应。这个最慢的反应控制着整个反应的速率,因而称为定速步骤,或称为反应的控速步骤。

在基元反应中,同时直接参加反应的分子(或离子、原子、自由基等)的数目称反应的分子数。根据反应分子数可将基元反应分为单分子反应、双分子反应和三分子反应。例如:

单分子反应　　$SO_2Cl_2 = SO_2 + Cl_2$

双分子反应　　$NO_2 + CO = NO + CO_2$

三分子反应　　$H_2 + 2I = 2HI$

绝大多数基元反应是单分子和双分子反应。三分子反应是很少见的，因为三个分子同时碰在一起而且能够发生反应，这是很不容易的。三分子以上的反应就更困难了，几乎不可能发生。

按反应的分子数来进行分类，只适合于基元反应。

4.1.2.3　质量作用定律

对于一个基元反应，恒温下，其反应速率与各物质浓度系数次方的乘积成正比。这一规律称为质量作用定律。

例如，在一定温度下，下列基元反应：

$$aA + bB = dD + eE$$

有

$$v \propto c_A^a \cdot c_B^b$$

或

$$v = kc_A^a \cdot c_B^b \quad (4\text{-}4)$$

对于基元反应，反应分子数与反应级数是一致的。

质量作用定律仅适合于基元反应。组成复杂反应的每个基元反应都有自己的速率方程，它可以由反应式得到。而总反应的速率方程是由实验确定的，反应级数与计量系数没有必然联系，一般情况下，两者是不一致的。因此，如果一个反应的反应级数与其化学方程式中的计量系数不同，基本可以确定它是一个复杂反应。但是这一点反过来并不成立。如我们已知下列反应为复杂反应：

$$H_2 + I_2 = 2HI$$

其速率方程为

$$v = kc_{H_2}c_{I_2}$$

所以，一个反应究竟是复杂反应还是简单反应，必须经过实验确定。速率方程是一个重要的依据，但不是唯一的依据。

4.1.3　温度对反应速率的影响

温度是影响反应速率的主要因素之一。各种化学反应的速率与温度间的关系比较复杂。一般来说，温度升高往往会加快反应速率。例如，H_2 和 O_2 化合成 H_2O 的反应，常温下几乎不能觉察，但当温度升至 873 K 以上，它们立即迅速反应并发生猛烈爆炸。对一般反应来说，在反应物浓度相同的情况下，温度每升高 10 K，反应速率增加 2～4 倍。相应的速率常数亦按相同的倍数增加。

反应速率与温度间的关系可用阿仑尼乌斯公式说明。

4.1.3.1　阿仑尼乌斯公式

为了讨论反应速率与温度的定量关系，我们以 CO 与 NO_2 的反应为例。

$$CO(g) + NO_2(g) = CO_2(g) + NO(g)$$

T/K	600	650	700	750	800
k/L·mol^{-1}·s^{-1}	0.028	0.22	1.3	6.0	23
$1/T$	0.00167	0.00154	0.00143	0.00133	0.00125
$\ln k$	−3.58	−1.54	0.26	1.79	3.14

我们希望找出速率常数 k 与温度 T 之间的线性关系式。结果证明，$\ln k$ 对 $1/T$ 作图为一直线（图 4-1）。这个结论告诉我们：

$$\ln k=A'-\frac{B}{T}$$

对某一特定反应，式中 A'、B 均为常数，其数值可以从图中的斜率和截距求得。这一方程的普遍性在 1889 年首先为瑞典物理学家阿仑尼乌斯所论证，故称阿仑尼乌斯公式。

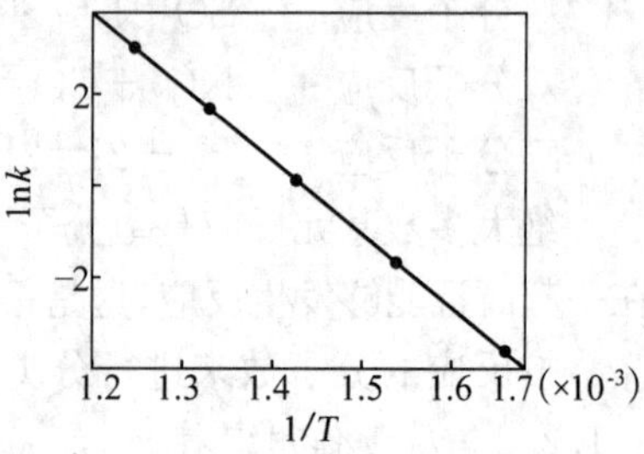

图 4-1　$\ln k-\frac{1}{T}$

$$B=\frac{E_a}{R}$$

式中，E_a 称为反应的活化能。它是化学反应的特性常数之一，一般不随温度变化。这样，阿仑尼乌斯公式可写为：

$$\ln k=A'-\frac{E_a}{RT}$$

或
$$k=Ae^{-\frac{E_a}{RT}}\qquad (A'=\ln A)$$

式中，A 称为指前因子或频率因子，其单位与 k 相同；R 为气体常数。

利用阿仑尼乌斯公式还可以得到两个不同温度 T_1 与 T_2 时的速率常数 k_1 和 k_2 之间的关系。

$$T=T_1:\qquad \ln k_1=-\frac{E_a}{RT_1}+\ln A$$

$$T=T_2:\qquad \ln k_2=-\frac{E_a}{RT_2}+\ln A$$

$$\ln k_2-\ln k_1=\frac{E_a}{R}\left(\frac{1}{T_1}-\frac{1}{T_2}\right)$$

$$\ln\frac{k_2}{k_1}=\frac{E_a}{R}\left(\frac{1}{T_1}-\frac{1}{T_2}\right)$$

利用这一公式可以从两个不同温度下的 k 值求出反应的活化能，也可以从反应的活化能及某一温度时的 k 值，求出其他温度时的 k 值。

例 3　N_2O_5 分解反应，400 K 时，$k_1=1.4\ s^{-1}$；450 K 时，$k_2=43\ s^{-1}$。求该反应的活化能。

解：$T_1=400$ K，$k_1=1.4\ s^{-1}$；$T_2=450$ K，$k_2=43\ s^{-1}$

由
$$\ln\frac{k_2}{k_1}=\frac{E_a}{R}\left(\frac{1}{T_1}-\frac{1}{T_2}\right)$$

得

$$E_a=R\cdot\frac{T_1T_2}{T_2-T_1}\cdot\ln\frac{k_2}{k_1}$$

代入有关数据

$$E_a=8.314\times10^{-3}\times\frac{400\times450}{450-400}\ln\frac{43}{1.4}$$
$$=102.5(kJ\cdot mol^{-1})$$

例 4　某反应 $E_a=82\ kJ\cdot mol^{-1}$，300 K 时速率常数 $k=1.2\times10^{-2}\ L\cdot mol^{-1}\cdot s^{-1}$。求 400 K 时的速率常数 k。

解：$T_1=300$ K：　$k_1=1.2\times10^{-2}\ L\cdot mol^{-1}\cdot s^{-1}$，$E_a=82\ kJ\cdot mol^{-1}$

$T_2 = 400$ K： $k_2 = ?$

$$\ln k_2 = \ln k_1 + \frac{E_a}{R}\left(\frac{1}{T_1} - \frac{1}{T_2}\right)$$

$$= \ln(1.2\times10^{-2}) + \frac{82\times10^3}{8.314}\times\left(\frac{1}{300} - \frac{1}{400}\right)$$

$$= 3.8$$

$$k_2 = 44.5\ \text{L}\cdot\text{mol}^{-1}\cdot\text{s}^{-1}。$$

阿仑尼乌斯公式很好地反映了速率常数随温度变化的情况。对一指定反应，E_a 可视作常数。由于 k 与 T 为指数关系，所以即使 T 的一个微小改变也会使 k 发生较大的变化，体现了温度对反应速率的显著影响。

阿仑尼乌斯公式还指出了活化能对反应速率的影响。在相同的温度下，活化能小的化学反应其速率常数较大，因而反应速率较快，而活化能大的反应其速率常数较小，因而反应速率较慢。

4.1.3.2 活化能

化学反应发生的必要条件是反应物分子（或原子、离子）间的互相碰撞。如果反应物分子间互不碰撞，那就谈不上反应。但也并不是反应物分子间的每一次碰撞都能发生反应，否则一切气体反应都将在瞬间完成，且速率非常相近。事实告诉我们，气体反应有快有慢，速率相差很大。为了解释这一现象，1918 年路易斯提出了“有效碰撞”的概念，认为在化学反应中，反应物分子不断发生碰撞，但在千万次碰撞中，大多数碰撞并不发生反应，只有一定数目的少数分子在碰撞时才能发生反应。这种能发生反应的碰撞叫做有效碰撞（图 4-2）。

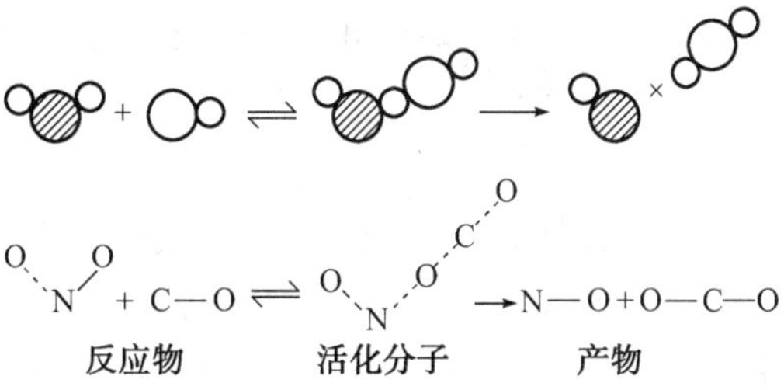

图 4-2 NO_2 和 CO 的反应过程

为什么大多数分子的碰撞是无效的呢？可能有两方面的原因。

第一，互相碰撞的分子发生碰撞的部位不合适，发生的不是定向碰撞。例如，NO_2 和 CO 分子发生反应生成 CO_2 和 NO 的反应，如果 NO_2 和 CO 分子不是按以下方式碰撞，就不能发生反应。

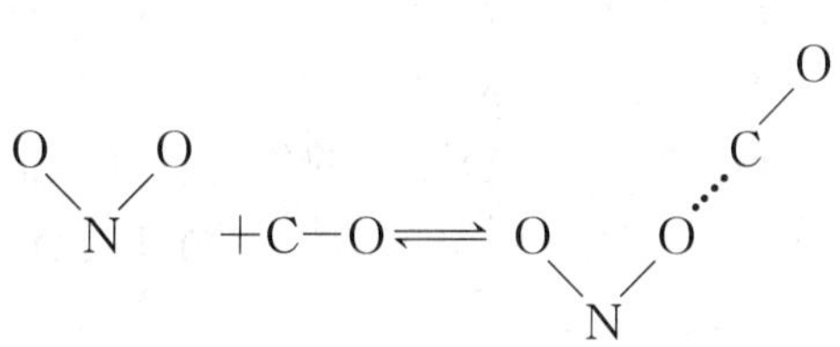

第二，碰撞的动量不足。包围在分子周围的负电荷电子云在分子间造成电性排斥，这种排斥力使低能量分子互相碰撞时彼此弹回而不能发生化学变化。只有那些具有高能量的分子互相产生定向碰撞时，分子具有足够的能量可以克服排斥力，才可以发生化学变化，这时的碰撞才是有效碰撞。

有效碰撞发生时，分子在碰撞中取得能量，生成一个能量较高的中间状态，我们称能产生有效碰撞的分子为活化分子。活化分子的最低能量($E^{\ominus}$)与反应物分子的平均能量(E)之差就是活化能 E_a。

$$E_a = E^{\ominus} - E$$

反应速率与体系所具有的活化分子数有密切关系。活化分子放出能量则进一步转变为产物分子。

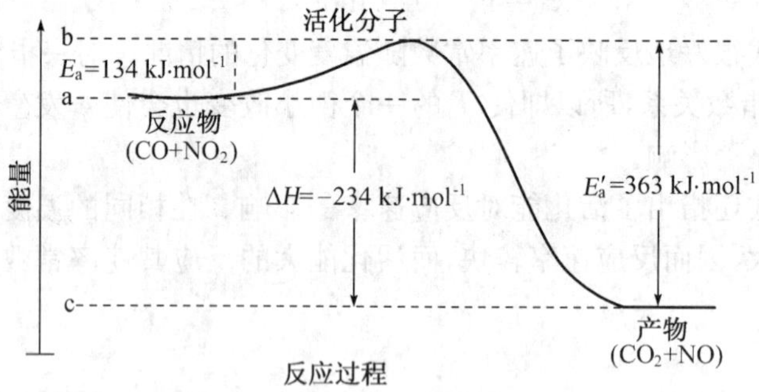

图 4-3　$NO_2 + CO = NO + CO_2$ 能量示意图

从能量的角度看(图 4-3)，a 点表示基态反应物分子的平均能量，b 点表示活化分子的平均能量，c 点是产物分子的平均能量。a、b 之间的能量差就是正反应的活化能。当反应物分子吸收能量后，成为活化分子。这是一个中间过渡状态，旧键部分断裂，新键部分生成，能量较高，因而很不稳定，可以很快转化为产物分子，放出能量。吸收和放出的能量差就是这个反应的反应热 ΔH。同时，E'_a 为逆反应的活化能。正逆反应经过同一活化中间状态。E_a 与 E'_a 之差就是反应热 ΔH：

$$\Delta H = E_a - E'_a$$

在化学反应中，原有的化学键被削弱，最终断裂，新的化学键生成。旧键的断裂和新键的生成都需要足够的能量。反应的活化能越大，说明反应时需要提供给分子的能量越大，活化分子数越少，反应进行的速率越慢。反之，活化能越小，反应的速率就越快。

不同物质的化学键能不同，它们在各种化学反应中改组化学键所需的能量不同，因而不同的化学反应具有不同的活化能，以致化学反应的速率不同。因此，活化能是决定反应速率的内在因素。一般化学反应的活化能在 60～250 kJ · mol^{-1}。

4.1.4　催化剂对反应速率的影响

催化剂是能改变化学反应速率而其本身在反应前后组成、数量和化学性质均保持不变的一类物质。催化剂能改变反应速率的作用称催化作用。

催化剂有正、负催化剂之分。能加快反应速率的催化剂称正催化剂。能减慢反应速率的催化剂称负催化剂或称阻化剂，如减缓金属腐蚀的缓蚀剂，防止橡胶、塑料老化的防老剂，等等。通常所说的一般均指正催化剂。

催化剂能够显著地改变反应速率，我们都很熟悉。这方面的例子实在太多了。那么催化剂为什么能改变化学反应速率呢？许多实验测定指出，催化剂之所以能加速反应，是因为它参与了变化过程，改变了原来反应的途径，降低了反应的活化能(图 4-4)。

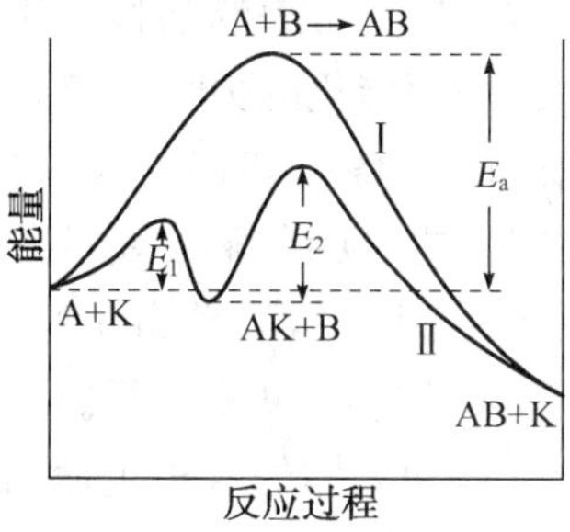

图 4-4 催化剂改变反应途径示意图

例如，反应 $A+B \longrightarrow AB$，没有催化剂存在时是按照途径 I 进行的，活化能为 E_a。当催化剂 K 存在时，其反应历程发生改变，反应按途径 II 分两步进行：

$$A + K \longrightarrow AK \qquad 活化能为 E_1$$

$$AK + B \longrightarrow AB + K \qquad 活化能为 E_2$$

由于 E_1、E_2 均小于 E_a，所以反应速率大大加快了。

可见，当催化剂存在时，由于改变了反应途径，反应沿着一条活化能较低的捷径进行，因而速率加快了。

从上例还可以看出，催化剂在反应前后化学性质和质量虽然没有改变，但由于它参与了反应，因而它的物理性质往往有所改变。

通过以上的分析可知，催化剂对反应速率的影响与浓度、温度的影响是不同的。温度、浓度改变时，一般不改变反应的历程，活化能不变。它们只是通过活化分子总数的变化来改变化学反应速率。而催化剂则不同。它是通过改变反应历程而改变化学反应速率。须注意的是，催化剂只能加速热力学上认为实际可以发生的反应。对于热力学计算证明不能发生的反应（$\Delta G>0$），使用催化剂亦是徒劳的。催化剂只能改变反应途径，而不能改变反应的始终态，即不改变反应的方向。

4.1.5 酶催化作用

催化剂改变反应速率的现象是一种普遍现象，它不仅出现在化工生产中，而且在动植物体内广泛存在。生物体内几乎所有的化学反应都是由酶（enzyme）所催化的。酶的化学本质是蛋白质或复合蛋白质（蛋白质加辅因子），在生物体内起催化剂作用，这种催化剂作用称为酶催化（enzyme catalysis）。例如，食物中蛋白质的水解（即消化），在体外需在浓度较大的强酸（或强碱）条件下煮沸很长时间才能完成，但在人体的正常体温 37℃时，在胃蛋白质酶的作用下短时间内即可完成。

酶催化作用是介于均相与多相催化之间的催化作用。酶催化的机制仍是改变反应历程，降低反应活化能。例如，在脲酶催化下脲的水解反应：

$$H_2N-\overset{\overset{\displaystyle O}{\|}}{C}-NH_2 + H_2O \xlongequal{脲酶} CO_2 + 2NH_3; \qquad E_a = 46\ kJ \cdot mol^{-1}$$

若无催化剂，该反应的活化能 E_a 高达 $126\ kJ \cdot mol^{-1}$。

酶催化的特点是高催化效率和高选择性（专一性）。酶的催化效率比非酶催化一般高 $10^6 \sim 10^{10}$ 倍。酸（H^+）可以催化蔗糖水解，如果改用蔗糖转化酶催化，在 37℃时，其反应的速率常数 k 约为同一温度下酸（H^+）催化反应的 10^{10} 倍。催化剂都具有选择性，但作为生物催化剂的酶，其专一性更强。某种酶只能催化某一种或某一类化学反应，在某些情况下，酶的催化活性甚至只局限于某种特殊类型的分子。淀粉酶催化淀粉水解，而磷酸酯的水解需要磷酸酶来催化。

由于酶是蛋白质（称为酶蛋白），因而一切能使蛋白质变性的因素都将影响到酶的催化活性，其中反应系统的温度和 pH 两者尤为重要。酶催化一般都在比较温和的条件（常温常压）下进行，温度过高会引起酶蛋白变性，使酶失去催化活性。人体中各种酶的最适温度是 37℃

左右。反应系统的 pH 将会影响酶蛋白的电荷状态及酶分子的立体结构,因而酶的活性常常都是在某一特定的 pH 范围内最大,这一特定的 pH 称为最适 pH。这是酶催化的另一特点。

酶分布在人体的各种器官和体液中,它们在某些特定的位置和区域内"各尽其责"。DNA 是人和生物细胞里的遗传物质,DNA 平时呈螺旋状盘旋,当细胞分裂时,在 DNA 解旋酶的作用下,DNA 解开盘旋双链 DNA 分裂为两条单链,然后在 DNA 聚合酶作用下,以单链 DNA 为样板复制出另一条链来。由于酶的催化作用,使 DNA 的复制以惊人的速度快速进行。人体中有上千种酶,催化着体内复杂的化学反应,使得人体的新陈代谢过程和人体的各种生命活动得以正常进行。从化学反应的角度看,人体是一个极其复杂而又十分奥妙的酶催化系统。

4.2 化学平衡

4.2.1 化学平衡

4.2.1.1 可逆反应与化学平衡

在同一条件下,既能向正反应方向进行又能向逆反应方向进行的反应称可逆反应。

例如,H_2 和 I_2 反应生成 HI。在密闭容器中放入 H_2 和 I_2,可以发生下列反应:

$$H_2+I_2=2HI \qquad \text{(正反应)}$$

在同样条件下,HI 也可以发生分解:

$$2HI \longrightarrow H_2+I_2 \quad \text{(逆反应)}$$

习惯上记为

$$H_2+I_2 \rightleftharpoons 2HI$$

以表示反应的可逆性。

绝大多数反应都具有可逆性。但根据反应产物的不同,反应的可逆性亦有所不同。一般的,如果在反应中有沉淀生成,或有气体放出,反应的可逆性就很小。在化学反应中,如果逆反应比较显著,则反应的可逆性就比较显著,整个反应不能正向进行到底。

例如,将 N_2O_4 气体放入密闭容器中,开始时,只有 N_2O_4 的分解反应发生:

$$N_2O_4 \longrightarrow 2NO_2$$

而当 N_2O_4 一旦分解生成 NO_2,逆反应就随之发生:

$$2NO_2 \longrightarrow N_2O_4$$

随着反应的进行,N_2O_4 的浓度不断降低,正反应的速率逐渐减小,而 NO_2 的浓度不断增加,逆反应的速率逐渐加快,经过足够的时间,N_2O_4 和 NO_2 的浓度都不再变化,正、逆反应的速率相等,这时建立了化学平衡:

$$N_2O_4 \rightleftharpoons 2NO_2$$

我们将正逆反应速率相等时,体系所处的状态称为化学平衡。

化学平衡具有这样一些特征:

(1) 只有在恒温条件下,封闭体系中进行的化学反应,才能建立化学平衡。这是建立化学平衡的前提。

(2) 化学平衡最主要的特征是:$v_{正}=v_{逆}$。

(3) 可逆反应达到平衡时,体系内各物质浓度在外界条件不变的情况下,不随时间变化,这是化学平衡的标志。

(4) 化学平衡是动态的平衡。当体系达到平衡时,表面上看反应似乎"停顿"了,但实际上正、逆反应始终都还在进行，只是由于正、逆反应的速率相等，$v_{正}=v_{逆}$，两个反应的结果互相抵消，使整个体系处于动态平衡。

(5) 化学平衡是有条件的。它只能在一定的条件下才能保持。当外界条件改变时，原有平衡被破坏，直到建立新的平衡。

4.2.1.2 平衡常数

(1) 化学平衡定律 当化学反应达到平衡状态时，体系内部各物质的浓度不再改变，那么，在各物质浓度间存在什么样的关系呢？我们以 HI 的分解和合成反应为例。在等体积的密闭器中，分别加入不同浓度的 HI 或不同浓度的 H_2 和 I_2。升温至 718 K，待体系达到平衡后，经分析测定各物质的平衡浓度数据，见表 4-3。

表 4-3 HI 分解和合成反应的化学平衡数据

实验序号	起始浓度/(mol·L^{-1})			平衡浓度/(mol·L^{-1})			$K_c=\frac{[I_2][H_2]}{[HI]^2}$
	I_2	H_2	HI	I_2	H_2	HI	
1	0	0	4.488 8	0.478 9	0.478 9	3.531	1.840×10^{-2}
2	0	0	10.691 8	1.140 9	1.140 9	8.410	1.840×10^{-2}
3	0	0	4.645 6	0.490 3	0.490 3	3.620	1.835×10^{-2}
4	7.509 8	11.336 7	0	0.737 8	4.564 7	13.544	1.836×10^{-2}
5	10.761 0	10.677 3	0	2.336 0	2.252 3	16.850	1.853×10^{-2}
6	11.964 2	11.666 3	0	3.129 0	1.831 3	17.671	1.835×10^{-2}

从表 4-3 中可以看出，尽管反应的初始条件各有不同，但达到平衡后，$\frac{[I_2][H_2]}{[HI]^2}$为一常数。

总结大量实验的结果，这一关系对一切可逆反应都是适用的。对于一个一般的反应：

$$aA+bB \rightleftharpoons dD+eE$$

在一定温度下，封闭体系达到平衡后，各生成物浓度系数次方的乘积与反应物浓度系数次方的乘积之比为一常数。这一关系称为化学平衡定律。它可表示为

$$\frac{[D]^d[E]^e}{[A]^a[B]^b}=K_c \tag{4-5}$$

这一常数记作 K_c，称为平衡常数。式(4-5)中[A]表示 A 物质的平衡浓度，余类推。

(2) 平衡常数的书写规则

① 如果反应中有固体或纯液体参加，它们的浓度不写入平衡常数表达式中。在反应过程中，固体或纯液体的浓度被认为是固定不变的。例如：

$$CaCO_3(s) \rightleftharpoons CaO(s)+CO_2(g) \qquad K_c=[CO_2]$$

$$2Br^-(aq)+I_2(s) \rightleftharpoons 2I^-(aq)+Br_2(l) \qquad K_c=\frac{[I^-]^2}{[Br^-]^2}$$

② 在水溶液中进行的反应，若有 H_2O 参与，水的浓度不写入表达式。如：

$$Cr_2O_7^{2-}(aq)+H_2O(aq) \rightleftharpoons 2CrO_4^{2-}(aq)+2H^+(aq) \qquad K_c=\frac{[CrO_4^{2-}]^2[H^+]^2}{[Cr_2O_7^{2-}]}$$

但在非水溶剂中进行的有 H_2O 参与的反应，或气态下的反应，则水的浓度应包括在内：

$$C_2H_5OH(aq)+CH_3COOH(aq) \rightleftharpoons CH_3COOC_2H_5(aq)+H_2O(aq)$$

$$K_c=\frac{[CH_3COOC_2H_5][H_2O]}{[C_2H_5OH][CH_3COOH]}$$

$$CO_2(g)+H_2(g) \rightleftharpoons CO(g)+H_2O(g)$$

$$K_c=\frac{[CO][H_2O]}{[CO_2][H_2]}$$

③ 平衡常数关系式的写法，取决于反应方程式的写法。如：

$$N_2+3H_2 \rightleftharpoons 2NH_3 \qquad K_{c_1}=\frac{[NH_3]^2}{[N_2][H_2]^3}$$

$$\frac{1}{2}N_2+\frac{3}{2}H_2 \rightleftharpoons NH_3 \qquad K_{c_2}=\frac{[NH_3]}{[N_2]^{1/2}[H_2]^{3/2}}$$

显然，$K_{c_1} \neq K_{c_2}$，而是 $K_{c_1}=K_{c_2}^2$。所以在计算和查阅数据时，必须注意使用与方程式相对应的平衡常数值。

④ 对于气相反应，在平衡常数的表达式中，还可用各气体的平衡分压来代替平衡浓度。例如，对于一个一般的气相反应：

$$aA+bB=dD+eE \qquad \frac{p_D^d \cdot p_E^e}{p_A^a \cdot p_B^b}=K_p$$

式中，p_A 表示 A 物质的平衡分压，余类推。K_p 称为压力平衡常数，简称压力常数。为了区别，以浓度表示的平衡常数称为浓度(平衡)常数。

显然，在同一温度下，同一反应的 K_c 和 K_p 的数值往往是不同的。它们之间有一定的数量关系。根据理想气体方程：

$$(\text{物质的量})\text{浓度}=\frac{n}{V}=\frac{p}{RT}$$

故而有

$$p_A=[A]RT$$

$$p_B=[B]RT$$

$$p_D=[D]RT$$

$$p_E=[E]RT$$

所以

$$K_p=\frac{p_D^d \cdot p_E^e}{p_A^a \cdot p_B^b}=\frac{([D]RT)^d([E]RT)^e}{([A]RT)^a([B]RT)^b}$$

$$=\frac{[D]^d[E]^e}{[A]^a[B]^b}(RT)^{(d+e)-(a+b)}$$

令

$$(d+e)-(a+b)=\Delta n$$

则

$$K_p=K_c \cdot (RT)^{\Delta n} \tag{4-6}$$

注意：式(4-6)中的 Δn 为反应前后气体计量系数之差，不包括固体和液体在内。

(3) 平衡常数的意义　平衡常数是化学反应的特性常数。它不随物质的初始浓度(或分压)而改变，仅取决于反应的本性。一定的反应，只要温度一定，平衡常数就是定值。

平衡常数是衡量反应进行程度大小的一个常数。K 值越大，表示反应达平衡时，体系中生成物的浓度越高，即正向反应进行的程度大，反应进行得越完全；反之，K 值越小，表示平衡时体系中反应物的浓度高，而生成物的浓度低，这时逆向反应进行的程度大，反应不完全。我们还可以由此推论，K 值非常大或非常小的反应，都是可逆性很小的反应。

须注意的是，平衡常数只告诉我们一个可逆反应的正向反应所能进行的最大限度，但并不意味着这个反应一定能够进行。一个反应能否进行，除了与反应的可能性有关外，还与它的反应速率有关。许多反应，尽管理论上证明可以进行，但因为它们的反应速率太慢，实际上无法进行。最典型的例子就是 H_2 和 O_2 化合成 H_2O 的反应。

利用平衡常数可以判断体系是否平衡，以及未平衡体系反应进行的方向。

对于一个一般的反应

$$aA+bB \rightleftharpoons dD+eE$$

我们设 c_A、c_B、c_D、c_E 分别表示各物质在某一任意状态下的浓度。令：

$$\frac{c_D^d \cdot c_E^e}{c_A^a \cdot c_B^b}=Q_c \tag{4-7}$$

Q_c 称为浓度商。这时有三种情况：

$Q_c=K_c$　反应处于平衡状态，即反应达到最大限度。

$Q_c<K_c$　反应正向进行。随着正反应的进行，反应物浓度降低，生成物浓度增加，Q_c 值随之增大，直至 $Q_c=K_c$，反应达平衡。

$Q_c>K_c$　反应逆向进行。随着逆反应的进行，反应物浓度增加，生成物浓度降低，Q_c 值随之减小，直至 $Q_c=K_c$，反应达平衡。

这样我们就得到了一个可逆反应进行方向和限度的判据：

$Q_c<K_c$　正向反应自发进行。

$Q_c=K_c$　反应达平衡(反应的最大限度)。

$Q_c>K_c$　逆向反应自发进行。

对于气相反应，可将任意状态下产物分压系数次方的乘积与反应物分压系数次方的乘积之比称为压力商，用 Q_p 表示：

$$Q_p=\frac{p_D'^d \cdot p_E'^e}{p_A'^a \cdot p_B'^b} \tag{4-8}$$

式(4-8)中的 p'_A、p'_B、p'_D、p'_E 分别表示各物质在某任意状态下的分压。

比较 Q_p 与 K_p 的相对大小，即可判断反应的方向，与 Q_c 和 K_c 的情况类似。

4.2.1.3　平衡常数的应用

例 5　反应 $2HI=H_2+I_2$　713 K 时，将 2.004 mol HI 置于 10 L 密闭容器中。平衡后，体系中生成 0.221 mol H_2 和 0.221 mol I_2。计算上述反应的平衡常数。

解：

	$2HI$ $\rightleftharpoons$	H_2 +	I_2
起始浓度	$\frac{2.004}{10}$	0	0
平衡浓度	$\frac{2.004-0.221\times2}{10}$	$\frac{0.221}{10}$	$\frac{0.221}{10}$

$$K_c=\frac{[H_2][I_2]}{[HI]^2}=\frac{\left(\frac{0.221}{10}\right)\left(\frac{0.221}{10}\right)}{\left(\frac{2.004-0.221\times2}{10}\right)^2}=0.02$$

例 6　749 K 时，反应 $CO+H_2O \rightleftharpoons CO_2+H_2$　　$K_c=2.6$。如果 CO 和 H_2O 的起始浓度均为 2 $mol \cdot l^{-1}$，问平衡时各物质浓度为多少？此时 CO 的平衡转化率为多少？

解：设平衡时$[CO_2]=x\ mol \cdot l^{-1}$

	CO +	H_2O $\rightleftharpoons$	CO_2 +	H_2
起始浓度	2	2	0	0
平衡浓度	$2-x$	$2-x$	x	x

$$K_c=\frac{[CO_2][H_2]}{[CO][H_2O]}=\frac{x^2}{(2-x)^2}=2.6$$

解得 $$x=1.23$$

所以 $$平衡时[CO_2]=[H_2]=1.23\ mol\cdot L^{-1}$$

$$[CO]=[H_2O]=2-1.23=0.77\ mol\cdot L^{-1}$$

$$平衡转化率=\frac{平衡时已转化的某反应物的量}{转化前该反应物的总量}\times100\%$$

$$CO的平衡转化率=\frac{已转化CO的量}{转化前CO的总量}\times100\%$$

$$=\frac{2-0.77}{2}\times100\%$$

$$=61.5\%$$

例7 5 L 容器中装入等物质的量的 PCl_3 和 Cl_2。在 523 K 时达到平衡，PCl_5 的平衡分压为 1×10^2 kPa。此时 $PCl_5 \rightleftharpoons PCl_3+Cl_2$ 反应的 K_p 为 1.81×10^2 kPa。问原来装入的 PCl_3 和 Cl_2 的量为多少?

解:设开始时，PCl_3 的分压 $p^0_{PCl_3}=x$ kPa

因为 $$n^0_{PCl_3}=n^0_{Cl_2}$$

所以 $$p^0_{Cl_2}=p^0_{PCl_3}=x\text{kPa}$$

	PCl_5	=	PCl_3	+	Cl_2
起始分压	0		x		x
平衡分压	1×10^2		$x-1\times10^2$		$x-1\times10^2$

$$K_p=\frac{p_{PCl_3}\cdot p_{Cl_2}}{p_{PCl_5}}=\frac{(x-1\times10^2)^2}{1\times10^2}=1.81\times10^2$$

解得 $x=2.35\times10^2(\text{kPa})$

即 $p^0_{PCl_3}=p^0_{Cl_2}=2.35\times10^2(\text{kPa})$

所以 $n^0_{PCl_3}=n^0_{Cl_2}=\frac{pV}{RT}=\frac{2.35\times10^2\times5}{8.314\times523}=0.270(\text{mol})$

4.2.2 平衡常数和自由能变化的关系

对于一个气相反应：

$$aA+bB\rightleftharpoons dD+eE$$

设反应体系无限大，当体系处于任意状态时，根据热力学推导，在恒温恒压下，反应的自由能变化 ΔG 与参与反应的各物质分压之间有这样的关系：

$$\Delta G=\Delta G^\ominus+RT\ln\frac{(p'_D/10^5)^d(p'_E/10^5)^e}{(p'_A/10^5)^a(p'_B/10^5)^b} \tag{4-9}$$

式(4-9)中，$\Delta G^\ominus$ 为反应的标准自由能变化，p'_A、p'_B、p'_D、p'_E 分别代表各物质在某一任意状态下的分压，p' 的单位都用 Pa。

当反应达到平衡时，$\Delta G=0$，故有：

$$K_p=\frac{(p_D/10^5)^d(p_E/10^5)^e}{(p_A/10^5)^a(p_B/10^5)^b}$$

式中，p_A、p_B、p_D、p_E 分别代表各物质在平衡状态下的分压(平衡分压，各分压单位为 Pa)，即

$$\frac{p_D/10^5 \cdot p_E/10^5}{p_A/10^5 \cdot p_B/10^5}=K_p$$

所以 $$\Delta G^{\ominus}=-RT\ln K_p$$

所以 $$\Delta G=\Delta G^{\ominus}+RT\ln Q_p$$

$$\Delta G=-RT\ln K_p+RT\ln Q_p \tag{4-10}$$

式(4-10)称化学反应等温方程式。它表示在恒温恒压条件下反应的自由能变化与反应的各气体分压之间的关系。

根据化学等温方程式，ΔG 的值的符号仅取决于 Q_p 与 K_p 的相对大小。

当 $Q_p<K_p$ 时　$\Delta G<0$　正向反应自发进行；

当 $Q_p=K_p$ 时　$\Delta G=0$　反应达平衡；

当 $Q_p>K_p$ 时　$\Delta G>0$　逆向反应自发进行。

某一化学反应在一定温度下 K_p 为定值。这样，只要确定了体系中各气体的分压，得到 Q_p 的数值，就可以判断在指定条件下，反应进行的方向和限度。这与前面用平衡常数讨论得到的结果是一致的。

对于在溶液中进行的反应，则有：

$$\Delta G=-RT\ln K_c+RT\ln Q_c$$

我们必须注意 ΔG 和 $\Delta G^{\ominus}$ 的区别，$\Delta G^{\ominus}$ 是反应的标准自由能变化，它是指标准态下反应的自由能变化。对一定的反应，温度一定，$\Delta G^{\ominus}$ 就是定值。但 ΔG 不同，它是在各物质处于任意状态时反应的自由能变化。

例 8　反应 $\frac{1}{2}N_2+\frac{3}{2}H_2=NH_3$，在 673 K 时的 $\Delta G^{\ominus}=+24.39\ \text{kJ}\cdot\text{mol}^{-1}$。若体系内的 $p_{H_2}=8\times10^5$ Pa，$p_{N_2}=1\times10^5$ Pa，$p_{NH_3}=1\times10^5$ Pa，问反应向哪方进行？

解：

$$\Delta G^{\ominus}=-RT\ln K_p$$

$$\ln K_p=-\frac{\Delta G^{\ominus}}{RT}=-\frac{24.39\times10^3}{8.314\times673}=-4.36$$

$$K_p=0.0128$$

$$Q_p=\frac{p'_{NH_3}/10^5}{(p'_{N_2}/10^5)^{\frac{1}{2}}(p'_{H_2}/10^5)^{\frac{3}{2}}}=0.0442$$

$$Q_p>K_p \qquad \Delta G>0$$

所以，反应将向氨分解的方向进行。

例 9　由下列反应的 $\Delta G^{\ominus}$ 求 K_p。

$$2SO_2(g)+O_2(g)\rightleftharpoons 2SO_3(g)$$

解：查表，得：

	$SO_2(g)$	$O_2(g)$	$SO_3(g)$
$\Delta G_f^{\ominus}/\text{kJ}\cdot\text{mol}^{-1}$	-300.2	0	-370.4

$$\Delta G^{\ominus}=\sum\Delta G^{\ominus}_{f,生成物}-\sum\Delta G^{\ominus}_{f,反应物}$$
$$=2\times(-370.4)-2\times(-300.2)$$
$$=-140.4(\text{kJ}\cdot\text{mol}^{-1})$$

$$\Delta G^{\ominus}=-RT\ln K_p$$

所以 $$\ln K_p=-\frac{\Delta G^{\ominus}}{RT}=-\frac{-140.4\times10^3}{8.314\times298}$$

$$=+56.67$$

$$K_p=4.08\times10^{24}$$

4.2.3 化学平衡的移动

化学平衡是有条件的平衡。当外界条件改变时，旧的平衡被破坏，引起混合物中各物质的浓度（或分压）发生改变，从而达到新的平衡。这样的过程我们称为化学平衡的移动。

下面分别讨论浓度、压力、温度对化学平衡的影响。

4.2.3.1 浓度对化学平衡的影响

对任一化学反应：

$$a\mathrm{A}+b\mathrm{B}\rightleftharpoons d\mathrm{D}+e\mathrm{E}$$

当反应在某一温度下达到平衡时：

$$Q_c=\frac{[\mathrm{D}]^d[\mathrm{E}]^e}{[\mathrm{A}]^a[\mathrm{B}]^b}=K_c$$

这时，如果增加反应物的浓度，则 $c_\mathrm{A}^a\cdot c_\mathrm{B}^b>[\mathrm{A}]^a\cdot[\mathrm{B}]^b$，$Q_c<K_c$，体系不再平衡，反应向右进行。随着反应的进行，反应物浓度不断降低，生成物浓度不断增加，Q_c 不断增大，直至 Q_c 重新等于 K_c，体系达到一个新的平衡。这时各物质的浓度与前一个平衡下的浓度是不同的。

浓度对化学平衡的影响可概括如下：在其他条件不变的情况下，增大反应物浓度或减小生成物浓度，$Q_c<K_c$，平衡向正反应方向移动；减小反应物浓度或增大生成物浓度，$Q_c>K_c$，平衡向逆反应方向移动。

例 10 1 073 K 时，$CO(g)+H_2O(g)\rightleftharpoons CO_2(g)+H_2(g)\quad K_c=1$。

(1) 现将 1 mol CO(g) 和 1 mol $H_2O(g)$ 混合，放入体积为 1 L 的密闭容器内进行反应，求平衡时各物质的浓度及 CO 的平衡转化率。

(2) 在已达平衡的体系内，再加入 4 mol $H_2O(g)$，求重新平衡时各物质浓度。

(3) 在同一温度，如果把 1 mol CO(g) 和 5 mol $H_2O(g)$ 混合，放入体积为 1 L 的密闭容器内进行反应，求平衡时各物质浓度。

比较(1)、(2)、(3)的结果。

解：

(1) 设平衡时 $[CO_2]=x\ \mathrm{mol\cdot L^{-1}}$

	CO(g) +	$H_2O(g)\rightleftharpoons$	$CO_2(g)$ +	$H_2(g)$
起始浓度	1	1	0	0
平衡浓度	$1-x$	$1-x$	x	x

$$K_c=\frac{[CO_2][H_2]}{[CO][H_2O]}=\frac{x^2}{(1-x)^2}=1$$

解得 $x=0.5$

所以平衡时 $[CO]=[H_2O]=1-0.5=0.5(\mathrm{mol\cdot L^{-1}})$

$[CO_2]=[H_2]=0.5(\mathrm{mol\cdot L^{-1}})$

$$CO\text{的平衡转化率}=\frac{0.5}{1}\times100\%=50\%$$

(2) 设重新平衡时，$[CO_2]$的增加量为 x mol·L^{-1}。

$$CO(g)+H_2O(g)\rightleftharpoons CO_2(g)+H_2(g)$$

起始浓度	0.5	0.5+4=4.5	0.5	0.5
平衡浓度	$0.5-x$	$4.5-x$	$0.5+x$	$0.5+x$

$$K_c=\frac{(0.5+x)^2}{(0.5-x)(4.5-x)}=1$$

解得 $x=0.33$

重新平衡时 $[CO_2]=[H_2]=0.5+0.33=0.83(mol\cdot L^{-1})$

$[CO]=0.5-0.33=0.17(mol\cdot L^{-1})$

$[H_2O]=4.5-0.33=4.17(mol\cdot L^{-1})$

(3) 设平衡时，$[CO_2]=x$ mol·L^{-1}

$$CO(g)+H_2O(g)\rightleftharpoons CO_2(g)+H_2(g)$$

起始浓度	1	5	0	0
平衡浓度	$1-x$	$5-x$	x	x

$$K_c=\frac{x^2}{(1-x)(5-x)}=1$$

解得 $x=0.83$

所以　平衡时 $[CO_2]=[H_2]=0.83(mol\cdot L^{-1})$

$[CO]=1-0.83=0.17(mol\cdot L^{-1})$

$[H_2O]=5-0.83=4.17(mol\cdot L^{-1})$

比较(1)、(2)、(3)的结果。首先，在(1)、(2)中，$H_2O(g)$的初始浓度为 1 mol·L^{-1}，平衡后再加入 4 mol·L^{-1} $H_2O(g)$，两次共加入了 5 mol·L^{-1}。在(3)中，$H_2O(g)$的初始浓度即为 5 mol·L^{-1}。达到平衡后，(2)和(3) 的各物质浓度是完全一样的。由此可见，平衡浓度只与参与反应的物质的总浓度有关，而与过程(是一次加入还是分次加入)无关。

其次，(2)中，增加了反应物 H_2O 的量之后，使原有平衡向正反应的方向移动，CO_2 和 H_2 的量增加，在新达到平衡后各物质的浓度与原平衡时均不相同。但它们的浓度系数次方乘积之比(即平衡常数)是相同的。换句话说，平衡常数是不随浓度变化而变化的。

4.2.3.2 压力对化学平衡的影响

由于压力对固态和液态物质的体积影响很小，所以压力的改变对液态和固态反应的平衡体系基本没有影响。

有气体参加的可逆反应，在恒温的条件下，改变平衡体系的总压力常常会引起化学平衡的移动。这可以分以下两种情况考虑：

(1) 反应前后气体分子数不等的反应。例如：

$$N_2(g)+3H_2(g)\rightleftharpoons 2NH_3(g)$$

在一定温度下，上述体系达到平衡时，有：

$$K_p=\frac{p_{NH_3}^2}{p_{N_2}\cdot p_{H_2}^3}$$

如果体系的总压力增加为原来的 2 倍，这时各组分的分压也相应的增加 2 倍。这样：

$$Q_p=\frac{(2p_{NH_3}^2)^2}{(2p_{N_2})\cdot(2p_{H_2}^3)^2}=\frac{1}{4}\cdot\frac{p_{NH_3}^2}{p_{N_2}\cdot p_{H_2}^3}=\frac{1}{4}\cdot K_p$$

$$Q_p<K_p$$

这时平衡向着生成氨的方向(即气体分子数减少的方向)移动,随着反应的进行,p_{NH_3} 增大,而 p_{N_2}、p_{H_2} 减小,Q_p 不断增大,直至 $Q_p=K_p$,体系重新平衡。再如:

$$CaCO_3(s) \rightleftharpoons CaO(s)+CO_2(g)$$

在一定温度下,体系平衡时有

$$K_p=p_{CO_2}$$

同样,如果体系的总压力增加为原来的两倍,即 CO_2 的压力为 $2p_{CO_2}$,这时:

$$Q_p=2p_{CO_2}$$

$$Q_p>K_p$$

平衡向逆反应方向(即气体分子数减少的方向)移动。

由此可见,增加总压力,平衡总是朝着气体分子数减少的方向移动。同理,我们可以得出,减少总压力,平衡总是朝着气体分子数增加的方向移动。

(2) 反应前后气体分子数相等的反应,例如,对于一个一般的反应:

$$aA(g)+bB(g) \rightleftharpoons dD(g)+eE(g)$$

平衡时
$$K_p=\frac{p_D^d\cdot p_E^e}{p_A^a\cdot p_B^b}$$

当体系压力增加为原来的 m 倍时,各组分的分压均增加为原来的 m 倍。则:

$$Q_p=\frac{(mp_D)^d\cdot(mp_E)^e}{(mp_A)^a\cdot(mp_B)^b}$$

$$=\frac{p_D^d\cdot p_E^e}{p_A^a\cdot p_B^b}\cdot m^{(d+e)-(a+b)}$$

$$=K_p\cdot m^{\Delta n}$$

对于等气体分子数反应,$\Delta n=0$

所以
$$Q_p=K_p$$

可见,对此类反应,体系总压力的改变不能影响平衡的移动。

4.2.3.3 温度对化学平衡的影响

温度对化学平衡的影响与前两种情况有本质的不同。改变浓度或压力只改变平衡时各物质的浓度,不改变平衡常数。而温度的改变却导致平衡常数数值的改变。

对于一个给定的平衡体系来说,有:

$$\Delta G^\ominus=-RT\ln K$$

$$\Delta G^\ominus=\Delta H^\ominus-T\Delta S^\ominus$$

所以
$$\Delta H^\ominus-T\Delta S^\ominus=-RT\ln K$$

有
$$\ln K=-\frac{\Delta H^\ominus}{RT}+\frac{\Delta S^\ominus}{R}$$

设某一可逆反应在温度 T_1 时平衡常数为 K_1,温度 T_2 时平衡常数为 K_2:

$$\ln K_1=-\frac{\Delta H^\ominus}{RT_1}+\frac{\Delta S^\ominus}{R}$$

$$\ln K_2=-\frac{\Delta H^\ominus}{RT_2}+\frac{\Delta S^\ominus}{R}$$

因为 $\Delta S^{\ominus}$ 和 $\Delta H^{\ominus}$ 随温度的变化很小，可视为常数，故有：

$$\ln K_2 - \ln K_1 = -\frac{\Delta H^{\ominus}}{R}\left(\frac{1}{T_2}+\frac{1}{T_1}\right)$$

$$\ln\frac{K_2}{K_1} = \frac{\Delta H^{\ominus}}{R}\left(\frac{T_2-T_1}{T_1T_2}\right) \tag{4-11}$$

式(4-11)中，$\Delta H^{\ominus}$ 为恒压下反应的热效应。

这一公式清楚地表明了温度对平衡常数的影响。对于放热反应，$\Delta H^{\ominus}<0$，温度升高时($T_2>T_1$)，$K_2<K_1$，即平衡常数随温度的升高而减小；对于吸热反应，$\Delta H^{\ominus}>0$，温度升高时($T_2>T_1$)，$K_2>K_1$，即平衡常数随温度的升高而增大。平衡常数的改变，引起体系平衡的移动。平衡常数增大，平衡向右移动；反之，平衡常数减小，平衡向左移动。

温度对化学平衡的影响可概括如下：温度升高，平衡向吸热反应的方向移动；温度降低，平衡向放热反应的方向移动。

例 11 已知反应 $CO(g)+H_2O(g) \rightleftharpoons CO_2(g)+H_2(g)$ 的 $\Delta H^{\ominus}=-41.17\ kJ\cdot mol^{-1}$，500 K时的 $K_p=126$。求 800 K 时的 K_p。

解：由 $\ln\frac{K_2}{K_1}=\frac{\Delta H^{\ominus}}{R}\left(\frac{T_2-T_1}{T_1T_2}\right)$ 得：

$$\begin{aligned}\ln K_2 &= \ln K_1 + \frac{\Delta H^{\ominus}}{R}\left(\frac{T_2-T_1}{T_1T_2}\right)\\ &= \ln 126 + \frac{-41.17\times10^3}{8.314}\left(\frac{800-500}{800\times500}\right)\\ &= 1.122\end{aligned}$$

$$K_2 = 3.07$$

$$K_2 < K_1$$

所以，升高温度后，平衡常数减小，这时平衡向逆反应方向(即吸热反应的方向)移动。

4.2.3.4 化学平衡与催化剂

催化剂只能加快反应达到平衡的时间，而不能使平衡移动。这一点可以从热力学角度来说明。

$$\Delta G^{\ominus} = -RT\ln K$$

G 为状态函数，其变化值 ΔG 仅取决于始、终态，与反应所经历的途径无关。而催化剂的加入仅仅改变了反应的途径，不影响反应的始态和终态，所以催化剂只能改变反应速率而不能改变化学平衡。但催化剂能缩短达到平衡的时间。

4.2.3.5 吕·查德里原理(Le Chatelier)

从以上讨论的浓度、压力和温度对平衡的影响可知，如果在平衡体系内增加反应物浓度，平衡就向着生成物方向移动，也就是向着减少反应物浓度的方向移动；如果增加平衡体系(有气体参与的反应)的压力，平衡就向着气体分子数减少的方向移动，也就是向减小压力的方向移动；如果升高温度，平衡向着吸热的方向移动，也就是向降低温度的方向移动。

综合上述各种外界条件对化学平衡的影响，Le Chatelier 归纳出一条关于化学平衡移动的普遍规律：当体系达到平衡后，如果改变平衡的条件之一(如浓度、温度或压力等)，平衡就向着能减弱这种改变的方向移动。

Le Chatelier 原理是一条普遍规律，它对所有的动态平衡(包括物理平衡)都是适用的。但须注意，它只能用于已达到平衡的体系。对未达到平衡的体系是不能应用的。

4.2.4 O_2、CO、Hb 的平衡

动物要维持生命需要呼吸氧气。通常，人每次呼吸能吸进大约 0.5 L 空气。吸入的空气通过支气管输送到约一亿五千万个肺泡中。在肺泡中吸进的新空气与前一次呼吸剩余的空气混合。在这一过程中，水蒸气和 CO_2 的浓度比新空气中有所增加。通过肺泡壁吸入的氧扩散进入动脉血液中。动脉血液再将氧输送到体内所有细胞中。起输送氧作用的是血液中的血红蛋白(Hb，haemoglobin)。血红蛋白和肌红蛋白都属于血红素蛋白。在血红素中铁是以Fe(Ⅱ)状态存在的。Fe(Ⅱ)被 4 个原卟啉的 4 个氮原子配位螯合。肌红蛋白(Mb，myoglobin)中含有一个血红素，这个血红素中 Fe 的其他两个配位位置中，一个与多肽链上组氨酸中咪唑基的 N 相联，另一个位置上是 H_2O 或 O_2。血红蛋白(Hb)可看做是由 4 个血红素组成的。一个单一的血红蛋白质分子最多能结合 4 个氧分子。血液中溶解的氧仅约 3%，其余的氧与血红蛋白结合。两者间的平衡有：

$$Hb(aq)+O_2(aq)\rightleftharpoons HbO_2(aq)$$

$$HbO_2(aq)+O_2(aq)\rightleftharpoons Hb(O_2)_2(aq)$$

$$Hb(O_2)_2(aq)+O_2(aq)\rightleftharpoons Hb(O_2)_3(aq)$$

$$Hb(O_2)_3(aq)+O_2(aq)\rightleftharpoons Hb(O_2)_4(aq)$$

上述反应过程很复杂。通常简化表示为

$$\underset{\text{血红蛋白}}{Hb(aq)}+O_2(aq)\rightleftharpoons \underset{\text{氧合血红蛋白}}{HbO_2(aq)}$$

动物生命的维持取决于血红蛋白同氧的结合及其对氧的释放，即上述平衡的移动。血液中的氧含量和血红蛋白含量的改变将引起这一平衡的移动。

在海拔高度较低的地区(如海边)生活的人，其肺部及氧的分压如下[为对比，将干空气中的 $p(O_2)$ 一并列入]：

	干空气	肺泡	动脉	静脉
$p(O_2)$	21.2 kPa	13.3 kPa	12.67 kPa	5.33 kPa

在肺中，$p(O_2)$ 高，氧被血红蛋白结合，平衡向右移动，氧合血红蛋白的量增多。在进行繁重的劳动时，极需要氧的肌肉中 $p(O_2)$ 降低，氧从氧合血红蛋白中又释放出来，并被消耗，平衡向左移动。因此，静脉中的氧含量要低于动脉中的氧含量。通过血液循环血红蛋白完成了输送氧的任务。

当在 1～2 天之内，从海平面攀登到海拔 3 000 m 的高山上时，能引起头痛、恶心、极度疲劳等不舒服的感觉，这些症状叫做高山病，高山病是缺氧的结果。海拔 3 000 m，$p(O_2)$ 只有 14.1 kPa。空气中氧的分压降低，氧-血红蛋白平衡向左移动，减少动脉中的氧合血红蛋白。因此，引起缺氧。如果有足够的时间(如 2～3 周)，体内产生更多的血红蛋白分子。平衡从左向右移动，生成更多的 HbO_2 分子。研究表明，长时间在高山区生活的居民其血液中血红蛋白的含量比生活在海边的人多 50%。

CO 与血红蛋白形成复杂的化合物 Hb(CO)，它比 HbO_2 更稳定。

$$HbO_2(aq)+CO(aq)\rightleftharpoons Hb(CO)(aq)+O_2(aq)$$

$$K=\frac{[Hb(CO)][O_2]}{[HbO_2][CO]}=2.1\times10^2$$

Hb(CO)的形成使血红蛋白失去了携带氧的能力。因此，CO的毒性很强。尤其是它为无色无臭的气体，很容易使人丧失警惕。CO中毒时，血液中的CO浓度增大，上一反应向右移动，可使人严重缺氧。高浓度的CO将导致人失去知觉，甚至死亡。对CO中毒事故的处理，首选有效的方法是对中毒者提供新鲜空气，和采用高压氧舱治疗一样，都能使中毒平衡向左（解毒）方向移动。中度的CO中毒的恢复比较快，并能完全治愈。CO中毒作用不是累积性的。

不仅能在家庭取暖时由于煤的不完全燃烧而发生CO中毒。在现代社会中，汽车数量日益增多，汽车发动机的不完全燃烧也能造成车内CO中毒。汽车行驶过程中形成的CO已是主要的空气污染物之一；大城市监控交通的警官们的血液中有较高的CO含量。吸烟者也因烟草燃烧时产生的CO而使自身血液中的CO含量增加。

应该指出的是，人体吸氧并不是“多多益善”。在呼吸时，体内的氧气中有98%被正常利用，余下的2%则被转化为化学反应活性极强的活性氧——氧自由基。它对人体的正常细胞有损害作用，以致各种疾病（如动脉硬化、糖尿病、白内障等）的发生。对正常人来说，人体经过呼吸、运动和进食、饮水足以维持所需要的氧。

思考题

1. 化学反应速率常数 k 与温度、浓度、压力、催化剂中的哪些因素有关？
2. 什么是质量作用定律？服从质量作用定律的反应是否一定为基元反应？
3. 活化能 E_a 与反应速率常数 k 的关系是什么？E_a 的大小与反应速率常数 k 有什么关系？
4. 什么是反应级数？反应分子数？
5. 什么是基元反应？什么是复杂反应？
6. 平衡常数 K 与反应的起始状态是否有关？
7. 如何利用吉布斯函数的变化(ΔG)判断反应的方向？
8. 催化剂是否影响平衡常数 K？
9. 催化剂如何影响化学反应速率？
10. 化学反应达平衡时，从微观的角度分析，化学反应是否停止？

习　题

1. 反应 $CH_3CHO(g) = CH_4(g) + CO(g)$，在 5.4 mim 内 CH_3CHO 气体浓度从 0.026 mol·L^{-1}减少至 0.024 8 mol·L^{-1}，计算该反应的平均速率。

2. 一个反应由A和B生成C，从三次实验中得到如下数据：

实验	c_A/mol·L^{-1}	c_B/mol·L^{-1}	反应速率/mol·L^{-1}·s^{-1}(C的生成速率)
1	0.60	0.15	6.3×10^{3}
2	0.20	0.60	2.8×10^{-3}
3	0.20	0.15	7.0×10^{-4}

(1) 写出这个反应的速率方程式；

(2) 求反应级数；

(3) 求反应速率常数 k。

3. 一个反应的活化能为 180.5 $kJ \cdot mol^{-1}$，另一个反应的活化能为 48.2 $kJ \cdot mol^{-1}$。在相似条件下进行反应，问这两个反应哪一个进行得较快？为什么？

4. $A(g) \longrightarrow B(g)$ 为二级反应。当 A 的浓度为 0.050 $mol \cdot L^{-1}$，其反应速率为 1.2 $kJ \cdot mol^{-1} \cdot min^{-1}$。

(1) 写出该反应的速率方程；

(2) 求速率常数 k；

(3) 温度不变时，欲使反应速率加倍，A 的浓度应为多少？

5. 实验测定下列反应

$$Br_2(g) + 2NO(g) = 2NOBr(g)$$

对 Br_2 为一级反应，对 NO 是二级反应，某温度下速率常数等于 0.050 $L^2 \cdot mol^{-2} \cdot s^{-1}$，求：

(1) 反应的总反应级数；

(2) 温度不变，当 Br_2 浓度为 0.10 $mol \cdot L^{-1}$，NO 浓度为 0.050 $mol \cdot L^{-1}$ 时，求反应速率。

6. 反应 $2HI \longrightarrow H_2 + I_2$ 的活化能为 185.7 $kJ \cdot mol^{-1}$，问这个反应的逆反应活化能是多少(已知 HI 的 $\Delta H_f^{\ominus} = -5.64\ kJ \cdot mol^{-1}$)？

7. N_2O_4 的分解反应在 298 K 和 338 K 的速率常数分别为 3.46×10^{-5} 和 4.87×10^{-3} ($L \cdot mol^{-1} \cdot s^{-1}$)。求该反应的活化能。

8. 写出下列反应的平衡常数 K_c 与 K_p 的表达式，并写出 K_c 与 K_p 的关系式。

(1) $2NO(g) + O_2(g) \rightleftharpoons 2NO_2(g)$

(2) $NH_3(g) \rightleftharpoons \frac{1}{2}N_2(g) + \frac{3}{2}H_2(g)$

(3) $C(s) + H_2O(g) \rightleftharpoons CO(g) + H_2(g)$

(4) $BaCO_3(s) \rightleftharpoons BaO(s) + CO_2(g)$

9. 反应 $2NO(g) + Br_2(g) \rightleftharpoons 2NOBr(g)$ 在 623 K 时建立平衡，测得平衡混合物中各物质的浓度为 $[NO] = 0.30\ mol \cdot L^{-1}$，$[Br_2] = 0.11\ mol \cdot L^{-1}$，$[NOBr] = 0.046\ mol \cdot L^{-1}$。求 K_c 和 K_p。

10. 现有反应 $H_2(g) + CO_2(g) \rightleftharpoons H_2O(g) + CO(g)$ 在 1 259 K 达平衡。平衡时 $[H_2] = 0.44\ mol \cdot L^{-1}$，$[CO_2] = 0.44\ mol \cdot L^{-1}$，$[H_2O] = [CO] = 0.56\ mol \cdot L^{-1}$，求此温度下的平衡常数及开始时 H_2 和 CO_2 的浓度。

11. 反应 $H_2O(g) + C(s) \rightleftharpoons CO(g) + H_2(g)$ 的平衡常数 K_c 在 900 K 时为 3×10^{-3}；1 200 K 时为 0.2。问该反应的正向反应是吸热还是放热？为什么？

12. 在容积为 3 L 的密闭容器中，装有 CO_2 和 H_2 的混合物，存在下列可逆反应：

$$CO_2(g) + H_2(g) \rightleftharpoons CO(g) + H_2O(g)$$

将 1.5 mol CO_2 和 4.5 mol H_2 放入容器并加热到 1 123 K，这时反应达到平衡，已知此时 $K_c = 1.0$。求：

(1) 平衡时各物质浓度；

(2) CO_2 转化为 CO 的百分率。

13. 对于下列反应

$$C(s) + CO_2(g) \rightleftharpoons 2CO(g) \qquad \Delta H = +172.5\ kJ \cdot mol^{-1}$$

将下列条件变化时有关物理量的改变情况填入下表：

	$k_{正}$	$k_{逆}$	$v_{正}$	$v_{逆}$	K	平衡移动方向
增加总压力						
升高温度						
加入催化剂						

第 4 章　检 测 题

一、选择题

1. 对于反应 $2A+2B \longrightarrow C$，下列所示的速率表达式正确的是 ……………………………… (　　)

(A) $\frac{\Delta[A]}{\Delta t}=\frac{2}{3}\frac{\Delta[B]}{\Delta t}$　　(B) $\frac{\Delta[C]}{\Delta t}=\frac{1}{3}\frac{\Delta[A]}{\Delta t}$

(C) $\frac{\Delta[C]}{\Delta t}=\frac{1}{2}\frac{\Delta[B]}{\Delta t}$　　(D) $\frac{\Delta[B]}{\Delta t}=\frac{\Delta[A]}{\Delta t}$

2. 反应 $2A+B \longrightarrow D$ 的有关实验数据在表中给出，此反应的速率常数 k($mol^{-2}\cdot dm^{6}\cdot min^{-1}$)约为 ……………………………………………………………………………………… (　　)

初始浓度		最初速率
[A]/($mol\cdot dm^{-3}$)	[B]/($mol\cdot dm^{-3}$)	v/($mol\cdot dm^{-3}\cdot min^{-1}$)
0.05	0.05	4.2×10^{-2}
0.10	0.05	8.4×10^{-2}
0.10	0.10	3.4×10^{-1}

(A) 3.4×10^{2}　(B) 6.7×10^{2}　(C) 3.4×10^{3}　(D) 6.7×10^{3}

3. 当反应 $A_2+B_2 \longrightarrow 2AB$ 的速率方程为 $v=k[A_2][B_2]$时，则此反应 ………………………… (　　)

(A) 一定是基元反应　　(B) 一定是非基元反应

(C) 不能肯定是否是基元反应　　(D) 反应为一级反应

4. 某温度下，反应 $SO_2(g)+\frac{1}{2}O_2(g)=SO_3(g)$ 的平衡常数 $K^{\ominus}=50$；在同一温度下，反应 $2SO_3(g)\rightleftharpoons 2SO_2(g)+O_2(g)$ 的 $K^{\ominus}$ 值应为 ………………………………………………………………………… (　　)

(A) 2500　(B) 100　(C) 4×10^{-4}　(D) 2×10^{-2}

5. 已知　$N_2(g)+3H_2(g)\rightleftharpoons 2NH_3(g)$　　K_1

$\frac{1}{2}N_2(g)+\frac{3}{2}H_2(g)\rightleftharpoons NH_3(g)$　　K_2

$\frac{1}{3}N_2(g)+H_2(g)\rightleftharpoons \frac{2}{3}NH_3(g)$　　K_3

则平衡常数 K_1、K_2、K_3 的关系是 ……………………………………………………………… (　　)

(A) $K_1=K_2=K_3$　　(B) $K_1=\frac{1}{2}K_2=\frac{1}{3}K_3$

(C) $K_1=K_2^{1/2}=K_3^{1/3}$　　(D) $K_1=K_2^{2}=K_3^{3}$

6. 可逆反应 $2NO(g)=N_2(g)+O_2(g)$，$\Delta_r H_m^{\ominus}=-180\ kJ\cdot mol^{-1}$。对此反应的逆反应来说，下列说法中正确的是 ……………………………………………………………………………………… (　　)

(A) 升高温度 $K^{\ominus}$ 增大　　(B) 升高温度 $K^{\ominus}$ 变小

(C) 增大压强平衡则移动　　(D) 增加 N_2 浓度，NO 解离度增加

7. 反应 $2SO_2(g)+O_2(g)\rightleftharpoons 2SO_3(g)$达平衡时，保持体积不变，加入惰性气体 He，使总压力增加 1 倍，则 ……………………………………………………………………………………………… (　　)

(A) 平衡向右移动　　(B) 平衡向左移动

(C) 平衡不发生移动　　(D) 无法判断

8. 合成氨反应 $3H_2(g)+N_2(g) \rightleftharpoons 2NH_3(g)$在恒压下进行时，若向体系中引入氩气，则氨的产率 ……… (　　)

(A) 减小　　(B) 增大　　(C) 不变　　(D) 无法判断

9. 已知反应 $NO(g)+CO(g) = \frac{1}{2}N_2(g)+CO_2(g)$的 $\Delta_r H_m^\ominus = -373.2\ kJ\cdot mol^{-1}$，若提高有毒气体 NO 和 CO 的转化率，可采取的措施是 ……………………………………………………… (　　)

(A) 低温低压　　(B) 低温高压　　(C) 高温高压　　(D) 高温低压

10. 已知反应 $nA=A_n$ 的平衡常数为 K，则反应 $\frac{n}{2}A=\frac{1}{2}A_n$ 的平衡常数为 ……………………… (　　)

(A) K　　(B) $K^{\frac{1}{2}}$　　(C) K^2　　(D) K^{-2}

二、填空题

1. 某温度下反应 $2NO(g)+O_2(g)=2NO_2(g)$的速率常数 $k=8.8\times10^{-2}\ dm^6\cdot mol^{-2}\cdot s^{-1}$，已知反应对 O_2 来说是一级反应，则对 NO 为__________，速率方程为________________；当反应物浓度都是 $0.05\ mol\cdot dm^{-3}$时，反应的速率是____________。

2. 反应 $A+B \longrightarrow C$ 的速率方程为 $v=k[A][B]^{1/2}$，其反应速率的单位是__________，速率常数的单位是__________（注：浓度用 $mol\cdot dm^{-3}$，时间用 s）。

3. 从阿仑尼乌斯公式 $\ln k=-\frac{E_a}{RT}+\ln A$ 中可以看出，升高温度，反应速率常数 k 将_____；使用催化剂时，反应速率常数 k 将_____；而改变反应物或生成物浓度时，反应速率常数 k _____。

4. 某反应在温度由 20℃升至 30℃时，反应速率恰好增加 1 倍，则该反应的活化能为_____ $kJ\cdot mol^{-1}$。

5. 已知各基元反应的活化能如下表：

序　　号	A	B	C	D	E
正反应的活化能/$(kJ\cdot mol^{-1})$	70	16	40	20	20
逆反应的活化能/$(kJ\cdot mol^{-1})$	20	35	45	80	30

在相同的温度时：

(1) 正反应是吸热反应的是________；

(2) 放热最多的反应是________；

(3) 正反应速率常数最大的反应是________；

(4) 反应可逆程度最大的反应是________；

(5) 正反应的速率常数 k 随温度变化最大的是________。

6. 在常温常压下，HCl(g)的生成热为 $-92.3\ kJ\cdot mol^{-1}$，生成反应的活化能为 $113\ kJ\cdot mol^{-1}$，则其逆反应的活化能为__________ $kJ\cdot mol^{-1}$。

7. 反应 $I_2(g) \rightleftharpoons 2I(g)$达平衡时：

(1) 升高温度，平衡常数_______，原因是____________________。

(2) 压缩气体时，$I_2(g)$的解离度_______，原因是____________________________。

(3) 恒容时充入 N_2 气体，$I_2(g)$的解离度_______，原因是______________________________。

(4) 恒压时充入 N_2 气体，$I_2(g)$的解离度_______，原因是__________________________________。

三、计算题

1. 在 373 K 时，反应 $H_2PO_2^- + OH^- \longrightarrow HPO_3^{2-} + H_2$ 的实验数据如下：

初始浓度		$-\frac{d[H_2PO_2^-]}{dt}$/($mol \cdot dm^{-3} \cdot min^{-1}$)
$[H_2PO_2^-]$/($mol \cdot dm^{-3}$)	$[OH^-]$/($mol \cdot dm^{-3}$)	
0.10	1.0	3.2×10^{-5}
0.50	1.0	1.6×10^{-4}
0.50	4.0	2.56×10^{-3}

(1) 确定反应级数，写出速率方程。

(2) 计算此温度下的速率常数。

2. 光气分解反应 $COCl_2(g) \longrightarrow CO(g)+Cl_2(g)$ 在 373 K 时，$K^\ominus=8.0\times10^{-9}$，$\Delta_r H_m^\ominus=104.6\ kJ \cdot mol^{-1}$，试求：

(1) 373 K 达平衡后总压为 202.6 kPa 时 $COCl_2$ 的解离度；

(2) 反应的 $\Delta_r S_m^\ominus$。

3. 反应 $CaCO_3(s) \longrightarrow CaO(s)+CO_2(g)$ 在 1 037 K 时平衡常数 $K^\ominus=1.16$，若将 0.20 mol $CaCO_3$ 置于 10.0 dm^3 容器中并加热至 1 037 K。问达平衡时 $CaCO_3$ 的分解分数是多少？

4. 反应 $PCl_5(g) \longrightarrow PCl_3(g)+Cl_2(g)$，在 523 K 时将 0.70 mol 的 PCl_5 注入 2.0 dm^3 密闭容器中，平衡时有 0.50 mol PCl_5 分解。试计算该温度下的平衡常数 K_c，$K^\ominus$ 及 PCl_5 分解分数。

5 酸碱平衡与沉淀平衡

5.1 电解质溶液

5.1.1 强电解质与弱电解质

根据溶液的导电性,可将溶液分为电解质溶液和非电解质溶液。而根据电解质溶液导电能力的强弱,又可将电解质分为强电解质和弱电解质。一般来说,强酸、强碱及大多数盐类(如HCl,NaOH,NaCl 等)为强电解质;弱酸、弱碱(如 HAc,NH_3 等)为弱电解质。

电解质的强弱除了与本身性质有关外,还与溶剂的性质有关。例如,醋酸在水溶液中表现为弱电解质性质,而在液氨溶剂中却表现为强电解质性质。所以在讨论电解质强弱时,必须指明溶剂类型。一般未加说明时,均指水为溶剂。

5.1.2 强电解质的活度与活度系数

据研究认为,强电解质在溶液中是全部离解为相应离子的,其解离度为 100%。但是人们根据溶液的导电性测得的解离度却小于 100%。如何解释这一现象? 1923 年,德拜和休格尔研究了离子间的相互作用,并提出了"离子氛"概念对上述现象作了较为合理的解释。他们认为在强电解质的水溶液中,每个离子受异号电荷离子的吸引而被异号离子所包围,形成了离子氛,如图 5-1 所示,使离子在溶液中运动时受到牵制,测得的电离度小于 100%,造成了强电解质不完全电离的假象。

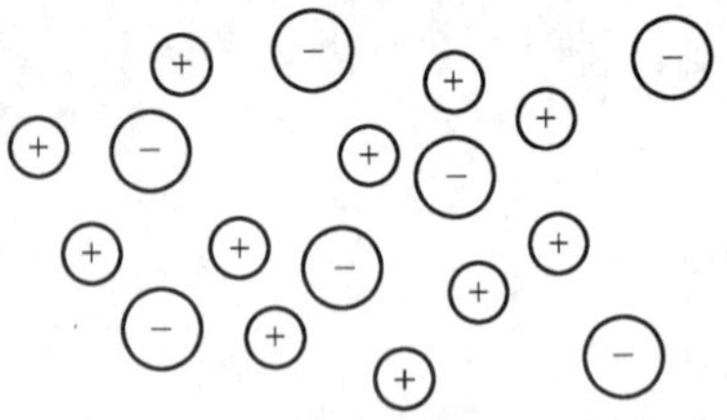

图 5-1　离子间的相互作用形成的"离子氛"

为了定量描述强电解质溶液中离子间的相互作用,人们引入了"活度"的概念,以对表观浓度(不考虑离子间相互作用时的浓度)加以修正。活度和表观浓度的关系为

$$a = rc \qquad (5\text{-}1)$$

式中,a 为活度,又称为有效浓度;c 为表观浓度;r 称为活度系数。活度系数反映了电解质溶液中离子间相互牵制作用的大小。一般情况下,$r<1$,$a<c$。当溶液极稀时,离子间相互作用极小,可忽略不计,r 接近于 1,这时,活度与浓度基本趋于一致。

由于溶液中正、负离子总是同时存在,使单种离子的活度系数无法直接用实验测定,所以一般用离子平均活度系数 $r_\pm$ 代替离子活度系数 r_i,离子活度用电解质溶液的平均活度 $a_\pm$ 表示,即

$$a_\pm = r_\pm c$$

5.1.3 电离度

弱电解质的电离是一个可逆过程。例如:

$$HAc \underset{分子化}{\overset{电离}{\rightleftharpoons}} H^+ + Ac^-$$

当正、逆过程的速率相等时，分子和离子间就达到了动态平衡。这一平衡称为弱电解质的电离平衡。在平衡状态下，弱电解质的电离程度可以用电离度来表示。电离度就是电离平衡时已电离的分子数和溶质分子总数之比，以 α 表示。

$$\alpha = \frac{已电离的分子数}{溶质分子总数} \times 100\%$$

$$= \frac{已电离的电解质浓度}{原有电解质总浓度} \times 100\%$$

例如，0.1 mol·L^{-1} HAc 溶液中，$[H^+] = 1.33 \times 10^{-3}$ mol·L^{-1}。这说明已经电离的 HAc 分子的浓度就是 1.33×10^{-3} mol·L^{-1}。因此，0.1 mol·L^{-1} HAc 溶液的电离度为

$$\alpha = \frac{1.33 \times 10^{-3}}{0.1} \times 100\% = 1.33\%$$

5.2 酸碱理论

人们对酸和碱的认识经历了漫长的、由浅入深的、由表及里的过程。先后发展了多种酸碱理论。其中比较主要的有：酸碱电离理论、溶剂理论、酸碱质子理论、酸碱电子理论和软硬酸碱理论。电离理论已为大家所熟悉。但它仅适用于水溶液中的酸碱问题。溶剂理论也仅适用于能发生离解的溶液。本书主要介绍质子理论和电子理论。并以质子理论贯穿酸碱平衡问题的研究之中。

5.2.1 酸碱质子理论

1923 年，丹麦的布朗斯特(J. N. Brönsted，1879～1947)和英国的劳瑞(T. M. Lowry，1874～1936)各自独立地提出了以质子为中心的酸碱理论。该理论认为，凡能给出质子(H^+)的分子或离子都是酸；如 HCl、NH_4^+、HCO_3^-、$[Fe(H_2O)_6]^{3+}$ 等；凡是能与质子结合的分子或离子的物质都是碱，如 NH_3、OH^-、CO_3^{2-} 等。上述酸碱又分别称为质子酸或质子碱，或称布朗斯特酸和布朗斯特碱，它们可以是分子，也可以是离子。根据酸碱质子理论，酸和碱不是孤立的；酸是质子给出体，给出质子后余留的部分就是碱；碱是质子接受体，接受质子后就是酸。这种对应关系称为酸碱共轭关系，例如：

$$酸 \rightleftharpoons 碱 + 质子$$

$$HAc \rightleftharpoons Ac^- + H^+$$

$$NH_4^+ \rightleftharpoons NH_3 + H^+$$

$$H_2PO_4^- \rightleftharpoons HPO_4^{2-} + H^+$$

从上述共轭关系我们可以认识到，若酸越强，即给出质子能力越强，则其共轭碱就越弱；若碱越强，即接受质子的能力越强，则其共轭酸就越弱。表 5-1 列出了常见的共轭酸碱对，并指出了酸碱性的相对强弱。

表 5-1　一些常见的共轭酸碱对

酸		碱	
高氯酸	$HClO_4$	ClO_4^-	高氯酸根离子
硫酸	H_2SO_4	HSO_4^-	硫酸氢根离子
氢碘酸	HI	I^-	碘离子
氢溴酸	HBr	Br^-	溴离子
盐酸	HCl	Cl^-	氯离子
硝酸	HNO_3	NO_3^-	硝酸根离子
水合氢离子	H_3O^+	H_2O	水
三氯醋酸	Cl_3CCOOH	Cl_3COO^-	三氯醋酸根离子
氢硫酸根离子	HSO_4^-	SO_4^{2-}	硫酸根离子
磷酸	H_3PO_4	$H_2PO_4^-$	磷酸二氢根离子
亚硝酸	HNO_2	NO_2^-	亚硝酸根离子
氢氟酸	HF	F^-	氟离子
醋酸	CH_3COOH	CH_3COO^-	醋酸根离子
碳酸	H_2CO_3	HCO_3^-	碳酸氢根离子
氢硫酸	H_2S	HS^-	硫氢根离子
铵根离子	NH_4^+	NH_3	氨
氢氰酸	HCN	CN^-	氰根离子
硫氢根离子	HS^-	S^{2-}	硫离子
水	H_2O	OH^-	氢氧根离子
氨	NH_3	NH_2^-	酰胺根离子

酸性增强（↑）　碱性增强（↓）

从表中可以看出，有些物质既能得到质子又能失去质子。例如 H_2O，$H_2PO_4^-$ 等，这些物质常称为两性物质。

要注意的是，酸碱性的强弱除了与物质的本性有关外，还与溶剂的性质有关，所以在比较物质酸碱的强弱时，应说明溶剂的性质，若不加说明则一般为水。

根据质子理论，任何酸碱反应都是两个共轭酸碱对之间质子的传递反应，因此在电离理论中所涉及的中和反应、盐类的水解、水的离解等，从质子理论分析，可用一个普遍式来表示：

$$\underbrace{\text{酸(1)}+\text{碱(2)}}_{H^+\ \text{由酸(1)转移至碱(2)}} \rightleftharpoons \text{碱(1)}+\text{酸(2)}$$

碱(1)是酸(1)的共轭碱，酸(2)是碱(2)的共轭酸。酸碱反应的方向则取决于溶液中两种酸释放质子能力的强弱及两种碱接受质子能力的强弱。一般反应方向是由强酸与强碱发生反应，向生成弱的共轭碱的共轭酸方向进行。

如：HCl 与水反应时，体系中 HCl 和 H_3O^+ 均为酸，但 HCl 释放质子的能力比 H_3O^+ 强得多。从另一角度看，Cl^- 和 H_2O 均为碱，但 H_2O 接受质子能力比 Cl^- 强，因此上述反应向右进行：

$$HCl+H_2O \rightleftharpoons H_3O^+ +Cl^-$$

又如液氨与液氨间的反应为非水溶剂体系中的反应：

$$\underbrace{NH_3 \quad + \quad NH_3}_{H^+} \rightleftharpoons NH_4^+ + NH_2^-$$

这里液氨既作为酸，又作为碱，为两性物质，本身存在质子自递反应。

酸碱质子理论既适用于水溶液体系又适用于非水溶液体系，扩大了酸碱范畴，加深人们对酸碱本质的了解。但该理论仅限于有质子转移的物质，对那些无质子转移的但又具有酸碱性的物质则无法解释。

5.2.2 酸碱电子理论

1923 年路易斯(G. N. Lewis)提出了一种适用范围更广的酸碱理论，称为电子对给体-受体理论，又称为酸碱电子理论。该理论认为：凡能接受电子对的分子、离子或原子团均称为酸(又称为路易斯酸)，凡能给出电子对的分子、离子或原子团均称为碱(又称为路易斯碱)。根据此理论观点，路易斯酸是电子对接受体，具有亲电子性；路易斯碱是电子对给予体，具有亲核性。酸碱反应的实质是给予电子对和接受电子对，并形成配位键的反应过程，酸碱反应的产物是配合物。例如 NH_3 和 H_2O 的反应：

$$NH_3 + H_2O \rightleftharpoons NH_4^+ + OH^-$$

其电子对给予和接受的过程为

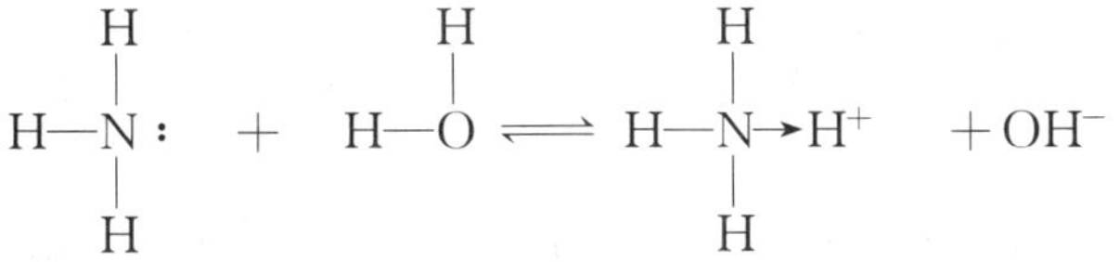

又如 BaO(s)和 SO_3(g)的反应：

$$BaO(s) + SO_3(g) \longrightarrow BaSO_4(s)$$

是一个属于无溶剂的反应，其电子对给予和接受过程是：

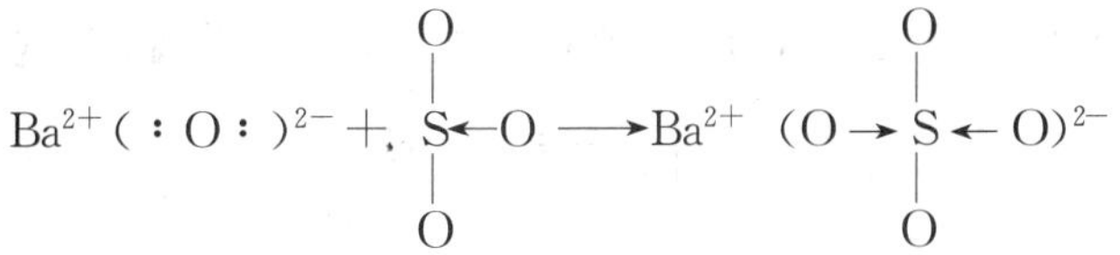

上述反应中 NH_3，BaO 都是电子对给予体，都是碱；H_2O，SO_3 是电子对接受体，都是酸。反应的产物是配合物。

关于酸和碱的相对强弱，该理论缺乏一个统一的标准。例如 NH_3 与 AgCl 反应时，NH_3 能从 AgCl 中夺取 Cl^- 而与 Ag^+ 结合：

$$AgCl + 2NH_3 \longrightarrow [Ag(NH_3)_2]^+ + Cl^-$$

说明碱 NH_3 和碱 Cl^- 与酸 Ag^+ 反应时，NH_3 的碱性比 Cl^- 的碱性强，所以上述反应得以进行。当 NH_3 和 $PbCl_2$ 反应时，NH_3 却不能从 $PbCl_2$ 中夺取 Cl^-，即：

$$PbCl_2 + NH_3 \longrightarrow \text{不反应}$$

说明此时 NH_3 的碱性比 Cl^- 要弱。由此看到，酸碱强弱会由于反应对象或条件不同而改变，缺乏可比性。近年来，人们试图建立一个统一的评判酸和碱的标准，但进展仍不令人满意。

由于无法确定酸碱强弱关系，所以酸碱反应的方向难以确定，不利于定量处理，使得路易斯电子理论的应用受到很大的限制。尽管如此，路易斯的酸碱概念仍扩大了人们对酸碱的认识范围。它可以有不含氢的酸，可以将酸碱反应推广到无溶剂体系中。它还把无机化学中的酸碱概念推广到有机化学中，并得到广泛应用。例如，有机反应中的硝化反应：苯与浓硝酸和浓硫酸混合液在 50℃时作用，生成硝基苯：

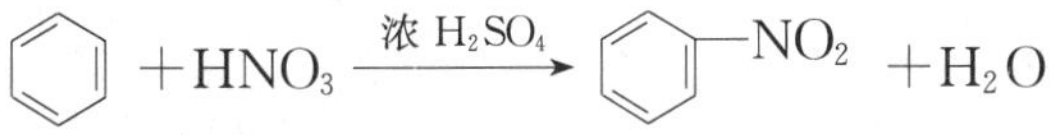

该反应是浓 HNO_3 和浓 H_2SO_4 反应生成硝酰正离子 NO_2^+，它是亲电试剂，进一步与苯环发生亲电取代反应后生成硝基苯。

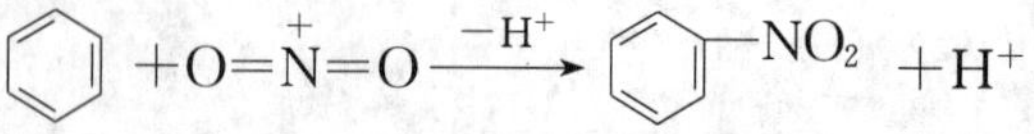

很显然，上述亲电取代反应实质就是酸取代反应。还有许多亲电加成反应、亲核取代反应、亲核加成反应等等均可归属于酸取代反应或碱取代反应。该理论把化学反应分为酸碱反应和氧化还原反应两大类，所以除了氧化还原反应外，所有的沉淀反应、溶解反应等能生成配合物的反应均可归属于酸碱反应。

路易斯酸碱理论使我们既看到客观世界存在的差异，又看到其统一性，这有助于我们深入地认识世界和改造世界。

5.3 弱电解质的电离平衡

5.3.1 一元弱酸、弱碱的电离平衡

5.3.1.1 K_a 与 K_b

弱电解质在水溶液中存在着分子与离子间的电离平衡。例如，醋酸为一元弱酸，其电离过程为

$$HAc + H_2O \rightleftharpoons H_3O^+ + Ac^-$$

或

$$HAc \rightleftharpoons H^+ + Ac^-$$

在一定温度下，这个过程很快达到动态平衡。根据化学平衡原理，这时：

$$\frac{[H^+][Ac^-]}{[HAc]} = K_a$$

K_a 称弱酸的电离平衡常数。

一元弱碱的情况也是如此。例如，NH_3 是一元弱碱，其电离过程为

$$NH_3 + H_2O \rightleftharpoons NH_4^+ + OH^-$$

当达到平衡后

$$\frac{[NH_4^+][OH^-]}{[NH_3]} = K_b$$

K_b 称弱碱的电离平衡常数。

根据平衡常数的物理意义，电离常数可以表示电离平衡时弱电解质电离为离子的趋势的大小。K 值越大，表示电离程度越大。因此，可以由电离常数的大小，比较弱电解质电离能力的强弱。

对于同类型的弱酸、弱碱的相对强弱，可以通过比较它们的 K_a(或 K_b)值的大小来确定。例如：

$$K_a(HAc) = 1.76 \times 10^{-5}$$

$$K_a(HCN) = 4.93 \times 10^{-10}$$

HAc 和 HCN 均为弱酸，但 HCN 的 K_a 值远小于 HAc，所以 HCN 是比 HAc 更弱的酸。

常用弱酸、弱碱的电离常数值见表 5-2。表中 $pK_a = -\lg K_a$。

表 5-2　弱酸弱碱的电离常数

酸	K_a	pK_a	碱	K_b	pK_b
HIO_3	1.69×10^{-1}	0.77	IO_3^-	5.1×10^{-14}	13.29
$H_2C_2O_4$	5.90×10^{-2}	1.23	$HC_2O_4^-$	1.69×10^{-13}	12.77
H_2SO_3	1.54×10^{-2}	1.81	HSO_3^-	6.49×10^{-13}	12.19
HSO_4^-	1.20×10^{-2}	1.92	SO_4^{2-}	8.33×10^{-13}	12.08
H_3PO_4	7.52×10^{-3}	2.12	$H_2PO_4^-$	1.33×10^{-12}	11.88
HNO_2	4.6×10^{-4}	3.37	NO_2^-	2.17×10^{-11}	10.66
HF	3.53×10^{-4}	3.45	F^-	2.83×10^{-11}	10.55
$HC_2O_4^-$	6.40×10^{-5}	4.19	$C_2O_4^{2-}$	1.56×10^{-10}	9.81
HAc	1.76×10^{-5}	4.76	Ac^-	5.68×10^{-10}	9.25
H_2CO_3	4.30×10^{-7}	6.37	HCO_3^-	2.32×10^{-8}	7.63
HSO_3^-	1.02×10^{-7}	6.91	SO_3^{2-}	9.8×10^{-8}	7.01
$H_2PO_4^-$	6.23×10^{-8}	7.21	HPO_4^{2-}	1.6×10^{-7}	6.8
H_2S	5.7×10^{-8}	7.24	HS^-	1.75×10^{-7}	6.76
HClO	2.95×10^{-8}	7.53	ClO^-	3.39×10^{-7}	6.47
NH_4^+	5.64×10^{-10}	9.25	NH_3	1.774×10^{-5}	4.751
HCN	4.93×10^{-10}	9.31	CN^-	2.03×10^{-5}	4.69
HCO_3^-	5.61×10^{-11}	10.25	CO_3^{2-}	1.78×10^{-4}	3.75
HPO_4^{2-}	2.2×10^{-13}	12.66	PO_4^{3-}	4.54×10^{-2}	1.34
HS^-	1.2×10^{-15}	14.92	S^{2-}	8.33	−0.92

注：本表数据(除 H_2S，HS^- 外)摘自 Weast，R. C. *Handbook of Chemistry and Physics*，1997～1998，78th Edition。

和所有的平衡常数一样，电离常数与温度有关，而与浓度无关(表 5-3)。但因电离常数的温度效应比较小，在室温范围内通常忽略不计。

表 5-3　不同温度下 HAc 的 K_a

温度/K	283	293	303	313	323	333
K_a	1.73×10^{-5}	1.75×10^{-5}	1.75×10^{-5}	1.70×10^{-5}	1.63×10^{-5}	1.54×10^{-5}

5.3.1.2　电离常数与电离度

电离常数和电离度都可以用来表示弱电解质的电离程度，它们既有联系也有区别。电离常数是平衡常数的一种形式，它不随浓度变化；电离度则是转化率的一种形式，其数值随浓度的不同而改变。

电离度与电离常数的关系可以 HAc 为例推导如下：

设 HAc 的初始浓度为 c，电离度为 α，电离常数为 K_i。

	HAc $\rightleftharpoons$	H^+	Ac^-
初始浓度	c	0	0
平衡浓度	$c(1-\alpha)$	$c\cdot\alpha$	$c\cdot\alpha$

$$K_i=\frac{c\alpha\cdot c\alpha}{c(1-\alpha)}=\frac{c\alpha^2}{1-\alpha}$$

当 $\alpha\leqslant5\%$，即 $\frac{c_{酸}}{K_a}\geqslant400$ 时，$1-\alpha\approx1$，有

$$K_i=c\alpha^2$$

或
$$\alpha=\sqrt{\frac{K_i}{c}}$$

这一公式通常称稀释定律。它表示了同一弱电解质的电离度与其浓度的平方根成反比，溶液越稀，电离度越大；相同浓度的不同电解质的电离度与电离常数的平方根成正比，K_i 越大，电离度亦越大。

5.3.1.3　电离常数的应用

应用电离常数，可以计算溶液的$[H^+]$、$[OH]^-$以及弱电解质的电离度。

例1　计算 0.10 $mol\cdot L^{-1}$ NH_3 水溶液的$[OH^-]$和 pH 值，以及此时 NH_3 水的电离度($K_{b,NH_3}=1.77\times10^{-5}$)。

解：设平衡时　$[OH^-]=x\ mol\cdot L^{-1}$

$$NH_3\cdot H_2O \rightleftharpoons NH_4^+ + OH^-$$

初始浓度	0.10	0	0
平衡浓度	$0.10-x$	x	x

$$K_b=\frac{[NH_4^+][OH^-]}{[NH_3]}=\frac{x^2}{0.10-x}=1.77\times10^{-5}$$

解一元二次方程，得

$$x=1.34\times10^{-3}$$

平衡时$[HAc]=0.1-1.34\times10^{-3}\approx0.1$

所以，上述计算可简化为

$$0.10-x=0.10$$
$$\frac{x^2}{0.10}=1.77\times10^{-5}$$
$$x=\sqrt{1.77\times10^{-5}\times0.10}$$
$$=1.33\times10^{-3}$$

即
$$[OH^-]=x=1.33\times10^{-3}\ mol\cdot L^{-1}$$
$$pH=14-pOH=14-2.88=11.12$$
$$x=\frac{1.33\times10^{-3}}{0.10}\times100\%=1.33\%$$

答：0.10 $mol\cdot L^{-1}$ NH_3 水溶液的$[OH^-]$为 $1.33\times10^{-3}\ mol\cdot L^{-1}$，pH 值为 11.12；电离度为 1.33%。

从上述结果我们看到，两次计算的结果非常相近。那么，在什么情况下可以采用近似计算呢？一般的，当 $c/K_a\geqslant400$ 时，$x<5\%$，计算的相对误差约 2%，这时就可以采用近似计算，认为酸(或碱)的平衡浓度等于初始浓度。

将上述计算推广到一般，则浓度为 $c_{碱}$ 的一元弱碱溶液中：

$$[OH^-]=\sqrt{K_b\cdot c_{碱}}$$

同理，浓度为 $c_{酸}$ 的一元弱酸溶液中：

$$[H^+]=\sqrt{K_a\cdot c_{酸}}$$

5.3.2　多元弱酸的电离

分子中含有两个或两个以上可电离的 H^+ 的酸，称为多元酸。多元弱酸在溶液中的电离是分步进行的。例如 H_2S 的电离：

第一步　　$H_2S \rightleftharpoons H^+ + HS^-$　　$K_{a_1} = \frac{[H^+][HS^-]}{[H_2S]} = 5.7 \times 10^{-8}$

第二步　　$HS^- \rightleftharpoons H^+ + S^{2-}$　　$K_{a_2} = \frac{[H^+][S^{2-}]}{[HS^-]} = 1.2 \times 10^{-15}$

从电离常数可见，$K_{a_1} \gg K_{a_2}$，溶液中的 H^+ 主要由第一步电离决定，而由第二步电离产生的 H^+ 很少，而且受到第一步电离的抑制。对于一般的无机多元弱酸，如 H_2S、H_2CO_3、H_3AsO_4 等，K_{a_1} 均大大超过 K_{a_2}，所以在比较酸性时，只需比较它们的 K_{a_1} 即可。

例 2　计算 0.10 mol·L^{-1} H_2S 溶液中的$[H^+]$、$[OH^-]$、$[HS^-]$、$[S^{2-}]$。

解：(1) 求$[H^+]$：

$$H_2S \rightleftharpoons H^+ + HS^- \qquad K_{a_1} = 5.7 \times 10^{-8}$$
$$HS^- \rightleftharpoons H^+ + S^{2-} \qquad K_{a_2} = 1.2 \times 10^{-15}$$

因为　$K_{a_1} \gg K_{a_2}$，在计算$[H^+]$时，可略去第二级电离，只考虑一级电离。

所以　设$[H^+] = x$ mol·L^{-1}

$$H_2S \rightleftharpoons H^+ + HS^-$$
$$0.10 - x \qquad x \qquad x$$

因为
$$\frac{c}{K_{a_1}} > 400$$

所以
$$0.10 - x \approx 0.10$$

所以
$$x = \sqrt{K_{a_1} \cdot c_{H_2S}} = \sqrt{5.7 \times 10^{-8} \times 0.10}$$
$$= 7.5 \times 10^{-5}\ \text{mol} \cdot \text{L}^{-1}$$

即
$$[H^+] \approx [HS^-] = 7.5 \times 10^{-5}\ \text{mol} \cdot \text{L}^{-1}$$

(2) 求$[S^{2-}]$：

S^{2-} 是二级电离的产物

$$HS^- \rightleftharpoons H^+ + S^{2-}$$
$$K_{a_2} = \frac{[H^+][S^{2-}]}{[HS^-]} = 1.2 \times 10^{-15}$$

由于第二级电离非常小，可认为：

$$[H^+] \approx [HS^-]$$

得
$$[S^{2-}] = K_{a_2} = 1.2 \times 10^{-15}\ \text{mol} \cdot \text{L}^{-1}$$

(3) 求$[OH^-]$：

$$[OH^-] = \frac{K_w}{[H^+]} = \frac{1.0 \times 10^{-14}}{7.5 \times 10^{-5}} = 1.3 \times 10^{-10}\ \text{mol} \cdot \text{L}^{-1}$$

答：0.10 mol·L^{-1} H_2S 溶液中：$[H^+] = [HS^-] = 7.5 \times 10^{-5}$ mol·L^{-1}

$[S^{2-}] = 1.2 \times 10^{-15}$ mol·L^{-1}

$[OH^-] = 1.3 \times 10^{-10}$ mol·L^{-1}

此题的结果也可看做是二元弱酸计算的普遍情况，即 H^+ 浓度按一元弱酸计算，而酸根离子的浓度等于 K_{a_2}。

如果将 H_2S 的两个电离常数式合并，得：

$$\frac{[H^+][HS^-]}{[H_2S]} \cdot \frac{[H^+][S^{2-}]}{[HS^-]} = K_{a_1} \cdot K_{a_2}$$
$$= 6.8 \times 10^{-23}$$

即
$$K=\frac{[H^+]^2[S^{2-}]}{[H_2S]}=6.8\times10^{-23}$$

这一关系式并不表示 H_2S 是按 $H_2S \rightleftharpoons 2H^+ + S^{2-}$ 的方式电离，它仅表明当达到平衡时，溶液中$[H^+]$、$[S^{2-}]$和$[H_2S]$三种浓度之间的关系。在一定浓度的 H_2S 溶液中可以通过调节溶液的酸度来控制溶液中的$[S^{2-}]$。

$$[S^{2-}]=\frac{K\cdot c_{H_2S}}{[H^+]^2}$$

例 3　在饱和的 H_2S 水溶液中，加酸使$[H^+]=0.24\ mol\cdot L^{-1}$。这时溶液的$[S^{2-}]$是多少？

解：饱和 H_2S 水溶液：$c_{H_2S}=0.10mol\cdot l^{-1}$

$$[S^{2-}]=\frac{K\cdot c_{H_2S}}{[H^+]^2}=\frac{6.8\times10^{-23}\times0.10}{(0.24)^2}$$
$$=1.2\times10^{-22}(mol\cdot L^{-1})$$

答：此时溶液的$[S^{2-}]$为 $1.2\times10^{-22}\ mol\cdot L^{-1}$。

5.4　同离子效应和缓冲溶液

5.4.1　同离子效应

电离平衡也和其他化学平衡一样，是有条件的动态平衡。当外界条件发生改变时，就会引起平衡的移动。离子浓度的改变对弱电解质的电离度的影响极为显著。

例如，在 HAc 的溶液中加入 NaAc。NaAc 是强电解质，在溶液中完全电离，这就使得溶液中的$[Ac^-]$大大增加。$[Ac^-]$的增大，引起 HAc 的电离平衡向左移动。

$$HAc \rightleftharpoons H^+ + \boxed{Ac^-}$$
$$NaAc \longrightarrow Na^+ + \boxed{Ac^-}$$

因而，HAc 的电离度降低。

对于 NH_3 的溶液，情况也是如此。当加入强电解质 NH_4Cl 时，由于溶液中$[NH_4^+]$大大增加，使得 NH_3 水的电离平衡向左移动，因而电离度降低。

$$NH\cdot H_2O \rightleftharpoons \boxed{NH_4^+} + OH^-$$
$$NH_4Cl \longrightarrow \boxed{NH_4^+} + Cl^-$$

可见，在弱电解质溶液中，加入与弱电解质具有共同离子的易溶强电解质，可使弱电解质的电离度降低。这种现象称为同离子效应。同离子效应体现了浓度对电离平衡的影响。

我们来导出一元弱酸及其盐溶液的$[H^+]$计算公式。

设一元弱酸(HA)的浓度为 $c_{酸}$，盐(A^-)的浓度为 $c_{盐}$。平衡时$[H^+]=x$。

	$HA \rightleftharpoons$	$H^+ +$	A^-
初始浓度	$c_{酸}$	0	$c_{盐}$
平衡浓度	$c_{酸}-x$	x	$c_{盐}+x$

因为弱电解质的电离度原本较小，加入同离子后电离度大大降低，因此解离的部分 x 很小，有：

$$c_{酸}-x\approx c_{酸}\qquad c_{盐}+x\approx c_{盐}$$

所以
$$K_a=\frac{[H^+][A^-]}{[HA]}=\frac{x\cdot c_{盐}}{c_{酸}}$$

即
$$[H^+]=x=K_a\cdot\frac{c_{酸}}{c_{盐}}$$

$$pH=pK_a-\lg\frac{c_{酸}}{c_{盐}}$$

同时,可导出一元弱碱及其盐溶液中$[OH^-]$的计算公式:

$$[OH^-]=K_b\cdot\frac{c_{碱}}{c_{盐}}$$

$$pOH=pK_b-\lg\frac{c_{碱}}{c_{盐}}$$

例 4 将 0.1 $mol\cdot L^{-1}$ NH_3 水与 0.10 $mol\cdot L^{-1}$ NH_4Cl 溶液等体积混合。计算混合前后 NH_3 水的电离度各为多少?

解:(1) 混合前:

$$\alpha=\sqrt{\frac{K_b}{c}}=\sqrt{\frac{1.77\times10^{-5}}{0.1}}=1.33\%$$

(2) 混合后:

$$[NH_3]=0.05\ mol\cdot L^{-1},[NH_4^+]=0.05\ mol\cdot L^{-1}$$

$$[OH^-]=K_b\cdot\frac{c_{碱}}{c_{盐}}=1.77\times10^{-5}\times\frac{0.05}{0.05}$$

$$=1.77\times10^{-5}(mol\cdot L^{-1})$$

$$\alpha=\frac{[OH^-]}{c_{碱}}\times100\%=\frac{1.77\times10^{-5}}{0.05}\times100\%=0.035\%$$

答:混合前后的电离度分别为 1.33%和 0.035%,共同离子的加入使电离度大大下降了。

5.4.2 缓冲溶液

缓冲溶液是一种能够抵抗外加的少量酸、碱或稀释而本身的 pH 值不发生显著变化的溶液。它一般由弱酸和弱酸盐或弱碱和弱碱盐组成,如 HAc 和 NaAc;$NH_3\cdot H_2O$ 和 NH_4Cl;NaH_2PO_4 和 Na_2HPO_4 等等。

缓冲溶液为什么能抵抗少量外加酸、碱或稀释的影响,我们以 HAc—NaAc 体系为例加以说明 。

HAc—NaAc 混合溶液的特点是:体系中同时含有相当大量的弱酸分子(HAc)和对应的弱酸根离子(Ac^-),并存在如下的平衡:

$$\underset{大量}{HAc}\ =\ \underset{少量}{H^+}+\underset{大量}{Ac^-}$$

如果在该体系中加入少量强酸,则因同离子效应强酸提供的 H^+ 与体系中相当大量的 Ac^- 结合使平衡左移生成 HAc。由于 H^+ 和 Ac^- 生成 HAc 的反应是瞬间完成且相当完全,所以在大量 Ac^- 存在下,外加的少量强酸几乎全部转变为 HAc。因此溶液中的$[H^+]$或 pH 值基本维持不变或改变很小。反之,如果加入少量强碱,则 OH^- 通过中和反应将 HAc 转变为 Ac^- 和 H_2O,使溶液中$[H^+]$仍保持稳定。由此可知,缓冲溶液对酸碱的缓冲作用是依赖于溶液中有相当大量的能消耗 OH^- 和 H^+ 的弱酸及其盐而实现的。

显然，当加入大量的强酸或强碱，溶液的 HAc 或 Ac^- 消耗将尽时，它就不再具有缓冲能力了。所以缓冲溶液的缓冲能力是有限的。当溶液被适当稀释时，其缓冲性能几乎不变。

弱碱与弱碱盐组成的缓冲溶液的缓冲作用，也可用相似理由来说明。读者可自己分析。

缓冲溶液 pH 值的计算方法与含同离子的弱酸或弱碱溶液 pH 值的计算方法相同。前面讲到的两个公式

弱酸及其盐溶液： $[H^+]=K_a\frac{c_{酸}}{c_{盐}}$ 或 $pH=pK_a-\lg\frac{c_{酸}}{c_{盐}}$

弱碱及其盐溶液： $[OH^-]=K_b\frac{c_{碱}}{c_{盐}}$ 或 $pOH=pK_b-\lg\frac{c_{碱}}{c_{盐}}$

通常称为缓冲公式。

例 5 在 1 L 缓冲溶液中含有 0.10 mol HAc 和 0.10 mol NaAc，计算：

(1) 缓冲溶液的 pH 值；

(2) 加入 0.01 mol HCl 后溶液的 pH 值；

(3) 加入 0.01 mol NaOH 后溶液的 pH 值。

解：(1) $pH=pK_a-\lg\frac{c_{HAc}}{c_{Ac^-}}=-\lg(1.76\times10^{-5})-\lg\frac{0.10}{0.10}=4.75$

(2) 加入的 H^+ 与 Ac^- 结合成 HAc，由于溶液中存在大量的 Ac^-，故可认为加入的 H^+ 几乎全部转化为 HAc。

因为 $c_{HAc}=0.1+0.01$ $c_{Ac^-}=0.1-0.01$

$$pH=pK_a-\lg\frac{c_{HAc}}{c_{Ac^-}}=4.75-\lg\frac{0.1+0.01}{0.1-0.01}=4.66$$

(3) 加入的 OH^- 与 HAc 中和成为 H_2O 和 Ac^-，由于溶液中含有大量的 HAc，故可认为加入的 OH^- 几乎全部被中和，并有等量的 HAc 转变化 Ac^-。

所以 $c_{HAc}=0.1-0.01$ $c_{Ac^-}=0.1+0.01$

$$pH=pK_a-\lg\frac{c_{HAc}}{c_{Ac^-}}=4.75-\lg\frac{0.1-0.01}{0.1+0.01}=4.84$$

答：该缓冲溶液的 pH 值为 4.75，加入酸后为 4.66，加入碱后为 4.84。

从上题的结果可知，加入酸、碱后，溶液的 pH 变化均小于 0.1 个 pH 单位。

缓冲溶液在工业、农业、生物学、医学、化学等方面有着很重要的用途。拿人体血液来说，酸碱度能保持恒定（pH=7.4±0.05）的原因，除排泄外，血液本身就是一种多品种的缓冲溶液，含有 $H_2CO_3-NaHCO_3$、$NaH_2PO_4-Na_2HPO_4$ 等“缓冲对”物质。否则 pH 值的改变一旦超过 0.4 单位就会发生酸中毒或碱中毒，严重时还会危及生命。

5.4.3 盐效应

在弱电解质溶液中，若加入其他强电解质盐，则该弱电解质的电离度将略有增大。这种现象称盐效应。例如，在 0.1 $mol\cdot L^{-1}$ HAc 溶液中，加入 0.1 $mol\cdot L^{-1}$ NaCl，HAc 的电离度将从 1.33%增大到 1.68%。

盐效应的产生，是由于强电解质的加入，增大了溶液中的离子浓度，使溶液中离子间的相

互牵制作用增强，即活度降低，离子结合为分子的机会减少，降低了分子化速率，因此，达到平衡时，HAc 的电离度要比未加 NaCl 时大。

可以想象，在同离子效应发生的同时，必须伴随有盐效应的发生。盐效应虽然可使弱酸或弱碱电离度增大，但是数量级一般不会改变，而同离子效应的影响要大得多。对于很稀的溶液，倘若不考虑盐效应，并不会因此引起严重误差。

5.5 盐类水解

5.5.1 盐类水解、水解常数

我们在实验中发现，有些盐的水溶液显中性，但大多数盐的水溶液都显酸性或碱性。例如，0.1 mol·L^{-1} NaCl 溶液的 pH 值为 7；0.1 mol·L^{-1} NaAc 溶液的 pH 值为 8.9；0.1 mol·L^{-1} NH_4Cl 溶液的 pH 值为 5.2；0.1 mol·L^{-1} NH_4Ac 溶液 pH 值为 7；0.1 mol·L^{-1} NH_4CN 溶液 pH 值为 9.1，等等。既不含 H^+ 又不含 OH^- 的盐溶于水而显酸碱性，是由于盐的一个或两个离子和水中的 H^+ 或 OH^- 结合，从而使水的电离平衡移动的结果。盐的组分离子与溶液中水电离出的 H^+ 或 OH^- 作用产生弱电解质的反应称盐类水解。

盐的组分离子与水发生反应而改变溶液的酸度，涉及质子的转移，所以也是一种酸碱反应。处理这类溶液的计算方法与弱酸弱碱溶液的方法类似。我们按照形成盐的酸、碱的强弱情况，分别进行讨论。

5.5.1.1 弱酸强碱盐

以 NaAc 为例。NaAc 在水中完全电离为 Na^+ 和 Ac^-，水也微弱地电离出 H^+ 和 OH^-：

$$\begin{array}{rcl} NaAc & \longrightarrow & Na^+ + Ac^- \\ & & \qquad\quad + \\ H_2O & \rightleftharpoons & OH^- + H^+ \\ & & \qquad\quad \Updownarrow \\ & & \qquad\quad HAc \end{array}$$

H^+ 和 Ac^- 结合成弱电解质 HAc，使得溶液中的$[H^+]$下降，这样，水的电离平衡向右移动，$[OH^-]$不断增大。当体系达到平衡时，溶液中的$[OH^-]>[H^+]$，所以溶液显碱性。

这一过程可写成：

$$Ac^- + H_2O \rightleftharpoons HAc + OH^-$$

当达到平衡时：

$$K_h = \frac{[HAc][OH^-]}{[Ac^-]}$$

K_h 称水解常数，它的大小表示盐的水解程度的大小。

因为 NaAc 的水解平衡是 HAc 和 H_2O 的电离平衡的共同结果，水解平衡时溶液中同时存在以下平衡：

$$[H^+][OH^-] = K_w$$

$$\frac{[H^+][Ac^-]}{[HAc]} = K_a$$

溶液中$[H^+]$必然同时满足两个平衡的要求，故有：

$$\frac{[HAc][OH^-]}{[Ac^-]}=\frac{K_w}{K_a}=K_h$$

常温下 K_w 为常数，因此强碱弱酸盐的 K_h 与弱酸的 K_a 成反比，即形成盐的酸性越弱，K_a 越小，则 K_h 越大，水解的趋势越大，溶液的碱性越强。

根据水解常数，可以计算溶液的酸度和水解度 h。水解度也叫水解百分率，它是转化率一种形式。

$$h=\frac{\text{已水解了的浓度}}{\text{盐的初始浓度}}\times 100\%$$

例 6 计算 0.10 mol·L^{-1} NaAc 溶液的 pH 值和水解度 h。已知 $K_a(HAc)=1.76\times 10^{-5}$。

解：(1) 溶液中的[OH^-]由两部分提供：由 H_2O 电离产生和由 Ac^- 水解产生。由于水电离产生的[OH^-]很小，可忽略。这样可认为溶液中的[OH^-]=[HAc]。

设溶液中的[OH^-]$=x$ mol·L^{-1}

$$Ac^- + H_2O \rightleftharpoons HAc + OH^-$$

平衡浓度 $\quad 0.10-x \qquad x \qquad x$

$$K_h=\frac{[HAc][OH^-]}{[Ac^-]}=\frac{x^2}{0.10-x}$$

因为 $\frac{c_{盐}}{K_h}>400$

所以 $$0.10-x=0.10$$

$$\frac{x^2}{0.10}=K_h=\frac{K_w}{K_a}$$

所以 $$x=\sqrt{0.10\cdot K_h}=\sqrt{0.10\frac{K_w}{K_a}}$$

$$=\sqrt{0.10\times\frac{1.0\times 10^{-14}}{1.76\times 10^{-5}}}=7.5\times 10^{-6}$$

即 $$[OH^-]=x=7.5\times 10^{-6}\ \text{mol}\cdot\text{L}^{-1}$$

$$pH=14-pOH=14-5.1=8.9$$

(2) $$h=\frac{[OH^-]}{c_{盐}}\times 100\%=\frac{7.5\times 10^{-6}}{0.10}\times 100\%$$

$$=0.0075\%$$

答：0.1 mol·L^{-1} NaAc 溶液的 pH 值为 8.9，水解度 h 为 0.0075%。

由上题的计算，可导出一元弱酸强碱盐[OH^-]的计算公式：

$$[OH^-]=\sqrt{K_h\cdot c_{盐}}$$

$$=\sqrt{\frac{K_w}{K_a}\cdot c_{盐}}$$

$$pH=14-pOH$$

$$=14-\frac{1}{2}(pK_w-pK_a-\lg c_{盐})$$

$$=7+\frac{1}{2}pK_a+\frac{1}{2}\lg c_{盐}$$

5.5.1.2 弱碱强酸盐

以 NH_4Cl 为例。这类盐的水解情况与前面相似，不同的地方只是与 H_2O 作用的是盐的阳离子。

$$\begin{array}{ccc} NH_4Cl & \longrightarrow & NH_4^+ + Cl^- \\ & & + \\ H_2O & \rightleftharpoons & OH^- + H^+ \\ & & \Updownarrow \\ & & NH_3 \cdot H_2O \end{array}$$

OH^- 与 NH_4^+ 结合成弱电解质 $NH_3 \cdot H_2O$，使得溶液中的$[OH^-]$下降，这样，水的电离平衡向右移动，溶液中的$[H^+]$增大。当体系达到平衡时，溶液中的$[H^+]>[OH^-]$，故平衡时溶液显酸性。

这一过程可写成：

$$NH_4^+ + H_2O \rightleftharpoons NH_3 \cdot H_2O + H^+$$

平衡时

$$K_h = \frac{[NH_3][H^+]}{[NH_4^+]}$$

因为 NH_4Cl 的水解平衡是 NH_3 和 H_2O 的电离平衡的共同结果，平衡时，溶液中同时存在以下平衡：

$$[H^+][OH^-] = K_w$$

$$\frac{[NH_4^+][OH^-]}{[NH_3]} = K_b$$

溶液中的$[OH^-]$必然同时满足两个平衡的要求，即

$$\frac{[NH_3][H^+]}{[NH_4^+]} = \frac{K_w}{K_b} = K_h$$

常温下 K_w 是常数，因此弱碱强酸盐的 K_h 与弱碱的 K_b 成反比，即形成盐的碱性越弱，K_b 越小，则 K_h 越大，水解的趋势越大，溶液的酸性越强。

例 7 计算 0.10 mol·L^{-1} NH_4Cl 溶液的 pH 值。已知 NH_3 的 $K_b = 1.77 \times 10^{-5}$。

解：忽略 H_2O 电离出的 H^+，可认为$[H^+]=[NH_3]$。

设溶液中的$[H^+] = x$ mol·L^{-1}

$$NH_4^+ + H_2O \rightleftharpoons NH_3 \cdot H_2O + H^+$$

平衡浓度 $\quad 0.10 - x \qquad x \qquad x$

$$K_h = \frac{[NH_3][H^+]}{[NH_4^+]} = \frac{x^2}{0.10 - x}$$

因为$\dfrac{c_{盐}}{K_h} > 400$

所以 $\quad 0.10 - x = 0.10$

$$\frac{x^2}{0.10} = K_h = \frac{K_w}{K_b}$$

所以

$$x = \sqrt{0.10 \cdot K_h} = \sqrt{0.10 \frac{K_w}{K_b}}$$

$$= \sqrt{0.10 \times \frac{1.0 \times 10^{-14}}{1.77 \times 10^{-5}}} = 7.5 \times 10^{-6}$$

即 $\quad [H^+] = x = 7.5 \times 10^{-6}$ mol·L^{-1}

pH=5.1

答：0.1 mol·L^{-1} NH_4Cl 溶液的 pH 值为 5.1。

由上题的计算，可导出一元弱碱强酸盐$[H^+]$的计算公式：

$$[H^+]=\sqrt{K_h\cdot c_{盐}}=\sqrt{\frac{K_w}{K_b}\cdot c_{盐}}$$

$$pH=\frac{1}{2}(pK_w-pK_b-\lg c_{盐})$$

$$=7-\frac{1}{2}pK_b-\frac{1}{2}\lg c_{盐}$$

5.5.1.3 弱酸弱碱盐

以 NH_4Ac 为例。这类盐的阴、阳离子都能发生水解。

$$\begin{array}{ccccc} NH_4Ac & \longrightarrow & NH_4^+ & + & Ac^- \\ & & + & & + \\ H_2O & \rightleftharpoons & OH^- & + & H^+ \\ & & \Updownarrow & & \Updownarrow \\ & & NH_3\cdot H_2O & & HAc \end{array}$$

这一过程可写成：

$$NH_4^+ + Ac^- \rightleftharpoons NH_3 + HAc$$

平衡时

$$K_h=\frac{[NH_3][HAc]}{[NH_4^+][Ac^-]}$$

当弱酸弱碱盐水解平衡时，体系中同时存在三个电离平衡。

$$[H^+][OH^-]=K_w$$

$$\frac{[H^+][Ac^-]}{[HAc]}=K_a$$

$$\frac{[NH_4^+][OH^-]}{[NH_3]}=K_b$$

将 K_a 与 K_b 相乘，得：

$$K_a\cdot K_b=\frac{[H^+][Ac^-]}{[HAc]}\cdot\frac{[NH_4^+][OH^-]}{[NH_3]}=\frac{K_w}{K_h}$$

$$K_h=\frac{K_w}{K_a\cdot K_b}$$

这类盐水解后生成两种弱电解质，所以水的电离平衡较为强烈地向右移动，也就是说，这类盐的水解程度较前两类盐大得多。但溶液的酸碱性并不一定很强。我们以 NH_4Ac 为例导出其溶液的$[H^+]$计算公式。

$$NH_4^+ + Ac^- \rightleftharpoons NH_3 + HAc$$

由于 HAc 的 K_a 与 NH_3 的 K_b 很相近，所以平衡时有：

$$[NH_4^+]\approx[Ac^-] \qquad [HAc]\approx[NH_3]$$

所以

$$\frac{[NH_3][HAc]}{[NH_4^+][Ac^-]}=\frac{[HAc]^2}{[Ac^-]^2}=K_h=\frac{K_w}{K_a\cdot K_b}$$

所以

$$\frac{[H^+][Ac^-]}{[HAc]}=K_a$$

$$\frac{[HAc]}{[Ac^-]}=\frac{[H^+]}{K_a}$$

$$\frac{[HAc]^2}{[Ac^-]^2}=\frac{[H^+]^2}{K_a^2}=K_h=\frac{K_w}{K_a \cdot K_b}$$

$$[H^+]=\sqrt{\frac{K_w \cdot K_a}{K_b}}$$

$$pH=7+\frac{1}{2}pK_a-\frac{1}{2}pK_b$$

可见,弱酸弱碱盐溶液的 pH 值与盐的浓度无关,仅取决于弱酸和弱碱的相对强弱。

当　$K_a=K_b$　　$[H^+]=\sqrt{K_w}$　　溶液显中性

当　$K_a>K_b$　　$[H^+]>10^{-7}$　$pH<7$　　溶液显酸性

当　$K_a<K_b$　　$[H^+]<10^{-7}$　$pH>7$　　溶液显碱性

应注意的是,以上结果是在酸与碱的电离常数相差不大的条件下导出的。如果 K_a 与 K_b 相差较大,则情况要复杂得多,上述公式不适用。

5.5.1.4　多元弱酸盐

多元弱酸盐,如 Na_2CO_3,其水解情况比较复杂。它的水解过程与多元弱酸的电离相似,也是分步进行的。

第一步水解　　$CO_3^{2-}+H_2O \rightleftharpoons HCO_3^-+OH^-$

第二步水解　　$HCO_3^-+H_2O \rightleftharpoons H_2CO_3+OH^-$

由于水解,溶液的$[H^+]$下降,使水的电离平衡向右移动,直至平衡。其水解常数分别为

$$K_{h_1}=\frac{[OH^-][HCO_3^-]}{[CO_3^{2-}]}=\frac{K_w[HCO_3^-]}{[H^+][CO_3^{2-}]}=\frac{K_w}{K_{a_2}}$$

$$K_{h_2}=\frac{[OH^-][H_2CO_3]}{[HCO_3^-]}=\frac{K_w[H_2CO_3]}{[H^+][HCO_3^-]}=\frac{K_w}{K_{a_1}}$$

这类盐的第一步水解远大于第二步。这是由于 $K_{a_1} \gg K_{a_2}$,故而 $K_{h_1} \gg K_{h_2}$,同时第一步水解产生的 OH^- 大大抑制了后一步的水解。所以分步水解中都是以第一步水解为主。正因为如此,在 Na_2CO_3 水解时,并不会产生 CO_2 气体从溶液中逸出。

综上所述,水解反应是中和反应的逆反应:

$$\text{酸} + \text{碱} \underset{\text{水解}}{\overset{\text{中和}}{\rightleftharpoons}} \text{盐} + \text{水}$$

由于酸碱中和的产物之一是极弱电解质 H_2O,因此中和反应是这对矛盾的主要方面。中和反应进行得越完全,水解反应就越微弱。一般情况下,盐的水解比中和反应的程度小得多。

5.5.2　影响水解平衡移动的因素

盐类水解程度的大小,首先取决于水解离子的本性。盐的组分离子与水中的 H^+ 或 OH^- 结合的能力越强,水解产生的弱电解质越弱,这时水解度就越大。另外,水解产物的性质亦有很大关系。如果水解产物是很弱的电解质,同时又是溶解度很小的难溶物质或挥发性气体,这时水解反应实际是可以进行到底的。例如:

$$Al_2S_3+6H_2O \rightleftharpoons 2Al(OH)_3\downarrow+3H_2S\uparrow$$

$$SnCl_2+H_2O \rightleftharpoons Sn(OH)Cl\downarrow+HCl$$

$$SbCl_3+H_2O \rightleftharpoons SbOCl\downarrow+2HCl$$

所以,如果将这些物质直接溶于水,得到的是水解产物,而得不到这些物质的溶液。

以上讨论的都是内因的影响。除此以外，溶液的浓度、温度和酸度对水解度亦有很大影响。

5.5.2.1 浓度

稀释可以促进水解。对于水解平衡，如：

$$Ac^- + H_2O \rightleftharpoons HAc + OH^-$$

平衡时

$$K_h = \frac{[HAc][OH^-]}{[Ac^-]}$$

如果稀释1倍，则有

$$Q_c = \frac{(\frac{1}{2}[HAc])(\frac{1}{2}[OH^-])}{(\frac{1}{2}[Ac^-])} = \frac{1}{2} \cdot \frac{[HAc][OH^-]}{[Ac^-]} < K_h$$

所以水解平衡向右移动，即向水解的一方移动，水解度增加。

5.5.2.2 温度

$$酸 + 碱 \underset{水解(吸热)}{\overset{中和(放热)}{\rightleftharpoons}} 盐 + 水$$

升高温度，平衡向吸热的方向，即水解的方向移动，故温度升高，盐的水解度增大。例如，将滴有酚酞的 NaAc 溶液加热，溶液的红色加深，说明碱性增加，水解度增大。

5.5.2.3 酸度

盐类水解既然会引起溶液酸度的改变，那么根据平衡移动的原理，通过控制溶液的酸度就可以促进或抑制水解。例如，在 Na_2CO_3 溶液中加入酸，H^+ 中和了水解产生 OH^-，则促进水解平衡向右移动，放出 CO_2 气体。再如 $SnCl_2$ 溶液中，由于水解产生 $Sn(OH)Cl\downarrow$，所以若要配制 $SnCl_2$ 溶液，须先用浓 HCl 溶解 $SnCl_2$ 固体，再加水稀释至所需浓度，即加入 H^+ 以抑制 $SnCl_2$ 的水解。

一般的，如果水解产生 OH^-，加酸促进水解；如果水解产生 H^+，加酸则抑制水解。

5.6 沉淀溶解平衡

前面几节我们讨论了弱酸、弱碱的电离平衡及盐的水解平衡，它们属于单相平衡。本节中将讨论的沉淀溶解平衡是多相平衡，它是难溶电解质饱和溶液中存在的固体和水合离子之间的平衡。

5.6.1 溶度积常数

5.6.1.1 K_{sp}

物质的溶解度大小各有不同。实验证明，任何难溶电解质在水中都会或多或少地溶解。绝对不溶的物质是不存在的。例如，AgCl 的溶解度虽然很小，但在水中会有微量溶解并电离，最后建立下列平衡：

$$AgCl(s) \underset{沉淀}{\overset{溶解}{\rightleftharpoons}} Ag^+(aq) + Cl^-(aq)$$

这是一个动态平衡。平衡时的溶液是 AgCl 的饱和溶液。平衡时溶解与沉淀的速率相等，从表观上看，AgCl 不再溶解。这一平衡我们称之为沉淀溶解平衡。

对于一个一般的难溶电解质 M_aX_b：

$$M_aX_b(s) \rightleftharpoons aM^{m+} + bX^{n-}$$

平衡时体系服从化学平衡定律：

$$[M^{m+}]^a[X^{n-}]^b = K_{sp}$$

K_{sp}是难溶电解质的沉淀溶解平衡常数，称溶度积常数。它反映了物质的溶解能力。

溶度积常数的意义是：一定温度下，难溶电解质饱和溶液中离子浓度（严格说应为活度）的系数次方之积为一常数。

常见难溶电解质的 K_{sp}见附录一。

5.6.1.2　K_{sp}与溶解度

K_{sp}与溶解度都可以用来表示物质的溶解能力。它们之间可以相互换算。所谓溶解度指的是一定温度下某物质饱和溶液的浓度。如一个一般的难溶电解质 M_aX_b 的溶解度为 s，即在该温度下该物质在 1 L 溶液中可溶解 s mol，那么：

$$[M^{m+}] = as;\quad [X^{n-}] = bs$$

$$K_{sp} = [M^{m+}]^a[X^{n-}]^b = (as)^a \cdot (bs)^b = a^a \cdot b^b \cdot s^{(a+b)}$$

对于像 AgCl、$BaSO_4$、FeS 一类的 1-1 型电解质：

$$K_{sp} = s^2$$

对于像 Ag_2CrO_4、PbI_2、$Mn(OH)_2$ 一类的 1-2 型或 2-1 型电解质：

$$K_{sp} = 2^2 \cdot 1^1 \cdot s^{2+1} = 4s^3$$

由此可以看出，对于不同类型的难溶电解质，其溶解度与溶度积之间的关系是不同的。因此，对于相同类型的电解质，在相同的温度下，K_{sp}越大，溶解度亦越大，反之也成立，即 K_{sp}和溶解度一致。但对不同类型的电解质。如 AgCl 和 Ag_2CrO_4 就不能直接从它们的 K_{sp}比较它们的溶解度大小，这时两者常常是不一致的。

此外，难溶电解质的溶解度与弱电解质的电离度相似，受到溶液中共同离子的影响；但溶度积 K_{sp}是平衡常数，不受浓度及溶液中其他离子的影响。

5.6.1.3　溶度积规则

某一难溶电解质在一定条件下能否生成沉淀或沉淀能否溶解，可以根据溶度积规则来判断。

在某一难溶电解质溶液中，其离子浓度系数次方的乘积称为离子积，用 Q_i 表示。如 $Mg(OH)_2$，其离子积为

$$Q_i = c_{Mg^{2+}} \cdot c_{OH^-}^2$$

离子积的意义相当于化学平衡中的浓度商 Q_c 和压力商 Q_p。

在任一给定的溶液中，离子积 Q_i 与溶度积 K_{sp}之间可以有三种情况：

(1) $Q_i = K_{sp}$，溶液为饱和溶液，无淀淀析出，达动态平衡。

(2) $Q_i < K_{sp}$，溶液未饱和，无沉淀析出。体系中若有固体存在，则固体会溶解直至溶液饱和为止。

(3) $Q_i > K_{sp}$，溶液过饱和，平衡向左移动，析出沉淀而使溶液中的离子浓度降低至溶液饱和为止。

以上称溶度积规则。

根据溶度积规则，要使沉淀从溶液中析出，必须设法增大溶液中有关离子的浓度，使其离子积大于溶度积；要使难溶电解质溶解，则必须设法减小溶液中有关离子浓度，使离子积小于其溶度积。因此，控制溶液中有关离子的浓度，就可以达到沉淀生成或溶解的目的。

5.6.1.4　同离子效应与溶解度

在难溶电解质饱和溶液中，加入含有相同离子的易溶强电解质，沉淀平衡将发生移动，例如，在 $BaSO_4$ 的平衡体积中，加入与 $BaSO_4$ 含有相同离子的易溶强电解质 $BaCl_2$，溶液中的 $[Ba^{2+}]$ 增加，使得原有平衡被破坏，平衡向左移动，$BaSO_4$ 的溶解度下降。

$$BaSO_4(s) \rightleftharpoons \boxed{Ba^{2+}} + SO_4^{2-}$$
$$BaCl_2 \longrightarrow \boxed{Ba^{2+}} + 2Cl^-$$

例 8　已知 $BaSO_4$ 的 K_{sp} 为 1.08×10^{-10}，求 $BaSO_4$ 在纯水和 $0.1\ mol\cdot L^{-1}\ Na_2SO_4$ 溶液中的溶解度，并比较。

解：(1) 在纯水中：

$$s=\sqrt{K_{sp}}=\sqrt{1.08\times10^{-10}}$$
$$=1.04\times10^{-5}(mol\cdot L^{-1})$$

(2) 在 $0.1\ mol\cdot L^{-1}\ Na_2SO_4$ 溶解中：

此时 $BaSO_4$ 的溶解度为 $x\ mol\cdot l^{-1}$

$$BaSO_4 \rightleftharpoons Ba^{2+} + SO_4^{2-}$$
$$x \qquad x+0.1$$

因为　x 很小　　$x+0.1\approx0.1$

所以　　$[Ba^{2+}][SO_4^{2-}]=x\cdot0.1=K_{sp}$

$$s=x=\frac{K_{sp}}{0.1}=\frac{1.08\times10^{-10}}{0.1}$$
$$=1.08\times10^{-9}(mol\cdot L^{-1})$$

答：$BaSO_4$ 在纯水和 $0.1\ mol\cdot L^{-1}\ Na_2SO_4$ 溶液中的溶解度分别为 $1.04\times10^{-5}\ mol\cdot L^{-1}$、$1.08\times10^{-9}\ mol\cdot L^{-1}$。同离子效应使得 $BaSO_4$ 的溶解度下降至原来的 $\frac{1}{10\ 000}$。

从上题结果可见同离子效应影响之显著。

在实际工作中，根据同离子效应可以降低溶解度的原理。加入适当过量的沉淀剂可以使沉淀反应趋于完全。因为普通分析天平只能称准至 10^{-4} g，所以在化学上，一般将经过沉淀后溶液中残留离子浓度小于 $10^{-5}\ mol\cdot L^{-1}$ 认为沉淀完全。所谓沉淀完全并不是指溶液中没有残留的被沉淀离子。因为溶度积不会等于零，所以沉淀作用也不可能绝对完全。沉淀完全只是指离子浓度低于某一标准。

根据同离子效应，如果要使某一离子从溶液中充分沉淀出来，必须加入过量的沉淀剂。但是沉淀剂的量也不是越多越好。如果过多地加入沉淀剂或其他易溶强电解质，随着溶液中离子浓度的增加，离子间的相互吸引和牵制作用增强，妨碍了离子的自由运动，即减小了离子有效浓度，使平衡被破坏。这时须多溶解一些沉淀，增加相应的离子浓度才能重新建立平衡。这就使得沉淀平衡向右移动，难溶电解质的溶解度略有增加。这种现象称为盐效应。

5.6.2　沉淀的生成

我们已经知道，在难溶电解质的溶液中，如果 $Q_i>K_{sp}$，就会有沉淀生成。这是沉淀生成的必要条件。

例 9 将等体积的 0.004 mol·L^{-1} $AgNO_3$ 和 0.004 mol·L^{-1} K_2CrO_4 混合，问有无 Ag_2CrO_4 沉淀析出（$K_{sp,Ag_2CrO_4}=9\times10^{-12}$）？

解：混合后

$$c_{Ag^+}=0.002\ mol\cdot L^{-1};\quad c_{CrO_4^{2-}}=0.002\ mol\cdot L^{-1}$$

$$Q_i=C_{Ag^+}^2\cdot C_{CrO_4^{2-}}=(0.002)^2(0.002)=8\times10^{-9}$$

$$Q_i>K_{sp}$$

答：有 Ag_2CrO_4 沉淀生成。

例 10 将 0.02 mol·L^{-1} $Pb(NO_3)_2$ 和 0.20 mol·L^{-1} NaI 等体积混合，计算达到平衡时溶液的[Pb^{2+}]和[I^-]各为多少（$K_{sp,PbI_2}=1.39\times10^{-8}$）？

解：混合后

$$c_{Pb^{2+}}=0.01\ mol\cdot L^{-1};\quad c_{I^-}=0.10\ mol\cdot L^{-1}$$

$$Q_i=c_{Pb^{2+}}\cdot c_{I^-}^2=(0.01)\times(0.10)^2=10^{-4}>K_{sp}$$

所以　有 PbI_2 沉淀生成。

在这一体系中，因为 I^- 过量，所以平衡时 Pb^{2+} 基本转化为 PbI_2，剩余的量极小。设平衡时溶液中[Pb^{2+}]$=x$ mol·L^{-1}。

	$PbI_2(s)$ ⇌	Pb^{2+}	+ $2I^-$
起始浓度		0.01	0.10
平衡浓度		x	$0.10-(0.01-x)\times2\approx0.08$

$$K_{sp}=[Pb^{2+}][I^-]^2$$

$$[I^-]\approx0.08\ mol\cdot L^{-1}$$

$$[Pb^{2+}]=\frac{K_{sp}}{[I^-]^2}=\frac{1.39\times10^{-8}}{(0.08)^2}=2.2\times10^{-6}(mol\cdot L^{-1})$$

答：沉淀平衡时，[I^-]=0.08 mol·L^{-1}

[Pb^{2+}]$=2.2\times10^{-6}$ mol·L^{-1}，这时 Pb^{2+} 已沉淀完全。

例 11 计算欲使 0.01 mol·L^{-1} Fe^{3+} 开始沉淀和沉淀完全时的 pH 值。[$K_{sp,Fe(OH)_3}=1.1\times10^{-36}$]

解：(1) 开始沉淀时

$$Fe(OH)_3(s)\rightleftharpoons Fe^{3+}(aq)+3OH^-(aq)$$

$$K_{sp}=[Fe^{3+}][OH^-]^3$$

$$[OH^-]=\sqrt[3]{\frac{K_{sp}}{[Fe^{3+}]}}=\sqrt[3]{\frac{1.1\times10^{-36}}{0.01}}$$

$$=4.79\times10^{-12}(mol\cdot L^{-1})$$

$$pH=14-pOH=14-11.32=2.68$$

(2) 沉淀完全时

$$[Fe^{3+}]=10^{-5}(mol\cdot L^{-1})$$

$$[OH^-]=\sqrt[3]{\frac{1.1\times10^{-36}}{10^{-5}}}=4.79\times10^{-11}(mol\cdot L^{-1})$$

$$pH=14-10.32=3.68$$

答:使 0.01 mol·L^{-1} Fe^{3+}开始沉淀的 pH 值为 2.68;沉淀完全的 pH 值为 3.68。

5.6.3 分步沉淀

前面讨论的都是只有一种沉淀的体系。实际上溶液中常含有几种离子,当加入某种沉淀剂时,可能会产生几种沉淀。例如,往含有相同浓度 Cl^- 和 I^- 的混合溶液中滴加 $AgNO_3$ 溶液,我们发现首先析出的是黄色的 AgI 沉淀,随着 $AgNO_3$ 的不断加入,才会出现白色的 AgCl 沉淀。这种先后沉淀的现象称分步沉淀。

例 12 一溶液中含有 I^- 和 Cl^-。它们的浓度均为 0.1 mol·L^{-1}。问当 AgCl 和 AgI 开始沉淀时,溶液的[Ag^+]各是多少?当 AgCl 开始沉淀时 I^- 是否沉淀完全?

解:Cl^- 和 I^- 开始沉淀时所需的[Ag^+]可从其溶度积算出。

$$[Ag^+]=\frac{K_{sp}}{[I^-]}=\frac{1.5\times10^{-16}}{0.1}=1.5\times10^{-15}(mol\cdot L^{-1})$$

Cl^- 开始沉淀时:

$$[Ag^+]=\frac{K_{sp}}{[Cl^-]}=\frac{1.56\times10^{-10}}{0.1}=1.56\times10^{-9}(mol\cdot L^{-1})$$

当 AgCl 开始沉淀时,溶液中剩余的[I^-]为

$$[I^-]=\frac{K_{sp}}{[Ag^+]}=\frac{1.5\times10^{-16}}{1.56\times10^{-9}}=9.6\times10^{-8}(mol\cdot L^{-1})$$

这时,I^- 早已沉淀完全了。

例 13 溶液中含有 0.1 mol·L^{-1} Fe^{2+} 和 0.01 mol·L^{-1}Fe^{3+}。若要使 Fe^{3+}沉淀完全,而 Fe^{2+}保留在溶液中,溶液的 pH 值应控制在什么范围?

解:查表,$Fe(OH)_2$ $K_{sp}=1.64\times10^{-14}$

$Fe(OH)_3$ $K_{sp}=1.1\times10^{-36}$

Fe^{3+}沉淀完全时,溶液的 pH 值为

$$[OH^-]=\sqrt[3]{\frac{K_{sp}}{[Fe^{3+}]}}=\sqrt[3]{\frac{1.1\times10^{-36}}{10^{-5}}}=4.79\times10^{-11}(mol\cdot L^{-1})$$

$$pH=14-pOH=3.68$$

Fe^{2+}开始沉淀时,溶液的 pH 值为

$$[OH^-]=\sqrt{\frac{K_{sp}}{[Fe^{2+}]}}=\sqrt{\frac{1.64\times10^{-14}}{0.1}}=4.05\times10^{-7}(mol\cdot L^{-1})$$

$$pH=14-pOH=7.61$$

答:溶液的 pH 值应控制在 3.68~7.61 的范围内。

利用分步沉淀,可以将溶液中的有关离子分离开来。显然,对于同一类型的难溶电解质,溶度积差别越大,利用分步沉淀就可以分离得越好。

5.6.4 沉淀的溶解与转化

根据溶度积规则,沉淀溶解的必要条件是:$Q_i<K_{sp}$。因此创造一定条件,降低溶液中有关离子浓度就可以使沉淀溶解或转化为更难溶的沉淀。沉淀溶解一般有下面几种方法。

5.6.4.1 生成弱电解质

难溶氢氧化物均溶于酸,有的还可以溶于铵盐。如:

$$
\begin{array}{lll}
Mg(OH)_2 & \rightleftharpoons Mg^{2+} + & 2\,OH^- \\
 & & + \\
2HCl & \longrightarrow 2Cl^- + & 2H^+ \\
 & & \Updownarrow \\
 & & 2H_2O
\end{array}
$$

即
$$Mg(OH)_2 + 2H^+ \rightleftharpoons Mg^{2+} + 2H_2O$$

$$
\begin{array}{lll}
Mg(OH)_2 & \rightleftharpoons Mg^{2+} + & 2\,OH^- \\
 & & + \\
2NH_4Cl & \longrightarrow 2Cl^- + & 2NH_4^+ \\
 & & \Updownarrow \\
 & & 2NH_3 \cdot H_2O
\end{array}
$$

即
$$Mg(OH)_2 + 2NH_4^+ \rightleftharpoons Mg^{2+} + 2NH_3 \cdot H_2O$$

由于溶液中生成弱电解质 H_2O 和 NH_3，使溶液的$[OH^-]$下降，因而 $Q_i = c_{Mg^{2+}} \cdot c_{OH^-}^2 < K_{sp}$。平衡朝着 $Mg(OH)_2$ 溶解的方向移动。再如：

$$
\begin{array}{lll}
CaCO_3(s) & \rightleftharpoons Ca^{2+} + & CO_3^{2-} \\
 & & + \\
2HCl & \longrightarrow 2Cl^- + & 2\,H^+ \\
 & & \downarrow \\
 & & H_2CO_3 \longrightarrow CO_2\uparrow + H_2O
\end{array}
$$

5.6.4.2 氧化还原反应

加入氧化剂或还原剂。使某一离子发生氧化还原反应而降低其浓度。如：

$$3CuS + 8HNO_3 = 3Cu(NO_3)_2 + 3S\downarrow + 2NO\uparrow + 4H_2O$$

例如，AgCl 沉淀可溶于氨水中：

$$
\begin{array}{ll}
AgCl(s) \rightleftharpoons & Ag^+ + Cl^- \\
 & + \\
 & 2NH_3 \\
 & \Updownarrow \\
 & [Ag(NH_3)_2]^+
\end{array}
$$

即
$$AgCl(s) + 2NH_3 = [Ag(NH_3)_2]^+ + Cl^-$$

由于$[Ag(NH_3)_2]^+$配离子的生成，降低了$[Ag^+]$而使 AgCl 溶解。

5.6.4.3 沉淀的转化

在含有沉淀的溶液中，加入适当试剂，与某一离子结合成更难溶的物质，这一过程称沉淀的转化。

例如，在 $PbCl_2$ 的沉淀中，加入 Na_2CO_3 溶液，发生下列过程：

$$
\begin{array}{ll}
PbCl_2(s) = & Pb^{2+} + 2Cl^- \\
 & + \\
 & CO_3^{2-} \\
 & \downarrow \\
 & PbCO_3\downarrow
\end{array}
$$

即
$$PbCl_2(s) + CO_3^{2-} = PbCO_3(s) + 2Cl^-$$

这一反应之所以能够发生，是由于生成了更难溶的 $PbCO_3$ 沉淀，$PbCO_3$ 的生成，降低了溶液中的$[Pb^{2+}]$，使得 $PbCl_2$ 的沉淀平衡不断向右移动，$PbCl_2$ 溶解，直至全部转化为 $PbCO_3$。

总之，溶解沉淀的方法虽各有不同，但从中可以归纳出一条规律，凡能有效地降低难溶电解质饱和溶液中有关离子的浓度，使 $Q_i<K_{sp}$，就可以使沉淀溶解或转化。

思　考　题

1. 根据质子理论，指出 H_2S，NH_3，HS^-，CO_3^{2-}，HCl，Ac^-，$H_2PO_4^-$，NO_2^-，OH^-，H_2O 中哪些是酸？哪些是碱？哪些是两性物？

2. 有人说：电解质溶液的浓度越小，电离度越大。因此，如果是酸，则酸越稀，酸性越强。你以为如何？

3. 为什么计算多元弱酸溶液中的 H_3O^+ 浓度时，可近似地用一级解离平衡进行计算？

4. 什么叫缓冲溶液？缓冲溶液有哪些类型？pH 值如何计算？

5. 什么叫溶度积？若要比较一些难溶电解质溶解度的大小，是否可以根据各难溶电解质的溶度积大小直接比较？为什么？

6. 在草酸（$H_2C_2O_4$）溶液中加入 $CaCl_2$ 溶液，得到 CaC_2O_4 沉淀。将沉淀过滤后，往滤液中加入氨水，又有 CaC_2O_4 沉淀产生。试从离子平衡观点予以说明。

7. 什么叫分步沉淀？分步沉淀在什么情况下才能实现？

8. 要使沉淀溶解，可采取哪些措施？举例说明。

9. Ag_2CrO_4 沉淀很容易转化为 AgCl 沉淀，而 $BaSO_4$ 沉淀转化成 $BaCO_3$ 沉淀比较困难，这是为什么？

10. 试设计分离下列各组内物质的方案：

(1) AgI 和 AgCl

(2) $Mg(OH)_2$ 和 $Fe(OH)_3$

(3) ZnS 和 CuS

(4) $BaCO_3$ 和 $BaSO_4$

习　　题

1. 根据酸碱质子理论，写出下列分子或离子的共轭酸的化学式：

SO_4^{2-}；S^{2-}；$H_2PO_4^-$；HSO_4^-；NH_3

2. 写出下列分子或离子的共轭碱的化学式：

NH_4^+；H_2S；H_2SO_4；$H_2PO_4^-$；HSO_4^-

3. 根据酸碱质子理论，下列分子或离子哪些是酸？哪些是碱？哪些既是酸又是碱？

HS^-；CO_3^{2-}；$H_2PO_4^-$；NH_3；H_2S；HAc；OH^-；H_2O；NO_2^-

4. 计算下列溶液的 $[H^+]$ 或 $[OH^-]$：

(1) 25.00 g NaOH 溶于 400 mL 水中；

(2) 50.0 mL 的 0.500 $mol \cdot L^{-1}$ HCl 稀释至 175 mL；

(3) 30 mL 的 2.5 $mol \cdot L^{-1}$KOH 稀释至 120 mL；

(4) 4.5×10^{-4} $mol \cdot L^{-1}$ $Ba(OH)_2$。

5. 分别计算 298 K 时 0.1 $mol \cdot L^{-1}$ 盐酸和 0.10 $mol \cdot L^{-1}$ 醋酸的 H^+ 浓度，哪一溶液酸度大？pH 值分别为多少？

6. 设 0.01 $mol \cdot L^{-1}$ 氢氰酸（HCN）溶液的电离度为 0.010%，试求在该温度下 HCN 的电离常数。

7. 在 0.05 $mol \cdot L^{-1}$ 次氯酸（HClO）溶液中，已知 $K_a=3.5\times10^{-8}$，试计算溶液中的 H^+ 浓度和 ClO^- 浓度以及 HClO 的电离度。

8. 在 H_2S 和 HCl 的混合溶液中，$[H^+]=0.30$ $mol \cdot L^{-1}$，已知 H_2S 的浓度为 0.10 $mol \cdot L^{-1}$，求该溶液中的 $[S^{2-}]$。

9. 计算室温下饱和 CO_2 水溶液（即 0.04 $mol \cdot L^{-1}$ 的 H_2CO_3 溶液）中的 $[H^+]$、$[HCO_3^-]$、$[CO_3^{2-}]$。

10. 将 0.20 mol NaOH 和 0.20 mol NH_4NO_3 溶于足量水中，并使溶液体积为 1.0 L，问此溶液的 pH 值为多少？（提示：$NaOH+NH_4NO_3=NH_3\cdot H_2O+NaNO_3$）

11. 在 1 L 0.2 mol · L^{-1} HAc 溶液中，需加入多少克无水醋酸钠才能使溶液中[H^+]=6.5×10^{-5} mol · L^{-1}？

12. 现有 125 mL 1.0 mol · L^{-1} NaAc 溶液，欲配制 250 mL pH 为 5 的缓冲溶液，问需加 6.0 mol · L^{-1} HAc 多少毫升？

13. 在烧杯中盛放 20.00 mL 0.10 mol · L^{-1} NH_3 水溶液，逐滴加入 0.10 mol · L^{-1} HCl 溶液，试计算：

(1) 当加入 10.00 mL HCl 后，混合溶液的 pH 值；

(2) 当加入 20.00 mL HCl 后，混合溶液的 pH 值；

(3) 当加入 30.00 mL HCl 后，混合溶液的 pH 值。

14. 在 100 mL 0.1 mol · L^{-1} 氨水中加入 1.07 g NH_4Cl，溶液的 pH 值为多少？在此溶液中再加入 100 mL 水，pH 有何变化？

15. 要配制 pH 为 5.0 的缓冲溶液，需称取多少克 $NaAc\cdot 3H_2O$ 固体溶解于 300 mL 0.5 mol · L^{-1} HAc 中？

16. 回答下列问题：

(1) 为什么 Al_2S_3 在水溶液中不能存在？

(2) 配制 $SnCl_2$、$FeCl_3$ 溶液为什么不能用蒸馏水而要用稀盐酸？

(3) 为什么 $Al_2(SO_4)_3$ 和 Na_2CO_3 溶液混合立即产生 CO_2 气体？

17. 在室温下，$BaSO_4$ 的 $K_{sp}=1.1\times10^{-10}$，计算 1 L $BaSO_4$ 饱和溶液中含 $BaSO_4$ 多少克？

18. Ag_2S 的 $K_{sp}=6.3\times10^{-50}$，PbS 的 $K_{sp}=3.4\times10^{-28}$，问在各自的溶液中，[Ag^+]和[Pb^{2+}]各是多少？

19. $Mg(OH)_2$ 的溶度积为 1.2×10^{-11}，计算在其饱和溶液中[Mg^{2+}]和[OH^-]。

20. 已知 AgI 的 $K_{sp}=1.5\times10^{-16}$，求在纯水和 0.010 mol · L^{-1} KI 溶液中 AgI 的溶解度，并比较。

21. 说明下列情况中有无沉淀产生：

(1) 0.001 mol · L^{-1} Ag^+ 和 0.001 mol · L^{-1} Cl^- 等体积混合（$K_{sp,AgCl}=1.56\times10^{-10}$）；

(2) 0.01 mol · L^{-1} $Pb(NO_3)_2$ 溶液 100 mL 中加入固体 NaCl 0.585 g（$K_{sp,PbCl_2}=1.6\times10^{-5}$）。

22.(1) 在 10 mL 1.5×10^{-3} mol · L^{-1} $MnSO_4$ 溶液中加入 5.0 mL 0.15 mol · L^{-1} 氨水溶液，是否能生成 $Mn(OH)_2$ 沉淀？

(2) 若在上述 10 mL 1.5×10^{-3} mol · L^{-1} $MnSO_4$ 溶液中先加入 0.495 g 固体 $(NH_4)_2SO_4$（设体积不变），然后再加入 5.0 mL 0.15 mol · L^{-1} 氨水溶液，是否有 $Mn(OH_2)$ 沉淀生成？

23. 在 100 mL 0.20 mol · L^{-1} $MnCl_2$ 溶液中加入等体积的含有 NH_4Cl 的 0.001 mol · L^{-1} 氨水溶液，问在此氨水溶液中需含有多少克 NH_4Cl，与 $MnCl_2$ 溶液混合时才不致发生 $Mn(OH_2)$ 沉淀？

24. Cl^-、Br^-、I^- 都能与 Ag^+ 生成难溶盐。当溶液中上述三种离子的浓度均为 0.01 mol · L^{-1} 时，加入 Ag^+，问它们的沉淀顺序是什么？当第三种银盐开始析出时，前两种离子的浓度各为多少？

第 5 章　检测题

一、选择题

1. 将 0.1 $mol \cdot dm^{-3}$ 下列溶液加水稀释 1 倍后，pH 变化最小的是 ……………………………… (　　)

(A) HCl　(B) H_2SO_4　(C) HNO_3　(D) HAc

2. 0.4 $mol \cdot dm^{-3}$ HAc 溶液中 H^+ 浓度是 0.1 $mol \cdot dm^{-3}$ HAc 溶液中 H^+ 浓度的 ………… (　　)

(A) 1 倍　(B) 2 倍　(C) 3 倍　(D) 4 倍

3. 在下列溶液中 HCN 解离度最大的是……………………………………………………………… (　　)

(A) 0.10 $mol \cdot dm^{-3}$ KCN

(B) 0.20 $mol \cdot dm^{-3}$ NaCl

(C) 0.10 $mol \cdot dm^{-3}$ KCN 和 0.10 $mol \cdot dm^{-3}$ KCl 混合溶液

(D) 0.10 $mol \cdot dm^{-3}$ KCl 和 0.20 $mol \cdot dm^{-3}$ NaCl 混合溶液

4. 配制 pH=7 的缓冲溶液时，选择最合适的缓冲对是[$K_a(HAc)=1.8\times10^{-5}$；$K_b(NH_3)=1.8\times10^{-5}$；$H_2CO_3$ 的 $K_{a_1}=4.2\times10^{-7}$，$K_{a_2}=5.6\times10^{-11}$；$H_3PO_4$ 的 $K_{a_1}=7.6\times10^{-3}$，$K_{a_2}=6.3\times10^{-8}$，$K_{a_3}=4.4\times10^{-13}$] ……………………………………………………………………………………………… (　　)

(A) HAc—NaAc　(B) NH_3—NH_4Cl

(C) NaH_2PO_4—Na_2HPO_4　(D) NaHCO—Na_2CO_3

5. 在 HAc—NaAc 组成的缓冲溶液中，若[HAc]>[Ac]则该缓冲溶液抵抗酸或碱的能力为 …………… ……………………………………………………………………………………………… (　　)

(A) 抗酸能力>抗碱能力　(B) 抗酸能力<抗碱能力

(C) 抗酸碱能力相同　(D) 无法判断

6. 不是共轭酸碱对的一组物质是 ……………………………………………………………… (　　)

(A) NH_3，NH_2^-　(B) NaOH，Na^+

(C) HS^-，S^{2-}　(D) H_2O，OH^-

7. $H_2AsO_4^-$ 的共轭碱是 ……………………………………………………………………… (　　)

(A) H_3AsO_4　(B) $HAsO_4^{2-}$　(C) AsO_4^{3-}　(D) $H_2AsO_3^-$

8. 下列物质中，既是质子酸，又是质子碱的是 ………………………………………………… (　　)

(A) OH^-　(B) NH_4^+　(C) S^{2-}　(D) PO_4^{3-}

9. 已知 $K_b(NH_3)=1.8\times10^{-5}$，则其共轭酸的 K_a 值为 ……………………………………… (　　)

(A) 1.8×10^{-9}　(B) 1.8×10^{-10}

(C) 5.6×10^{-10}　(D) 5.6×10^{-5}

10. 已知 $Sr_3(PO_4)_2$ 的溶解度为 1.0×10^{-6} $mol \cdot dm^{-3}$，则该化合物的溶度积常数为 ……… (　　)

(A) 1.0×10^{-30}　(B) 1.1×10^{-28}

(C) 5.0×10^{-30}　(D) 1.0×10^{-12}

11. 已知 $Zn(OH)_2$ 的溶度积常数为 1.2×10^{-17}，则 $Zn(OH)_2$ 在水中的溶解度为 …………… (　　)

(A) 1.4×10^{-6} $mol \cdot dm^{-3}$　(B) 2.3×10^{-6} $mol \cdot dm^{-3}$

(C) 1.4×10^{-9} $mol \cdot dm^{-3}$　(D) 2.3×10^{-9} $mol \cdot dm^{-3}$

12. 已知 $Mg(OH_2)$ 的 $K_{sp}=1.8\times10^{-11}$，则其饱和溶液的 pH 为 ……………………………… (　　)

(A) 3.48　(B) 3.78　(C) 10.52　(D) 10.22

13. AgCl 和 Ag_2CrO_4 的溶度积分别为 1.8×10^{-10} 和 2.0×10^{-12}，则下面叙述中正确的是 …… (　　)

(A) AgCl 与 Ag_2CrO_4 的溶解度相等

(B) AgCl 的溶解度大于 Ag_2CrO_4

(C) 二者类型不同，不能由 K_{sp}大小直接判断溶解度大小

(D) 都是难溶盐，溶解度无意义

14. 混合溶液中 KCl，KBr 和 K_2CrO_4 浓度均为 0.010 mol · dm^{-3}，向溶液中逐滴加入 0.01 mol · dm^{-3}的 $AgNO_3$ 溶液时，最先和最后沉淀的是[$K_{sp}(AgCl)=1.8\times10^{-10}$，$K_{sp}(AgBr)=5.0\times10^{-13}$，$K_{sp}(Ag_2CrO_4)=2.0\times10^{-12}$] …………………………………………………………………………………………（　　）

(A) AgBr，AgCl　　(B) AgBr，Ag_2CrO_4　　(C) Ag_2CrO_4，AgCl　　(D) 同时沉淀

15. 下列试剂中能使 $CaSO_4$(s)溶解度增大的是 ……………………………………………（　　）

(A) $CaCl_2$　　(B) Na_2SO_4　　(C) NH_4Ac　　(D) H_2O

二、填空题

1. 已知某二元弱酸 H_2A 的 $K_{a_1}=1\times10^{-7}$，$K_{a_2}=1\times10^{-14}$，则 0.1 mol · dm^{-3} H_2A 溶液中[A^{2-}]为________mol · dm^{-3}；在 0.10 mol · dm^{-3} H_2A 和 0.10 mol · dm^{-3}盐酸混合溶液中[A^{2-}]为________mol · dm^{-3}。

2. 下列溶液中各物质的浓度均为 0.10 mol · dm^{-3}，则按 pH 由大到小排列的顺序为____。

(1) NH_4Cl 和 $NH_3\cdot H_2O$ 混合溶液　　(2) NaAc 和 HAc 混合溶液

(3) HAc　　(4) $NH_3\cdot H_2O$

(5) HCl　　(6) NaOH

3. 根据酸碱质子理论，硫酸在水中的酸性比它在醋酸中的酸性______；氢氟酸在液态醋酸中的酸性比它在液氨中的酸性______；氨在水中的碱性比它在氢氟酸中的______。

4. 在醋酸溶剂中，高氯酸的酸性比盐酸______，因为醋酸是______溶剂；在水中，高氯酸的酸性与盐酸的酸性______，这是因为水是______溶剂。

5. 在 0.10 mol · dm^{-3} $NH_3\cdot H_2O$ 溶液中加入 NH_4Cl 固体，则 $NH_3\cdot H_2O$ 的浓度______，解离度______，pH 将______，解离常数______。

6. 已知盐酸和醋酸($K_a=1.8\times10^{-5}$)的浓度均为 2.0 mol · dm^{-3}，两溶液的 pH 分别为______和______；若两种酸等体积混合后，溶液的 pH 为________。

7. 2 mol · dm^{-3} $NH_3\cdot H_2O$($K_b=1.8\times10^{-5}$)溶液的 pH 为______；将它与 2 mol · dm^{-3}盐酸等体积混合后，溶液的 pH 为______；若将氨水与 4 mol · dm^{-3}盐酸等体积混合，则混合溶液的 pH 为______。

8. 已知 H_3PO_4 的 $K_{a_1}=7.6\times10^{-3}$，$K_{a_2}=6.3\times10^{-8}$，$K_{a_3}=4.4\times10^{-13}$。$H_3PO_4$ 的共轭碱为________，其 K_b 值为________。

9. 已知 18℃时水的 $K_w=6.4\times10^{-15}$，此时中性溶液中氢离子的浓度为________mol · dm^{-3}，pH 为________。

10. 在 0.10 mol · dm^{-3} HAc 溶液中加入少许 NaCl 晶体，溶液的 pH 将会______；若以 Na_2CO_3 代替 NaCl，则溶液的 pH 将会________。

11. 给出下列反应的平衡常数值和共轭酸碱对。已知 H_2S：$K_{a_1}=1.3\times10^{-7}$，$K_{a_2}=7.1\times10^{-15}$；$H_3PO_4$：$K_{a_1}=7.6\times10^{-3}$，$K_{a_2}=6.3\times10^{-8}$，$K_{a_3}=4.4\times10^{-13}$。

(1) $H_3PO_4+PO_4^{3-}\rightleftharpoons H_2PO_4^-+HPO_4^{2-}$

$K=$__________；共轭酸碱对______________________________。

(2) $S^{2-}+H_2O\rightleftharpoons HS^-+OH^-$

$K=$__________；共轭酸碱对______________________________。

12. 由 ZnS 转化为 CuS 的平衡常数应表示为____________。

13. 同离子效应使难溶电解质的溶解度________，盐效应使难溶电解质的溶解度________；同离子效应较盐效应________得多。

14. 已知 $K_{sp}(ZnS)=2.0\times10^{-22}$，$K_{sp}(CdS)=8.0\times10^{-27}$。在 Zn^{2+} 和 Cd^{2+} 两溶液（浓度相同）分别通入 H_2S 至饱和，________离子在酸度较大时生成沉淀，而________离子应在酸度较小时生成沉淀。

15. 向含有固体 AgI 的饱和溶液中：

(1) 加入固体 $AgNO_3$，则$[I^-]$变__________。

(2) 若改加更多的 AgI，则$[Ag^+]$将__________。

(3) 若改加 AgBr 固体，则$[I^-]$变__________，而$[Ag^+]$________。

三、计算题

1. 要配制 450 cm^3 pH=4.70 的缓冲溶液，求需 0.10 $mol\cdot dm^{-3}$ HAc 和 0.10 $mol\cdot dm^{-3}$ NaOH 溶液的体积[$K_a(HAc)=1.8\times10^{-5}$]。

2. 在 20 cm^3 0.30 $mol\cdot dm^{-3}$ $NaHCO_3$ 溶液中加入 0.20 $mol\cdot dm^{-3}$ Na_2CO_3 溶液后，溶液的 pH=10.00。求加入 Na_2CO_3 的体积（已知 H_2CO_3：$K_{a_1}=4.2\times10^{-7}$，$K_{a_2}=5.6\times10^{-11}$）。

3. 在 0.50 dm^3 1.0 $mol\cdot dm^{-3}$ NH_4Cl 溶液中能溶解 $Mg(OH)_2$ 的质量[已知 $K_b(NH_3)=1.8\times10^{-5}$，$K_{sp}[Mg(OH)_2]=1.8\times10^{-11}$]？

6 原子结构

自然界的物质种类繁多，性质各异，但它们都是由种类不同的原子所组成。原子以不同的种类、数目和方式结合，形成了无数的物种，因此，原子结构的知识是了解物质结构和性质的基础。化学变化包含着旧的化学键断裂和新的化学键形成，化学变化一般只涉及核外电子运动状态的改变，所以化学工作者研究原子结构时，主要研究核外电子的运动状态。原子中的电子质量小，运动速率快，属微观粒子范畴，它的运动不遵守牛顿力学规律，不能用研究宏观物体的方法来研究，因此在学习原子结构过程中，我们应区别宏观物体和微观粒子运动规律的异同性。

6.1 玻尔的氢原子模型

路瑟福(E. Rutherford)1911 年通过 α 粒子散射实验确认原子内存在一个小而重的、带正电荷的原子核。建立了路瑟福的有核原子的模型：原子是由带正电荷的原子核和核周围带负电荷的电子组成，原子半径约为几百个 pm(1 pm$=10^{-12}$ m)，核半径约为几至几十个 fm(1 fm$=10^{-15}$ m)；原子核由带正电荷的质子和电中性的中子组成，质子的质量和中子的质量分别为 $1.672\ 4\times10^{-27}$ kg 和 $1.674\ 9\times10^{-27}$ kg，原子核外电子的质量为 $9.109\ 6\times10^{-31}$ kg，电子质量约为质子质量的 1/1 836。综上所述，原子有三个显著的特点：① 核的体积非常小；② 核的密度非常大；③ 原子核集中了原子的绝大部分质量，约为原子总质量的 99.9%以上。

路瑟福的核模型与经典电动力学是相矛盾的。据经典电动力学，带负电荷的电子围绕带正电荷的原子核高速运动时，应当不断地以电磁波的形式放出能量。原子整个体系每放出一部分能量，电子就必须向核靠近一些，因此最终的结果是电子离核越来越近，落到原子核上，原子将不复存在。但实际情况并非如此，多数原子是可以稳定存在的。此外，原子发射电磁波的频率决定于电子绕核运动时放出的能量，由于放出能量是连续的，因而原子发射电磁波的频率也应当是连续的。但是，原子的发射光谱不是连续光谱而是线状光谱。因此，原子只发射具有一定能量的波长的光。

6.1.1 玻尔模型建立的基础

6.1.1.1 氢光谱

把各种电磁辐射(如 γ 射线、X 射线、光和无线电波)按波长(或频率)的顺序排列起来所组成的波谱叫电磁波谱。当原子被火焰、电弧、电花或其他方法所激发的时候，能够发出一系列具有一定频率的光谱线，这些光谱线总称为原子光谱。原子光谱各线的频率有一定的规律性，其中最简单的就是氢原子光谱。

图 6-1 所示的是氢原子光谱的一部分，主要为可见光部分，波长在 400～700 nm 范围内。氢原子光谱与太阳光谱之间有显著的区别，太阳光谱是连续光谱。例如，我们将太阳光透过三棱镜，就会得到红橙黄绿青蓝紫多彩图案，相邻两种色彩之间并无明显的界限，日常生活中，我们用浅蓝、深蓝来区分青和紫。但氢原子光谱是线状光谱，氢原子在激发下发光，若使其也通

过三棱镜分光之后得到的氢原子光谱是若干条谱线组成的线状光谱(图 6-1)。

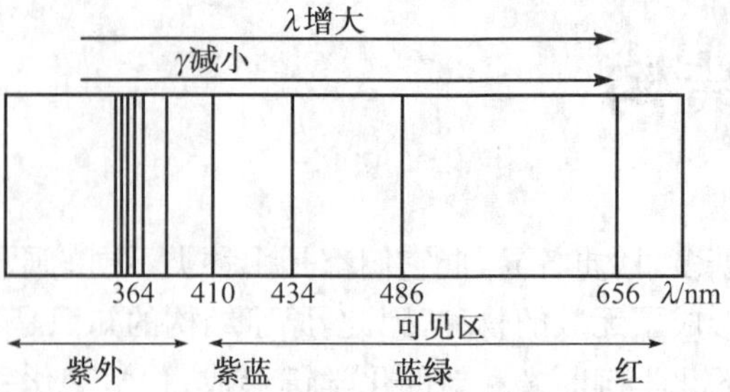

图 6-1　氢原子光谱的一部分

6.1.1.2　能量量子化和光学学说

(1) 能量量子化　为了解释黑体辐射定律,1900 年普朗克(M. Planck)首次提出了能量量子化假设。通常,对于外来的辐射,物体有反射和吸收的作用。但如果一个物体能够全部吸收而不发射投射在它上面的辐射,人们就称这样的物体为黑体。黑体是理想化的物体,实际是不存在的。若在一个空腔上开一小孔,通过小孔射入腔内的辐射,虽然几经反射,但射出的机会很少,因而射入空腔的辐射的能量几乎全部被吸收,此时我们可以将空腔看作为黑体。黑体是理想的辐射吸收体,同时,黑体也是理想的辐射体。黑体辐射定律与经典物理学是矛盾的,Planck 为了解释黑体辐射定律,提出了能量量子化假设:能量有一最小单位 ε_0(称为能量子);$\varepsilon_0=h\nu$,ν 是黑体辐射的频率,h 是普朗克常数,其值等于 6.626×10^{-34} J·s;黑体辐射的能量一定是最小单位元 ε_0 的整数倍。因此,黑体辐射的能量谱($\varepsilon=nh\nu$),$h\nu$、$2h\nu$、$3h\nu$…是不连续的,即是量子化的。

(2) 光子学说　在普朗克的能量量子化假设的基础上,1905 年爱因斯坦(A. Einstein)提出了光子学说。他认为:一束光是由光子组成,光的能量是不连续的,光能的最小单位是光子,光的能量为 $\varepsilon_0=h\nu$,式中 ν 是光的频率,h 是普朗克常数;虽然光的频率 ν 不同,光子的能量不同,但是光的能量只能是光子能量的整数倍,因此光能是不连续的。

能量量子化这一概念是经典物理学不相容的。在经典物理学中,假定所有物理量的变化没有一个最小单位,物理量变化是连续的。例如,宏观物体的电量 Q 可以增减任意的一个无穷小量 dQ,虽然我们知道电荷是有最小单位的,这个最小单位就是一个电子所带的电荷 e,它等于 1.6022×10^{-19}C,任何物体所带的电量 Q 一定是这个最小单位的整数倍,它只能增减 1 个,2 个,……,n 个(n 为整数)e,即 dQ 不能小于 1.6022×10^{-19}C,只能是等于 1.6022×10^{-19}C 或它的整数倍,但由于宏观物体所带的电量 Q 等于 e 的极大倍数(例如,1 库仑的电荷就含有 6.24×10^{18} 个 e),宏观物体所带电量做一微小改变,电荷变量也是等于 e 的极大倍数,此时 d 无法反映 1.6022×10^{-19}C 这一最小单位,因而我们认为宏观物体的电量 Q 是连续变化。但在微观世界中的一个物体(例如一个离子)所带的电荷只有一个或几个 e,那么一个个的 e 的不连续的增减引起的量变就不能认为是连续变化了,此时的电量表现出量子化特征。

6.1.2　玻尔的氢原子模型

玻尔(N. Bohr)在 1913 年综合了路瑟福的核模型、普朗克的量子论和爱因斯坦的光子学说,对氢原子光谱的形成和氢原子的结构提出了一个有名的模型。玻尔氢原子模型包含以下基本假设:

(1) 定态假设　原子系统只能具有一系列的不连续的能量状态，在这些状态中，电子绕核作圆形轨道运动不辐射也不吸收能量。在这些轨道上运动的电子所处的状态称为原子的定态。能量最低的定态称为基态，能量较高的定态称为激发态。

(2) 频率假设　原子由某一定态跃迁到另一定态时，就要吸收或者放出一定频率的光。光的能量 $h\nu$ 等于这两个定态的能量差，如式(6-1)所示。

$$h\nu = E_2 - E_1 \tag{6-1}$$

(3) 量子化条件假设　电子运动的角动量 $L(L=mvr)$ 必须等于 $h/2\pi$ 的整数倍。

$$mvr=\frac{nh}{2\pi},\quad n=1,2,3\cdots$$

其中，m 为电子的质量，v 是电子运动速率，r 是电子运动轨道的半径，h 是普朗克常数，n 为量子数。

玻尔根据上述假设及经典力学的规律，利用离心力(mv^2/r)等于向心力(e^2/r^2)，再引入量子化条件$(mvr=nh/2\pi, n=1,2,3,\cdots)$，可得到氢原子绕核作圆形运动的轨道半径$(r)$。

$$r = \frac{h^2}{4\pi^2 m\mathrm{e}^2}n^2,\quad n = 1,2,3,\cdots \tag{6-2}$$

依据氢原子的能量等于体系的势能$(-\mathrm{e}^2/r)$加体系的动能$(mv^2/2)$，得到氢原子体系的能量(E)。

$$E =-\frac{2\pi^2 m\mathrm{e}^4}{h^2}\cdot\frac{1}{n^2},\quad n = 1,2,3,\cdots \tag{6-3}$$

式(6-2)和式(6-3)表明，氢原子体系的能量状态和电子绕核做圆周运动的轨道半径是一系列由 n 决定的不连续的数值。我们称这种量子化的能量状态为能级。

$n=1$(基态)，　　　$r_1=5.29\times10^{-11}$ m，$E_1=-2.1799\times10^{-18}$ J

$n=2$(第一激发态)，　　$r_2=2.12\times10^{-10}$ m，$E_2=-5.4496\times10^{-19}$ J

……

玻尔理论第一次把氢原子光谱的事实纳入理论体系。利用玻尔理论的第二个假设能较成功地解释氢原子光谱。玻尔理论也提出了原子体系某些物理量的量子化特征和一些新的物理量概念，如原子轨道、定态、基态、激发态、电子能级跃迁、量子数等。无疑玻尔理论是有重要的历史和现实意义的。但是，当玻尔理论推广到其他多电子原子体系时，即使只有两个电子的氦原子，它也不能很好地算出能级和光谱的频率，问题出在玻尔理论是建立在“量子化假设加经典物理学”上，将电子看成是经典力学中的粒子，电子是在一些固定的轨道上运动，这就没有脱离研究宏观物体运动规律的经典物理学。因此它不能反映微观粒子的全部特性和微观粒子运动的基本规律。

6.2　氢原子的量子力学模型

6.2.1　微观粒子的波粒二象性

6.2.1.1　光的二象性

人们对光的本性的研究表明：凡是与光的传播有关的各种现象，如衍射、干涉，必须把光作为波来研究，即光具有波动性；凡是光与实物相互作用有关的各种现象，如实物反射光、光电效应，必须把光作为粒子性来研究，即光具有粒子性。按照形而上学的观点，如果光是微粒就不能是波动，如果是波动就不能是微粒。按照辩证法的观点，光是波动性和微粒性的矛盾统一体，不连续的微粒性和连续的波动性是事物对立的两个方面，它们彼此相互联系，互相渗透，并在一定的条件下相互转化，这就是光的本性。即光既具有波动性的特点，又具有微粒性的特点，它具有波粒二象性。矛盾的统一性可由相对论和光子学说反映，按照相对论的质能关系式 $E=mc^2$ 和光子学说 $E=h\nu$，光子的频率 ν、波长 λ、动量 p 之间有如下的关系：

$$mc^2=h\nu,$$

$$mc=h\cdot\frac{\nu}{c},p=\frac{h}{\lambda}$$

公式左边是表征粒子性的动量，右边是表征波动性的波长 λ。

6.2.1.2　物质波假设

1924 年法国物理学家德布罗意(L. de Broglie)假设：二象性并非光所特有，一切运动着的实物粒子都具有波粒二象性。并且预言，对于质量为 m，运动速度为 v 的实物粒子，具有相应的波长 λ：

$$\lambda=\frac{h}{p}=\frac{h}{mv}$$

上述关系式称为德布罗意方程，式中，h 是普朗克常数，mv 是实物粒子的动量。与运动着的实物粒子相关联的波称为物质波，也叫德布罗意波。1927 年，戴维(C. J. Davisson)和革默(L. H. Germer)的电子衍射实验证实了德布罗意的预言。

对实物微粒来说，在微粒性中渗透着波动性，这一波动性能否被观察到，与这一微粒的运动速度、质量及微粒直径的相对大小有关。速度快，质量小，德布罗意波长大于微粒直径时波动性显著；速度慢，质量大，德布罗意波长远小于粒子直径时波动性不显著或基本没有，因而可以用经典力学来处理。表 6-1 列出的是若干粒子的德布罗意波长。

表 6-1　粒子的德布罗意波长

粒　子	m/kg	v/(m·s^{-1})	λ/m	粒子直径/m	波动性
电子 1	9.1×10^{-31}	1×10^{6}	7.3×10^{-10}	2.8×10^{-15}	显著
电子 2	9.1×10^{-31}	1×10^{3}	6.9×10^{-12}	2.8×10^{-15}	显著
氢原子 1	1.6×10^{-27}	1×10^{6}	4.1×10^{-10}	7.4×10^{-11}	显著
氢原子 2	1.6×10^{-27}	1×10^{3}	4.1×10^{-13}	7.4×10^{-11}	不显著
枪　弹	$\sim1\times10^{-2}$	1×10^{3}	6.6×10^{-35}	$\sim1\times10^{-2}$	基本没有

德布罗意波是微观粒子的运动属性，其物理意义不能用经典物理学解释，只能用适用于微观粒子运动状态的量子力学解释。量子力学告诉我们德布罗意波是具有统计性的几率波。

我们可以用电子衍射实验来阐明这种几率波。电子发生器将电子一个一个地发射出去，开始由于不知道电子落在何处(电子具有波动性)，照相底片上产生一个个看似毫无规律的斑点，随着发射电子的增多，在底片上产生了具有一定规律的衍射图案(实验表明电子具有波动性)。这种衍射图案我们可以认为是由于每个电子在底片不同区域出现的机会不同而引起的，在衍射条纹上电子出现的机会大，而在其他区域电子出现的机会少。从统计规律来讲，少数几个电子无法显示其规律性，但大量电子则可

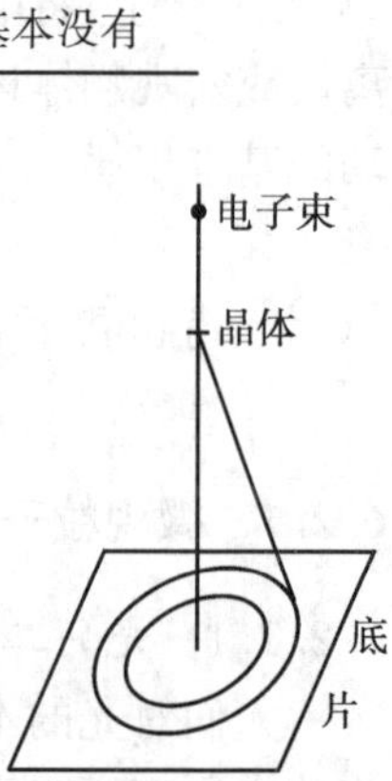

图 6-2　电子衍射示意图

显示其规律性(图 6-2)。因而,物质波是大量粒子在统计行为下的几率波,所以如果我们将上述实验改成大量的电子(电子流)瞬时发射,也可产生相同的衍射图案。

6.2.1.3 测不准原理

测不准原理是指同时准确地知道微观粒子的位置和动量是不可能的。

测不准原理可以用如下的方法粗略说明,试考虑在一个宽度为 d 的狭缝内的电子衍射,分析一下电子的坐标和动量(或速度)的关系。可以认为,电子在到达狭缝前有确定的动量 p,其分量 p_x、p_y、p_z 也是确定的,但电子坐标位置却是完全不确定的。当电子进入狭缝(狭缝在 x 方向的长度等于 d)时其 x 坐标可以确定在

$$\Delta x = d$$

的范围内,但由狭缝 d 衍射的电子其动量在 x 方向的分量 p_x 却变为不确定了。根据衍射理论得知 p_x 的不确定程度为

$$\Delta p_x \approx p \frac{h}{d} \approx p \frac{\lambda}{\Delta x}$$

移项

$$\Delta p_x \cdot \Delta x \approx p\lambda \approx h \tag{6-4}$$

式(6-4)表示 x 方向坐标和动量的不确定程度的乘积近似等于普朗克常数。此式为测不准原理的数学表达式,它表示了不能同时准确地测定粒子的位置和动量。

从上面的讨论可以看出,测不准原理实际上来源于微观粒子运动的波粒二象性。它不是因为目前的测量技术不够精确,而是微观粒子的固有属性。

对于宏观物体的运动,测不准原理的限制完全可以忽略,可以认为同时有确定的坐标和动量(或速度)。例如,质量为 10^{-2} kg 的宏观物体子弹的运动,若它的位置能准确测定到 Δx 为 1×10^{-6} m,则其速度测不准的情况为

$$\Delta v \approx \frac{h}{m\Delta x} \approx \frac{6.6\times10^{-34}}{10^{-2}\times10^{-6}} \approx 6.6\times10^{-26}(\mathrm{m\cdot s^{-1}})$$

如此小的速度测不准量显然已在测量误差范围之内。

对于微观粒子的运动则不同。例如,对于处在原子体系内的电子,由于电子的质量很小,$m=9.1\times10^{-31}$ kg,原子大小的数量级为 10^{-10} m,则其合理的准确度需要达到 $\Delta x=10^{-11}$ m,根据测不准关系式:

$$\Delta v \approx \frac{h}{m\Delta x} \approx \frac{6.6\times10^{-34}}{9.1\times10^{-31}\times10^{-11}} \approx 7.2\times10^{7}(\mathrm{m\cdot s^{-1}})$$

可见其速度的不确定范围非常大,这说明,人们想在一个合理的准确度下测量电子的位置时,电子的速度则不可能测准了。

按照经典力学,物体运动有确定的轨道。与此联系的是,物体在任一瞬间都有确定的坐标和动量(或速度)。而对于具有波粒二象性的微观粒子,却不能同时得到准确的位置和动量,所以,经典力学的轨道概念在微观世界中也就不能存在了。也就是说,不能用经典力学的方法来描述电子的运动。

6.2.2 氢原子的量子力学模型

在经典物理学中,宏观物体的运动状态,可根据经典力学的方法,用坐标和动量来描述,但测不准原理告诉我们,用坐标和动量来描述微观粒子的运动状态是不适宜的。1926 年,薛定谔(E. Schrödinger)根据德布罗意关于物质波的观点,建立了著名的描述微观粒子运动状态的量子力学波动方程。薛定谔方程是一个二阶偏微分方程:

$$\frac{\partial^2 \psi}{\partial x^2}+\frac{\partial^2 \psi}{\partial y^2}+\frac{\partial^2 \psi}{\partial z^2}+\frac{8\pi^2 m}{h^2}(E-V)\Psi=0$$

式中，Ψ 称为波函数，E 是体系中电子的总能量，V 是体系的总势能，m 是电子的质量。

据 Schrödinger 方程我们可以得到下面几点重要结论：

(1) Ψ 是 Schrödinger 方程的解。Ψ 是空间坐标的函数解，即 $\Psi=\Psi(x,y,z)$，将直角坐标转换成球坐标($x=r\sin\theta\cos\varphi, y=r\sin\theta\sin\varphi, z=r\cos\theta$)，如图 6-3，因而 $\Psi(x,y,z)$ 又可表示为 $\Psi(r,\theta,\varphi)$。

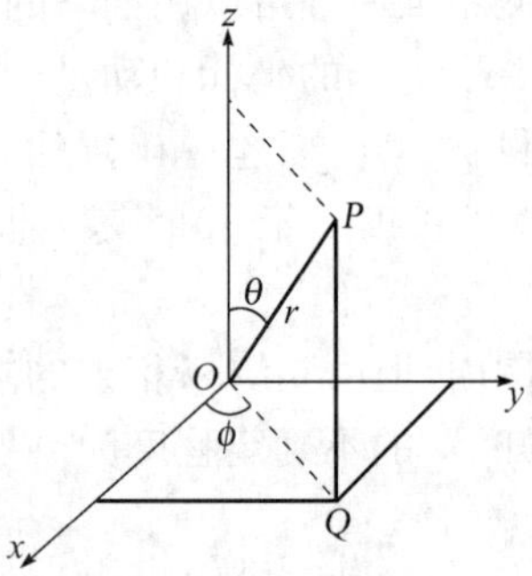

图 6-3　球极坐标和直角坐标的关系

$x=\gamma\sin\theta\cos\varphi$　$y=\gamma\sin\theta\cos\varphi$　$z=\gamma\cos\varphi$

(2) Schrödinger 的解为系列解，每个解都有一定的能量 E 和其对应。且每个解 Ψ 都要受到三个参数 n,l,m 的规定。n,l,m 称为量子数。

(3) 每个解的球坐标 Ψ 可表示成两部分函数的乘积：

$$\Psi(r,\theta,\varphi)=R_{n,l}(r)\cdot Y_{l,m}(\theta,\varphi) \qquad (6\text{-}5)$$

式(6-5)中 $R_{n,l}(r)$ 仅与 r 有关，由 n,l 规定；$Y_{l,m}(\theta,\varphi)$ 仅与(θ,φ)有关，由 l,m 规定。

6.2.2.1　原子轨道和波函数

Schrödinger 方程是描述核外电子运动状态的方程，则它的解波函数 Ψ 是描述核外电子运动状态的函数。在量子力学中常把波函数称为原子轨道函数，简称原子轨道。Schrödinger 方程的解为系列解，每个解对应一个运动状态，因而原子中电子有一系列可能的运动状态。由于每个解受到 3 个参数 n,l,m 的规定，因而一个波函数(一个运动状态或一个原子轨道)可以简化用一组量子数(n,l,m)来表示。

到目前为止，我们还不能明确波函数 Ψ 的物理意义，只能理解它是描述核外电子运动状态的函数，另外要注意的是量子力学中的原子轨道和经典力学(玻尔理论)中的动量完全确定的轨道概念在本质上完全不同。

6.2.2.2　四个量子数 n,l,m,m_s

(1) 主量子数 n　n 称为主量子数，表示电子出现最大几率区域离核的远近和轨道能量的高低。n 的值为从 1 到∞的任何正整数，在光谱学上也常用字母来表示 n 值，对应关系是：

n 值	1,2,3,4,5,6,7,…
光谱学符号	K,L,M,N,O,P,Q,…

对 n 的物理意义理解，我们要注意以下三点：① n 越小，表示电子出现几率最大的区域离核越近。n 越大，表示电子出现几率最大的区域离核越远。② n 越小，轨道的能量越低。n 越大，轨道能量越高。③ 对于同一 n，有时会有几个原子轨道，在这些轨道上运动的电子在同样的空间范围运动，可认为属同一电子层，用光谱号学符 K,L,M,N…表示电子层。

(2) 角量子数 l　l 称为角量子数，又称副量子数，代表了轨道的形状，是影响轨道能量的次要因素。取值受 n 的限制，对给出的 n,l 取 0 到$(n-1)$的整数，即：$l=0,1,\cdots,n-1$($n=1$，$l=0$；$n=2$，$l=0,1$；$n=3$，$l=0,1,2$；等)按照光谱学习惯可用 s,p,d,f,g…表示，对应关系

l 值　　　　　　　　　　$0,1,2,3,4,\cdots,(n-1)$

光谱学符号(电子亚层)　　s,p,d,f,g,…

对 l 的物理意义理解我们要注意的是:① 多电子原子轨道的能量与 n,l 有关,氢原子或单电子离子原子轨道的能量仅与 n 有关。② 能级由 n,l 共同定义,一组 (n,l) 对应一个能级(氢原子的能级由 n 定义),能量相同的轨道称为简并轨道。③ 对给定 n,l 越大,轨道能量越高,$E_{ns}<E_{np}<E_{nd}<E_{nf}$。④ 给定 n 讨论 l,就是在电子层内讨论 l,习惯称 l(s,p,d,f,…)为电子亚层。

(3) 磁量子数 m　m 称为磁量子数,表示轨道在空间的伸展方向。取值受 l 的限制,对给定的 l,$m=0,\pm1,\cdots,\pm l$,共计 $(2l+1)$ 个值。对 m 的物理意义理解我们要注意的是:① 伸展方向表示在 (θ,φ) 方向上 $|\Psi_{lm}(\theta,\varphi)|$ 取得极大值(见后面波函数有关图形表示)。② m 不同的轨道在形状上完全相同,只是轨道的伸展方向不同。③ m 也可用光谱符号表示。$l=0$ 时,$m=0$,只有一个取值,直接用 s 表示;$l=1$ 时,$m=0,\pm1$,有三种取向,光谱学符号为 (p_z,p_x,p_y);$l=2$ 时,$m=0,\pm1,\pm2$,有五种取向,光谱学符号为 $(d_{z^2},d_{xz},d_{yz},d_{xy},d_{x^2-y^2})$。因此,波函数(原子轨道)可以用两种方式表示,例如 $n=2,l=0,m=0$ 时,波函数为 $\Psi_{2,1,0}$ 或 Ψ_{2s};$n=2,l=1,m=0,\pm1$ 时,波函数 $\Psi_{2,1,0}$,$\Psi_{2,1,-1}$,$\Psi_{2,1,+1}$ 或 Ψ_{2p_x},Ψ_{2p_y},Ψ_{2p_z},详见表 6-2 量子数与对应的原子轨道。

表 6-2　量子数与对应的原子轨道

n (电子层)	1 (K)	2 (L)			3 (M)					
l (亚层)	0 (s)	0 (s)	1 (p)		0 (s)	1 (p)		2 (d)		
m	0	0	0	±1	0	0	±1	0	±1	±2
光谱学符号(原子轨道)	1s	2s	$2p_z$	$2p_x$ $2p_y$	3s	$3p_z$	$3p_x$ $3p_y$	$3d_{z^2}$	$3d_{xz}$ $3d_{xy}$	$3d_{x^2-y^2}$ $3d_{yz}$
$\Psi_{n,l,m}$	$\Psi_{1,0,0}$	$\Psi_{2,0,0}$	$\Psi_{2,1,0}$	$\Psi_{2,1,1}$ $\Psi_{2,1,-1}$	$\Psi_{3,0,0}$	$\Psi_{3,1,0}$	$\Psi_{3,1,1}$ $\Psi_{3,1,-1}$	$\Psi_{3,2,0}$	$\Psi_{3,2,1}$ $\Psi_{3,2,-1}$	$\Psi_{3,2,2}$ $\Psi_{3,2,-2}$
轨道数	1	1	3		1	3		5		
总轨道数	1	4			9					

(4) 自旋量子数 m_s　m_s 表示电子在空间的自旋方向。它是在研究原子光谱时发现的。因在高分辨率的光谱仪下,看到每一条光谱都是由两条非常接近的光谱线组成。为了解释这一现象,有人根据"大宇宙与小宇宙的相似性",提出电子除绕核运动外,还绕自身的轴旋转,其方向只可能有两个:顺时针方向和逆时针方向,用自旋量子数 $m_s=+\frac{1}{2}$ 和 $m_s=-\frac{1}{2}$ 表示。对于这两个自旋方向,也常用向上和向下的箭头"↑"和"↓"形象地表示。

综上所述,描述一个原子轨道要用三个量子数,而描述一个原子轨道上运动的电子,要用四个量子数。

6.2.2.3　波函数的有关图形表示

波函数是描述核外电子运动状态的函数,物理意义不够明确,但它的图形表示有助于我们了解原子中电子的运动规律及研究分子结构。

波函数 $\Psi_{n,l,m}(r,\theta,\varphi)$中包含 Ψ,r,θ,φ四个变量。在三维空间无法表示四维空间的图像。由于球坐标波函数可以分离成两部分的乘积，$\Psi_{n,l,m}(r,\theta,\varphi)=R_{n,l}(r)\cdot Y_{l,m}(\theta,\varphi)$，其中，$R_{n,l}(r)$仅与径向坐标 r 有关，称为径向波函数，$Y_{l,m}(\theta,\varphi)$仅与角度 θ,φ有关，称为角度波函数。因此，我们可以利用 $R_{n,l}(r)$、$Y_{l,m}(\theta,\varphi)$的图像从径向(r)和角度(θ,φ)两个侧面来研究波函数。

(1) 波函数(原子轨道)角度分布图　将原子轨道角度分布函数 $Y(\theta,\varphi)$随角度(θ,φ)的变化作图，就可以得到波函数的角度分布图(图 6-4)。作图方法：以原子核为原点建立三维空间直角坐标系，从原点引一线段，方向为(θ,φ)，长度为$|Y|$，所有线段的端点在空间形成一个曲面，并在曲面各部分标上 Y 的正、负号，就得到波函数的角度分布图。

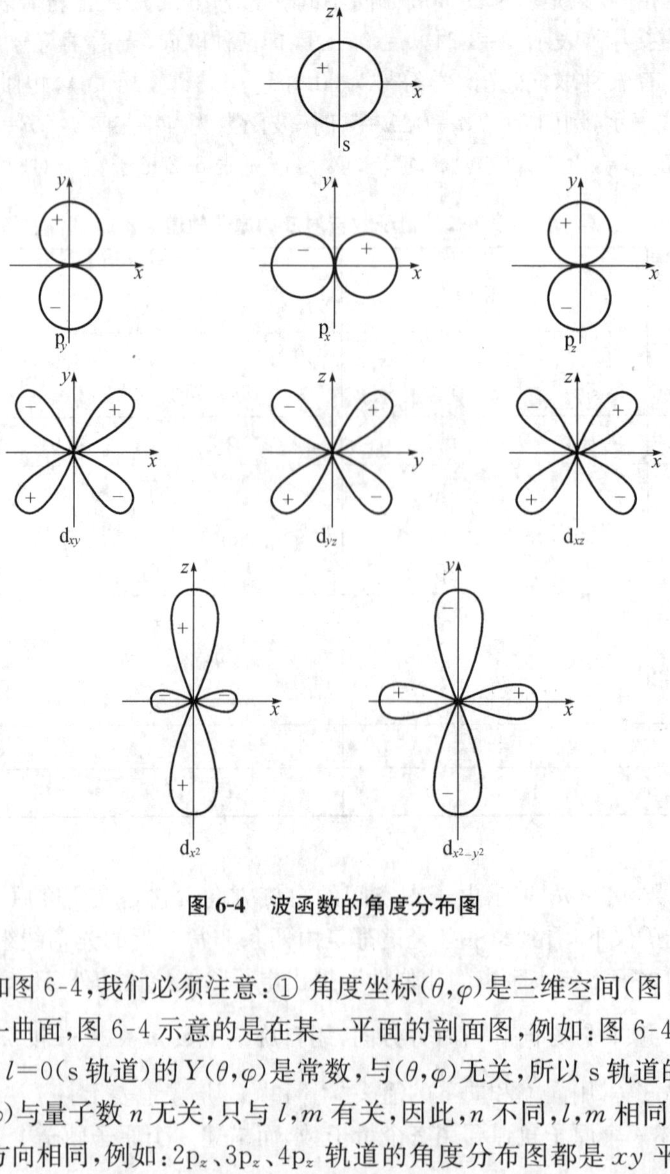

图 6-4　波函数的角度分布图

比较表 6-3 和图 6-4，我们必须注意：① 角度坐标(θ,φ)是三维空间(图 6-4)角度坐标，因而角度分布图为一曲面，图 6-4 示意的是在某一平面的剖面图，例如：图 6-4 中的 p_y 是 xy 平面上的剖面图；② $l=0$(s 轨道)的$Y(\theta,\varphi)$是常数，与(θ,φ)无关，所以 s 轨道的角度分布图为一球；③ 由于$Y(\theta,\varphi)$与量子数 n 无关，只与 l,m 有关，因此，n 不同，l,m 相同时，它们的角度分布图形状和伸展方向相同，例如：$2p_z$、$3p_z$、$4p_z$ 轨道的角度分布图都是 xy 平面上方和下方两个相切的球，伸展方向在 z 轴上。④ 图上的正负号丝毫没有"电性"的意义，表示的是曲面各部分上 y 的正负号，这种正、负号在讨论原子间成键时有一定的用途。

(2) 电子云图　波函数 Ψ 仅仅是一个描述核外电子运动的数学表达式，它本身并没有确切的物理意义。但从光的波粒二象性研究中得知波函数的绝对值的平方 $|\Psi|^2$ 与光的强度有关，而光的强度取决于单位体积内光子的数目，即光子的密度。回想前面讲过的电子衍射图，图中有明暗交替的条纹，说明有些地方衍射强度大，也就是电子出现的几率密度大，有的地方衍射强度小，电子出现的几率密度小。因此波函数的平方 $|\Psi|^2$ 可代表电子在空间单位体积中出现的几率，即电子在空间出现的几率密度。

为了形象化地表示出电子的几率密度分布，可用小黑点的疏密来表示空间各点的几率密度大小。图 6-5(a)中表示的是 $|\Psi_{1s}|^2$。$|\Psi_{1s}|^2$ 大的地方，小黑点的密度就大；$|\Psi_{1s}|^2$ 小的地方，小黑点的密度就小。好像带负电荷的电子云(electron cloud)，故称电子云图。

表示电子几率密度分布的方法有多种。图 6-5(b)是几率密度等值线图。它是连接在同一平面上 $|\Psi|^2$ 值相同点而成的曲线。将这些曲线绕适当的对称轴旋转可得 $|\Psi|^2$ 值相同的立体面(等密度面)。对 Ψ_{1s} 状态来说，几率密度等值线是一系列的同心圆，旋转这些同心圆可得一系列的同心球面。可用相对大小来表示电子出现的几率密度，从图中数值可见，在原子核附近的球面电子出现的几率密度最大。

如果核外电子在空间出现的总几率的 90%都包括在内的地方作一等密度面，就称为电子云界面图。图 6-5(c)为氢原子 1s 的电子云界面图。

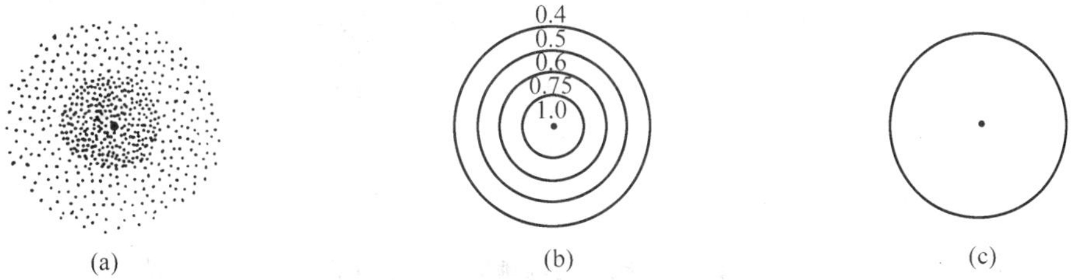

图 6-5　氢原子 1s 的几种几率密度分布示意图

(3) 电子云的角度分布图　$|Y(\theta,\varphi)|^2$ 随角度(θ,φ)变化的图形称为电子云的角度分布图(图 6-6)。作图方法与原子轨道的角度分布图相同。电子云图和电子云角度分布图是有区别的。电子云图应当是 $|\Psi|^2$ 的形象化表示。

电子云角度分布只能表示出电子在空间不同角度所出现的几率密度大小，并不能表示电子出现的几率密度与离核远近的关系。它们和波函数的角度分布图的形状相似，只是波函数的角度分布图上有正负号，而它们没有，这是由于 Y 值经过平方以后，就没有正负号的区别了。另外从图形来看，电子云的角度分布图要比原子轨道的角度分布图“瘦”一些，这是因为 $|Y|$ 值小于 1，所以 $|Y|^2$ 值更小。

(4) 电子云的径向分布图　现在我们来考虑电子出现的几率与离核远近的关系。假若考虑电子出现在半径为 r，厚在为 dr 的薄球壳的几率，这个球壳的相应球面积是 $4\pi r^2$，因此这个球壳内电子出现的几率应该等于几率密度的径向部分 $|R|^2$ 乘以球壳的体积 $4\pi r^2 dr$，即 $R^2 \times 4\pi r^2 dr = 4\pi r^2 R^2 dr$。我们将 $4\pi r^2 R^2 dr$(或 $r^2 R^2$)称作径向分布函数(D)。利用 D 对 r 作图，得到径向分布函数，又称电子云的径向分布图。此图形象地显示出电子出现的几率大小和离核远近的关系。

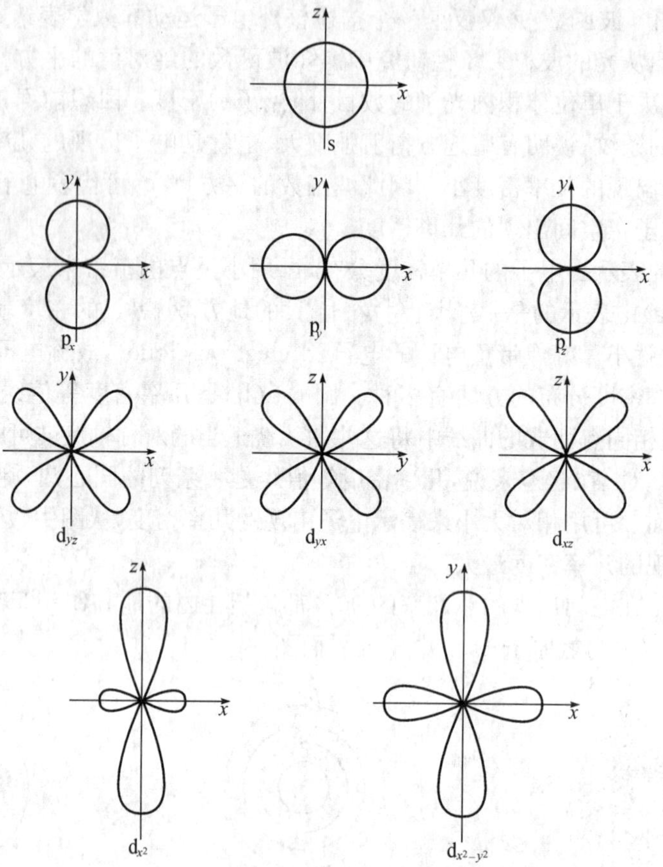

图 6-6　电子云的角度分布示意图

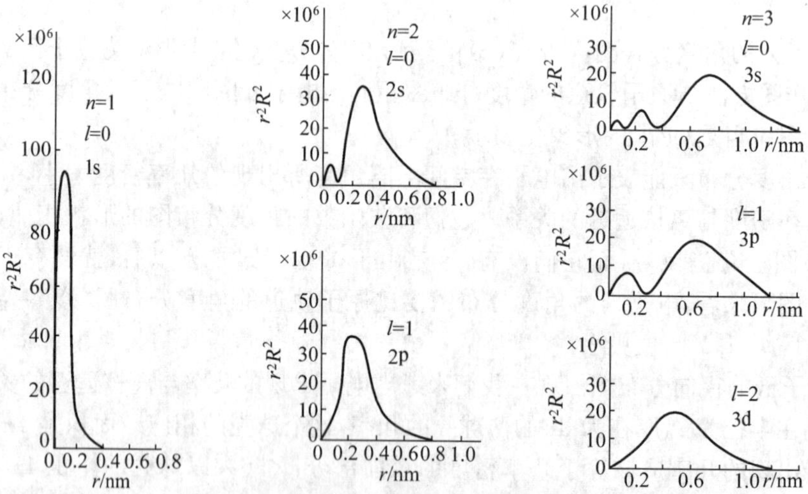

图 6-7　氢原子的几种电子云的径向分布示意

综合图 6-7，我们可以发现：① 曲线的极大值数$(n-l)$，如 3s 轨道，$n=3$，$l=0$，即有三个极大值，$D-r$ 曲线上有 3 个峰；② n 相同，l 不同，极大值峰数目不同，但 l 越小，最小峰离核越近，主峰(最大峰)离核越远；③ n 越大，主峰离核越远；④ 不同 n 的电子，其活动区域不同，n 相同的电子，其活动区域相近，所以核外电子可以分层，n 值表示电子层，l 值表示同一电子层内部的亚层。

6.3 多电子原子结构

在氢原子中，核外只有一个电子，描述这个电子的运动状态的波函数可以精确求解相应的 Schrödinger 方程得到。多电子原子中每个电子除了受到核吸引外，还要受到其他电子的排斥，相应的 Schrödinger 方程只能获得近似解。这种差异表现在能量上是氢原子的原子轨道的能量仅与 n 有关，多电子原子轨道的能量与 n，l 有关。然而，上述氢原子结构大部分结论(如波函数的有关图像表示)基本上都适用于多电子原子结构。

6.3.1 屏蔽效应与钻穿效应

6.3.1.1 屏蔽效应

对于核电荷为 Z 的多电子原子而言，电子既客观存在核的吸引，又受其余$(Z-1)$个电子的排斥，若不考虑其余电子对电子 i 的排斥，电子 i 的能量仅与核电荷 Z 和主量子数 n 有关。

$$E=-R\frac{Z^2}{n^2}$$

$$R=2.1799\times10^{-18}\ \mathrm{J}$$

若考虑其余电子对电子 i 的排斥，假设电子的能量公式可以表示为

$$E=-R\frac{Z'^2}{n^2}$$

由于其余电子对电子 i 的排斥作用使电子 i 的能量升高，有 $Z'<Z$，令 $Z'=Z-\sigma$，则：

$$E=-R\frac{(Z-\sigma)^2}{n^2}$$

对于多电子原子中电子的这种处理方法是认为在核电荷为 Z 的多电子原子中的磁场与核电荷为 Z' 的单电子原子中磁场相同，即其他电子对电子 i 的排斥力相当于降低了原子核对电子 i 的吸引。我们把电子之间的排斥相当于部分抵消了核对电子的吸收作用称为屏蔽效应，Z' 称为有效核电荷，σ 称为屏蔽常数。σ 反映了电子之间的排斥作用，由于电子是在原子核周围运动的，所以 $1<\sigma<Z-1$。我们在考虑屏蔽效应时通常仅考虑内层电子对外层电子和同层电子之间的屏蔽效应。屏蔽效应使电子的能量升高。例如，对于锂原子的 2s 电子而言，σ 约等于 1.7，因此认为这个 2s 电子是在有效核电荷 $Z'=Z-\sigma=3-1.7=1.3$ 的原子核的单电子磁场中运动。电子云的径向分布图是由 n，l 决定，所以多电子原子的电子能级与 n，l 有关。而氢原子核外只有一个电子，没有电子之间的相互作用，因此氢原子中的电子能级只与 n 有关。

6.3.1.2 钻穿效应

电子云的径向分布图表明，除 1s，2p，3d，4f 电子云外，其他电子的电子云径向分布图都有一些小峰，这些小峰远离主峰靠近原子核，可以认为这些电子穿过内层，钻到核附近，回避了其他电子的屏蔽，这种效应称为钻穿效应，钻穿效应使轨道的能量降低。

6.3.1.3　多电子原子轨道能级

(1) n 不同，l 相同　能级次序由两个因素决定：① n 越大，电子云的径向分布图的主峰离核越远，轨道能量越高；② n 越大，已填入的相对于 n 的内层轨道上的电子数就越多，受到屏蔽效应越大，有效核电荷越小，所以轨道能量也越高。因此有：

$$E_{1s}<E_{2s}<E_{3s}<\cdots$$

$$E_{2p}<E_{3p}<E_{4p}<\cdots$$

$$E_{3d}<E_{4d}<\cdots$$

$$E_{4f}<E_{5f}<\cdots$$

(2) n 相同，l 不同　对主峰而言，l 越小，主峰离核越远，轨道能量越高；对小峰则言，l 越小，小峰离核越近，受到核的引力强，同时受到其他电子的屏蔽也小，轨道能量越低。这两方面是矛盾的，小峰的影响因素为主。因此有：

$$E_{ns}<E_{np}<E_{nd}<E_{nf}<\cdots$$

(3) 能级交错　在一定情况下，nd 轨道的能量可能高于 $(n+1)$s 轨道的能量（如 $E_{3d}>E_{4s}$），nf 轨道的能量可能高于 $(n+2)$s 轨道的能量（如 $E_{4f}>E_{6s}$），我们把这种现象称为能级交错。这种现象可以仿照上述“n 相同，l 不同”的方法来解释。

(4) 能级组和近似能级图（表 6-3）　我国化学家徐光宪根据光谱数据提出一条经验规律：对原子的外层电子来说，原子轨道的 $(n+0.7l)$ 值越大，能级越高。3d 轨道 $(n+0.7l)$ 值为 4.4，而 4s 轨道为 4，所以 $E_{3d}>E_{4s}$。徐光宪并把 $(n+0.7l)$ 值的第一位数字相同的能级并为一个能级组，称为第几能级组。同一能级组内能级间的间隔较小，组与组之间的能量间隔较大。鲍林（Pauling）根据光谱实验的结果，总结出多电子原子中原子轨道能级高低的一般顺序，用小圆圈代表原子轨道，得到了电子填入能级的先后次序（图 6-8）。

表 6-3　原子轨道能级组

原子轨道	$n+0.7l$	能级组	组内电子数
1s	1.0	Ⅰ	2
2s 2p	2.0 2.7	Ⅱ	8
3s 3p	3.0 3.7	Ⅲ	8
4s 3d 4p	4.0 4.4 4.7	Ⅳ	18
5s 4d 5p	5.0 5.4 5.7	Ⅴ	18
6s 4f 5d 6p	6.0 6.1 6.4 6.7	Ⅵ	32

6.3.2 多电子原子核外电子排布

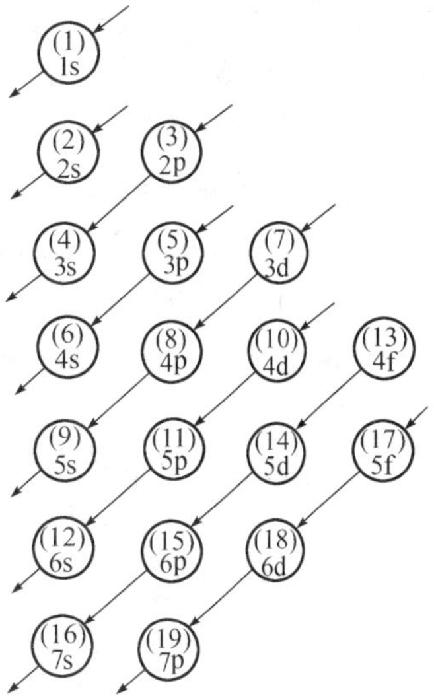

图 6-8 电子填入能级的先后次序

原子核外电子的填充遵循以下规律：

(1) 保里(W. Pauli)不相容原理　在同一原子中，没有彼此完全处于相同状态的电子。也就是说，在同一原子中不能有四个量子数完全相同的两个电子存在。根据前面所述的 n，l，m，m_s 四个量子数的数值限制，现加上保里原理的规定，可知每一个原子轨道中最多只能容纳两个自旋相反的电子，并可计算出每一个电子层中可容纳电子的最高数目为 $2n^2$(表 6-4)。

(2) 能量最低原理　基态的多电子原子中，随着原子序数的递增，核外新增加的电子逐个按鲍林近似能级图中箭头所指顺序填充，以保证原子体系能量最低。

(3) 洪特(F. Hund)规则　在能量相等的轨道上，电子总是尽先以自旋相同的方式，分占不同的轨道，使原子能量最低。例如，碳原子有 6 个电子，$1s^2$，$2s^2$，$2p^2$。前面 4 个电子应该填入 1s 及 2s 轨道中，而余下的 2 个 p 电子按洪特规则应是：

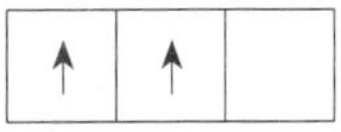

而不是 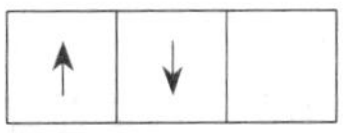 或 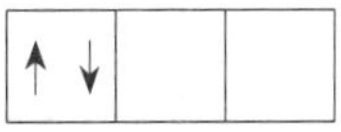

作为洪特规则的特例，等价轨道(简并轨道)全充满(p^6 或 d^{10} 或 f^{14})，半充满(p^3 或 d^5 或 f^7)，或全空(p^0 或 d^0 或 f^0)状态是比较稳定的。

表 6-4 各电子层可容纳的电子数

n(层)	1(K)	2(L)				3(M)								
l(亚层)	0(s)	0(s)	1(p)			0(s)	1(p)			2(d)				
m(轨层)	0	0	0	+1	−1	0	0	+1	−1	0	+1	−1	+2	−2
m_s(自旋)	$\pm\frac{1}{2}$	$\pm\frac{1}{2}$	$\pm\frac{1}{2}$	$\pm\frac{1}{2}$	$\pm\frac{1}{2}$	$\pm\frac{1}{2}$	$\pm\frac{1}{2}$	$\pm\frac{1}{2}$	$\pm\frac{1}{2}$	$\pm\frac{1}{2}$	$\pm\frac{1}{2}$	$\pm\frac{1}{2}$	$\pm\frac{1}{2}$	$\pm\frac{1}{2}$
每层最多电子数	2	8				18								

下面举几个例子说明应用这些规律来排布各元素原子的核外电子。

第一、二、三周期的 18 个元素的原子轨道没有能级交错，只需按顺序填充电子。例如，氖(原子序数 10)原子的电子层结构是 $1s^2 2s^2 2p^6$。从铝开始排 3p 电子，以氩(原子序数 18)排满 $3p^6$。到第四周期开始，钾的第 19 个电子不是 3d 而是 4s，因 $E_{3d}>E_{4s}$。钪的第 21 个电子是 3d 而不是 4p，因 $E_{4p}>E_{3d}$。从钪到锌逐个元素增加一个 d 原子。但其中有两个特殊情况，即除已经填满的内层之外：

Cr，不是 $4s^2 3d^4$，而是 $4s^1 3d^5$

Cu，不是 $4s^2 3d^9$，而是 $4s^1 3d^{10}$

这是因半充满的 d^5 和全充满的 d^{10} 结构比较稳定的缘故。第四、五、六周期元素原子电子排布的例外情况更多一些。一方面，因填充时我们假定所有元素的原子能级高低次序是一样的，是一成不变的。实际上，随原子序数增加，电子受到的有效核电荷数增加，所有原子轨道的能量一般都将逐渐下降。但不同轨道，能量下降的多少各不相同。因此，各能级的相对位置将随之改变。另一方面，较重元素原子的 ns 轨道和 $(n-1)$d 轨道之间的能量差要小一些。ns 电子激发到 $(n-1)$d 轨道上只要很少的能量。如果激发后能增加轨道中自旋平行的单电子数，其所降低的能量超过激发能，或激发后形成全降低的能量超过激发能时，就将造成特殊排布。例如，铌不是 $5s^2 4d^3$，而是 $5s^1 4d^4$；钯不是 $5s^2 4d^8$，而是 $5s^0 4d^{10}$。

6.4 电子层结构与元素周期表

元素的性质随着核电荷的递增而呈现周期性的变化，这个规律叫做元素周期律。学习了各种元素原子核外电子的排布以后，我们知道元素周期律正是原子内部结构周期性变化的反映，元素性质的周期性来源于原子电子层结构的周期性。

6.4.1 周期

周期表中共有 7 行，分别为第一、二、三、四、五、六、七周期。能级组的形成是元素划分为周期的本质原因。如第 18 号元素氩（Ar），电子层结构为 $1s^2$，$2s^2 2p^6$，$3s^2 3p^6$，包含三个能级组，即有三个电子层。到第 19 号元素钾（K），因能量交错，增加的电子进入第四能级组的 4s，电子层结构为 $1s^2$，$2s^2 2p^6$，$3s^2 3p^6$，$4s^2$，有四个电子层。也就是每当一个新的能级组开始填充电子时，标志着核外电子排布式中增添了一个新的电子层，周期表中开始了一个新的周期。因此元素所在的周期数必等于该元素原子的电子层数。各能级组中轨道所容纳的电子总数自然和相应周期包含的元素的数目相等。于是，除了未完成的第七周期外，各周期所包含的元素的数目顺次为 2、8、8、18、18、32。前三个周期为短周期，第四周期以后称为长周期。长周期包含了过渡及内过渡元素。所谓过滤元素是指具有未充满 d 电子的原子或阳离子的元素。具体来说是指周期表中 d、ds 区的元素为过渡元素。内过渡元素是指具有未充满 f 电子的那些原子的元素。它们分成两个单行，单独地排列在周期表的下方。习惯上把 $Z=57$ 的镧到 $Z=71$ 的镥共 15 个元素称为镧系元素。把 $Z=89$ 的锕到 $Z=103$ 的铹共 15 个元素称为锕系元素。

6.4.2 族

原子的电子层结构相似的元素在同一列，称为族。长周期表共分 18 列，其中，铁、钌、锇、钴、铑、铱、镍、钯、铂三列合成一族，称为第Ⅷ族，其余每一列为一族。凡包含长、短周期元素的各列，称为主族。从ⅠA 到ⅦA 再加 0 族共 8 个主族；仅包含有长周期元素的各列，称为副族，有ⅠB 到ⅦB 和Ⅷ族共 8 个副族。

主族元素原子除去最外层的电子，所余的“原子实”内各亚层都是电子充满状态，很稳定，所以只有最外层的电子能参加反应，是价电子。因此，它们的最高可能氧化数决定于最外层电子数，同时又与族号相一致。在化学反应中，副族元素除最外层电子外，次外层 d 电子及外数第三层 f 电子也可部分或全部参加反应，所以氧化数由参加反应的这三种电子的数目决定。ⅢB、ⅣB、ⅤB、ⅥB、ⅦB 元素的价电子数正好等于其族号数而其余各副族一般不存在这种关系。

6.4.3 特征电子组态

根据核外电子填充的特点，周期表元素形成若干特征电子组态，即形成若干个区域。s 区元素：最后一个电子填充在 s 能级上的元素称为 s 区元素，包括ⅠA 和ⅡA 族元素，其价层电子组态为 $ns^{1\sim2}$。

（1）p 区元素　最后一个电子填充在 p 能级上的元素称为 p 区元素，包括ⅢA 至ⅦA 和 0 族。除了氦无 p 电子外，所有元素其价层电子组态均为 $ns^2np^{1\sim6}$。

（2）d 区元素　最后一个电子填充在 d 能级上的元素称为 d 区元素，包括ⅢB 至ⅦB 和Ⅷ族。其价层电子组态为 $(n-1)d^{1\sim9}ns^{1\sim2}$，只有钯为 $(n-1)d^{10}ns^0$。

（3）ds 区元素　最后一个电子填充在 d 能级或 s 能级，使其价层电子组态达到 $(n-1)d^{10}ns^{1\sim2}$ 的元素称为 ds 区元素，它包括ⅠB 和ⅡB 两个副族元素。

（4）f 区元素　最后一个电子填充在 f 能级上的元素称为 f 区元素，它包括镧系和锕系元素，其价层电子组态为 $(n-2)f^{1\sim14}(n-1)d^{0\sim1}ns^2$，只有钍例外，钍为 $(n-2)f^0(n-1)d^2ns^2$。

6.5 元素的基本性质的周期性

原子结构和原子的基本性质有着内在的联系，下面我们将通过原子半径、电离势、电子亲合能，电负性几个方面揭示这种内在的联系。

6.5.1 原子半径

从量子力学理论的观点看，一个孤立的自由原子的核外电子，从原子核附近到距核无穷远处都有出现的几率。所以严格地说，原子（及离子）没有固定的半径。通常所说的“原子半径”是指原子在分子或晶体中所表现的大小。因此，原子半径的大小与所成键的类型（离子键、共价键、金属键）、键级、邻近原子的大小及配位数目等有关。

（1）金属半径　在金属晶体中，把相邻两个原子的核间距离的一半作为这元素的金属半径。

（2）范德华（J. D. Van der Waals）半径　在液态和固态的共价化合物中，分子和分子之间有一定的吸引力，叫做范德华引力。例如，在 Cl_2 分子的晶体中，Cl_2 分子间借范德华力互相吸引。我们把不属同一分子的两个最接近的原子核间距离的一半称为原子的范德华半径。一般范德华半径比同种元素的单键共价半径大得多。

（3）共价半径　根据 X 射线衍射及电子衍射对晶体结构测出原子在分子中的空间相对位置可测定共价化合物中共价键的键长，得到原子的共价半径。通常是把同种元素共价键键长的一半作为这个元素的共价半径。例如，氢分子的共价键长（两个氢原子核间的距离）是 74 pm，所以氢原子的共价半径是 37 pm。通常共价半径是指单键半径。同种元素的共价半径在不同条件下基本不变。如金刚石晶体中，C—C 键长为 154 pm，饱和烃中 C—C 键长为 152～155 pm，故 C 的共价半径是 77 pm。

共价半径有加合性。例如，Cl 的共价半径是 99 pm，根据加合性，C—Cl 键的键长应该是 99＋77＝176 pm。CCl_4 中 C—Cl 键的实验值是 177.6 pm，计算值与之符合得很好。这说明共价半径只决定于成键原子本身，受相邻原子的影响很少。即无论和什么原子形成共价键，共价半径是基本不变。金属元素中除少数金属如 Li、Na、K 等，气态时是单键双原子共价分子外，其他许多金属以其氢化物的键长作为共价单键的键长，把氢的共价半径作为 30 pm，按加合性原则，求得金属的单键共价半径。一般书上将非金属和金属的单键共价半径制成统一的单键共价半径表(表 6-5)，作为各元素的原子相对大小的标准。

从整个周期表中各周期元素的共价半径来看，对于主族元素，同一周期从左到右原子半径以较大幅度逐渐缩小。这是由于随着核电荷的增加，电子层数不变，新增加的电子填入最外层的 s 亚层或 p 亚层，对屏蔽系数的贡献较小。因此，从左到右有效核电荷显著增加，外层电子被拉得更紧，从而使原子半径以较大幅度逐渐缩小。副族元素的总趋势是：由左向右原子半径较缓慢也逐渐缩小，但变化情况不太规律。这是因为新增加的电子是进入次外层的 d 亚层，对屏蔽的贡献较大。此外 d 电子间又要相互排斥使半径增大，导致原子半径缓慢缩小。d 电子的屏蔽作用和相互排斥作用与 d 电子的数目和空间分布对称有关，因而造成原子半径变化不太规律。

表 6-5　元素原子的共价半径/pm

族 周期	ⅠA	ⅡA	ⅢB	ⅣB	ⅤB	ⅥB	ⅦB	Ⅷ			ⅠB	ⅡB	ⅢA	ⅣA	ⅤA	ⅥA	ⅦA
1	H ~ 30																
2	Li 123	Be 89											B 81	C 77	N 74	O 74	F 72
3	Na 157	Mg 136											Al 125	Si 117	P 110	S 104	Cl 99
4	K 203	Ca 174	Sc 144	Ti 132	V 122	Cr 119	Mn 118	Fe 117	Co 116	Ni 115	Cu 118	Zn 121	Ga 125	Ge 124	As 121	Se 117	Br 114
5	Rb 216	Sr 191	Y 162	Zr 145	Nb 134	Mo 130	Tc 127	Ru 125	Rh 125	Pd 128	Ag 134	Cd 138	In 142	Sn 142	Sb 139	Te 137	I 133
6	Cs 236	Ba 198	La 169	Hf 144	Ta 134	W 130	Re 128	Os 126	Ir 127	Pt 130	Au 134	Hg 139	Tl 144	Pb 150	Bi 151	Po	At
7	Fr	Ra	Ac														
镧系				Ce 165	Pr 164	Nd 164	Pm 163	Sm 162	Eu 185	Gd 162	Tb 161	Dy 160	Ho 158	Er 158	Tm 158	Yb 170	Lu 156

以上只是对原子半径变化所作的简略介绍，有些细节可从表 6-5 看到。因为影响原子半径的因素很复杂，对一些细节不一定作出十分完满的解释。

6.5.2　原子的电离能

原子失去电子的难易可以用电离能来衡量。电离能是指气态原子在基态时失去电子所需的能量。常用使 1 mol 气态原子(或阳离子)失去某一个电子所需的能量($kJ \cdot mol^{-1}$)表示。

原子失去第一个电子所需的能量称为第一电离能，用 I_1 表示；失去第二个电子所需的能量称为第二电离能，用 I_2 表示；余类推。各级电离能的大小顺序是：$I_1 < I_2 < I_3$，因为离子的电荷正值越来越大，离子半径越来越小，所以失去这些电子逐渐变难，需要能量越高。

$$I_1 \qquad M \longrightarrow M^+ + e^-$$

$$I_2 \qquad M^+ \longrightarrow M^{2+} + e^-$$

电离能的数值大小，主要取决于原子有效核电荷、原子半径，以及原子的电子层结构。如果将元素原子的第一电离能与原子序数对比，可以看到电离能的周期性，一般说来，同一周期的元素具有相同的电子层数，从左到右核电荷越多，原子半径越小，核对外层电子的引力越大。因此，每一周期电离能最低的是碱金属，越往右电离能越大。同一族元素，原子半径增大起主要作用，半径越大，核对电子引力越小，越易失去电子，电离能越小，ⅠA族中按Li，Na，K…顺序电离能越来越小。还可注意到，在每一周期的最后元素稀有气体原子具有最高的电离能，因为它们有 ns^2np^6 的稳定电子层结构。但N、P、As元素的电离能分别比O、S、Se元素的电离能高，这是因前者具有 ns^2np^3 组态，p亚层半满，失去一个p电子破坏了半满状态，需较高能量。过渡元素，由于电子是填充入内层，引起屏蔽效应大，它抵消了核电荷增加所产生的影响，因此它们的第一电离能变化不大。

6.5.3 原子的电子亲合能

在基态的气态原子上加合电子所引起的能量变化叫做原子的电子亲合能。和电离能相似，依次加入一个电子，则称为第一电子亲合能，第二电子亲合能等，分别用 A_1，A_2…表示。

$$A_1: \quad M + e^- \longrightarrow M^-$$

$$A_2: \quad M^- + e^- \longrightarrow M^{2-}$$

电子亲合能也用 $kJ \cdot mol^{-1}$ 为单位，是指1 mol气态原子（或离子）的电子亲合能。在表示电子亲合能时，加入电子释放能量用正号，吸收能量用负号。这和化学热力学的规定正好相反，请加注意。

活泼非金属的第一电子亲合能一般为正值（放能），但第二电子亲合能却是较高的负值（吸能）。这是因为一价阴离子对加入的第二个电子具有斥力。例如：

	O	S	Se	N
$A_1/kJ \cdot mol^{-1}$	+141	+200	+195	−6.75
$A_2/kJ \cdot mol^{-1}$	−780	−590	−420	−800

在元素周期表中，电子亲合能的变化规律类似电离能的变化规律。一般来说，如果一个元素的电离能较高则它的电子亲合能也较高。但ⅢA到ⅦA各族的第二周期元素的电子亲合能呈现反常现象，均比第三周期元素的电子亲合能小。这是因为第二周期的B、C、N、O、F虽然有很强的接受电子的倾向，但是由于半径很小，加入电子后负电荷密集，电子和电子间的排斥作用急剧增大，使电子亲合能变小，以致破坏从上到下随原子半径增大而电子亲合能变小的正常顺序（表6-6）。

表6-6　第二、三周期元素的电子亲合能

元素	B	C	N	O	F
$A_1/(kJ \cdot mol^{-1})$	23	110～134	−6.75	141	320
元素	Al	Si	P	S	Cl
$A_1/(kJ \cdot mol^{-1})$	44	120	75	200	345

6.5.4 元素的电负性

通过前面的讨论我们知道，电离能是孤立原子束缚电子能力的量度。电子亲合能是孤立原子结合电子能力的量度。当原子形成化学键时，原子吸引成键电子能力的相对大小如何来度量呢？1932 年鲍林首先提出了电负性的概念，试图用它作为衡量在化学键中原子吸引电子能力相对大小的尺度，多年来有关电负性的概念、标度和计算方法都在不断发展，因而出现了多套数值不同的电负性数据，这里主要介绍鲍林的电负性。

若 A、B 两原子成键，并假定 A—B 键是纯共价键，可用热化学数据算出其键能 E_{AB}。但事实上 A—B 键不可能是纯共价键，实验测得 A—B 键的键能为 D_{AB}，二者之间的差值为 Δ，即：

$$\Delta = D_{AB} - E_{AB}$$

鲍林将这个差值和原子在化学键吸引电子能力的相对大小联系起来，并取：

$$x_A - x_B = 0.102\sqrt{\Delta}$$

把 x_A 和 x_B 分别称为元素 A 和 B 的电负性。然后人为指定元素氟的电负性为 4.0（现在改为 3.9），便可得出周期表中其他元素的电负性值。

表 6-7 为鲍林的电负性值。由表 6-7 可见，金属元素的电负性值较小，非金属元素的电负性值较大。电负性是判断元素是金属或非金属以及了解元素化学性质的重要参数。电负性为 2 是金属和非金属的近似分界点。

在每一周期都是左边碱金属的电负性最低，右边的卤素的电负性最高，由左向右电负性逐渐增加，主族元素间的变化明显，副族元素之间的变化幅度小些。

主族元素的电负性值一般是从上向下递减，但也有个别元素的电负性值异常，其原因有待进一步研究。副族元素由上向下的规律性不强。

最后强调一点，某元素的电负性不是一个固定不变的值，它与元素的氧化态有关，氧化态高电负性值大。表 6-7 给出元素在最常见氧化态时的电负性值。此外还与元素原子的杂化方式有关，如 Fe^{2+} 的电负性值是 1.8，而 Fe^{3+} 的电负性是 1.9。

表 6-7　元素的电负性（鲍林）

H 2.20																
Li 1.0	Be 1.5											B 2.0	C 2.60	N 3.05	O 3.50	F 4.00 (3.90)
Na 0.9	Mg 1.2											Al 1.5	Si 1.90	P 1.90	S 2.60	Cl 3.15
K 0.8	Ca 1.0	Se 1.3	Ti 1.5	V 1.6	Cr 1.6	Mn 1.5	Fe^{I} 1.8 Fe^{II} 1.9	Co 1.8	Ni 1.8	Cu^{I} 1.9 Cu^{II} 2.0	Zn 1.6	Ga 1.6	Ge 1.90	As 2.00	Se 2.45	Br 2.85
Rb 0.8	Sr 1.0	Y 1.3	Zr 1.6	Nb 1.6	Mo 1.8	Tc 1.9	Ru 2.2	Rh 2.2	Pd 2.2	Ag 1.9	Cd 1.7	In 1.7	Sn^{I} 1.8 Sn^{II} 1.90	Sb 2.05	Te 2.30	I 2.65
Cs 0.7	Ba 0.9	La-Lu 1.1-1.2	Hf 1.3	Ta 1.3	W 1.7	Re 1.9	Os 2.2	Ir 2.2	Pt 2.2	Au 2.4	Hg 1.9	Tl 1.8	Pb 1.80	Bi 1.9	Po 2.0	At 2.2
Fr 0.65	Ra 0.9	Ac 1.1	Th 1.3	Pa 1.5	U 1.7	Np-No 1.3										

思考题

1. 微观粒子有何特性？

2. 什么叫量子化和微观粒子的波粒二象性？为什么微观粒子的运动状态可用波函数来描述？

3. 几率和几率密度有何联系和区别？

4. 什么是原子轨道？原子轨道由哪些量子数确定？它们的物理意义和取值及相互关系如何？

5. 什么叫原子轨道的角度分布？各种原子轨道角度分布的图形如何？

6. 什么叫电子云？电子云和原子轨道的角度分布图有何异同？

7. 试区别下列名词或概念：连续光谱与线状光谱；基态原子与激发态原子；宏观物体与微观粒子；原子轨道与电子云；波函数 Ψ 与 $|\Psi|^2$。

8. 什么叫屏蔽效应和钻穿效应？怎样解释同一主层中的能级分裂及不同主层中的能级交错现象？

9. 多电子原子的能级和氢原子的能级有何不同？原因何在？

10. 回答下列问题：在 $3s,3p_x,3p_y,3p_z,3d_{xz},3d_{yz},3d_{xy},3d_{z^2},3d_{x^2-y^2}$ 等轨道中：

(1) 对氢原子讲，哪些是等价轨道？

(2) 对多电子原子讲，哪些是等价轨道？

11. 周期表中 s,p,d,ds,f 区元素的电子及结构有何特点？反映在化学性质上有何特点？

12. 什么是电离能？电子亲和能？电负性？它们的周期性变化规律是什么？

13. 说明电负性在周期中变化规律及其与金属和非金属性的关系。

14. 试用原子结构说明原子半径、金属和非金属性变化的规律。

15. 什么是价电子？主族元素和副族元素的价电子数如何确定？元素的最高氧化数与价电子数有何关系？

习　　题

1. 指出下列各原子轨道的三个量子数(n,l,m)的数值：$3p_x,4d_{z^2},5s$。

2. 根据保里不相容原理，氮原子中的全部电子处于哪几种状态？分别用四个量子数表示之。

3. 下列各元素原子的电子分布式各自违背了什么原理？请加以改正。

(1) 硼$(1s)^2(2s)^3$

(2) 氮$(1s)^2(2s)^2(2p_x)^2(2p_y)^1$

(3) 铍$(1s)^2(2p_y)^2$

4. 为什么锰和氯都属于第Ⅶ族元素，但它们的金属性和非金属不相似，而最高氧化数却相同？试从原子结构予以解释。

5. 从下列原子的价电子层结构，推断该元素的原子序数，它们在周期表中是哪一区、族和周期？最高氧化数是多少？它们各是什么元素？

$$4s^2,\quad 3d^5 4s^1,\quad 4s^2 4p^3$$

6. 试说明氢原子的 $3p_z$ 轨道 n,l,m 各为何值？它是哪一主层？哪一亚层？其电子云的形状如何？伸展方向及波函数的绝对值在什么方向最大？其电子的能量是多少？

7. 设有元素 1，电子最后填入 3p 亚层，其最低氧化数为 −1；元素 2，电子最后填入 4d 亚层，其最高氧化数为 +3，填表回答下列问题：

元素	电子分布	原子序数	第几周期	第几族	主族或副族	金属或非金属
1						
2						

8. 下列各组量子数哪些是不合理的？为什么？

(1) $n=1, l=1, m=0$；

(2) $n=2, l=2, m=1$；

(3) $n=3, l=0, m=0$；

(4) $n=3, l=1, m=1$；

(5) $n=2, l=0, m=-1$；

(6) $n=2, l=3, m=2$。

9. 已知 M^{2+} 3d 轨道中有 5 个 d 电子，请推出：

(1) M 原子的核外电子分布；

(2) M 原子的最外层和最高能级组中电子数；

(3) M 元素在周期表中的位置。

10. 推断下列元素的原子序数：

(1) 最外电子层为 $3s^2 3p^6$；

(2) 最外电子层为 $4s^1$，次外电子层的 d 亚层仅有 5 个电子；

(3) 最外电子层为 $4s^2 4p^5$。

第6章　检测题

一、选择题

1. 在多电子原子中,具有下列各组量子数的电子中能量最高的是 ……………………………… (　　)

(A) $3,2,+1,+\frac{1}{2}$　(B) $2,1,+1,-\frac{1}{2}$　(C) $3,1,0,-\frac{1}{2}$　(D) $3,1,-1,-\frac{1}{2}$

2. 主量子数 $n=4$ 能层的亚层数是 ……………………………………………………… (　　)

(A) 3　(B) 4　(C) 5　(D) 6

3. 下列关于屏蔽效应的说法中,正确的是 ………………………………………………… (　　)

(A) 4s 电子的屏蔽常数 σ_{4s} 反映了 4s 电子屏蔽原子核作用的大小

(B) 当量子数 n 和核电荷数 z 相同的两个电子,σ 值越大,电子的能量就越低

(C) 主量子数 n 相同,角量子数 l 愈大,电子的屏蔽作用增大

(D) 当屏蔽电子数目愈多或被屏蔽电子离核愈远时,σ 值也愈大

4. 下列元素中,电子排布不正确的是 ……………………………………………………… (　　)

(A) Nb:$4d^4 5s^1$　(B) Nd:$4f^4 5d^0 6s^2$　(C) Ne:$3s^2 3p^6$　(D) Ni:$3d^8 4s^2$

5. 下列基态原子的电子构型中,正确的是 ………………………………………………… (　　)

(A) $3d^9 4s^2$　(B) $3d^4 4s^2$　(C) $4d^{10} 5s^0$　(D) $4d^8 5s^2$

6. 具有下列电子构型的元素中,第一电离能最小的是 …………………………………… (　　)

(A) $ns^2 np^3$　(B) $ns^2 np^4$　(C) $ns^2 np^5$　(D) $ns^2 np^6$

7. Pb^{2+} 的价电子结构是 ……………………………………………………………… (　　)

(A) $5s^2$　(B) $6s^2 6p^2$　(C) $5s^2 5p^2$　(D) $5s^2 5p^6 5d^{10} 6s^2$

8. 第二电离能最大的元素所具有的电子结构是 ………………………………………… (　　)

(A) $1s^2$　(B) $1s^2 2s^1$　(C) $1s^2 2s^2$　(D) $1s^2 2s^2 2p^1$

9. 下列元素基态原子的第三电离能最大的是 …………………………………………… (　　)

(A) C　(B) B　(C) Be　(D) Li

10. 某元素基态原子失去 3 个电子后,角量子数为 2 的轨道半充满,其原子序数为 …………… (　　)

(A) 24　(B) 25　(C) 26　(D) 27

二、填空题

1. 根据现代结构理论,核外电子的运动状态可用__________来描述,它在习惯上被称为__________;$|\Psi|^2$ 表示__________,它的形象化表示是__________。

2. 4p 亚层中轨道的主量子数为______,角量子数为______,该亚层的轨道最多可以有______种空间取向,最多可容纳______个电子。

3. 给出下列元素的原子核外价电子排布式:

W________,Nb________,Ru________,Rh________,Pd________,Pt________。

4. 比较原子轨道的能量高低:

氢原子中,E_{3s}____E_{3p},E_{3d}____E_{4s};

钾原子中,E_{3s}____E_{3p},E_{3d}____E_{4s};

铁原子中,E_{3s}____E_{3p},E_{3d}____E_{4s}。

5. 42 号元素 Mo 的电子构型为________;其最外层电子的四个量子数为____________;价层 d 轨道的符号为________________________。

7 分子结构与晶体结构

在自然界中除了稀有气体以单原子存在外，其他各种单质和化合物，是由原子与原子或离子与离子相互作用形成分子或晶体而存在。分子是参与化学反应的基本单元和保持物质基本化学性质的最小微粒，而分子的性质是由分子内部结构决定的。因此研究分子的内部结构，对于了解物质的性质和化学反应规律具有重要的意义。

7.1 离子键

7.1.1 离子键

当电负性值较小的活泼金属元素的原子与活泼的非金属元素的原子相互靠近时，由于两个原子的电负性相差较大，因此它们之间容易发生电子的失得而产生正、负离子。正、负离子由于静电引力结合起来形成离子型化合物。这种由正、负离子之间的静电引力形成的化学键称为离子键。

以 KCl 为例的离子键形成的过程如下：

$$n\mathrm{K}(4\mathrm{s}^1) \rightarrow n\mathrm{K}^+(3\mathrm{s}^2 3\mathrm{p}^6) + n\mathrm{e}^-$$

$$n\mathrm{Cl}(3\mathrm{s}^2 3\mathrm{p}^5) + n\mathrm{e}^- \rightarrow n\mathrm{Cl}^-(3\mathrm{s}^2 3\mathrm{p}^6)$$

$$n\mathrm{K}^+ + n\mathrm{Cl}^- \rightarrow n\mathrm{KCl}$$

形成离子键的条件是形成键的两个原子的电负性相差较大，一般在 1.7 以上，才能形成典型的离子型化合物。如碱金属和碱土金属（Be 除外）的卤化物是典型的离子型化合物。

离子键有如下特点：

(1) 离子键的本质是静电引力　这种引力 f 与两种离子电荷（q^+ 和 q^-）的乘积成正比，而与离子间距离 R 的平方成反比：

$$f = \frac{q^+ \cdot q^-}{R^2} \tag{7-1}$$

由式(7-1)可见，离子的电荷越大，离子间的距离越小（在一定范围内），则离子间的引力越强。

(2) 离子键没有方向性　由于离子键是由带正、负电荷的离子通过静电引力结合而形成的，且带电离子的电荷分布是球形对称的，所以在任何方向上都可与带相反电荷的离子发生电性吸引作用。所以说离子键没有方向性。

(3) 离子键没有饱和性　只要空间条件许可，每个离子将尽可能地与带相反电荷的离子相互吸引。

(4) 离子键是强的极性键，且成键两个原子的元素电负性差值越大，键的极性越大　由于存在正、负离子，其电子云基本上属于正离子或负离子。正、负离子分别为键的两极，所以离子键是具有极性的。但离子间也不是纯粹的静电作用，而仍有部分电子云重叠，即离子键不完全是离子性，而具有部分共价性。离子性的大小决定于成键原子元素电负性差值的大小，差值越大，离子性越大，键的极性亦大。

7.1.2 离子的性质

离子型化合物的性质与离子键的强度有关，而离子键的强度又与正、负离子的性质有关，而离子的性质在很大程度上决定着离子型化合物的性质。离子有三大性质：离子的电荷、离子的电子层构型和离子半径。

7.1.2.1 离子的电荷

简单正离子的电荷就是相应原子失去的电子数；负离子的电荷，对简单负离子即为相应原子获得的电子数。失去或得到电子数的多少，从实验和理论计算表明，形成稀有气体原子结构的正、负离子是比较稳定的。

7.1.2.2 离子的电子层构型

离子的电子层构型有以下几种类型：

(1) 2 电子构型，即氦型结构　最外层有 2 个电子的离子，如 $Li^{+}(1s^{2})$，$Be^{2+}(1s^{2})$等。

(2) 8 电子构型　最外层有 8 个电子的离子，如 $Na^{+}(2s^{2}2p^{6})$，$Cl^{-}(3s^{2}3p^{6})$，$O^{2-}(2s^{2}2p^{6})$等。

(3) 18 电子构型　最外层有 18 个电子的离子，如 $Cu^{+}(3s^{2}3p^{6}3d^{10})$，$Zn^{2+}(3s^{2}3p^{6}3d^{10})$等。

(4) (18+2)电子构型　次外层为 18 电子，最外层为 2 个电子的离子，如 $Pb^{2+}(5s^{2}5p^{6}5d^{10}6s^{2})$。

(5) 9～17 电子构型　最外层的电子为 9～17 个电子的离子，如 $Fe^{3+}(3s^{2}3p^{6}3d^{5})$。

离子除了单原子离子，如 Na^{+}，Cl^{-} 等外，还有由多原子组成的复杂离子，如 SO_4^{2-}，PO_4^{3-}等。

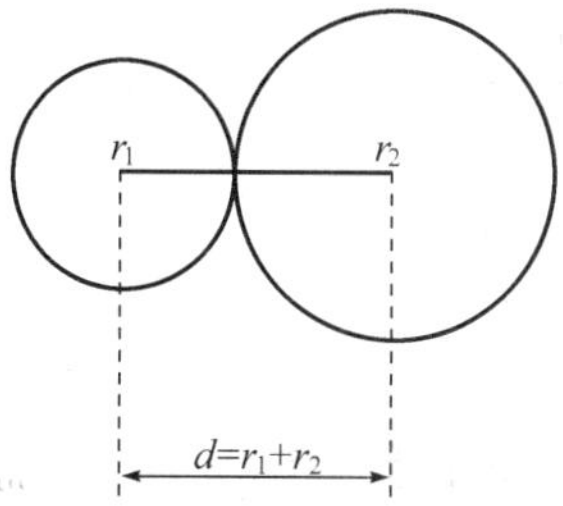

图 7-1　正、负离子半径与核间距的关系示意图

7.1.2.3 离子半径

由于原子核外电子不是沿固定轨道运动，因此原子或离子半径是无法严格确定的。所谓离子半径，是假定晶体中正、负离子是相互接触的球体，因此两原子核间距离(称为核间距)d 等于正、负离子半径之和，如图 7-1 所示。核间距 d 可用 X 射线衍射法测得。

$$d = r^{+} + r^{-} \tag{7-2}$$

根据式(7-2)只能确定正、负离子半径之和，如何确定每种离子半径？1926 年戈尔德施米特(Goldschmidt)以及瓦萨斯耶那(Wasastjerna)用光学法测得的 F^{-} 半径 $r(F^{-})=133$ pm 和 O^{2-} 的半径 $r(O^{2-})=132$ pm 为基础，测得与 F^{-} 和 O^{2-} 生成的离子化合物的正离子半径。如测得 NaF 的核间距 $d=231$ pm，MgO 的核间距 $d=210$ pm，根据式(7-2)得 Na^{+} 和 Mg^{2+} 的半径为：$r(Na^{+})=d(NaF)-r(F^{-})=231\ pm-133\ pm=98\ pm$；$r(Mg^{2+})=d(MgO)-r(O^{2-})=210\ pm-132\ pm=78\ pm$。再以 Na^{+} 或 Mg^{2+} 离子半径为基础，又可测得与 Na^{+} 或 Mg^{2+} 化合的负离子半径。用上述方法可推算出 80 多种离子半径。

离子半径大致有如下变化规律：

(1) 在周期表各主族元素中，由于自上而下电子层数依次增多，具有相同电荷数的同族离子的半径依次增大，如：

$$r(Li^{+})<r(Na^{+})<r(K^{+})<r(Rb^{+})<r(Cs^{+})$$

(2) 同一周期中主族元素随族数递增，正离子的电荷数增大，离子半径依次减小，如：

$$r(Na^+) > r(Mg^{2+}) > r(Al^{3+}) > r(Si^{4+})$$

(3) 若同一元素能形成几种不同电荷的正离子时,则氧化数大的离子半径小于氧化数小的离子半径,如:

$$r(Ti^{4+}) < r(Ti^{3+})$$

(4) 负离子的半径较大,为 130～250 pm,正离子半径较小,为 10～170 pm。

常见的离子半径如表 7-1 所示。

表 7-1　戈尔德施米特常见主离子半径/pm

离子	半径	离子	半径	离子	半径	离子	半径
Li^+	78	Cr^{3+}	65	Cd^{2+}	99	Ba^{2+}	138
Na^+	98	Cr^{6+}	36	Hg^{2+}	112	Cl^-	181
K^+	133	Mn^{2+}	91	Al^{3+}	55	Ti^{4+}	64
Rb^+	149	Mn^{4+}	52	Sn^{2+}	102	Ti^{3+}	75
Cs^+	170	Fe^{2+}	83	Sn^{4+}	74	I^-	220
Be^{2+}	34	Fe^{3+}	67	Pb^{2+}	132	Cu^{2+}	72
Mg^{2+}	78	Co^{2+}	82	O^{2-}	132	Br^-	196
Ca^{2+}	105	Co^{3+}	65	S^{2-}	182	Ag^+	113
Sr^{2+}	118	Ni^{2+}	78	F^-	133	Zn^{2+}	83

7.2　共价键

离子键理论能很好地说明离子化合物的形成,但对同种原子组成的非金属单质分子(如 H_2 分子)和电负性相差很小的不同非金属分子(如 HCl)或晶体(如 SiO_2),它们的原子不可能形成正、负离子以离子键结合,这些分子的形成就不能用离子键理论说明。为了说明这类分子的形成,1916 年路易斯(Lewis G. N.)提出了共价键理论。他认为 H_2,O_2,HCl 等分子中两原子间是以共用电子对吸引两原子核,原子共用电子对后,每个原子具有稳定的稀有气体电子层结构。这种分子通过共用电子对结合而成的化学键称为共价键。但是共用电子对为什么可以使两个原子结合在一起的问题,一直到 1927 年海特勒(Heitler W.)和伦敦(London F.)用量子力学求解氢分子离子的薛定谔方程后才得到理论的解释。

7.2.1　现代价键理论

7.2.1.1　共价键的形成和本质

以 H_2 分子为例说明共价键的形成及其本质。用量子力学处理氢原子形成氢分子时,得到 H_2 分子的能量 E 与核间距 R 关系曲线,如图 7-2 所示。如果两个氢原子的未成对电子自旋方向相反,当这两个原子相互靠近时(R 变小),两原子的电子不但受该原子核的吸引,而且受另一原子核的吸引,整个系统的能量降低。但由于两核间存在斥力,且随核间距 R 的缩短,斥力增大。当 $R=R_0$ 时(理论值 74.2 pm),吸引与排斥力达到平衡时,系统的能量最低。这说明两个氢原子在平衡距离 R_0 处形成了稳定的化学键。这种状态称为氢分子的基态,如图 7-2 实线所示。这个最低能量就是 H—H 键的键能。分子中两原子核间的平衡距离 R_0 就是键长。$R_0=74.2$ pm。如果两个氢原子的电子自旋平行,它们相互靠近时,将会产生排斥作用,使系统能量高于两个单独存在的氢原子能量之和,它们越相互靠近,能量越升高,说明它们不能形成稳定的化学键,即不能形成 H_2 分子,如图 7-2 虚线所示。这种不稳定的状态,称为氢分子的推斥态。

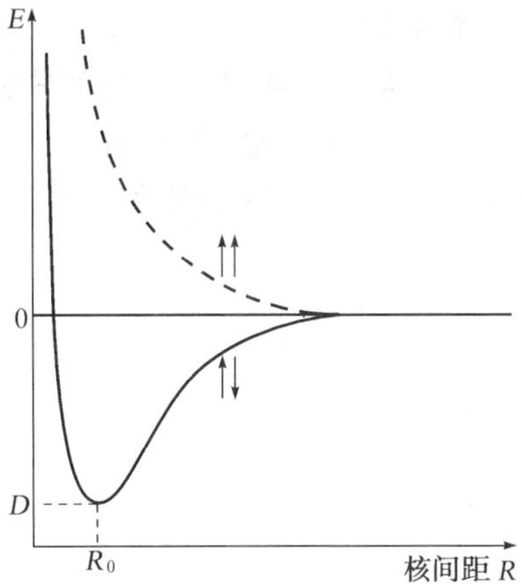

图 7-2 H_2 分子形成过程能量随核间距变化示意图

7.2.1.2 价键理论的要点

价键理论就是把海特勒—伦敦对氢分子处理方法和结果,定性地推广到其他分子。价键理论又称为电子配对理论(简称 VB 法),其要点如下:

(1) 原子具有自旋相反的未成对电子,是化合成键的先决条件　各具有自旋相反的 1 个电子的 2 个原子,可以相互配对形成稳定的单键,这对电子为 2 个原子所共有。如果各有 2 个或 3 个未成对的电子,则自旋相反的未成对电子可以两两配对形成共价双键或叁键。例如,氢原子有一个未成对的 1s 电子,氟原子($1s^2 2s^2 2p_x^2 2p_y^2 2p_z^1$)2p 轨道上有一个未成对电子,则氢原子中 1s 电子和氟原子中与之自旋相反的未成对的 2p 电子配对,形成单键的 HF 分子:

$$\mathrm{H}\cdot + \cdot\ddot{\underset{\cdot\cdot}{\mathrm{F}}}: = \mathrm{H}:\ddot{\underset{\cdot\cdot}{\mathrm{F}}}:$$

又如 AB_2 型的 H_2O 分子的形成,氧原子($1s^2 2s^2 2p_x^2 2p_y^1 2p_z^1$) 有 2 个未成对的 2p 电子,它们分别与 2 个氢原子中自旋相反的未成对 1s 电子形成 2 个 H—O 键,形成 H_2O 分子:

$$\mathrm{H}\cdot + \cdot\ddot{\underset{\cdot\cdot}{\mathrm{O}}}\cdot + \cdot\mathrm{H} = \mathrm{H}:\ddot{\underset{\cdot\cdot}{\mathrm{O}}}:\mathrm{H}$$

如果两原子中没有未成对电子,则它们不能形成共价键。如稀有气体原子的外电子层结构为 ns^2np^6,无未成对电子,所以它们以单原子分子存在。

(2) 共价键具有饱和性　如果原子中的一个未成对电子与另一原子中的未成对电子已配对,形成一个共价单键,就不能再与此原子或另一原子中的未成对电子配对成键,这就是共价键的饱和性。如 HCl 分子中 H 原子的 1 个电子(1s)和 Cl 原子的 1 个 3p 未成对电子配对形成共价单键,已无未成对电子,故 HCl 分子不能再与 H 或 Cl 原子结合。

(3) 共价键具有方向性　原子轨道相互重叠成键,必须符合三个原则:① 能量相近原则;② 对称性匹配原则;③ 最大重叠原则等。所谓对称性匹配原则,即原子轨道重叠必须考虑原子轨道的正、负号,只有同号原子轨道才能实行有效的重叠。原子轨道相互重叠时,总是沿着重叠最多的方向进行,重叠越多,共价键越牢固,这就是原子轨道的最大重叠原则。由于原子轨道重叠满足三个原则,决定了原子轨道重叠具有一定的方向,所以共价键具有方向性,因此也决定着分子的空间构型,影响分子的性质。例如,HCl 分子的形成是由于氢原子的 1s 轨道和氯原子的 3p 轨道能量相近,它们有四种重叠方式,如图 7-3 所示。其中(c)为异号重叠,对称性不匹配,(d)由于同号重叠加强和异号重叠减弱的两部分相互抵消为零,所以(c)和(d)不可能有效重叠而成键,只有(a)和(b)为同号重叠,符合对称性原则,但两核的距离一定,(a)比(b)重叠多,为最大重叠,故 HCl 分子中 H 的 1s 轨道和氯的 3p 轨道采取(a)的方式重叠成键,使 HCl 成为直线形分子。

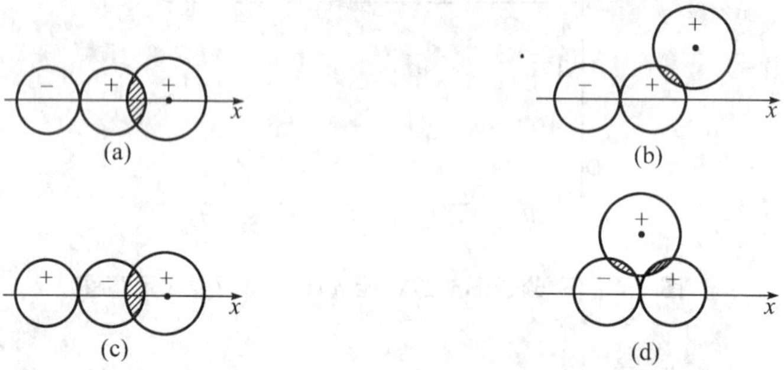

图 7-3　HCl 分子中 s 和 p_x 轨道的重叠方式示意图

7.2.1.3　共价键的键型

由于原子轨道的重叠方式不同,可以形成不同种类的共价键。例如,p 原子轨道和 p 原子轨道有两种不同的重叠方式,形成两种键型的共价键。

(1) σ 键　原子轨道沿键的方向,以"头碰头"的方式发生重叠,轨道重叠部分是沿着键轴呈圆柱形而分布的,这种键称为 σ 键,如 s—s(H_2 分子中的键),s—p_x(如 HCl 分子中的键),p_x—p_z(如 F_2 分子中的键)重叠形成 σ 键,如图 7-4(a)。

(2) π 键　原子轨道以"肩并肩"的方式发生重叠,轨道重叠部分对通过一个键轴的平面具有镜面反对称性,这种键称为 π 键。如 p_z—p_z,p_y—p_y 轨道;重叠形成 π 键,如图 7-4(b)。

有些分子中既有 σ 键,也有 π 键。例如,N_2 分子的结构中有 1 个 σ 键和 2 个 π 键。N 原子的电子层结构为 $1s^2 2s^2 2p_x^1 2p_y^1 2p_z^1$。当 2 个 N 原子相互靠近化合时,如果 N 原子 p_x 轨道沿 x 轴方向以"头碰头"的方式重叠形成 σ 键,而 p_y—p_y,p_z—p_z 分别沿 y 和 z 轴相互平行或"肩并肩"方式重叠形成 π 键。如图 7-5 所示。

通常 π 键的重叠程度小于 σ 键,π 键的强度小于 σ 键,所以 π 键的稳定性低于 σ 键,π 电子的活动性较高,它是化学反应的积极参加者。

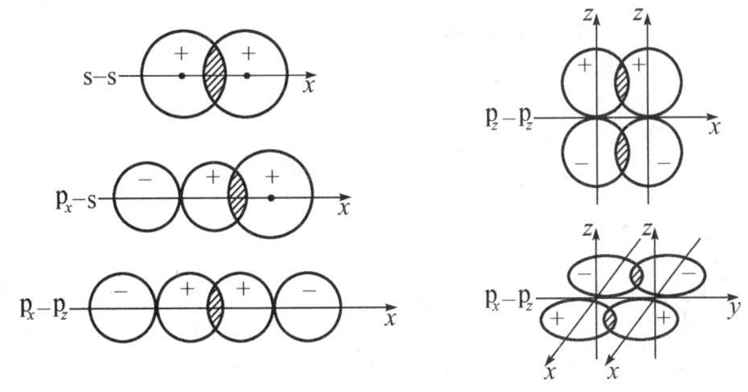

(a) σ键　　(b) π键

图 7-4　σ键和π键形成示意图

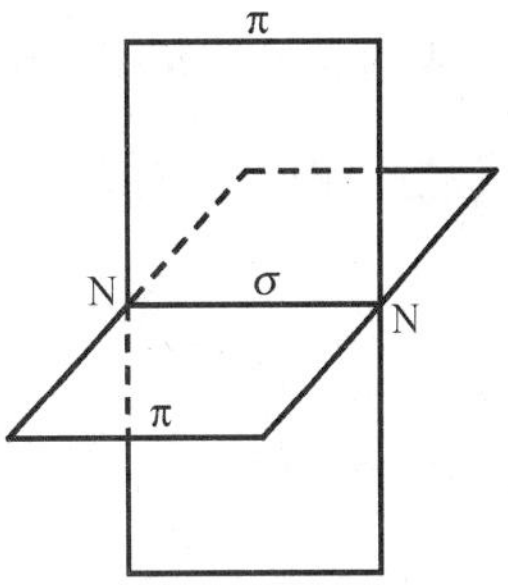

图 7-5　N_2 分子形成示意图

7.2.2　杂化轨道理论

价键理论较简明地阐明了共价键的形成过程和本质，并成功地解释了共价键的方向性和饱和性等特点。但在解释分子的空间结构方面却遇到了困难。例如，根据近代实验测定结果表明：甲烷(CH_4)分子的空间构型是一个正四面体，碳原子位于四面体的中心，4 个氢原子占据四面体的 4 个顶点。CH_4 分子中形成 4 个稳定的 C—H 键，键角∠HCH 为 109°28′，4 个键的强度相同。但是根据价键理论，由于碳原子的电子层结构为 $1s^2 2s^2 2p_x^1 2p_y^1$，只有两个未成对的电子，所以它只能与两个氢原子形成两个共价单键。如果将碳原子的 1 个 2s 电子激发到 2p 轨道上，则碳原子的电子层结构为 $1s^2 2s^1 2p_x^1 2p_y^1 2p_z^1$，则有 4 个未成对电子，它可与 4 个氢原子的 1s 电子配对形成 4 个 C—H 键。由于碳原子的 2s 电子与 2p 电子的能量是不同的，则这 4 个 C—H 键应当不是等同的，这与实验测定 CH_4 中 4 个 C—H 键是等同的不相符合，这是价键理论 VB 法不能解释的。为了解释上述实验现象和其他多原子分子的空间构型，鲍林于 1931 年提出了杂化轨道理论。

7.2.2.1　杂化轨道的概念

在形成分子过程中，由于原子间的相互影响，若干不同类型的能量相近的原子轨道“混合”起来，重新分配能量，重新作出空间取向而组成一组新轨道的过程称为杂化，所形成的新轨道称为杂化轨道。杂化轨道与其他原子的原子轨道或杂化轨道重叠形成共价键。

杂化轨道理论认为，在形成分子时，通常存在激发、杂化、轨道重叠成键等过程，而且杂化与成键过程应该认为同时发生。量子力学还证明：由 n 个能量相近的原子轨道杂化可以而且只能形成 n 个杂化轨道。

需要指出，原子轨道的杂化，只有在形成分子的过程中才会发生，而孤立的原子是不可能发生杂化的；同时原子轨道的杂化不是任意的，而是有条件的。只有同一原子中能量相近的不同种类的原子轨道才能杂化，还必须具备增强原子成键的能力或增加键的强度，使系统能量降低，分子更稳定等条件。原子轨道为什么要杂化？这是因为杂化可使原子轨道重叠得更多，比未杂化的原子轨道成键能力增加，系统能量降低，分子更稳定。

7.2.2.2　杂化轨道的基本类型

根据参加杂化的原子轨道的种类和数目不同，可能组成不同类型的杂化轨道。下面仅就 s 和 p 原子轨道组成的基本类型 sp^n(n=1,2,3)杂化轨道加以介绍。

(1) sp 杂化　sp 杂化是由 1 个 ns 和 1 个 np 轨道杂化形成 2 个 sp 杂化轨道，其中每一个

sp 杂化轨道含有$\frac{1}{2}$s 和$\frac{1}{2}$p 轨道成分。sp 杂化轨道间的夹角为 180°，空间结构为直线形。sp 杂化成键过程示意图如下（图 7-6）：

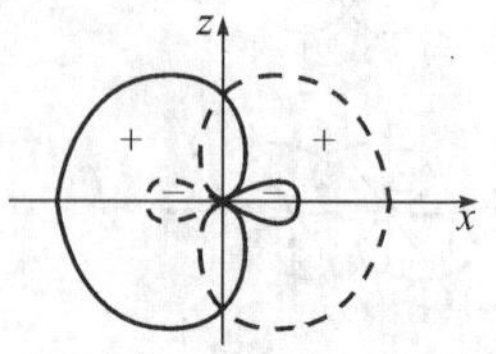

(a) 2 个 sp 杂化轨道的角度分布图

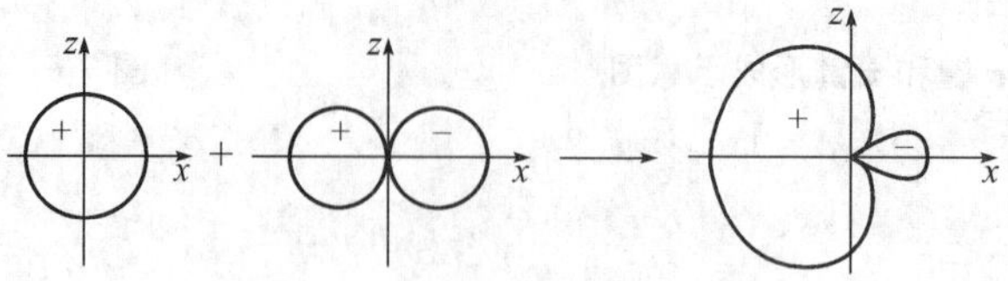

(b) sp 杂化过程

图 7-6　sp 杂化过程示意图

例如，气态的 $BeCl_2$ 分子结构的形成。Be 原子的电子层结构是 $1s^2 2s^2$。根据价键理论 Be 原子无未成对电子，不应形成共价键。而杂化轨道理论认为，Be 原子中电子配对的 2s 轨道上一个电子可以激发到 2p 空轨道成为激发态，激发能量可由成键释放能量补偿而有余。Be 原子激发态电子层结构变为 $1s^2 2s^1 2p^1$，有 2 个未成对电子，故可以与其他原子未成对电子形成共价键。同时 2s 和 2p 轨道杂化，形成两个 sp 杂化轨道，每个杂化轨道与氯原子（$1s^2 2s^2 2p_y^2 2p_z^2 2p_x^1$）中未成对电子轨道 $2p_x$ 进行“头碰头”的重叠形成两个 σ 键。由于杂化轨道间夹角是 180°，所以形成的 $BeCl_2$ 分子的空间结构是直线形分子。如图 7-7 所示。

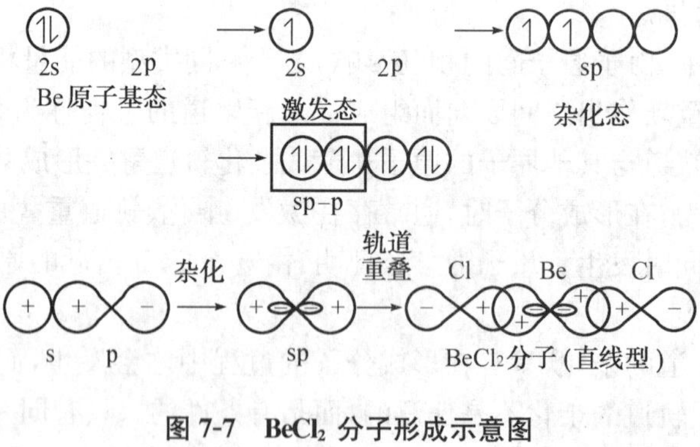

图 7-7　$BeCl_2$ 分子形成示意图

（2）sp^2 杂化　sp^2 杂化轨道是由 1 个 *n*s 和 2 个 *n*p 轨道杂化而形成的 3 个 sp^2 杂化轨道。每个 sp^2 杂化轨道含有$\frac{1}{3}$s 和$\frac{2}{3}$p 轨道成分，杂化轨道间的夹角为 120°，空间结构为平面三角形。例如，BF_3 分子的形成示意如下（图 7-8）：

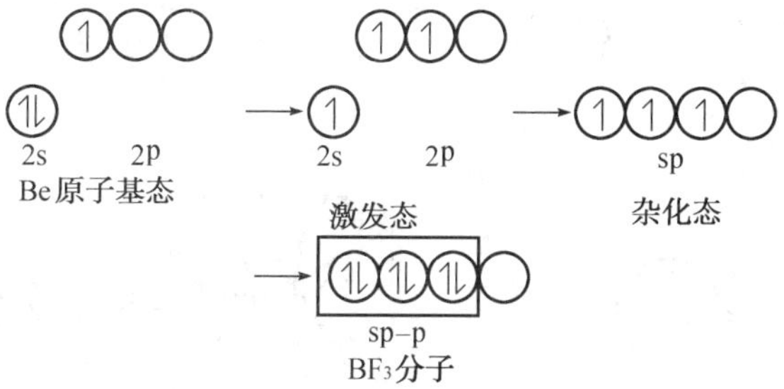

图 7-8　sp^2 杂化过程示意图

硼原子的电子层结构为 $1s^2 2s^2 2p_x^1$，当硼与氟反应时，硼原子的一个 2s 电子激发到空的 2p 轨道中，使硼原子的电子层结构为 $1s^2 2s^1 2p_x^1 2p_y^1$。硼原子的 2s 轨道和 2p 轨道杂化形成 3 个 sp^2 杂化轨道，硼原子的 3 个 sp^2 杂化轨道分别与 3 个 F($1s^2 2s^2 2p_x^2 2p_y^2 2p_z^1$)原子中未成对电子轨道重叠形成 sp^2—p 的 σ 键。由于 3 个 sp^2 杂化轨道在同一平面上，而且夹角为 120°，如图 7-9 所示，所以 BF_3 分子具有平面三角形的空间结构，如图 7-10 所示。实验也证实上述结果。

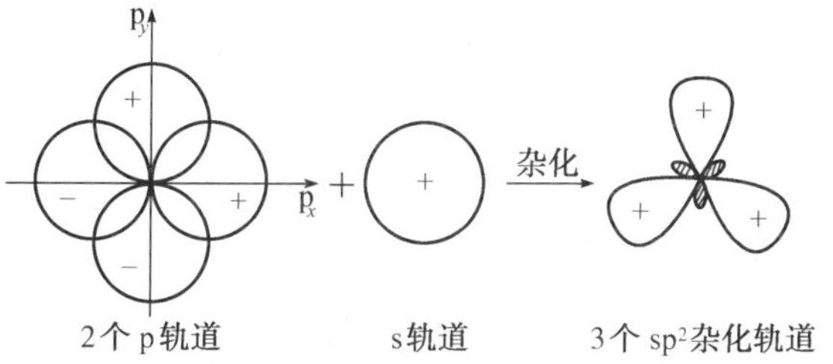

图 7-9　sp^2 杂化轨道的形成

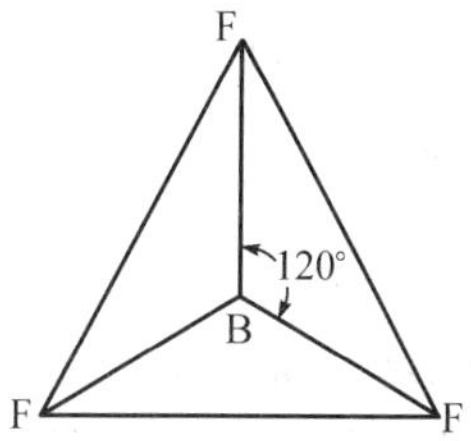

图 7-10　BF_3 分子的空间结构

(3) sp^3 杂化　sp^3 杂化轨道是由 1 个 ns 轨道和 3 个 np 轨道杂化而成的 4 个 sp^3 杂化轨道。每个 sp^3 杂化轨道含有 $\frac{1}{4}$s 和 $\frac{3}{4}$p 轨道成分，sp^3 杂化轨道间的夹角为 109°28′，空间构型为四面体。例如，甲烷 CH_4 分子的形成过程示意图(图 7-11)：

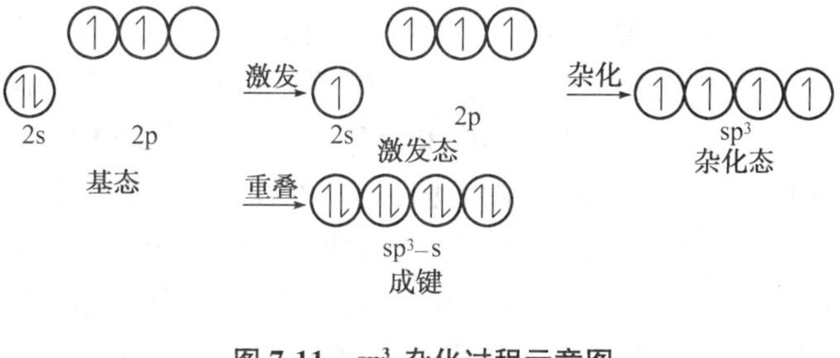

图 7-11　sp^3 杂化过程示意图

碳原子的电子层结构为 $1s^2 2s^2 2p_x^1 2p_y^1$。杂化轨道理论认为，在形成 CH_4 分子时，碳原子的 2s 轨道中 1 个电子激发到空的 $2p_z$ 轨道，使碳原子的电子层结构成为 $1s^2 2s^1 2p_x^1 2p_y^1 2p_z^1$。碳原子的 1 个 2s 轨道和 3 个 2p 轨道杂化，形成 4 个 sp^3 杂化轨道。sp^3 杂化轨道与氢原子的 1s 轨道形成 4 个 sp^3—s 的 σ 键。由于杂化后电子分布更为集中，可使成键的原子轨道间的重叠部分增大，成键能力增强，因此碳原子与 4 个氢原子能结合成稳定的 CH_4 分子。由于 sp^3 杂化轨道间的夹角为 109°28′，所以 CH_4 分子为正四面体的空间结构，如图 7-12 是 CH_4 分子形成示意图，这与实验测定结果一致。

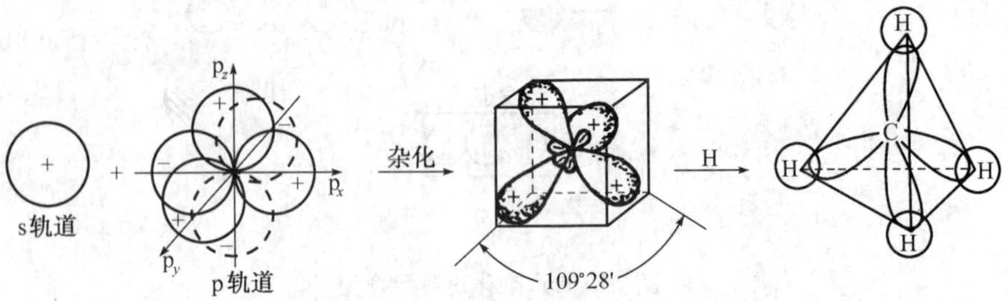

图 7-12　CH_4 分子的形成示意图

通过以上讨论，杂化轨道基本类型 sp^n 可归纳总结如表 7-2 所示。

表 7-2　sp^n 杂化轨道与分子的空间构型

杂化轨道的类型 sp^n	sp	sp^2	sp^3
用于杂化的原子轨道	1 个 s，1 个 p	1 个 s，2 个 p	1 个 s，3 个 p
轨道所含 s 和 p 成分 $s=\frac{1}{1+n}$，$p=\frac{n}{1+n}$	$\frac{1}{2}s$，$\frac{1}{2}p$	$\frac{1}{3}s$，$\frac{2}{3}p$	$\frac{1}{4}s$，$\frac{3}{4}p$
杂化轨道的数目	2	3	4
杂化轨道间的夹角	180°	120°	109°28′
空间构型	直线形	平面三角形	正四面体
实例	BeX_2，BeH_2	BX_3，C_2H_2	CH_4，CCl_4，$SiCl_4$

7.2.2.3　等性杂化和不等性杂化

同种类型的杂化轨道又可分为等性杂化和不等性杂化两种类型。凡杂化轨道成分相同的杂化称为等性杂化。如上述 sp^n 杂化轨道它们所含 s 成分皆为 $1/(1+n)$，含 p 成分皆为 $n/(1+n)$，属于等性杂化。另一类杂化轨道，中心原子中有孤对电子存在，使所含 s 和 p 成分不完全相同，这种杂化称为不等性杂化。例如，H_2O 和 NH_3 中心原子 O 和 N 原子是不等性杂化成键的。在 NH_3 分子中 N 原子的电子层结构为 $1s^2 2s^2 2p_x^1 2p_y^1 2p_z^1$，氮原子的 2s 电子配对（称孤对电子）不参加成键，3 个 2p 轨道与 H 原子键，其键角由于氮原子 2p 轨道相互垂直似乎应为 90°，但实测为 104°30′，这是电子配对理论不能满意解释的。杂化轨道理论认为在形成 NH_3 分子过程中，氮原子的 2s 轨道和 3 个 2p 轨道也采取 sp^3 杂化，形成 4 个所含 s 和 p 成分不完全等同的杂化轨道，其中 1 个杂化轨道已为孤对电子占据，所含 s 成分大于另外 3 个等同的杂化轨道，所含 p 成分则小于另外 3 个等同的杂化轨道，所以是不等性杂化。由于占据孤对电子的杂化轨道，它们不参加成键作用，称为非键轨道，电子云较密集于氧的周围，由于这一个孤对电子与成键电子对之间有排斥作用，以致使 3 个 N—H 键间的夹角不是 109°28′，而是小于 109°28′大于 90°的 107°18′，如图 7-13 所示。在描述分子的空间构型时，由于观察不到孤对电子，而只能观察到原子的位置，所以 NH_3 分子的空间构型为三角锥形。

在 H_2O 分子中，氧原子的 2s 轨道和 3 个 2p 轨道也是采取 sp^3 杂化的，但由于氧原子中有两对孤对电子，因此对成键电子对有更大的排斥作用，所以 O—H 键间的键角更小，为 104°30′。如图 7-14 所示。水分子的空间构型为“∧”字形。

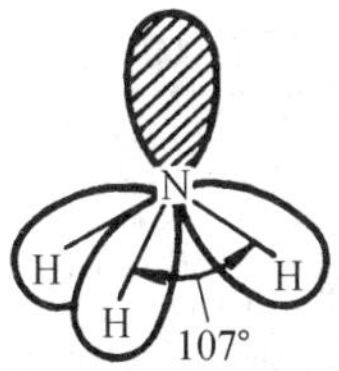

图 7-13 NH_3 分子的空间构型示意图

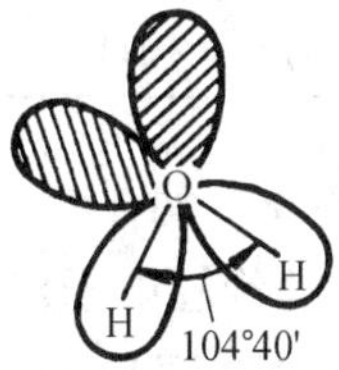

图 7-14 H_2O 分子的空间构型示意图

凡参加杂化的原子轨道中电子总数小于或等于原子轨道总数可形成等性杂化，而大于原子轨道总数，则有孤对电子，故形成不等性杂化。如 NH_3 分子 N 原子参加杂化的原子轨道 2s 和 2p 轨道共 4 个原子轨道，而轨道中共有 5 个电子，电子数大于轨道数，故形成不等性杂化。而 CH_4 中 C 原子参加 sp^3 杂化共 4 个轨道，4 个电子，故 C 原子形成等性杂化。

7.3 价层电子对互斥理论

杂化轨道理论较好地解释了多原子分子的空间构型，它通过对原子轨道的杂化以及杂化轨道中所含 s，p 轨道成分的多少来解释分子的空间构型。近几十年来又发展了一种理论，叫做价层电子对互斥理论（简称 VSEPR 法）。用价层电子对互斥理论预言分子构型比较简单，易于理解，推断的结果与实验事实基本符合。

价层电子对互斥理论的基本要点如下：

(1) 分子或离子的空间构型取决于中心原子周围的价层电子对数。价层电子对是指 σ 键电子对与孤对电子。

(2) 价层电子对间尽可能远离以使斥力最小。

价层电子对间斥力大小与价层电子对的类型有关。从价层电子对间的斥力大小来看：

孤对—孤对＞孤对—成键＞成键—成键

此外斥力还与是否形成 π 键以及中心原子和配位原子的电负性有关，它们都影响着分子与离子的空间构型。

(3) 推断分子或离子的空间构型的具体步骤如下：

① 确定中心原子的价层电子对数，判断电子对的空间构型。

中心原子的价层电子对数可用下式计算：

$$\text{价层电子对数}=\frac{1}{2}\left\{\text{中心原子的价电子数}+\text{配位原子提供的价电子数}\pm\text{离子电荷数}\begin{pmatrix}\text{负离子}\\\text{正离子}\end{pmatrix}\right\}$$

在计算配位原子提供的价电子数时，H 与卤素的每个原子各提供 1 个价电子，氧或硫原子则可认为不提供共用电子，即当氧、硫原子为配位原子时，配位原子提供的价电子数为 0。例如：

$$SO_4^{2-}\ \text{中 S 的价层电子对数}=\frac{6+0+2}{2}=4$$

根据斥力最小的原则，价层电子对数与电子对空间构型关系表示如下：

价层电子对数	2	3	4	5	6
电子对空间构型	直线形	平面三角形	四面体	三角双锥	八面体

② 确定中心原子的孤对电子数，推断分子的空间构型。

若中心原子的价层电子对全是 σ 键(无孤对电子)，电子对的空间构型就是该分子的空间构型。如 BeH_2，BF_3，CH_4，PCl_5，SF_6 分别为直线形、三角形、四面体、三角双锥和八面体。

若中心原子价层电子对中有孤对电子，分子空间构型将不同于电子对的空间构型。例如，NH_3 分子价层电子对数为 4，电子对空间构型为四面体，但分子的空间构型为三角锥，因为四面体的一个顶点被孤对电子占据。又如 H_2O 分子，价层电子对中有 2 对孤对电子，电子对空间构型为四面体，而分子的空间构型为 V 形。孤对电子的存在，使价层电子对间斥力不等，造成 NH_3、H_2O 等分子的电子对空间构型偏离正四面体。孤对电子施加于邻近电子对的斥力较大，使 NH_3 中键角(∠HNH)小于四面体中的 109°28′，呈 107°18′，H_2O 中键角∠HOH 进一步压缩成 104°30′。

孤对电子在四面体中处于任何顶点其斥力都是等同的。在三角双锥构型中，孤对电子是处于轴向还是处于水平方向三角形的某个顶点上则斥力情况有所不同。原则上应处于斥力最小位置上。例如，SF_4 分子中 S 的价层电子对数为 5，电子对空间构型为三角双锥，有四个顶点被 F 占领，余下一个顶点由孤对电子占据，孤对电子占据的位置有两种可能(图 7-15)：

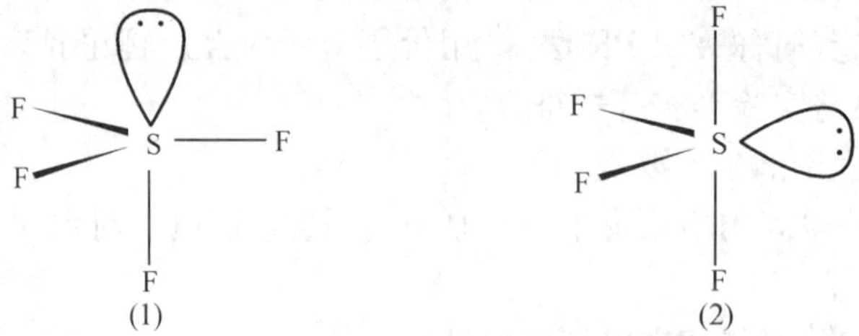

图 7-15　SF_4 中孤对电子所处的位置

图 7-15(1)是指孤对电子占有轴向上的一个顶点。孤对电子与成键电子对间互成 90°的有 3 处，互成 180°的有一处。图 7-15(2)是指孤对电子占据水平方向三角形的一个顶点，与成键电子对互成 90°角的有两处，互成 120°的有两处。角度愈大，斥力愈小。首先看成 90°角的有几处，成 90°角的愈少，斥力愈小，其构型将是稳定的。显然，SF_4 分子应以(2)为稳定构型，即孤对电子应优先占据水平方向三角形的一个顶点，使分子构型成为变形四面体①。

假如三角双锥的电子对空间排布中有 2 对或 3 对孤对电子，不难证明它们将分别占有水平方向三角形的 2 个或 3 个顶点，使分子构型分别成为 T 形或直线形。

在八面体的电子对空间构型中，若有一对或两对孤对电子，基于上述的同样考虑，孤对电子将分别占据八面体的一个顶点或相对的 2 个顶点，分别成为四方锥形或平面正方形的分子空间构型。

③ 考虑是否形成 π 键以及中心原子和配位原子的电负性等因素，进一步确定分子的空间

① 也常把这种形状描述为跷跷板形(两个轴向键好比"板"，两个平面三角形的平伏键好比支架)。

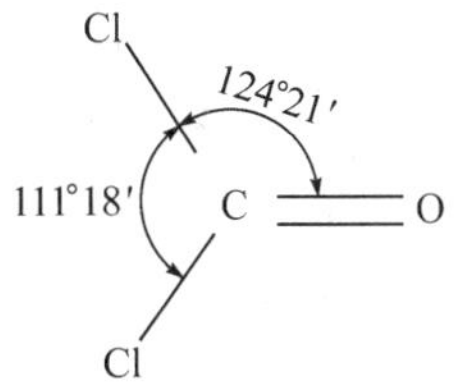

图 7-16　$COCl_2$ 中的键角

构型。

对分子构型起主要作用的是 σ 键，而不是 π 键。配位原子数目等于 σ 键数。在有多重键时，多重键同孤对电子相似，即多重键对其他成键电子对也有较大斥力，使键角改变，如在 $COCl_2$ 中，∠ClCCl＝111°18′，∠OCCl＝124°21′，这种情况是由于双键对 2 个 C—Cl 键的斥力所造成的（图 7-16）。

另外，中心原子和配位原子的电负性也影响分子的空间构型。例如 NF_3 分子中∠FNF＝102°，而 NH_3 分子中的∠HNH＝107°18′。虽然中心原子都是 N 原了，但由于配位原子 F 的电负性比 H 的电负性大，吸引共用电子对的能力强，使 NF_3 中的共用电子对偏向配位原子而远离中心原子，因此成键电子对间的斥力减小，键角随之而减小。又当配位原子相同而中心原子不同时，将随中心原子电负性的变小，键角变小，如 NH_3 键角为 107°18′，PH_3 为 93°18′，AsH_3 为 91°24′。

总之，价层电子对互斥理论用于说明分子的空间构型受到人们的重视，该理论简明、直观，应用范围也比较广泛，但也只能作定性的描述，得不出定量的结果。同时，该理论还存在若干问题，例如，只强调电子对的斥力，未考虑键的本性。

7.4　分子轨道理论简介

价键理论圆满地说明了共价键的本质和形成，并能预测和解释分子的空间构型。但是，价键理论有局限性，它无法解释 H_2^+ 的存在和 O_2 中有两个未成对电子等问题。为了弥补价键理论存在的不足，1932 年，美国科学家 Mulliken 和德国科学家 Hund 提出了分子轨道理论。分子轨道理论把分子作为一个整体来处理，比较全面地反映了分子中电子的运动状态，因此可以解释一些价键理论无法解释的事实。

7.4.1　分子轨道理论的基本要点

(1) 在分子中，电子不再属于某个原子，也不局限于两个相邻原子之间，而是在整个分子空间区域内运动，分子中每个电子的空间运动状态用波函数 Ψ（称为分子轨道）来描述，每一个波函数 Ψ 都有相对应的能量和形状，Ψ^2 为分子中的电子在空间出现的概率密度。分子轨道与原子轨道的不同之处，主要是分子轨道是多中心（多原子核）的，而原子轨道是一个中心（单原子核）的。

(2) 作为一种近似处理，可以认为分子轨道是由原子轨道线性组合而成的。组合成的分子轨道的数目等于参与组合的原子轨道的数目。两个原子轨道 Ψ_1 和 Ψ_2 线性组合得到两个分子轨道，其中一个是成键分子轨道，其能量 E_{I} 比两个原子轨道中能量较低的轨道还低；另一个是反键分子轨道，其能量 E_{II} 比两个原子轨道中能量较高的轨道的能量还要高。两个分子轨道与参与组合的两个原子轨道的能量关系如图 7-17 所示。分子轨道 Ψ_{AB} 的能量低于 A，B 原子轨道的能量，称为成键分子轨道；分子轨道 Ψ_{AB}^* 的能量高于 A，B 原子轨道的能量，称为反键分子轨道。

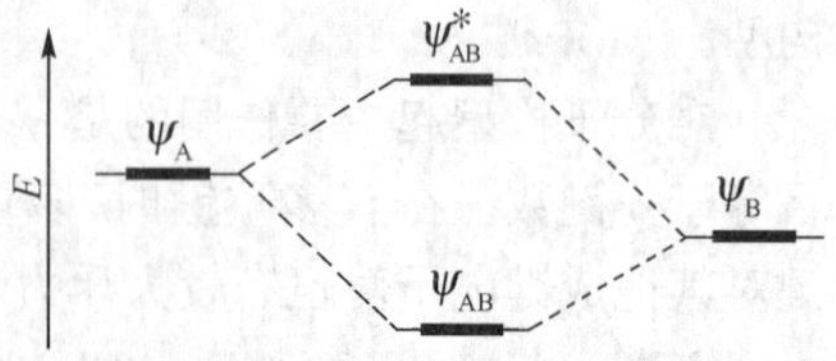

图 7-17 能量不同的两个原子轨道组合成分子轨道时的近似能量关系

(3) 为了有效地组合成分子轨道，参与组合的原子轨道必须满足以下三条原则：

① 对称性匹配原则：只有对称性相同的原子轨道才能组合成分子轨道。所谓对称性相同，可以理解为两个原子轨道以两个原子核连线为轴（指定为 x 轴）旋转 180°时，原子轨道角度分布的正、负号都发生改变或都不发生改变。图 7-18(a)，(c)为两个原子轨道的对称性不匹配；而图 7-18(b)，(d)，(e)为两个原子轨道的对称性匹配。

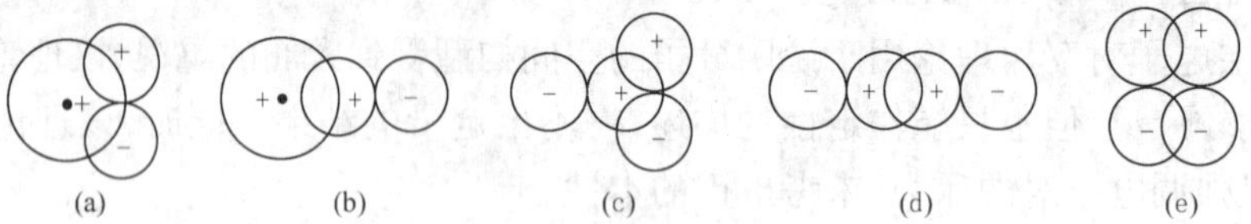

图 7-18 原子轨道对称性示意图

② 能量相近原则：只有能量接近的两个对称性匹配的原子轨道才能有效地组合成分子轨道，而且原子轨道的能量越接近，组合成的分子轨道越有效。这个原则对于确定两种不同类型的原子轨道能否有效地组合成分子轨道尤为重要。

③ 轨道最大重叠原则：能量相近、对称性匹配的两个原子轨道线性组合分子轨道时，应尽可能使原子轨道重叠程度最大，以使成键分子轨道的能量尽可能降低。

(4) 电子在分子轨道上的排布遵循能量最低原理、Pauli 不相容原理和 Hund 规则。

(5) 分子中共价键的强度用键级来度量，键级的定义为：

$$\text{键级}=\frac{\text{成键电子数}-\text{反键电子数}}{2}$$

一般来说，键级越大，原子间形成的共价键就越牢固，分子就越稳定。

7.4.2 分子轨道的形成

根据分子轨道的对称性不同，可以将分子轨道分为 σ 分子轨道和 π 分子轨道。两个原子轨道沿着连接两个原子核轴线（x 轴）以“头碰头”方式组合成的分子轨道称为 σ 分子轨道；两个原子轨道垂直于轴线以“肩并肩”方式组合成的分子轨道称为 π 分子轨道。

下面讨论 s，p 原子轨道组合成分子轨道的情况。

(1) s 原子轨道的组合

两个原子的 ns 轨道沿连接两个原子核的轴线进行线性组合可得到两个 σ 分子轨道，其中能量较低的分子轨道为成键分子轨道，用符号 $\sigma(n\mathrm{s})$表示；能量较高的 σ 分子轨道为反键轨道，用符号 $\sigma^*(n\mathrm{s})$表示。s 原子轨道组合成的分子轨道，如图 7-19 所示。

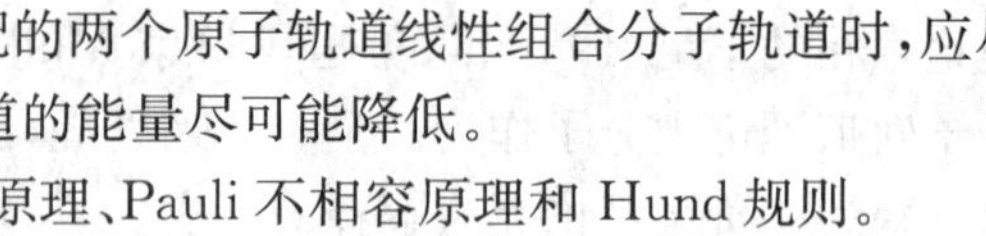

图 7-19 s 原子轨道组合成分子轨道

分布在 σ 分子轨道上的电子称为 σ 电子，分布在成键 σ 分子轨道上的电子称为成键 σ 电子，分布在反键 σ 分子轨道上的电子称为反键 σ 电子。成键电子使分子的稳定性增大，而反键电子使分子的稳定性减小。由 σ 电子的成键作用构成的共价键称为 σ 键，由一个 σ 成键电子构成的共价键（如 H_2^+）称为单电子 σ 键；由一对 σ 成键电子构成的共价键称为 σ 键或共价单键；由一对 σ 成键电子和一个 σ 反键电子构成的共价键（如 He_2^+）称为三电子 σ 键。一对 σ 成键电子和一对 σ 反键电子不能形成有效的共价键。

（2）p 原子轨道的组合

两个原子的 np_x 轨道沿连接两个原子核的轴线（x 轴）以“头碰头”方式进行线性组合，可以得两个 σ 分子轨道，如图 7-20 所示。其中成键分子轨道用符号 $\sigma(2p_x)$ 表示，反键分子轨道用符号 $\sigma^*(2p_x)$ 表示。

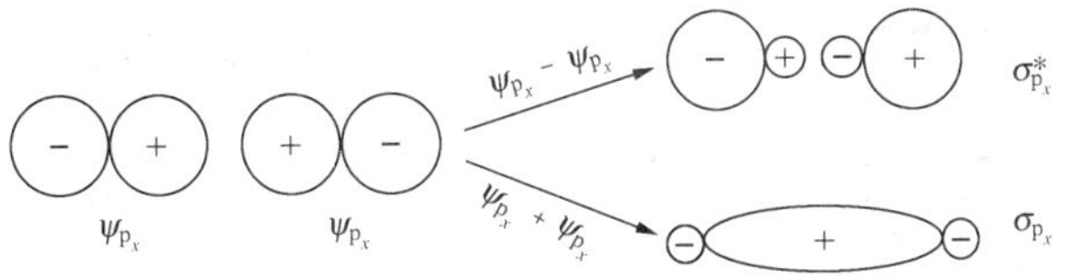

图 7-20　p_x-p_x 组合成分子轨道

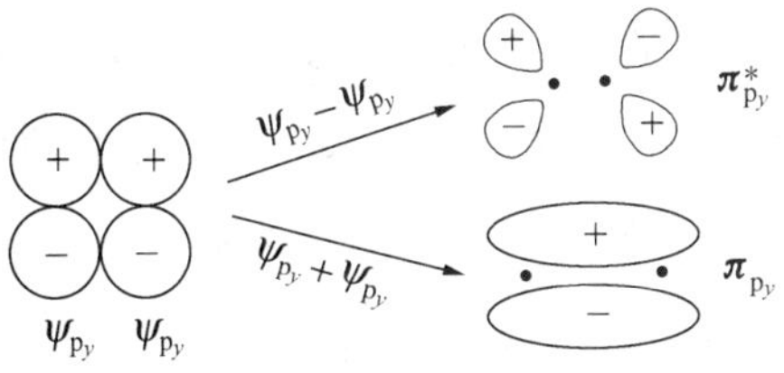

图 7-21　p_y-p_y，p_z-p_z 组合成分子轨道

当键轴为 x 轴时，两个原子的 np_y 轨道或 np_z 轨道垂直于通过键轴的 xz 或 xy 平面以“肩并肩”方式组合成两个 π 分子轨道，如图 7-21 所示。成键 π 分子轨道用符号 $\pi(np_y)$，$\pi(np_z)$ 表示，反键 π 分子轨道用符号 $\pi^*(np_y)$ 或 $\pi^*(np_z)$ 表示。分布在 π 分子轨道上的电子称为 π 电子，由 π 电子的成键作用构成的相应的化学键称为 π 键。由一个成键 π 电子构成的共价键称为单电子 π 键；由一对成键 π 电子构成的共价键称为双电子 π 键，简称 π 键；由一对成键 π 电子和一个反键 π 电子构成的共价键称为三电子 π 键。一对成键 π 电子和一对反键 π 电子不能形成共价键。

7.4.3　同核双原子分子的分子轨道能级图

同核双原子分子的分子轨道能量的高低由参与组合的原子轨道的能量高低及重叠程度大小两个因素决定。从原子轨道的能量考虑，1s 轨道的能量低于 2s，多电子原子的 2s 轨道的能量低于 2p。从原子轨道重叠程度考虑，在成键的核间距下，两个 2s 轨道或两个 $2p_x$ 轨道之间的重叠程度比两个 $2p_y$ 或两个 $2p_z$ 轨道之间的重叠程度大，即 σ 键的重叠程度比 π 键的重叠程度大。因此，成键 π 轨道和反键 π 轨道间的能量差比成键 σ 轨道和反键 σ 轨道间的能量差小。根据上述分析，同核双原子分子的分子轨道能级顺序为

$$\sigma(1s)<\sigma^*(1s)<\sigma(2s)<\sigma^*(2s)<\sigma(2p_x)<\pi(2p_y)=\pi(2p_z)<\pi^*(2p_y)=\pi^*(2p_z)<\sigma^*(2p_x)$$

然而这种顺序不是固定不变的，由于 2s 轨道与 $2p_x$ 轨道进行组合，会使分子轨道能级高低发生改变。当 2s 和 $2p_x$ 的能级相近时，由两个 2s 轨道和两个 $2p_x$ 轨道组合成的对称性相同的分子轨道 $\sigma(2s)$ 和 $\sigma(2p_x)$ 以及 $\sigma^*(2s)$ 和 $\sigma^*(2p_x)$ 进一步组合，形成新的分子轨道。此时各个分子轨道已不是单纯的 2s－2s 和 $2p_x-2p_x$ 原子轨道的组合，因此不能用 $\sigma(2s)$，$\sigma(2p_x)$

等符号表示，而改用 $1\sigma_g$，$1\sigma_u$ 等符号，其中 g 代表中心对称，u 代表中心反对称。重新组合后形成的分子轨道能级高低次序为：

$$1\sigma_g < 1\sigma_u < 2\sigma_g < 2\sigma_u < 1\pi_u < 3\sigma_g < 1\pi_g < 3\sigma_u$$

第二周期元素原子形成的同核双原子分子的分子轨道能级图如图 7-22 所示。

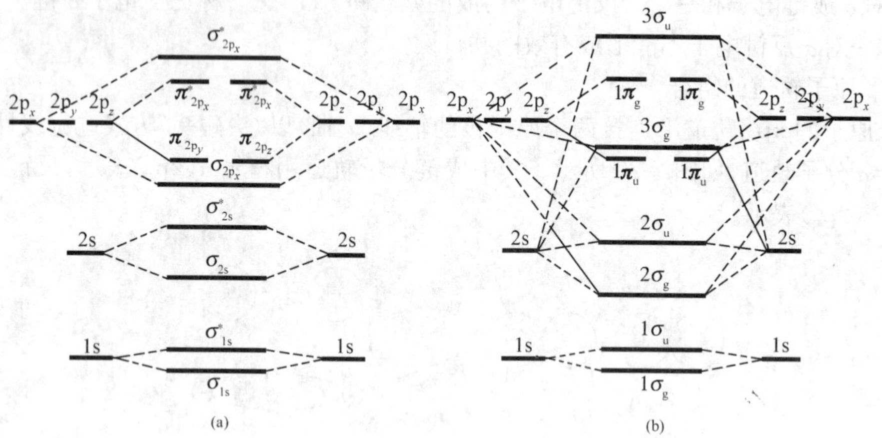

图 7-22　第二周期同核双原子分子的分子轨道能级图

图 7-22(a)表示 2s 轨道与 2p 轨道的能级差较大(如 O,F,Ne 原子)，不会发生 2s 轨道和 $2p_x$ 轨道的组合。图 7-22(b)表示 2s 轨道与 $2p_x$ 轨道的能级差较小(如 B,C,N 原子)，将发生 2s 轨道与 $2p_x$ 轨道的组合。

7.4.4　分子轨道理论的应用实例

下面通过几个具体的实例来说明分子轨道理论的应用。

(1) H_2^+ 的结构

两个 H 原子的 1s 原子轨道，组合成两个分子轨道——σ(1s)成键轨道和 σ^*(1s)反键轨道。H_2^+ 只有 1 个电子，根据能量最低原理，应排布在能量最低的 σ(1s)成键轨道上，其电子排布式为$[\sigma(1s)]^2$，形成一个单电子 σ 键。

H_2^+ 的键级为 0.5，所形成的单电子 σ 键的键能较小，故 H_2^+ 易解离。由于 H_2^+ 中有 1 个未成对电子，因此具有顺磁性。

(2) He_2^+ 的结构

两个 He 原子的 1s 原子轨道，组合成 σ(1s)和 σ^*(1s)两个分子轨道。He_2^+ 有 3 个电子，根据能量最低原理和 Pauli 不相容原理，有两个电子排布在能量最低的 σ(1s)轨道上，第三个电子排布在能量较高的 σ^*(1s)轨道上，其电子排布式为$[\sigma(1s)]^2[\sigma^*(1s)]^1$，形成了一个三电子 σ 键。

He_2^+ 的键级为(2−1)/2＝0.5，所形成的三电子 σ 键的键能较小，故 He_2^+ 易解离。由于 He_2^+ 中有 1 个未成对电子，因此具有顺磁性。

(3) N_2 分子的结构

两个 N 原子的 1s,2s,2p 原子轨道组合的分子轨道的能级顺序如图 7-22(b)所示。N_2 分子共有 14 个电子，根据能量最低原理和 Pauli 不相容原理，其电子排布式为$(1\sigma_g)^2(1\sigma_u)^2(2\sigma_g)^2(2\sigma_u)^2(1\pi_u)^4(3\sigma_g)^2$。

$(1\sigma_g)^2$ 和$(1\sigma_u)^2$ 及$(2\sigma_g)^2$ 和$(2\sigma_u)^2$ 四对电子对成键的贡献实际很小，而对成键有贡献的主要是$(1\pi_u)^4$ 和$(3\sigma_g)^2$ 三对电子，形成两个正常的 π 键和一个正常的 σ 键，键级为(10−4)/2=3。N_2 分子中没有未成对电子，为反磁性物质。

(4) O_2 分子的结构

两个 O 原子的 1s，2s，2p 轨道组合成的分子轨道的能级顺序如图 7-22(a)所示。O_2 分子共有 16 个电子，根据 Hund 规则、能量最低原理和 Pauli 不相容原理，其电子排布式为$[\sigma(1s)]^2[\sigma^*(1s)]^2[\sigma(2s)]^2[\sigma^*(2s)]^2[\sigma(2p_x)]^2[\pi(2p_y)]^2[\pi(2p_z)]^2[\pi^*(2p_y)]^1[\pi^*(2p_z)]^1$，对成键有贡献的是$[\sigma(2p_x)]^2$，$[\pi(2p_y)]^2[\pi^*(2p_y)]^1$，$[\pi(2p_z)]^2[\pi^*(2p_z)]^1$，其中，$[\sigma(2p_x)]^2$ 形成一个 σ 键，$[\pi(2p_y)]^2[\pi^*(2p_y)]^1$ 形成一个三电子 π 键，$[\pi(2p_z)]^2[\pi^*(2p_z)]^1$ 也形成一个三电子 π 键，O_2 的键级为(10−6)/2=2。O_2 分子的结构可表示为

:O ∴—∴ O:

由于 O_2 分子中有两个未成对电子，所以具有顺磁性。

7.4.5 氢键与蛋白质结构

蛋白质(proteins)就是摩尔质量很大(一万以上，有的高达数千万)的多肽(polypeptide chain)。实际上蛋白质和多肽之间并没有严格的界线。蛋白质部分水解所得到的都是各种多肽混合物。

蛋白质的物理、化学性质和生物功能都依赖于它们的结构。为阐明许多生物化学问题和现象，研究、了解蛋白质的结构是十分重要的。

蛋白质的结构相当复杂，通常从一级结构、二级结构、三级结构和四级结构四种不同的层次来描述。蛋白质的二级、三级、四级结构又统称为空间结构，指的是蛋白质分子中原子和基团在三维空间的排列和分布。

(1) 蛋白质的一级结构　一级结构(primary structure)表示的是组成蛋白质分子的氨基酸线基排列顺序。各种蛋白质的生物活性首先是由一级结构决定的。

测定多肽氨基酸顺序的技术都可应用于蛋白质。1955 年，桑格首次确定了胰岛素(insulin)的完整结构后，相继获得了多种蛋白质的一级结构，例如核糖核酸酶(124 个氨基酸残基，见图 7-23)、糜蛋白酶(241 个氨基酸残基)。γ-球蛋白是一种很复杂的抗体，其氨基酸的顺序也已经被破译。英国人爱德尔曼(Edenlman)证明此抗体总共含有 1 320 个氨基酸(由四个链组成，两个含 446 个氨基酸，另两个含 214 个氨基酸)，此成就使他获得了 1973 年的诺贝尔奖。

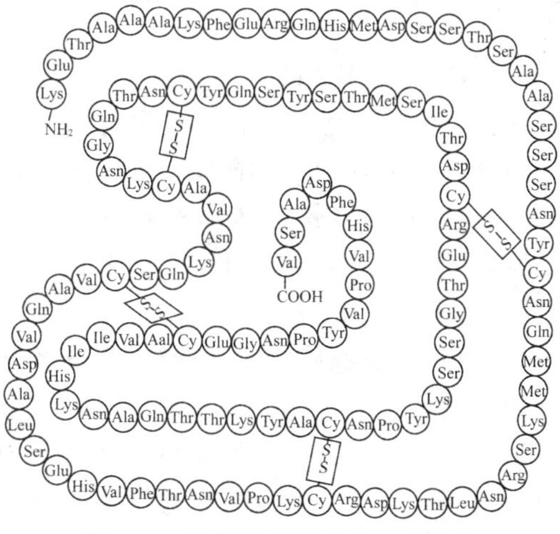

图 7-23　胰核糖核酸酶的一级结构

(2) 蛋白质的二级结构　蛋白质的二级结构(secondary structure)涉及肽链的空间的优势构象和所呈现的形状。在一个肽链的 >C=O 和另一个肽链的 >N—H 之间可形成氢键，正是由于这种氢键的存在维持了蛋白质的二级结构。

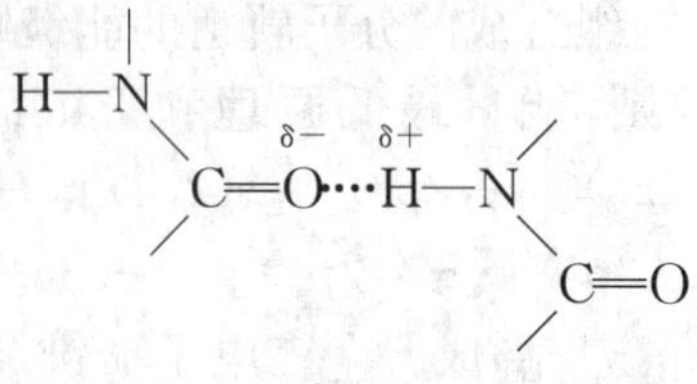

氢键

在蛋白质分子中，有两种类型的二级结构：α-螺旋型和β-折叠型。

(1) α-螺旋型　鲍林(Pauling)和考里(Corey)根据用 X 射线法对纤维状蛋白质分子的研究，首先提出了肽链的 α-螺旋型结构。α-螺旋型(α-helix)结构是由肽链之间的氢键所造成的(图 7-24)。

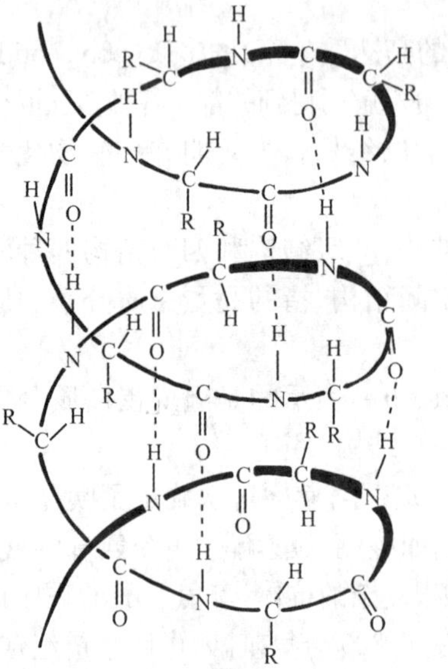

图 7-24　蛋白质的二级结构——α-螺旋型

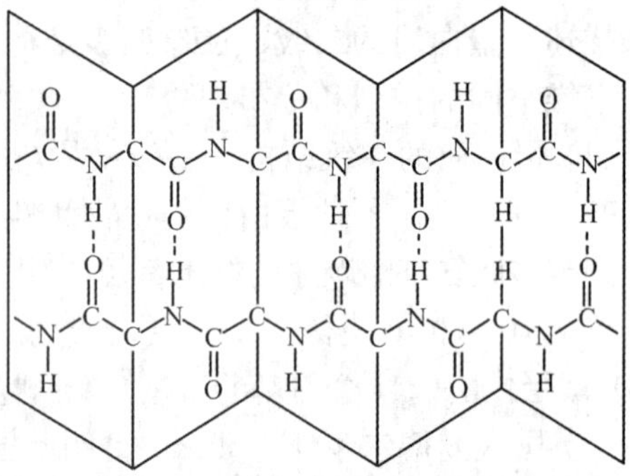

图 7-25　肽链的反平行 β-折叠结构

天然蛋白质的 α-螺旋绝大多数是右螺旋的，每圈中有 3.6 个氨基酸单位。相隔四个肽键形成氢键，氢键取向几乎与中心轴平行。氨基酸的侧链 R 伸向外侧，两个螺旋之间的距离大约为 0.54 nm。螺旋直径为 1～1.1 nm，中间空隙很小，溶剂分子无法进入。

蛋白质的多肽链形成 α-螺旋的难易及螺旋体本身的稳定性与组成蛋白一级结构有关。当肽链中存在脯氨酸时，由于脯氨酸的 α-NH 构成肽链后，没有多余的氢原子去形成氢键。所以在肽链中有脯氢酸出现时，α-螺旋就会中断。

α-角蛋白等纤维状蛋白质，大都是 α-螺旋结构。近年来的研究证明，某些球蛋白的一部分肽链也是迂回盘旋的 α-螺旋型结构。

(2) β-折叠型　β-折叠型(β-pleated sheet)是肽链的一种伸展结构，在两条肽链，或一条肽链的两段之间形成氢键。两条肽链可以是平行的(N-端到 C-端是同向的)，也可以是反平行的。从能量上看，反平行比较稳定。图 7-25 表示是蛋白质肽链的 β-折叠型结构。

氢键也对生物体内的蛋白质和DNA(脱氧核糖核酸)的性质起着重要作用。

7.5 分子间作用力和氢键

7.5.1 分子的极性和偶极矩

7.5.1.1 极性分子和非极性分子

在任何分子中,存在着带正电荷的原子核和带负电荷的电子,其正、负电荷总值应相等,所以分子是电中性的。对于分子中所有电子来说,可以设想它们的负电荷集中于一点,这一点称为负电荷的重心或称负极;同样,对分子中各个原子核来说,它们的正电荷之总和可以设想于一点,这一点称为正电荷的重心或称正极。正极和负极总称为偶极。如果分子中的正、负电荷重心重合,我们称此分子为非极性分子,如图 7-26(1)所示。如果分子的正、负电荷重心不重合,这种分子称为极性分子,如图 7-26(2)所示。同核双原子分子是由非极性键组成的分子,正、负电荷重心重合,一定是非极性分子;异核双原子分子是由极性键组成的分子,正、负电荷重心不重合,是极性分子。由非极性键组成的多原子分子(如 O_3),正、负电荷重心重合,是非极性分子;由极性键组成的空间构型对称的多原子分子(如 CO_2,CCl_4),正、负电荷重心重合,是非极性分子;由极性键组成的空间构型不对称的多原子分子(如 H_2O,NH_3),正、负电荷重心不重合,是极性分子。

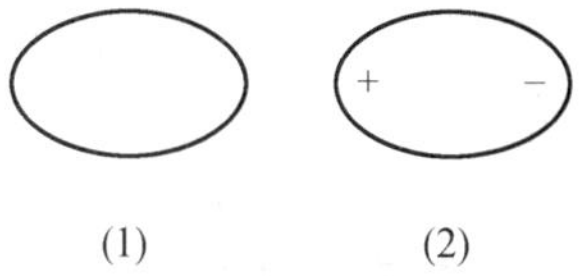

图 7-26 非极性分子和极性分子示意图

7.5.1.2 分子的偶极矩

分子极性大小常用偶极矩大小来衡量。在极性分子中,正、负电荷重心之间的距离称为偶极长,以 d 表示。极性分子正或负电荷的电量以 q 表示。分子的偶极长和偶极一端上电量的乘积定义为分子的偶极矩,以符号 μ 表示。即:

$$\mu = q \cdot d \tag{7-3}$$

因为 1 个电子所带的电荷为 1.602×10^{-19} C,而偶极长相当于原子间距离,其数量级为 1×10^{-10} m,因此偶极矩 μ 的数量级在 1×10^{-30} C·m 范围。原来常把 3.33×10^{-30} C·m 作为偶极矩 μ 的单位,称为德拜,以 D 表示,即 1 $D=3.33\times10^{-30}$ C·m,现在偶极矩只用 C·m 表示单位。μ 大于零的分子是极性分子。μ 越大,分子的极性越强。$\mu=0$ 的分子是非极性分子。

分子有无极性,对物质的一些性质有影响。例如,在一般情况下,非极性分子易溶于非极性溶剂,极性分子易溶于极性溶剂,称为物质的"相似者相溶"原理。

7.5.2 分子间作用力

离子键、金属键和共价键都是原子间比较强的相互作用,键能为 100～800 kJ·mol^{-1}。此外,在分子之间还存在着一种较弱的相互作用,其结合能大约只有几到几十千焦每摩尔,比化学键小 1～2 个数量级。气体分子能凝聚成液体和固体主要靠分子间作用力。分子间作用力又称范德华力。

范德华力根据产生作用力不同分为以下三种力:

7.5.2.1 取向力

取向力产生在极性分子和极性分子之间。极性分子固有的偶极称为永久偶极。而偶极是电性的,因此两个极性分子相互靠近时,同极相斥,异极相吸,此种状态称为分子的取向,如图 7-27 所示。在已取向的偶极分子之间,由于静电引力将相互吸引或排斥,当吸引和排斥达到相对平衡,从而使系统能量达到最小值。这种靠永久偶极而产生的相互作用力称为取向力。

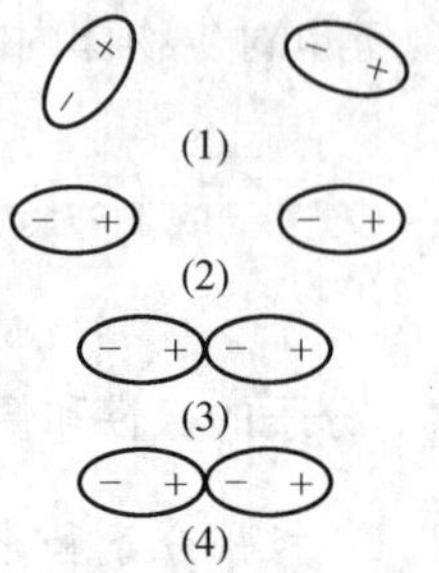

图 7-27 极性分子与极性分子相互作用示意图

取向力与下列因素有关:

(1)取向力与偶极矩平方成正比,即分子的偶极矩越大,分子的极性大,取向力越大。

(2)取向力与热力学温度成反比,温度越高,取向力越弱。

(3)取向力与偶极间距离的 7 次方成反比,即随分子间距离增大,取向力递减得非常快。

7.5.2.2 诱导力

在极性分子和非极性分子之间以及极性分子和极性分子之间都存在诱导力。

在非极性分子中,正、负电荷重心重合,不存在偶极;但在外电场,极性分子的永久偶极电场的影响下,非极性分子变成具有一定偶极的极性分子。这种在外电场力作用下产生的偶极称为诱导偶极。非极性分子诱导偶极同极性分子的永久偶极间的作用称为诱导力。如图 7-28 所示。

图 7-28 极性分子与非极性分子相互作用示意图

同样,在极性分子和极性分子之间,除了取向力外,由于极性分子的相互影响,产生诱导偶极,其结果是使极性分子的偶极矩增大,从而使分子之间出现了除取向力外的额外吸引力——诱导力。诱导力也会出现在离子和分子以及离子与离子之间。

影响诱导力因素:

(1)与分子偶极矩的平方成正比。

(2)与被诱导分子的变形性成正比,通常分子中各组成原子的半径越大,它在外来静电力作用下越容易变形,诱导力也越大。

(3)诱导力也与分子间距离的 7 次方成反比,因而随距离的增大,诱导力减弱得很快。诱导力与温度无关。

7.5.2.3 色散力

任何一个分子,由于电子的运动和原子核的振动可以发生瞬间的相对位移,从而产生"瞬间偶极"。这种瞬间偶极也会诱导邻近的分子产生瞬间偶极,于是两个分子靠瞬间偶极的异极相互吸引在一起。这种由于存在瞬间偶极而产生的相互作用力称为色散力。如图 7-29 所示,非极性分子和非极性分子相互作用示意图。

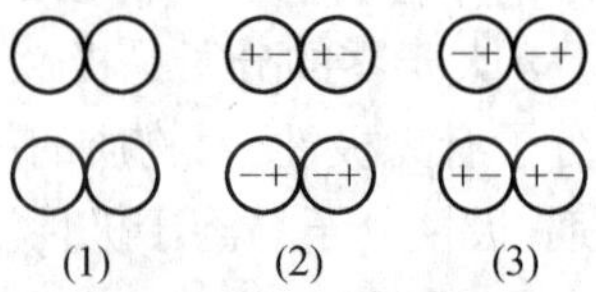

图 7-29 非极性分子和非级性分子相互作用示意图

色散力和下列因素有关:

(1) 色散力和相互作用分子的变形性有关,变形性越大,色散力越大;

(2) 色散力和分子间距离的 7 次方成反比;

(3) 色散力和相互作用分子的电离能有关。

总之,在非极性分子之间只有色散力存在;在极性分子和非极性分子之间除了诱导力外,还有色散力;在极性分子之间,色散力、诱导力、取向力均存在。即色散力在各种分子间都有,而且一般是主要的一种，只有当分子的极性较大时才以取向力为主，如表 7-3 所示。范德华力一般没有方向性和饱和性。

表 7-3 分子间作用能的分配[作用能/($kJ \cdot mol^{-1}$)]

分子	取向力	诱导力	色散力	总和
Ar	0.000	0.000	8.49	8.49
CO	0.002 9	0.008 4	8.74	8.75
HI	0.025	0.113 0	25.86	25.98
HBr	0.686	0.502	21.92	23.09
HCl	3.305	1.004	16.82	21.13
NH_3	13.31	1.548	14.94	29.58
H_2O	36.38	1.929	8.996	47.28

分子间力对物质性质，如熔点、沸点、溶解度等都有很大影响，当液体气化时，分子间力越大，汽化热也越大，液体的沸点就高。当固体熔化时，分子间力大，熔化热也大，于是固体的熔点就高。同族元素的单质(如卤素和稀有气体)和卤化氢分子随相对分子质量的增大而色散力增加，故熔点、沸点依次升高。

7.5.3 氢键

水的比热容特别大，水的密度在 277.13 K 时最大，水的沸点比同族同类氢化物的沸点高，水的这些反常物理性质是由于水分子生成了氢键。分子内或分子之间在氢原子和电负性较大的 O,F,N 等原子之间的一种特殊相互作用力称为氢键。其中由分子与分子之间形成的氢键(如 H_2O,NH_3,HF 等)称为分子间氢键。由于分子间氢键的形成，这些分子形成缔合分子。水分子的氢键，如图 7-30 所示。氢键通常可用 X—H…Y 表示，X 和 Y 代表 F,O,N 等元素的原子。X 和 Y 可以是相同的元素，也可以是不相同的元素。

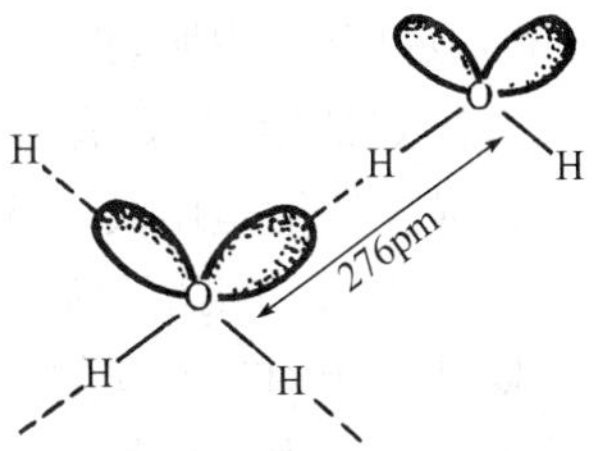

图 7-30 水分子间的氢键示意图

7.5.3.1 氢键的形成

氢键形成的本质是由于 H 原子和电负性大的 X 原子(如 F,O,N 等)以共价键结合后，其电子云强烈偏移向氮、氧、氟原子，使氢原子几乎成为赤裸的质子。这个半径很小且带正电性的氢原子与另一个分子中含有孤电子对并带部分负电荷的、电负性大的 X 原子充分靠近而产生吸引力，这种吸引力就是氢键。

从氢键的形成可以看出形成氢键具备的条件是：① 分子中有 H 原子；② X—H…Y 中 X 和 Y 原子元素的电负性大，半径要小，且有孤对电子。实际上只有 F、O、N 元素与氢的化合物才能形成氢键。除 H_2O、HF 和 NH_3 分子外，还有无机含氧酸、羧酸、醇、胺以及蛋白质等物质都存在有氢键。

7.5.3.2 氢键的特点

(1) 氢键具有方向性　氢键的方向性是指 Y 原子与 X—H 形成氢键时，使 X—H…Y 在同一直线上。因为这样成键，可使 X 与 Y 的距离最远，2 个原子的电子云之间斥力最小，因而形成的氢键愈强，系统稳定。

(2) 氢键具有饱和性　氢键的饱和性是指每一个 X—H 只能与一个 Y 原子形成氢键。

(3) 氢键的强弱与元素电负性有关　元素的电负性越大，半径越小，氢键越强。如 F—H…F>O—H…O>N—H…N。

(4) 氢键的键能与分子间作用力具有相同数量级　氢键的键能比共价键的键能小得多。如 O—H 键的键能为 462.8 kJ·mol^{-1}，而 O—H…O 氢键的键能为 18.8 kJ·mol^{-1}。氢键键能与分子间作用力相近，所以把它归入分子间力来讨论。

7.5.3.3　氢键对化合物性质的影响

分子间形成氢键时，使分子间产生了较强的结合力，使分子形成缔合分子，因而使液体化合物气化或固体熔化，必须给予额外的能量去破坏分子间的氢键，因此使物质的沸点和熔点升高。NH_3、H_2O、HF 的沸点都比同族氢化物的沸点高，就是由于产生了氢键。水分子间形成氢键，使表面张力加大，汽化热加大，所以海洋、江河、湖泊中水可以调节气温。水中的氢与岩石中的氧形成氢键，使岩石中离子溶于水、使岩石风化。

7.6　晶体结构

7.6.1　晶体的基本概念

根据组成物质的粒子在不同温度和压力下的能量大小不同和粒子排列有无规则，物质可以呈现气态、液态和固态三种聚集状态。固态物质又可分为晶体和无定形体。无定形体是内部质点排列不规则，没有一定结晶外形的固体。晶体的外表特征是具有整齐规则的几何外形，具有固定的熔点，具有各向异性的特征，而无定形体则无上述特征。晶体为什么具有这些特征？晶体特征是由其内部结构决定的。

应用 X 射线衍射研究晶体结构表明：组成晶体的质点（离子、原子、分子等）是有规则地、周期性的排列在空间的一定点上，这些点重复出现的空间构型称为晶格（或点阵）。排有质点的那些点称为晶格的结点。晶格是一切晶体物质所特有的，因此可以把晶体认为是组成物质的质点在空间按一定晶格排列的、以多面体出现的固体物质。

在晶格中含有晶体结构的最小重复单位称为单元晶胞，简称晶胞。晶胞在空间无限地周期性重复就构成晶格。晶胞在三维空间无限地重复就产生宏观的晶体。根据晶胞的特征，可以划分为 7 个晶系，共 14 种晶格。按照粒子的种类或粒子间的作用力的性质不同，晶体可以分为离子晶体、原子晶体、分子晶体和金属晶体四种基本类型。由于粒子的种类不同，粒子间作用力的性质不同，晶体的物理性质也各异。

7.6.2　离子晶体

由离子键结合而形成的晶体，称为离子晶体。在离子晶格结点上是正、负离子，离子之间的作用力是静电作用力。由于正、负离子的静电作用较强，所以离子晶体具有较高的熔点、沸点和硬度。离子的电荷愈高，离子半径愈小，静电引力愈强，晶体的熔点、沸点愈高，硬度也愈大。在离子晶体中不存在单个分子，而是一个巨大的分子，如 NaCl 只表示晶体的最简式。

离子晶体中，正、负离子在空间的排布情况不同，离子晶体的空间结构也不同。对于最简单的 AB 型离子晶体，有下面几种典型的结构类型。

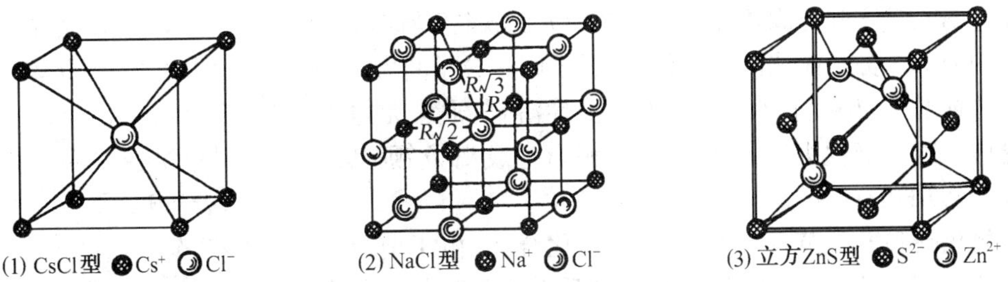

图 7-31　AB 型离子化合物的三种晶体结构类型示意图

7.6.2.1　CsCl 型晶体

如图 7-31(1)所示，它的晶胞形状是正立方体，属简单立方体心晶格。晶胞的大小完全由一个边长来确定，组成晶体的质点(离子)被分布在正方体的 8 个顶点和中心上。在这种结构中，每个正离子被 8 个负离子包围，同时每个负离子也被 8 个正离子包围。每个离子周围包围的异号离子数，称为该离子的配位数，所以 CsCl 型晶体的配位数为 8。此外 CsBr，CsI 等晶体属 CsCl 型晶体。

7.6.2.2　NaCl 型晶体

如图 7-31(2)所示，它的晶胞形状也是立方体，属立方面心晶格。每个离子被 6 个异号电荷离子包围，配位数为 6。此外 LiF，CsF 等晶体都属立方 NaCl 型晶体。

7.6.2.3　立方 ZnS 型(闪锌矿型)

如图 7-31(3)所示。它的晶胞也是立方体，属立方面心晶格，但质点的分布更复杂。负离子是按面心立方密堆积排布，而 Zn^{2+} 均匀地填充在一半四面体的空隙中，正、负离子的配位数都是 4。此外 ZnO，HgS 等晶体也都属立方 ZnS 型晶体。

离子晶体的类型较多，如 AB 型晶体还有六方 ZnS，AB_2 型晶体有 CaF_2 型和金红石(TiO_2)型等。

7.6.3　原子晶体

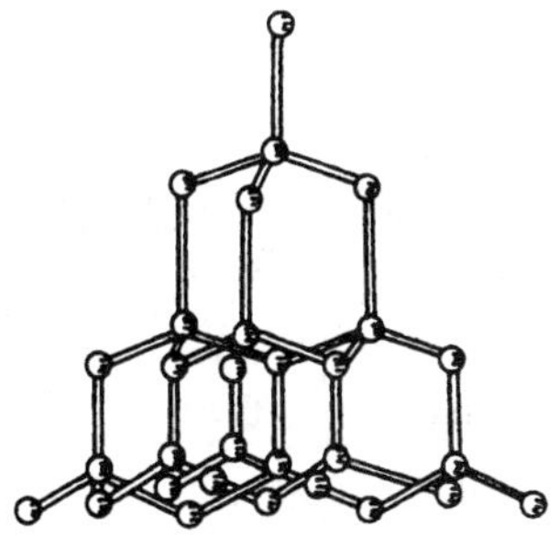

图 7-32　金刚石原子晶体示意图

在晶格结点上排列的微粒为原子，原子之间以共价键结合构成的晶体称为原子晶体。如碳(金刚石)，硅(单晶硅)，锗(半导体单晶)，Ⅳ主族元素单质，在化合物中，如碳化硅(SiC)、砷化镓(GaAs)、方石英(SiO_2)等都属于原子晶体。

在原子晶体中，不存在独立的小分子，而只能把整个晶体看成是一个大分子，没有确定的相对分子质量。由于共价键具有饱和性和方向性，所以原子晶体的配位数一般不高。以典型的金刚石原子晶体为例，每一个碳原子在成键时以 sp^3 等性杂化形成 4 个 sp^3 共价键构成正四面体，所以碳原子的配位数为 4。无数的碳原子相互连接构成，如图 7-32 所示晶体结构。由于原子晶体原子间以共价键相连，所以表现有较高的硬度和较高的熔点(金刚石硬度最大，熔点3 849 K)。通常这类晶体不导电，也是热的不良导体，熔化时也不导电。但是硅、碳化硅等具有半导体性质，可以有条件的导电。

7.6.4　分子晶体

在晶格结点上排列着分子，通过分子间力而形成的晶体，称为分子晶体。例如，非金属单质和非金属元素之间的固体化合物，如 CO_2 是分子晶体，如图 7-33 所示。分子晶体中，存在着独立的分子。分子晶体内是共价键，分子间是分子间力，由于分子间力很弱，因此熔点低，具有较大的挥发性，硬度较小，易溶于非极性溶剂，通常是电的不良导体。若干极性分子晶体在水中解离生成离子，则其水溶液导电，如 HCl。

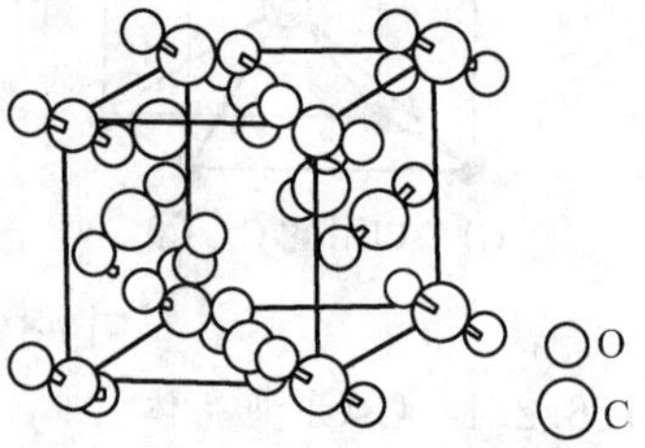

图 7-33　CO_2 分子晶体示意图

二氧化碳和方石英都是Ⅳ主族元素化合物，由于前者是分子晶体，后者是原子晶体，导致物理性质差别较大。CO_2 在 −78.5℃时即升华，而 SiO_2 的熔点却高达 1 610℃，说明晶体结构不同，微粒间的作用不同，物质的物理性质也不同。

除上述离子晶体、原子晶体（共价晶体）、分子晶体外，还有金属晶体、过渡型晶体。

思考题

1. 离子键和金属键是怎样形成的，有何区别？什么叫共价键的饱和性和方向性？为什么离子键和金属键没有饱和性和方向性？
2. 离子有哪几种电子层构型？举例说明。
3. 举例说明杂化轨道的类型与分子空间构型的关系。有什么规律？
4. 试比较 BF_3 和 NF_3 两种分子结构（化学键、分子极性和空间构型）有何不同？
5. 分子的极性和键的极性有何区别和联系？
6. 分子间力包括哪几种？它们是如何形成的？对物质的性质有何影响？
7. 氢键形成要具备哪些条件？氢键形成对物质性质有何影响？
8. 试判断 NaF(s)、Br_2(s)、SiO_2(s)的晶体类型。

习　题

1. 指出下列化合物的中心原子可能的杂化类型，并预测其分子几何构型：
   BeH_2　BBr_3　SiH_4　CH_3Cl　OF_2
2. 指出下列物质中，哪些是离子型化合物？哪些是共价型化合物？哪些是极性分子？哪些是非极性分子？
   KBr　KI　CS_2（直线形）　SO_2（角折形）　CCl_4（正四面体）　H_2S（角折形）　$HgCl_2$（直线形）　NF_3（三角锥形）
3. 用电负性值判断下列各对化合物中，哪一种化合物中键的极性大些（不用查表）？
   (1) ZnO 和 ZnS　(2) H_2S 和 H_2Se　(3) NH_3 和 PH_3
4. 第ⅦA 族元素的单质中，常温时 F_2、Cl_2 是气体，Br_2 是液体，I_2 是固体，这是什么原因？
5. 填充下表（在相应的作用力类型空格中，以“√”符号填写）。

分子间作用力类型	色散力	诱导力	取向力	氢　键
O_2 分子间				
HF 分子间				
HCl 分子间				
HCl 和 H_2 分子间				

6. 指出下列物质是何种类型的晶体。

BaO　　HCl　　O_2　　Ag　　CaF_2　　SiO_2　　H_2O

7. 指出下列离子最外层的电子构型：

K^+　Ca^{2+}　Fe^{2+}　Fe^{3+}　Zn^{2+}　Pb^{2+}　O^{2-}

8. 试判断下列各组中晶体的熔点哪些高？哪些低？

(1) $CsCl$　　CO_2　　HCl

(2) $NaCl$　　N_2　　Si(原子晶体)

(3) N_2　　HF　　$BaCl_2$

(4) NaF　　H_2　　O_2

第7章　检测题

一、选择题

1. 下列化合物中，含有非极性共价键的离子化合物是 …………………………………………………（　　）

(A) H_2O_2　　(B) Na_2CO_3　　(C) Na_2O_2　　(D) KO_2

2. 在 BrCH=CHBr 分子中，C—Br 键采用的成键轨道是 ……………………………………………（　　）

(A) sp－p　　(B) sp^2－s　　(C) sp^2－p　　(D) sp^3－p

3. 中心原子采取 sp^2 杂化的分子是 ……………………………………………………………（　　）

(A) NH_3　　(B) BCl_3　　(C) PCl_3　　(D) H_2O

4. 下列分子或离子中，不含有孤对电子的是 ………………………………………………………（　　）

(A) H_2O　　(B) H_3O^+　　(C) NH_3　　(D) NH_4^+

5. 下列分子中属于极性分子的是 …………………………………………………………………（　　）

(A) CCl_4　　(B) CH_3OCH_3　　(C) BCl_3　　(D) PCl_5

6. 下列分子中，中心原子采取等性杂化的是 ………………………………………………………（　　）

(A) NCl_3　　(B) SF_4　　(C) $CHCl_3$　　(D) H_2O

7. 下列离子中，中心原子采取不等性杂化的是 ……………………………………………………（　　）

(A) H_3O^+　　(B) NH_4^+　　(C) PCl_6^-　　(D) BI_4^-

8. 下列分子中，属非极性分子的是 ………………………………………………………………（　　）

(A) SO_2　　(B) CO_2　　(C) NO_2　　(D) ClO_2

9. 下列分子或离子中，中心原子的杂化轨道与 NH_3 分子的中心原子杂化轨道最相似的是 …（　　）

(A) H_2O　　(B) H_3O^+　　(C) NH_4^+　　(D) BCl_3

10. 下列分子或离子中，构型不为直线形的是 ……………………………………………………（　　）

(A) I_3^+　　(B) I_3^-　　(C) CS_2　　(D) $BeCl_2$

11. 熔融 SiO_2 晶体时，需要克服的作用力主要是 …………………………………………………（　　）

(A) 离子键　　(B) 氢键　　(C) 共价键　　(D) 范德华力

12. 下列分子中不能形成氢键的是 ………………………………………………………………（　　）

(A) NH_3　　(B) N_2H_4　　(C) C_2H_5OH　　(D) HCHO

13. 下列判断中，正确的是 ………………………………………………………………………（　　）

(A) 极性分子中的化学键都有极性

(B) 相对分子质量越大，分子间力越大

(C) HI 分子间力比 HBr 的大，故 HI 没有 HBr 稳定

(D) 双键和叁键都是重键

14. 下列化合物中，按沸点由高到低顺序排列正确的是 ……………………………………………（　　）

① 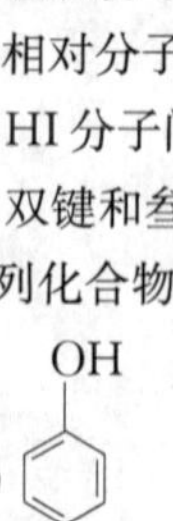

② 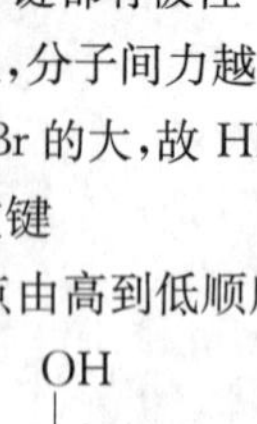

③ 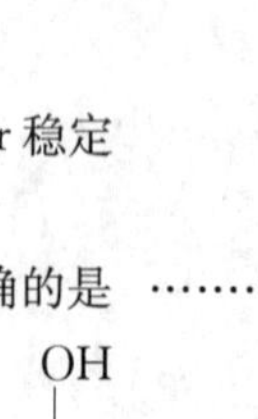

(A) ③②①　　(B) ②③①　　(C) ①②③　　(D) ③①②

二、填空题

1. 用“>”和“<”比较下列各对化合物沸点高低：

CO_2 ______ SO_2　　O_3 ______ CO_2　　O_3 ______ O_2，

Ne ______ Ar　　H_2S ______ H_2O　　PH_3 ______ NH_3

2. 用“＞”和“＜”比较下列各对化合物中键的极性大小：

PbO ______ PbS　　$FeCl_3$ ______ $FeCl_2$　　SnS ______ SnS_2

3. 下列分子或离子中键角由大到小排列的顺序是____________。

① BCl_3　② NH_3　③ H_2O　④ PCl_4^+　⑤ $HgCl_2$

4. 指出下列各分子或离子的几何构型和中心原子的杂化类型。

CH_4 ______，______；BF_3 ______，______；

CO_2 ______，______；SO_2 ______，______。

5. 在下列分子或离子中，能形成分子内氢键的有______；不能形成分子间氢键的有______。

① NH_3　② H_2O　③ HNO_3　④ HF_2^-　⑤ NH_4^+　⑥ 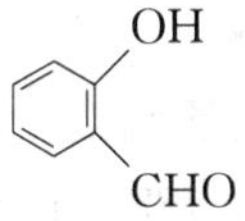

。

6. 下列分子间存在的作用力有：

CH_4 与 CH_4 ____________，　H_2O 与 CH_3CH_2OH ____________，

HF 与 HF ____________，　NH_3 与 PH_3 ____________，

HF 与 O_2 ____________，　CH_3Cl 与 CH_4 ____________。

8 氧化还原反应

8.1 氧化还原反应及其方程式的配平

8.1.1 氧化数

氧化数(又叫氧化值)是某元素一个原子的荷电数,这种荷电数由假设把每个键中的电子指定给电负性更大的原子而求得。确定氧化数方法如下:

(1) 电中性物质的形式电荷为零,亦即该物质中各元素的氧化数总和为零。离子的形式电荷数等于该离子的电荷数,即该离子中各元素的氧化数总和等于该离子的电荷数。

(2) 化合物中元素的氧化数有正负之分,其符号决定于元素电负性的相对大小,电负性较小的为正,电负性较大的为负。单质中元素的氧化数为零。

(3) 氧在化合物中的氧化数一般为-2,在过氧化物(如 H_2O_2)中为-1,在 OF_2 中为$+2$。氢在化合物中的氧化数一般为$+1$,在金属氢化物中(如 NaH)为-1,根据这些标准,结合上述两条规则,就可以推算出化合物中其他各种元素的氧化数。

(4) 氧化数可以是整数,也可以是分数。例如,在超氧化物中(如 KO_2),氧的氧化数为$-\frac{1}{2}$;在 Fe_3O_4 中,Fe 的氧化数为 $2\frac{2}{3}$等等。

例 1 试求 $K_2Cr_2O_7$ 中 Cr 的氧化数。

解:根据氧化数的规则可知,氧的氧化数为-2,钾的氧化数为$+1$。

则 $(+1)\times2+2\times Cr+(-2)\times7=0$

所以 Cr 的氧化数为$+6$。

例 2 试求 Pb_3O_4 中 Pb 的氧化数。

解: $3\times Pb+(-2)\times4=0$

所以 Pb 的氧化数为$+\frac{8}{3}$。

例 3 试求连四硫酸根($S_4O_6^{2-}$)中的 S 的氧化数。

解: $4\times S+(-2)\times6=-2$

所以 S 的氧化数为$+\frac{5}{2}$。

由上述定义和例题我们可以体会到,元素的氧化数和元素的化合价是两个不同的概念。例如,在 C_2H_2 分子中,C 的氧化数-1,而 C 的共价为 4。氧化数与分子结构无直接联系,因为未知结构化合物中元素的氧化数也可根据化学式求得。而化合价与化学键密切联系,如电价和共价是和分子结构密切联系的。又如氧化数可以为整数或分数,化合价则均为整数。

8.1.2 氧化与还原,氧化剂与还原剂

某些元素的氧化数发生改变的反应称为氧化还原反应。一个氧化还原反应同时进行着两

个过程：氧化数升高的过程，称为氧化；氧化数降低的过程，称为还原。这两个过程相辅相成、缺一不可。与此对应，反应物分成两类：发生氧化的物质称为还原剂，发生还原的物质称为氧化剂。将上述两对概念联系起来考虑就是：在反应中氧化数升高（失去电子）的物质称为还原剂，它在反应过程中使氧化剂还原，表现还原性，而本身所发生的是氧化过程，即被氧化；在反应中氧化数降低（得到电子）的物质称为氧化剂，它在反应过程中使还原剂氧化，表现氧化性，而本身是发生还原过程，即被还原。例如：

氧化数升高，还原剂被氧化

$$Cu^{+2}O + H_2^{0} = Cu^{0} + H_2^{+1}O$$

氧化数降低，氧化剂被还原

氧化数升高，被氧化

$$Fe^{0} + S^{0} = Fe^{2+}S^{-2}$$

氧化数降低，被还原

常见的氧化剂是一些氧化数容易降低的物质，像活泼的非金属氧气、卤素等，以及氧化数高的离子或化合物，如 $KMnO_4$、$K_2Cr_2O_7$、浓 H_2SO_4、HNO_3 等。

常见的还原剂则是氧化数易升高的物质，例如 Na、Mg、Al 和 Zn 等活泼的金属，以及氧化数低的离子或化合物，如 H_2S、KI、$SnCl_2$ 和 $FeSO_4$ 等。

应当注意，当一种元素有多种化合态时，具有中间氧化数的化合态，既可作氧化剂，又可作还原剂。例如，过氧化氢中的氧化数为 −1，当它与强氧化剂氯气反应时作为还原剂，氧化数升高，由 $-1 \longrightarrow 0$。

氧化数升高，被氧化

$$H_2O_2^{-1} + Cl_2^{0} = 2HCl + O_2$$

而当它在酸性溶液中与亚铁盐反应时，它却作为氧化剂，氧元素的氧化数降低，由 $-1 \longrightarrow -2$。

氧化数降低，被还原

$$H_2O_2^{-1} + 2Fe^{2+} + 2H^{+} = 2Fe^{3+} + 2H_2O^{-2}$$

8.1.3 氧化还原反应式的配平

在组成氧化还原反应方程式时，首先要知道氧化剂和还原剂在给定条件下经过反应后的产物，然后用氧化数法或离子—电子法将反应式配平。

8.1.3.1 氧化数法

使用氧化数法配平氧化还原反应方程式的原则是：氧化剂的氧化数降低总值等于还原剂的氧化数升高总值。现以 $KMnO_4$ 和 HCl 反应为例，说明一般的配平步骤。

（1）根据实验结果写出反应物和主要的产物

$$KMnO_4 + 2HCl \longrightarrow MnCl_2 + Cl_2$$

按物质的实际存在形式，调整分子式前的系数。例如 Cl_2 只能以双原子分子的形式存在，因此要求 HCl 前的系数调整为 2，由 2 个 Cl^- 生成 1 分子 Cl_2。

（2）求元素氧化数的变化值

$2-7=-5$(氧化数降低)

$$\overset{+7}{KMnO_4} + 2H\overset{-1}{Cl} \longrightarrow \overset{+2}{Mn}Cl_2 + \overset{0}{Cl_2}$$

$[0-(-1)]\times 2=+2$(氧化数升高)

(3) 调整系数，使氧化数变化相等

氧化数降低 5×2

$$\overset{+7}{KMnO_4} + 2H\overset{-1}{Cl} \longrightarrow \overset{+2}{Mn}Cl_2 + \overset{0}{Cl_2}$$

氧化数升高 2×5

根据反应中氧化数改变值相等的原则，求出最小公倍数。因而上式成为

$$2KMnO_4+10HCl \longrightarrow 2MnCl_2+5Cl_2$$

(4) 配平反应式两边氧化数未变的原子。一般先核实其他原子数，最后核实 H、O 原子数。

$$2KMnO_4+16HCl=2MnCl_2+5Cl_2+2KCl+8H_2O$$

对该反应来说，先使钾原子和氯原子数相等，最后核实氢和氧原子数。左边多 16 个 H 原子和 8 个 O 原子，右边加 8 个 H_2O 分子。因此反应式完全配平。

例 4 在酸性溶液中，H_2O_2 与 $FeSO_4$ 的反应式配平：

$$H_2O_2+FeSO_4 \longrightarrow Fe_2(SO_4)_3+H_2O$$

解：(1) $H_2O_2+2FeSO_4 \longrightarrow Fe_2(SO_4)_3+2H_2O$

$[-2-(-1)]\times 2=-2$

(2) $$H_2\overset{-1}{O_2} + 2\overset{+2}{Fe}SO_4 \longrightarrow \overset{+3}{Fe_2}(SO_4)_3 + 2H_2\overset{-2}{O}$$

$(3-2)\times 2=+2$

(3) 因氧化数变化值恰好相等，故不必调整系数。

(4) 反应式右边多一个 SO_4^{2-}，考虑到反应是在酸性介质中进行的，故在反应物一边加1 个 H_2SO_4

$$H_2O_2+2FeSO_4+H_2SO_4=Fe_2(SO_4)_3+2H_2O$$

最后分别核实两边 H、O 原子数，正好相等，上式即为配平的化学方程式。

例 5 在碱性溶液中，ClO^- 可将亚铬酸根离子 CrO_2^- 氧化成铬酸根离子 CrO_4^{2-}，配平该反应的离子方程式：

$$CrO_2^-+ClO^-+OH^- \longrightarrow CrO_4^{2-}+Cl^-+H_2O$$

解：

$6-3=3,\ 3\times 2$

$$\overset{+3}{Cr}O_2^- + \overset{+1}{Cl}O^- + OH^- \longrightarrow \overset{+6}{Cr}O_4^{2-} + Cl^- + H_2O$$

$-1-1=-2,\ -2\times 3$

则 $$2CrO_2^-+3ClO^-+OH^- \longrightarrow 2CrO_4^{2-}+3Cl^-+H_2O$$

要配平离子反应式，必须使方程式两边的离子所带电荷相等。左边有 6 个负电荷，右边有 7 个负离荷，所以在 OH^- 前乘以 2，则两边负电荷相等。最后核实 H、O 原子数也相等。故下式即为配平式：

$$2CrO_2^-+3ClO^-+2OH^-=2CrO_4^{2-}+3Cl^-+H_2O$$

例 6 硝酸可将 FeS 氧化成硫酸和 $Fe(NO_3)_3$，用氧化数法配平方程式：

$$FeS + HNO_3 \longrightarrow Fe(NO_3)_3 + H_2SO_4 + NO$$

解：这是一个较复杂的氧化还原反应，还原剂中有 Fe 和 S 两种元素都被氧化了。标出有关元素原子的氧化数，按步骤(3)调整系数，使氧化数变化值相等：

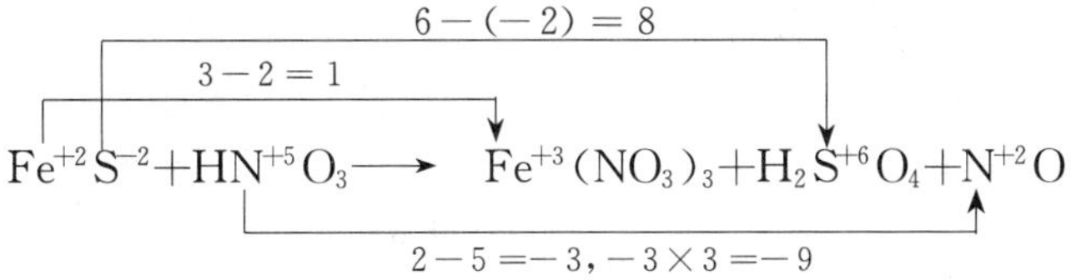

则 $$FeS + 3HNO_3 \longrightarrow Fe(NO_3)_3 + H_2SO_4 + 3NO$$

核实 NO_3^- 数，左边缺 3 个 NO_3^-，可加 3 个 HNO_3 补充，于是有：

$$FeS + 6HNO_3 \longrightarrow Fe(NO_3)_3 + H_2SO_4 + 3NO$$

最后核实 H、O 原子数，式左边多 4 个 H^+，故在右边加 2 个 H_2O：

$$FeS + 6HNO_3 = Fe(NO_3)_3 + H_2SO_4 + 3NO + 2H_2O$$

再检查氧原子，反应式两边均相等，可知此反应式已正确配平。

8.1.3.2 离子—电子法

由于许多氧化还原反应是在水溶液中进行的，并且参加氧化还原的仅仅是其中的一部分离子，对于这种离子反应方程式的配平，除用氧化数法外，还可以使用离子—电子法。离子—电子法就是把水溶液中有关反应的离子作为配平对象，并且在配平过程中不是以个别元素氧化数改变为基础，而是以整个离子(包括复杂离子)得失电子为基础，因而它更能反映电解质溶液中氧化还原反应的本质。该法不需要知道氧化数，使用起来也比较方便。此外，学会书写半反应式，也将有助于对后面介绍的电极反应的理解。

离子—电子法配平氧化还原反应方程式的原则是：两个半反应式中离子(或分子)得失电子数应相等。下面仍以 $KMnO_4$ 和 HCl(浓)反应为例说明配平的步骤：

(1) 以离子形式表示出反应物和相应的氧化还原产物。

$$MnO_4^- + Cl^- \longrightarrow Mn^{2+} + Cl_2$$

(2) 将上述反应分为两个半反应，一个表示还原剂的氧化反应，另一个表示氧化剂的还原反应，并配平两个半反应。若半反应中反应物和生成物的氧原子数不等，则采用前面氧化数法中的规则，在酸性、碱性或中性溶液中，加 H^+、OH^- 或 H_2O，使反应式两边氢、氧原子数和电荷数相等。

$$2Cl^- - 2e^- = Cl_2\text{(氧化反应)} \qquad (1)$$

$$MnO_4^- + 8H^+ + 5e^- = Mn^{2+} + 4H_2O\text{(还原反应)} \qquad (2)$$

(3) 根据氧化剂和还原剂得失电子数相等原则，将两个半反应式各乘以适当系数。

(1)×5 $10Cl^- - 10e^- = 5Cl_2$

(2)×2 $2MnO_4^- + 16H^+ + 10e^- = 2Mn^{2+} + 8H_2O$

两式相加得 $2MnO_4^- + 10Cl^- + 16H^+ = 2Mn^{2+} + 5Cl_2 + 8H_2O$

(4) 若有必要，配上没有参与反应的正负离子，写出相应的化学方程式。

$$2KMnO_4 + 16HCl = 2MnCl_2 + 5Cl_2 + 2KCl + 8H_2O$$

8.2 电极电势

8.2.1 氧化还原反应实质与原电池

当我们把一块锌片放入硫酸铜溶液中时，观察到锌片会慢慢地溶解，红色铜不断析出在锌片上，蓝色 $CuSO_4$ 溶液的颜色逐渐变浅，这是由于发生了氧化还原反应。

$$Zn+Cu^{2+}=Zn^{2+}+Cu$$

该反应式若分开写成两个半反应式，即：

$$Zn=Zn^{2+}+2e^-\text{（氧化反应，锌溶解）}$$
$$Cu^{2+}+2e^-=Cu\text{（还原反应，铜析出）}$$

显然在此反应中发生了电子转移。但是，由于 Zn 和 $CuSO_4$ 溶液直接接触，电子就从 Zn 原子直接转移到 Cu^{2+} 上，得不到有序的电子流。随着氧化还原反应的进行，溶液温度将会有所升高，即反应中放出的化学能转变为热能。若能利用一种装置，使 Cu^{2+} 不直接从 Zn 片上获得电子，而是让 Zn 片上的电子经过一段金属导线后再转给 Cu^{2+}，使氧化和还原反应分别在两处进行，就可以把化学能转变成电能。这种装置称为原电池。图 8-1 是铜锌原电池装置示意图。在盛有 $ZuSO_4$ 和 $CuSO_4$ 溶液的烧杯中，分别插入 Zn 片和 Cu 片，两烧杯中的溶液用盐桥沟通（一个倒置的 U 形管，管中装满用饱和 KCl 溶液和琼脂做成的冻胶），用金属导线把两个金属片和检流计连接起来，就可以观察到检流计指针发生偏转，证明有电子流从 Zn 片流向 Cu 片。这样反应释放的化学能就转化为电能了。

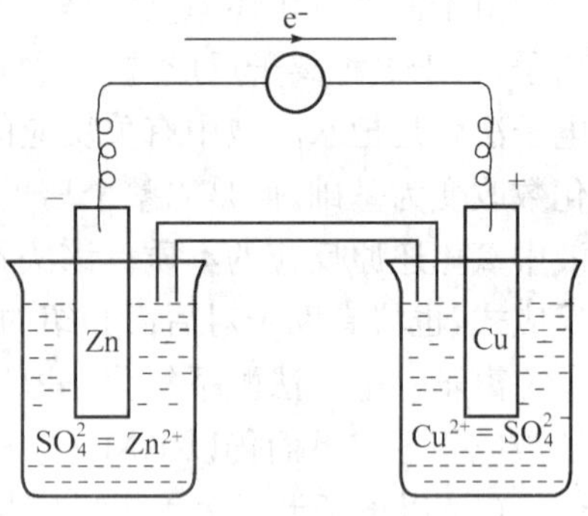

图 8-1　铜锌原电池装置示意图

上述装置产生电流的原因，是 Zn 原子失去两个电子形成 Zn^{2+}。

$$Zn=Zn^{2+}+2e^-$$

遗留在锌片上的过多电子经过导线流向铜片。在铜片表面上，溶液中 Cu^{2+} 获得电子变成金属铜析出。

$$Cu^{2+}+2e^-=Cu\downarrow$$

此时，$ZuSO_4$ 溶液因含有过多的 Zn^{2+} 而带上正电，$CuSO_4$ 溶液因含过多的 SO_4^{2-} 而带负电，这将影响电子从 Zn 片继续向 Cu 片移动。由于盐桥的存在，其中 Cl^- 会向 $ZuSO_4$ 溶液扩散，K^+ 向 $CuSO_4$ 溶液扩散，以保持两种盐溶液的电中性。因此，锌的溶解和铜的析出得以继续进行，电流可以源源不断，上述装置发生的总反应式为

$$Zn+Cu^{2+}=Cu+Zn^{2+}$$

所有原电池都是由两个半电池组成的。每个半电池都是由同一元素的氧化态和还原态两类物质构成：一类作为氧化剂的物质，简称氧化型；一类作为还原剂的物质，简称为还原型。如

上述铜锌电池中的两个半电池：

锌半电池　　　　$Zn - 2e^- = Zn^{2+}$

（还原型）　　（氧化型）

铜半电池　　　　$Cu^{2+} + 2e^- = Cu$

（氧化型）　　（还原型）

在每个半电池中，还原型物质与其对应的氧化型物质组成了氧化还原电对，简称电对，用符号“氧化型/还原型”表示。组成半电池的金属导体称为电极，其中流出电子的电极称为负极（发生氧化反应），接受电子的电极称为正极（发生还原反应）。正极发生的还原反应加负极发生的氧化反应称为电池反应。如在铜锌原电池中，锌电对为“Zn^{2+}/Zn”，铜电对为“Cu^{2+}/Cu”，电池反应式为

$$Zn + Cu^{2+} = Cu + Zn^{2+}$$

原电池的装置也可以用符号表示，上述铜锌原电池可以表示为

$$(-)Zn|ZuSO_4 \| CuSO_4|Cu(+)$$

其中“|”表示相界面，“‖”表示盐桥。习惯上负极写在左方，正极写在右方。此外，应注明温度、压力、浓度（如不注明，一般指 298 K，101.3 kPa 和 1 mol·L^{-1}浓度）及电极的物质。

8.2.2 电极电势

在原电池中，两个电极用导线连接就有电流通过，这说明两个电极之间有电势差。既然两电极之间有电势差，那么就说明了每个电极都一定各具有不同的电势。也就是说原电池电流的产生是由于两个电极的电极电势不同而引起的。下面以金属—金属离子组成的电极说明电极电势产生的机理。

金属晶体中有金属离子和自由电子。当把金属放入其盐溶液中时，金属表面上的正离子受溶剂水分子的作用，有变成溶剂化离子进入溶液的倾向，使金属极内侧有过剩的负电荷。金属愈活泼或溶剂中金属离子浓度愈小，这种倾向就愈大。与此同时，在溶液中溶剂化的金属正离子也有从溶液中沉积到金属表面的倾向。溶液中金属离子的浓度越大，这种倾向越大。当这两种方向相反的过程进行的速度相等时，即达到动态平衡：

$$M \underset{\text{沉积}}{\overset{\text{溶解}}{\rightleftharpoons}} M^{n+} + ne^-$$

此时，若金属溶解倾向大于金属离子沉积到金属表面的倾向，则金属带负电而溶液带正电，并且由于溶液中的金属离子和金属表面的电子间的静电吸引作用，使金属离子聚集在金属表面附近，形成一个正电荷层，这样就和金属表面的负电荷构成双电层，如图 8-2 所示。这种双电层的厚度很小，但存在着电势差，这种电势差就叫做电极电势。由于金属的活泼性不同，各种金属的电极电势也不同。此外，溶液中的金属离子浓度显然也影响电极电势的数值。对金属—金属离子组成的电极而言，金属越不活泼，电极电势越高。如在铜锌原电池中，由于铜电极电势比锌电极电势高，即 Cu^{2+} 夺取电子的能力比 Zn^{2+} 强，有导线连接时，电流也就从高电势处（Cu 电极）流向低电势处（Zn 电极），而电子流动的方向与电流的方

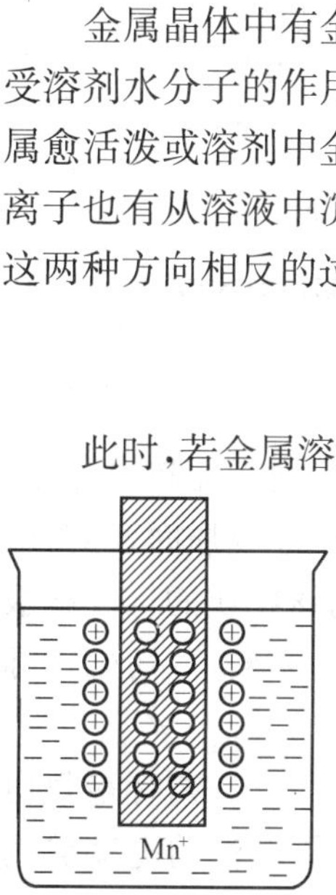

图 8-2　金属的电极电势

向相反，则从 Zn 电极流向 Cu 电极。

8.2.3 标准氢电极和标准电极电势

到目前为止，电极电势的绝对值尚无法测定，为了对所有电极电势的大小作出系统的、定量的比较，就必须选择一个标准电极，定其电势为零，作为衡量其他电极电势相对的标准。目前采用的标准电极是标准氢电极。欲测定某电极的电极电势，可将待测电极的半电池与标准氢电极半电池组成原电池，测出该电池的电动势 E，即可算出待测电极相对于氢电极的电势，称为该电极的电极电势。

8.2.3.1 标准氢电极

将铂片(Pt)表面镀上一层多孔的铂黑(细粉状的铂)，把它放入氢离子浓度为 1 mol·L^{-1}(严格地说为活度 a)的硫酸溶液中，见图 8-3。然后在 298 K 时不断地通入压力为 101.3 kPa 的纯氢气，使铂黑吸附氢气达饱和，形成一个氢电极。这时，H_2 与溶液中 H^+ 可达到以下平衡：

$$2H^+ + 2e^- \rightleftharpoons H_2$$

这个产生在吸附的氢气与酸溶液之间的电势差，叫做标准氢电极的电极电势，规定它的电极电势为零。记作 $E^{\ominus}_{H^+/H_2} = 0.000$ V。

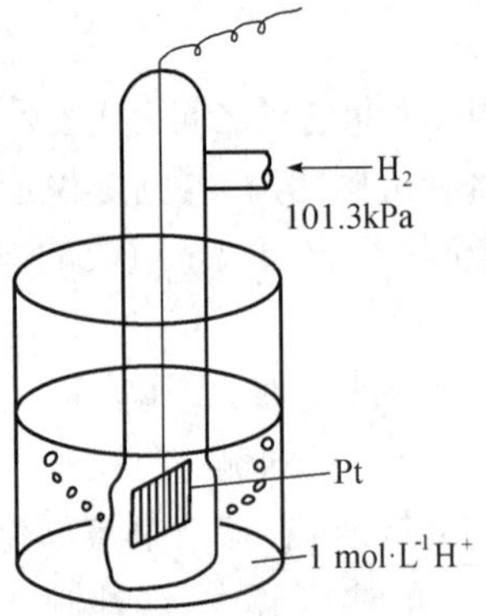

图 8-3 标准氢电极

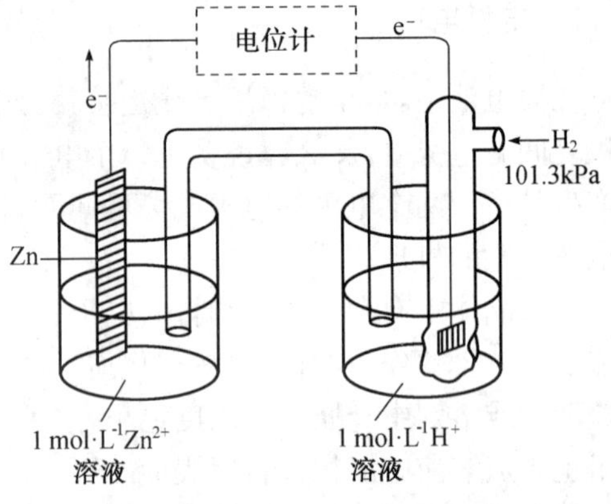

图 8-4 测定标准电极电势的装置

8.2.3.2 标准电极电势表

电极电势的大小取决于物质的本性，还与温度、浓度等因素有关。为了便于比较，规定组成电极的离子浓度为 1 mol·L^{-1}，气体的分压为 101.3 kPa，液体或固体纯净物质时，称为电极的标准状态。标准状态下的某电极与标准氢电极之间的电势差，就称为该物质的标准电极电势。用符号 $E^{\ominus}$ 表示。测定时，根据电位计指针的偏转方向，可知电流的方向，从而确定标准电极电势的符号，即被测电极与氢电极组成的原电池的正负极。

例如，为确定锌电极的标准电极电势，可用锌半电池 Zn^{2+}(1 mol·L^{-1})/Zn 与标准氢电极半电池 Pt，H^+(1 mol·L^{-1})/H_2(101.3 kPa)组成原电池(图 8-4)，测得电池的电动势为 0.763 V。测定时，发现电流方向是由氢电极流向锌电极，因而电子流是由锌电极到氢电极，所以锌电极为负极，氢电极为正极。该原电池符号、电池的电动势及反应如下：

原电池符号　(－)Zn|Zn^{2+}(1 mol·L^{-1})‖H^+(1 mol·L^{-1})|H_2(101.3 kPa)|Pt(＋)

负极反应　$Zn = Zn^{2+} + 2e^-$

正极反应　$2H^+ + 2e^- = H_2$

电池反应　$Zn + 2H^+ = Zn^{2+} + H_2$

电池电动势　$E = E^{\ominus} = E_+^{\ominus} - E_-^{\ominus} = E^{\ominus}_{H^+/H_2} - E^{\ominus}_{Zn^{2+}/Zn} = 0.763\ V$

因为　$E^{\ominus}_{H^+/H_2} = 0.000\ V$

所以　$E^{\ominus}_{Zn^{2+}/Zn} = E^{\ominus}_{H^+/H_2} - E^{\ominus} = 0 - 0.763 = -0.763\ V$

“－”号表示该电极与标准氢电极组成原电池时，该电极为负极。

用上述测定锌电极的标准电势的方法，我们可以获得其他氧化还原电对的标准电极电势。

表 8-1 为酸性溶液中标准电极电势（简称酸表），表 8-2 为碱性溶液中标准电极电势（简称碱表）。

表 8-1　酸性溶液中标准电极电势(298 K)

氧化还原电对（氧化型/还原型）	电极反应 氧化型 $+ne^- \rightleftharpoons$ 还原型	标准电极电势 $E^{\ominus}_{氧化型/还原型}$/V
K^+/K	$K^+ + e^- \rightleftharpoons K$	-2.925
Ca^{2+}/Ca	$Ca^{2+} + 2e^- \rightleftharpoons Ca$	-2.870
Na^+/Na	$Na^+ + e^- \rightleftharpoons Na$	-2.714
Zn^{2+}/Zn	$Zn^{2+} + 2e^- \rightleftharpoons Zn$	-0.763
Fe^{2+}/Fe	$Fe^{2+} + 2e^- \rightleftharpoons Fe$	-0.440
Sn^{2+}/Sn	$Sn^{2+} + 2e^- \rightleftharpoons Sn$	-0.136
Pb^{2+}/Pb	$Pb^{2+} + 2e^- \rightleftharpoons Pb$	-0.126
H^+/H_2	$2H^+ + 2e^- \rightleftharpoons H_2$	0.000
$AgBr/Ag$	$AgBr + e^- \rightleftharpoons Ag + Br^-$	0.071
Sn^{4+}/Sn^{2+}	$Sn^{4+} + 2e^- \rightleftharpoons Sn^{2+}$	0.154
SO_4^{2-}/H_2SO_3	$SO_4^{2-} + 4H^+ + 2e^- \rightleftharpoons H_2SO_3 + H_2O$	0.170
$AgCl/Ag$	$AgCl + e^- \rightleftharpoons Ag + Cl^-$	0.222
Cu^{2+}/Cu	$Cu^{2+} + 2e^- \rightleftharpoons Cu$	0.337
O_2/H_2O_2	$O_2 + 2H^+ + 2e^- \rightleftharpoons H_2O_2$	0.682
Fe^{3+}/Fe^{2+}	$Fe^{3+} + e^- \rightleftharpoons Fe^{2+}$	0.771
Ag^+/Ag	$Ag^+ + e^- \rightleftharpoons Ag$	0.799
Br_2/Br^-	$Br_2(l) + 2e^- \rightleftharpoons 2Br^-$	1.065
O_2/H_2O	$O_2 + 4H^+ + 4e^- \rightleftharpoons 2H_2O$	1.229
$Cr_2O_7^{2-}/Cr^{3+}$	$Cr_2O_7^{2-} + 14H^+ + 6e^- \rightleftharpoons 2Cr^{3+} + 7H_2O$	1.330
Cl_2/Cl	$Cl_2 + 2e^- \rightleftharpoons 2Cl^-$	1.360
Au^{3+}/Au	$Au^{3+} + 3e^- \rightleftharpoons Au$	1.500
MnO_4^-/Mn^{2+}	$MnO_4^- + 8H^+ + 5e^- \rightleftharpoons Mn^{2+} + 4H_2O$	1.510
H_2O_2/H_2O	$H_2O_2 + 2H^+ + 2e^- \rightleftharpoons 2H_2O$	1.770
F_2/F^-	$F_2 + 2e^- \rightleftharpoons 2F^-$	2.870

表 8-2 碱性溶液中标准电极电势(298 K)

氧化还原电对 氧化型/还原型	电极反应 氧化型$+ne^-\rightleftharpoons$还原型	电极电势 $E^{\ominus}_{氧化型/还原型}$/V
ZnO_2^{2-}/Zn	$ZnO_2+2H_2O+2e^-\rightleftharpoons Zn+4OH^-$	-1.216
SO_4^{2-}/SO_3^{2-}	$SO_4^{2-}+H_2O+2e^-\rightleftharpoons SO_3^{2-}+2OH^-$	-0.930
$Fe(OH)_3/Fe(OH)_2$	$Fe(OH)_3+e^-\rightleftharpoons Fe(OH)_2+OH^-$	-0.560
$CrO_4^{2-}/Cr(OH)_3$	$CrO_4^{2-}+4H_2O+3e^-\rightleftharpoons Cr(OH)_3+5OH^-$	-0.130
$[Ag(NH_3)_2]^+/Ag$	$[Ag(NH_3)_2]^++e^-\rightleftharpoons Ag+2NH_3$	0.373
O_2/OH^-	$O_2+2H_2O+4e^-\rightleftharpoons 4OH^-$	0.401
MnO_4^-/MnO_2	$MnO_4^-+2H_2O+2e^-\rightleftharpoons MnO_2+4OH^-$	0.600
ClO^-/Cl^-	$ClO^-+H_2O+2e^-\rightleftharpoons Cl^-+2OH^-$	0.890

电极电势的大小代表氧化还原电对中氧化型和还原型得失电子能力的大小。电极电势越小,还原型失去电子的倾向越大,相应的氧化型得电子的倾向越小;反之,电极电势越大,氧化型获得电子的倾向越大,相应的还原型失电子的倾向越小。

应用标准电极电势表时,要注意以下几点:

(1) 本书采用国际上广泛使用的还原电势,规定所有半电池反应都写成还原反应形式,即

$$氧化型 + ne^- \rightleftharpoons 还原型$$

凡是比 H^+/H_2 反应容易向右进行的反应,其电极电势为正,反之为负。

(2) $E^{\ominus}$值具有强度性质,与物质数量无关,没有加和性,例如

$$Zn^{2+}+2e^-\rightleftharpoons Zn \qquad E^{\ominus}=-0.763\ V$$

$$2Zn^{2+}+4e^-\rightleftharpoons 2Zn \qquad E^{\ominus}=-0.763\ V$$

$$\frac{1}{2}Zn^{2+}+e^-\rightleftharpoons \frac{1}{2}Zn \qquad E^{\ominus}=-0.763\ V$$

又如

$$Fe^{2+}+2e^-\rightleftharpoons Fe \qquad E_1^{\ominus}=-1.44\ V$$

$$+)\quad Fe^{3+}+e^-\rightleftharpoons Fe^{2+} \qquad E_2^{\ominus}=+0.77\ V$$

$$Fe^{3+}+3e^-\rightleftharpoons Fe \qquad E_3^{\ominus}\neq E_1^{\ominus}+E_2^{\ominus}$$

查表得 $E^{\ominus}_{Fe^{3+}/Fe}=-0.037\ V$

(3) $E^{\ominus}$值的大小只表示在标准状态时水溶液中氧化剂的氧化能力或还原剂的还原能力的相对强弱,它不适用于高温、非水等其他体系。

(4) 根据电对及其反应介质的性质,确定查用酸表或碱表。

① 在电极反应中,H^+无论在反应物或产物中出现皆查酸表。

② 在电极反应中,OH^-无论在反应物或产物中出现皆查碱表。

③ 在电极反应中,无 H^+或 OH^-出现时,可以从物质存在状态来考虑。例如 $Fe^{3+}+e^-\rightleftharpoons Fe^{2+}$,$Fe^{3+}$只在酸性溶液中存在,故查酸表。另外,介质没有参与电极反应的电极电势也列在酸表中。

8.3 标准电极电势的应用

8.3.1 判断氧化剂和还原剂的相对强弱

由前面的介绍我们知道，标准电极电势的数值高低，标志着电对氧化态得电子能力或还原态失电子能力的强弱，而这方面的意义又和氧化剂的氧化能力及还原剂的还原能力是联系在一起的。所以可以利用标准电极电势判断氧化剂和还原剂的相对强弱。

通过分析表 8-1 和表 8-2 中的标准电极电势可得知：

(1) 电对的 $E^\ominus$ 数值越负，即其代数值越小，表示该电极的还原态失去电子的能力(即还原能力)越强，是强还原剂。而与其成共轭关系的氧化态得电子的能力(即氧化能力)就越弱，是弱的氧化剂。如电对 Li^+/Li 和 K^+/K 中，Li 和 K 是很强的还原剂，而 Li^+ 和 K^+ 则是很弱的氧化剂。

(2) 电对的 $E^\ominus$ 数值越正，即其代数值越大，表示该电极的还原态失去电子的能力越弱，是弱的还原剂，而与其共轭的氧化态得电子的能力越强，是强的氧化剂。如电对 F_2/F^- 和 Cl_2/Cl^- 中，F_2 和 Cl_2 是强的氧化剂，而 F^- 和 Cl^- 是弱的还原剂，目前还没有任何氧化剂能把 F^- 氧化成 F_2。

表 8-1 所列的电极电势是按代数值由小到大排列的。因此，从表中可以看出标准电极电势与氧化剂、还原剂的相对强弱有如下关系：

氧化型的氧化能力增加↓	氧化型 $+ne^- \rightleftharpoons$ 还原型	$E^\ominus$/V	还原型的还原能力增强↑
	$Li^+ + e^- \rightleftharpoons Li$	−3.045	
	$2H^+ + 2e^- \rightleftharpoons H_2$	0.000	
	$F_2 + 2e^- \rightleftharpoons 2F^-$	+2.87	

8.3.2 判断氧化还原反应的方向

在常温常压下，各氧化还原电对都取标准态时，氧化还原反应的方向就取决于氧化剂和还原剂的自身性质了。氧化剂与还原剂之间的反应总是发生在较强氧化剂与较强还原剂之间，生成较弱的还原剂和较弱的氧化剂。

$$\text{强氧化剂}_1 + \text{强还原剂}_2 \rightleftharpoons \text{弱还原剂}_1 + \text{弱氧化剂}_2$$

即电极电势较高的氧化型与电极电势较低的还原型能自发反应生成较弱的还原剂和较弱的氧化剂。若定量地衡量氧化还原反应的方向，可从电池电动势 E 来判断，由于电对都处于标准状态，有 $E=E^\ominus$。则：

若 $E^\ominus>0$，则电池反应在标准态下自发正向进行；

若 $E^\ominus<0$，则电池反应在标准态下正向不能自发，逆向可自发进行。

需要注意的是，电极物质(电对)往往不是在标准状态，但如果组成原电池的电动势的 $E^\ominus>0.2$ V，我们一般仍可用 $E^\ominus$ 来判断非标准状态下氧化还原反应的方向性。即在非标准状态下，若 $E^\ominus>0.2$ V，电池反应能正向自发进行；若 $E^\ominus<-0.2$ V，电池反应逆向能自发进行；这是因为若 $E^\ominus$ 的代数值较大或较小时，如 $E^\ominus>0.2$ V 或 $E^\ominus<-0.2$ V，虽然电极物质的浓度

或压力偏离标准状态会引起电动势 E 的变化，但 E 和 $E^{\ominus}$ 仍可保持同样的正负号，即电池反应的方向不会改变。

例 7 试用标准电极电势说明 $FeCl_3$ 溶液为什么可以溶解铜板？

解：$FeCl_3$ 溶解铜板的反应式为

$$2Fe^{3+}+Cu=2Fe^{2+}+Cu^{2+}$$

根据反应式可以判断：

正极 $Fe^{3+}+e^{-}\rightleftharpoons Fe^{2+}$ $E^{\ominus}=0.770\ V$

负极 $Cu-2e^{-}\rightleftharpoons Cu^{2+}$ $E^{\ominus}=0.337\ V$

电池电动势 $E^{\ominus}=E^{\ominus}_{+}-E^{\ominus}_{-}=0.770-0.337=0.433\ V$

$E^{\ominus}>0.2\ V$

所以，$FeCl_3$ 溶液可以溶解铜板。

例 8 工业上常用通氯气于盐卤中，使 Br^{-} 和 I^{-} 氧化来制取溴和碘，如何判断哪一个先氧化游离出来？

解：查标准电极电势表得

$$E^{\ominus}_{I_2/I^-}=0.535\ V$$
$$E^{\ominus}_{Br_2/Br^-}=1.065\ V$$
$$E^{\ominus}_{Cl_2/Cl^-}=1.358\ 3\ V$$

从这些数据可知，氧化剂的氧化能力为 $Cl_2>Br_2>I_2$；而还原剂的还原能力为 $I^{-}>Br^{-}>Cl^{-}$。从组成原电池的电动势来看，电动势越大，反应进行得也越完全。氯电极和碘电极构成的电池的电动势 $E^{\ominus}_1=E^{\ominus}_{Cl_2/Cl^-}-E^{\ominus}_{I_2/I^-}=1.358\ 3-0.535=0.823\ 3\ V$，氯电极和溴电极构成的电池的电动势 $E^{\ominus}_2=E^{\ominus}_{Cl_2/Cl^-}-E^{\ominus}_{Br_2/Br^-}=1.358\ 3-1.065=0.293\ 3\ V$。$E^{\ominus}_1$ 和 $E^{\ominus}_2$ 的代数值都很大，表明于盐卤中通氯气，可以制取溴和碘。而 $E^{\ominus}_1$ 又远大于 $E^{\ominus}_2$，故 Cl_2 应首先氧化 I^{-}，待 I^{-} 氧化完全后，开始氧化 Br^{-}。

8.3.3 求反应的平衡常数

在第二节中，我们将原电池产生电流所做的功称为有用功(电功)。据热力学的有关知识，有用功和自由能 ΔG 之间的关系为：在恒温、恒压下，自由能降低值($-\Delta G$)等于原电池可能做的最大有用功——电功，即等于原电池的电动势 E 与所通过的电量 q 的乘积：

$$-\Delta G = W_{电} = qE = nFE \tag{8-1}$$

当反应物和产物处于标准状态时，上式可写成：

$$\Delta G^{\ominus}=-nFE^{\ominus} \tag{8-2}$$

式中，F 为法拉第常数，等于 96 487 $C\cdot mol^{-1}$，n 是电池反应中电子转移的物质的量。

在化学平衡一章中，我们介绍过标准自由能变化和平衡常数的关系：

$$\Delta G^{\ominus}=-RT\ln K \tag{8-3}$$

或

$$\Delta G^{\ominus}=-2.303RT\lg K \tag{8-4}$$

利用 8-2 式和 8-3 式或 8-4 式间的关系有：

$$\lg K=\frac{nFE^{\ominus}}{2.303RT} \tag{8-5}$$

在 298 K 时

$$\lg K = \frac{nE^{\ominus}}{0.0592} \tag{8-6}$$

或

$$\lg K = \frac{n(E^{\ominus}_{+} - E^{\ominus}_{-})}{0.0592} \tag{8-7}$$

由此可知，平衡常数 K 与物质浓度无关，但与温度（T）、反应中电子转移的物质的量（n）及 $E^{\ominus}$ 有关。方程式书写不同，$E^{\ominus}$ 不变，但因 n 不同，故 K 亦不同。这些结论与化学平衡中介绍的结论是一致的。

例 9 求反应 $2Ag(s)+2HI(l) \rightleftharpoons 2AgI(s)+H_2(g)$ 的平衡常数。

解：(1) 以所求反应为电池反应确定正负极。

	正极	$2H^+ + 2e^- \rightleftharpoons H_2(g)$	（还原反应）
+)	负极	$2Ag(s) + 2I^- - 2e^- \rightleftharpoons 2AgI(s)$	（氧化反应）
	电池反应	$2Ag(s) + 2H^+ + 2I^- \rightleftharpoons 2AgI(s) + H_2(g)$	

(2) 求 $E^{\ominus}$，n。

$$E^{\ominus} = E^{\ominus}_{+} - E^{\ominus}_{-} = E^{\ominus}_{H^+/H_2} - E^{\ominus}_{AgI/Ag}$$

查表：　$E^{\ominus}_{H^+/H_2} = 0.000\ V$，$E^{\ominus}_{AgI/Ag} = -0.150\ V$

则　$E^{\ominus} = 0-(-0.150) = 0.150\ V$

电池反应的 $n=2$。

(3) 求 K（298 K 时）。

据　$\lg K = \frac{nE^{\ominus}}{0.0592} = 5.08$

得　$\lg K = \frac{2 \times 0.150}{0.0592} = 5.08$

则　$K = 1.2 \times 10^5$　(298 K)

例 10 根据标准电极电势求 $K_{sp,AgCl(s)}$。

解：　$AgCl(s) \overset{K}{\rightleftharpoons} Ag^+ + Cl^-$　　$K = K_{sp}$

上述反应并非氧化还原反应，但在电化学中仍可将这些非氧化还原反应设计成原电池，具体方法是在反应式两边都各加一个金属银使成下式：

$$Ag + AgCl(s) \rightleftharpoons Ag^+ + Cl^- + Ag$$

再按例 9 中的步骤求 K 或 K_{sp}

(1)		正极	$AgCl(s) + e^- \rightleftharpoons Ag(s) + Cl^-$
	+)	负极	$Ag(s) - e^- \rightleftharpoons Ag^+$
		电池反应	$AgCl(s) + Ag(s) \rightleftharpoons Ag(s) + Ag^+ + Cl^-$

即　$AgCl(s) \rightleftharpoons Ag^+ + Cl^-$

(2) $n=1$

$$E^{\ominus} = E^{\ominus}_{AgCl/Ag} - E^{\ominus}_{Ag^+/Ag}$$

查表：　$E^{\ominus}_{AgCl/Ag} = 0.2223\ V$，$E^{\ominus}_{Ag^+/Ag} = 0.7996\ V$

则　$E^{\ominus} = 0.2223 - 0.7996 = -0.5773\ V$

(3)　$\lg K = \frac{1 \times (-0.5773)}{0.0592}$

$$K = K_{sp} = 1.78 \times 10^{-10}$$

8.3.4 元素电势图及其应用

当我们借助电极电势数据来讨论元素的性质时，需要查出有关的电对及相应的电极电势。例如在讨论氯元素的性质时，可以查出下列资料。

电对离子平衡式	$E_A^{\ominus}/V$
$ClO_4^- + 2H^+ + 2e^- \rightleftharpoons ClO_3^- + H_2O$	$+1.19$
$ClO_3^- + 3H^+ + 2e^- \rightleftharpoons HClO_2 + H_2O$	$+1.21$
$HClO_2 + 2H^+ + 2e^- \rightleftharpoons HClO + H_2O$	$+1.64$
$2HClO + 2H^+ + 2e^- \rightleftharpoons Cl_2 + 2H_2O$	$+1.63$
$Cl_2 + 2e \rightleftharpoons 2Cl^-$	$+1.36$

我们也可以把上述资料作成下图：

$$E_A^{\ominus} \qquad ClO_4^- \overset{+1.19}{\overline{\qquad\quad}} ClO_3^- \overset{+1.21}{\overline{\qquad\quad}} HClO_2 \overset{+1.64}{\overline{\qquad\quad}} HClO \overset{+1.63}{\overline{\qquad\quad}} Cl_2 \overset{+1.36}{\overline{\qquad\quad}} Cl^-$$

$$ClO_3^- \xrightarrow{\quad 1.47 \quad} Cl_2$$

这种表示同一元素在某种介质上形成不同电对时的电极电势的图形称为元素电势图。图中线上的数值是相应电对的标准电极电势。从左至右，元素的氧化态由高到低，图的右侧物质可作还原剂，左侧物质可作氧化剂。中间价态物质相对于右边物质是氧化剂，相对于左侧物质则是还原剂。

元素电势图既然是 $E^{\ominus}$ 值的一种表达方式，它的用途和 $E^{\ominus}$ 的用途必定是相同的。即可用来判断氧化剂和还原剂的相对强弱；判断氧化还原反应的方向和限度（求 K）。由于元素电势图把同种元素不同氧化态的 $E^{\ominus}$ 值归并在一起并按一定顺序排列，使用起来尤其方便。这里，我们仅介绍两方面的应用。

8.3.4.1 判断中间氧化态的物质能否发生歧化反应

所谓歧化反应是指氧化作用和还原作用同时发生在同一分子内，处在同一氧化态的相同元素上的氧化还原反应，即该元素的原子或离子一部分被氧化、一部分被还原，这种自身的氧化还原反应叫歧化反应。例如：

$$7ClO_3^- + 2H^+ = Cl_2 + 5ClO_4^- + H_2O$$

下面从 $E^{\ominus}$ 来分析能否发生歧化反应。设某元素有三种氧化态：A、B、C 用元素电势图可表示为

$$\underset{(高氧化态)}{A} \overset{E_{左}^{\ominus}}{\overline{\qquad\quad}} \underset{(中间价态)}{B} \overset{E_{右}^{\ominus}}{\overline{\qquad\quad}} \underset{(低氧化态)}{C}$$

据电极电势的有关知识，我们可以发现：

(1) 若 $E_{右}^{\ominus} > E_{左}^{\ominus}$，则电极电势较高（$E_{右}^{\ominus}$）的氧化型 B 与电极电势较低（$E_{左}^{\ominus}$）的还原型 B 能够发生自发反应生成 A 和 C。例如：

$$BrO^- \underset{左}{\overset{0.45}{\overline{\qquad\quad}}} \frac{1}{2}Br_2 \underset{右}{\overset{1.07}{\overline{\qquad\quad}}} Br^-$$

$$E_{右}^{\ominus} > E_{左}^{\ominus}$$

则

$$Br_2 + 2OH^- = BrO^- + Br^- + H_2O$$

能够自发发生。

(2) 若 $E_{右}^{\ominus} < E_{左}^{\ominus}$，则中间价态不能发生歧化反应。例如：

$$Fe^{3+} \xrightarrow[\text{左}]{+0.77} Fe^{2+} \xrightarrow[\text{右}]{-0.44} Fe$$

$$E^{\ominus}_{\text{右}} < E^{\ominus}_{\text{左}}$$

则 $$2Fe^{2+} = Fe + 2Fe^{3+}$$

不能自发发生。相反歧化反应的逆反应 $Fe + 2Fe^{3+} = 2Fe^{2+}$ 能够自发发生。

8.3.4.2 求电对的未知标准电极电势 $E^{\ominus}$

例如，计算 $Fe^{3+} \xrightarrow{+0.77} Fe^{2+} \xrightarrow{-0.44} Fe$ 中的 $E^{\ominus}_{Fe^{3+}/Fe}$。

据电极反应、标准电极电势、标准自由能变化间的关系有：

$$Fe^{3+} + e^- = Fe^{2+} \qquad E_1^{\ominus} \qquad \Delta G_1^{\ominus} = -n_1 E_1^{\ominus} F$$

$$+)\quad Fe^{2+} + 2e^- = Fe \qquad E_2^{\ominus} \qquad \Delta G_2^{\ominus} = -n_2 E_2^{\ominus} F$$

$$Fe^{3+} + 3e^- = Fe \qquad E^{\ominus} \neq E_1^{\ominus} + E_2^{\ominus} \qquad \Delta G^{\ominus} = \Delta G_1^{\ominus} + \Delta G_2^{\ominus} = -nE^{\ominus} F$$

即 $$-nE^{\ominus} F = -n_1 E_1^{\ominus} F - n_2 E_2^{\ominus} F$$

$$E^{\ominus} = E^{\ominus}_{Fe^{3+}/Fe} = \frac{n_1 F E_1^{\ominus} + n_2 F E_2^{\ominus}}{nF} = \frac{n_1 E_1^{\ominus} + n_2 E_2^{\ominus}}{n}$$

而 $n = n_1 + n_2$

而 $$E^{\ominus}_{Fe^{3+}/Fe} = \frac{n_1 E_1^{\ominus} + n_2 E_2^{\ominus}}{n} = \frac{1 \times 0.77 + 2 \times (-0.44)}{1+2} = -0.037\ \text{V}$$

推广为一般通式，可得下列关系式：

$$E^{\ominus}_{\text{未}} = \frac{n_1 E_1^{\ominus} + n_2 E_2^{\ominus} + n_3 E_3^{\ominus} + \cdots}{n_1 + n_2 + n_3 + \cdots}$$

8.4 影响电极电势的因素

8.4.1 能斯特(Nernst)方程

电极电势的大小首先取决于电极的本性，它可由标准电极电势 $E^{\ominus}$ 值所反映。此外，电极电势还与溶液中离子浓度和温度有关。能斯特从理论上导出了电极电势与溶液中氧化态和还原态的浓度及参加电极反应的其他物质的浓度和温度的关系。对于任意一个电极反应：

$$a[\text{氧化型}] + k[\text{介质}] + ne^- \rightleftharpoons c[\text{还原型}] + m[\text{其他产物}]$$

参加电极反应各物质浓度、温度之间的关系为

$$E = E^{\ominus} + \frac{2.303RT}{nF} \lg \frac{[\text{氧化型}]^a [\text{介质}]^k}{[\text{还原型}]^c [\text{其他}]^m}$$

当 $T = 298$ K，上式为

$$E = E^{\ominus} + \frac{0.0592}{n} \lg \frac{[\text{氧化型}]^a [\text{介质}]^k}{[\text{还原型}]^c [\text{其他}]^m}$$

下面举例说明能斯特方程的具体写法：

(1) $Br_2(l) + 2e^- \rightleftharpoons 2Br^-$ $\qquad E = E^{\ominus} + \frac{0.059\,2}{2} \lg \frac{1}{[Br^-]^2}$

(2) $MnO_2(s) + 4H^+ + 2e^- \rightleftharpoons Mn^{2+} + 2H_2O$ $\qquad E = E^{\ominus} + \frac{0.059\,2}{2} \lg \frac{[H^+]^4}{[Mn^{2+}]}$

(3) $O_2(g) + 4H^+ + 4e^- \rightleftharpoons 2H_2O$ $\qquad E = E^{\ominus} + \frac{0.059\,2}{4} \lg p_{O_2} \cdot [H^+]^4$

需要说明的是，在写能斯特方程时，若电极反应中出现固体或液体时，则一概不列入方程式中；若是气体，则用气压 p 来表示。

8.4.2 浓度对电极电势的影响

8.4.2.1 氧化态和还原态浓度的改变对电极电势的影响

从能斯特方程我们可以清楚地看出：若[氧化型]增大或[还原型]降低或[氧化型]/[还原型]的增大，都会导致电极电势的增大；反之，则电极电势降低。

例 11 把锌分别浸入$[Zn^{2+}]=0.01\ mol\cdot L^{-1}$和$10\ mol\cdot L^{-1}$的溶液中，计算 298 K 时锌电极的电势($E^{\ominus}_{Zn^{2+}/Zn}=-0.7628\ V$)。

解：(1) $[Zn^{2+}]=0.01\ mol\cdot L^{-1}$，$Zn^{2+}+2e^{-}\rightleftharpoons Zn$

$$E_{Zn^{2+}/Zn}=E^{\ominus}_{Zn^{2+}/Zn}+\frac{0.0592}{n}\lg[Zn^{2+}]$$

$$=-0.7628+\frac{0.0592}{2}\lg 0.01=-0.8220(V)$$

(2) $[Zn^{2+}]=10\ mol\cdot L^{-1}$

$$E_{Zn^{2+}/Zn}=-0.7628+\frac{0.0592}{2}\lg 10=-0.7332(V)$$

通过计算，我们发现

$[Zn^{2+}](mol\cdot L^{-1})$	$E_{Zn^{2+}/Zn}/V$
0.01	−0.822 0
1	−0.762 8
10	−0.733 2

即随着[氧化型]的增加，E 代数值越来越大。

例 12 求反应 $Sn+Pb^{2+}\rightleftharpoons Sn^{2+}+Pb$ 在下列两种情况下的反应方向。

(1) 在标准状态下的反应方向。

(2) 当$[Pb^{2+}]=0.1\ mol\cdot L^{-1}$，$[Sn^{2+}]$不变时的反应方向。

解：查表：$E^{\ominus}_{Sn^{2+}/Sn}=-0.14\ V$，$E^{\ominus}_{Pb^{2+}/Pb}=-0.126\ V$

(1) 在标准状态下

$$E=E^{\ominus}=E^{\ominus}_{+}-E^{\ominus}_{-}=E^{\ominus}_{Pb^{2+}/Pb}-E^{\ominus}_{Sn^{2+}/Sn}$$

$$=-0.126-(-0.14)=0.014\ V>0$$

则反应向正反应方向进行。

(2) 当$[Pb^{2+}]=0.1\ mol\cdot L^{-1}$，$[Sn^{2+}]=1\ mol\cdot L^{-1}$

$$E_{Pb^{2+}/Pb}=E^{\ominus}_{Pb^{2+}/Pb}+\frac{0.0592}{2}\lg[Pb^{2+}]$$

$$=-0.126+\frac{0.0592}{2}\lg 0.1=-0.156(V)$$

$$E_{Sn^{2+}/Sn}=E^{\ominus}_{Sn^{2+}/Sn}=-0.14(V)$$

则 $E=E_{+}-E_{-}=E_{Pb^{2+}/Pb}-E_{Sn^{2+}/Sn}=-0.156-(-0.14)<0$

则反应向逆反应方向进行。

8.4.2.2 酸度对电极电势的影响

在许多电极反应中，H^+ 或 OH^- 的氧化数虽然没有变化，却参与了电极反应。它们的浓度变化，也会影响电极反应，甚至在有的电极反应中会成为控制电极电势的决定因数。

例 13 试讨论下列反应

$$K_2Cr_2O_7 + 14HCl \rightleftharpoons 2CrCl_3 + 3Cl_2 + 2KCl + 7H_2O$$

能否用于制备氯气？

解：查表：　$Cr_2O_7^{2-} + 14H^+ + 6e^- \rightleftharpoons 2Cr^{3+} + 7H_2O, E^{\ominus} = 1.33\ V$

$$Cl_2 + 2e^- \rightleftharpoons 2Cl^-, \quad E^{\ominus} = 1.358\ 3\ V$$

(1) 在标准状态下

$$E = E^{\ominus} = E^{\ominus}_{Cr_2O_7^{2-}/Cr^{3+}} - E^{\ominus}_{Cl_2/Cl^-}$$

$$= 1.33 - 1.358\ 3 = -0.028\ 3(V) < 0$$

因此，在标准状态时反应不能用于制备 Cl_2。

(2) 提高酸度，使$[H^+] = 2\ mol \cdot L^{-1}$，而$[Cr_2O_7^{2-}] = [Cr^{3+}] = [Cl^-] = 1\ mol \cdot L^{-1}$，$p_{Cl_2} = 101.3\ kPa$ 保持不变时：

$$E_{Cr_2O_7^{2-}/Cr^{3+}} = E^{\ominus}_{Cr_2O_7^{2-}/Cr^{3+}} + \frac{0.059\ 2}{6}\lg\frac{[Cr_2O_7^{2-}][H^+]^{14}}{[Cr^{3+}]^2}$$

$$= 1.33 + \frac{0.059\ 2}{6}\lg\frac{1 \times 2^{14}}{12} = 1.37(V)$$

$$E_{Cl_2/Cl^-} = E^{\ominus}_{Cl_2/Cl^-} = 1.358\ 3(V)$$

$$E = E_{Cr_2O_7^{2-}/Cr^{3+}} - E_{Cl_2/Cl^-} = 1.37 - 1.358\ 3 > 0$$

所以当提高$[H^+]$时，有利于反应向生成 Cl_2 的方向进行。在实验室中，往往用 $K_2Cr_2O_7$ 和浓盐酸作用制备 Cl_2。

8.4.2.3 沉淀或配合物的生成对电极电势的影响

当电极反应中有沉淀生成或配离子生成而使得氧化态或还原态离子浓度发生很大的变化，从而显著地影响电对的电极电势。

例 14 已知 $E^{\ominus}_{Ag^+/Ag} = +0.799\ V$，若在 $AgNO_3$ 溶液中加入 NaCl，使 AgCl 沉淀达平衡时$[Cl^-] = 1\ mol \cdot L^{-1}$，求此时 $E_{Ag^+/Ag}$。

解：

$$Ag^+ + e^- \rightleftharpoons Ag(s) \qquad E^{\ominus}_{Ag^+/Ag} = 0.799\ 6\ V$$

$$Ag^+ + Cl^- \overset{K}{\rightleftharpoons} AgCl \quad K = \frac{1}{K_{sp}}$$

平衡时

$$[Ag^+] = \frac{K_{sp}}{[Cl^-]} = \frac{1.8 \times 10^{-10}}{1} = 1.8 \times 10^{-10}\ mol \cdot L^{-1}$$

则

$$E_{Ag^+/Ag} = E^{\ominus}_{Ag^+/Ag} + \frac{0.059\ 2}{n}\lg[Ag^+]$$

$$= 0.799\ 6 + \frac{0.059\ 2}{1}\lg 1.8 \times 10^{-10}$$

$$= 0.222\ 7(V)$$

实际上，例题状态下的 $E_{Ag^+/Ag}$ 就是电对 AgCl/Ag 的标准电极电势 $E^{\ominus}_{AgCl/Ag}$。

上述计算表明，由于沉淀剂 Cl^- 的加入，$[Ag^+]$减少，使 $E_{Ag^+/Ag}$ 显著降低，Ag^+ 的氧化能力变弱。若加入其他沉淀剂如 Br^-、I^- 等，也将发生类似现象，若 $K_{sp,AgX}$ 越小，$E^{\ominus}_{AgX/Ag}$ 越低。现将数据汇列如下：

K_{sp} 降低 ↓	电极反应	$E^{\ominus}/V$	$E^{\ominus}$ 降低 ↓
	$Ag^{+}+e^{-} \rightleftharpoons Ag(s)$	0.799 6	
	$AgCl(s)+e^{-} \rightleftharpoons Ag(s)+Cl^{-}$	0.222 3	
	$AgBr(s)+e^{-} \rightleftharpoons Ag(s)+Br^{-}$	0.071 3	
	$AgI(s)+e^{-} \rightleftharpoons Ag(s)+I^{-}$	−0.151 9	

加入配合剂对反应体系电极电势的影响将在配位化合物一章讨论。

思 考 题

1. 什么是原电池?
2. 原电池中的盐桥有什么作用?
3. 试分析金属活动性顺序与电极电势的关系?
4. 歧化反应发生的条件是什么?
5. 在下列常见氧化剂中,如果增加溶液的酸度,哪些氧化剂的氧化性增强? 哪些氧化剂的氧化性不变?

Cl_2, $Cr_2O_7^{2-}$, Fe^{3+}, MnO_4^-, PbO_2, $NaBiO_3$, Hg^{2+}, O_2, H_2O

习 题

1. 计算下列物质中元素的符号右上角标“*”元素的氧化数:

KCl^*O_4, Cu_2^*O, Na_2O^*, S_8^*, $Na_2S_2^*O_3$, $Na_2S_4^*O_6$, $K_2Cr_2^*O_7$, $Mn^*O_4^{2-}$

2. 配平半反应式

(1) $Fe^{3+} \longrightarrow Fe^{2+}$

(2) $Cr^{3+} \longrightarrow Cr_2O_7^{2-}$

(3) $NO \longrightarrow NO_3^-$

(4) $Mn^{2+} \longrightarrow MnO_2$

3. 用氧化数法配平下列反应式,并区分出歧化反应。

(1) $KMnO_4+KI+H_2SO_4 \longrightarrow I_2+MnSO_4+\cdots$

(2) $PbS+H_2O_2 \longrightarrow PbSO_4+H_2O+\cdots$

(3) $Cu_2S+HNO_3 \longrightarrow Cu(NO_3)_2+H_2SO_4+NO_2+\cdots$

(4) $KMnO_4+H_2C_2O_4 \longrightarrow CO_2+Mn^{2+}$

(5) $K_2Cr_2O_7+I_2+H_2SO_4 \longrightarrow KIO_3+Cr_2(SO_4)_3+\cdots$

4. 用离子—电子法配平下列氧化还原反应式。

(1) $MnO_4^-+H_2O_2 \longrightarrow Mn^{2+}+O_2+\cdots$

(2) $H_2O_2+I^- \longrightarrow I_2+H_2O$

(3) $Cr(OH)_3+ClO^- \longrightarrow CrO_4^{2-}+Cl^-$

(4) $Zn+NO_3^- \longrightarrow ZnO_2^{2-}+NH_3$

(5) $SO_3^{2-}+Cl_2 \longrightarrow SO_4^{2-}+Cl^-$

5. 试写出符合下列电池的电池反应(离子方程式):

(1) $Sn|SnSO_4 \| H_2SO_4|H_2(Pt)$

(2) $Mg|MgCl_2 \| NiCl_2|Ni$

6. 试写出实现下列氧化还原反应的电池符号：

(1) $Zn+Fe^{2+}=Fe+Zn^{2+}$

(2) $2Ag^{+}+H_2=2Ag+2H^{+}$

7. 试根据标准电极电势表，把下列物质按氧化剂的氧化能力减小顺序排列，并写出它们在酸性介质中的还原产物。

$KMnO_4$， $K_2Cr_2O_7$， $FeCl_3$， Cl_2， Br_2， I_2， F_2， AgCl

8. 试根据标准电极电势表，把下列物质按还原剂的还原能力减小顺序排列，并写出它们在酸性介质中的氧化产物。

$FeCl_2$， $SnCl_2$， H_2， KI， Mg， Al， H_2S

9. 标准状态下，Cl_2、NO_2^-、Fe^{2+}、Sn^{2+}哪些能被 pH=0 的 1 $mol \cdot L^{-1}$的 $KMnO_4$ 氧化？电池电动势是多少？已知标准电极电势如下：

$Cr_2O_7^{2-}+14H^{+}+6e^{-} \rightleftharpoons 2Cr^{3+}+7H_2O$　　$E^{\ominus}=1.33$ V

$MnO_4^-+8H^{+}+5e^{-} \rightleftharpoons Mn^{2+}+4H_2O$　　$E^{\ominus}=1.491$ V

$Cl_2+2e^{-} \rightleftharpoons 2Cl^{-}$　　$E^{\ominus}=1.358\,3$ V

$2ClO_3^-+12H^{+}+10e^{-} \rightleftharpoons Cl_2+6H_2O$　　$E^{\ominus}=1.47$ V

$NO_3^-+3H^{+}+2e^{-} \rightleftharpoons HNO_2+H_2O$　　$E^{\ominus}=0.94$ V

$Sn^{4+}+2e^{-} \rightleftharpoons Sn^{2+}$　　$E^{\ominus}=0.15$ V

$Sn^{2+}+2e^{-} \rightleftharpoons Sn$　　$E^{\ominus}=-0.136\,4$ V

$Fe^{2+}+2e^{-} \rightleftharpoons Fe$　　$E^{\ominus}=-0.409$ V

$Fe^{3+}+e^{-} \rightleftharpoons Fe^{2+}$　　$E^{\ominus}=0.770$ V

10. 试用标准电极电势判断下列反应能否发生？

(1) $Zn+Mg^{2+} \longrightarrow Mg+Zn^{2+}$

(2) $I_2+Fe^{2+} \longrightarrow Fe^{3+}+I^{-}$

(3) $Fe^{2+}+Hg^{2+} \longrightarrow Fe^{3+}+Hg_2^{2+}$

(4) $Co^{2+} \longrightarrow Co^{3+}+Co$

(5) $MnO_4^-+Fe^{2+}+H^{+} \longrightarrow Fe^{3+}+Mn^{2+}+H_2O$

11. 计算下列各电池的标准电动势；写出相应的电池反应；判断电池反应能否自发进行？

(1) Pt,$O_2(1.013\times10^5$ kPa)$|H^{+}(1\ mol \cdot L^{-1}),H_2O(l) \| I^{-}(1\ mol \cdot L^{-1})|I_2(s)$,Pt

(2) $Pt|Sn^{2+}(1\ mol \cdot L^{-1}),Sn^{4+}(1\ mol \cdot L^{-1}) \| Pb^{2+}(1\ mol \cdot L^{-1})|Pb$

(3) $Zn|Zn^{2+}(1\ mol \cdot L^{-1}) \| Fe^{3+}(1\ mol \cdot L^{-1}),Fe^{2+}(1\ mol \cdot L^{-1})|Pt$

(4) $Pt|Br_2(l),Br^{-}(1\ mol \cdot L^{-1}) \| Cl^{-}(1\ mol \cdot L^{-1}),Cl_2(1.013\times10^5\ kPa)|Pt$

(5) $Sn|Sn^{2+}(1\ mol \cdot L^{-1}) \| Ag^{+}(1\ mol \cdot L^{-1})|Ag$

12. 已知 $E^{\ominus}_{Cu^{2+}/Cu^{+}}=0.158$ V，$E^{\ominus}_{Cu^{+}/Cu}=0.522$ V，求反应 $2Cu^{+}=Cu^{2+}+Cu$ 在 298 K 时的平衡常数及简单+1价铜离子是否可以在水溶液中稳定存在？

13. 已知 $Ag^{+}+e^{-} \rightleftharpoons Ag(s)$　　$E^{\ominus}=0.799\,6$ V

$AgBr(s)+e^{-} \rightleftharpoons Ag(s)+Br^{-}$　　$E^{\ominus}=0.071\,3$ V

$AgI(s)+e^{-} \rightleftharpoons Ag(s)+I^{-}$　　$E^{\ominus}=-0.151\,8$ V

求 AgBr、AgI 在 298 K 时的溶度积常数 K_{sp}。

14. 下面是溴元素电势图：

$$BrO^{3-}\xrightarrow{+0.54}BrO^{-}\xrightarrow{+0.45}Br_2\xrightarrow{+1.07}Br^{-}$$

(1) 试求 BrO^{-}/Br^{-}电对的标准电极电势？

(2) 并判断 BrO^{-}能否发生歧化反应？

15. 实验室里，常利用下面的反应制备氯气：

$$MnO_2+4HCl=MnCl_2+Cl_2\uparrow+2H_2O$$

(1) 根据标准电极电势 $E^{\ominus}$，判断上述反应能否自发进行？

(2) 假设采用浓盐酸(12 mol·L^{-1})，上述反应能否自发进行？

16. 如果浓度$[Br^-]=0.1\ mol\cdot L^{-1}$，$[Br_2]=0.1\ mol\cdot L^{-1}$，$[I^-]=0.1\ mol\cdot L^{-1}$，$[IO_3^-]=0.01\ mol\cdot L^{-1}$，而溶液的 pH 为 1 时，试确定下列反应进行的方向。

$$6Br^-+IO_3^-+6H^+\rightleftharpoons 3Br_2(aq)+I^-+3H_2O$$

[提示] 先分别计算电对 E_{Br_2/Br^-} 和 $E_{IO_3^-/I^-}$ 的电势，再求电池电动势，然后判断反应方向。

第 8 章　检 测 题

一、选择题

1. 将反应 $K_2Cr_2O_7 + HCl \longrightarrow KCl + CrCl_3 + Cl_2 + H_2O$ 完全配平后，方程式中 Cl_2 的系数是……（　　）

(A) 1　　(B) 2　　(C) 3　　(D) 4

2. 下列化合物中，氧呈现 +2 价氧化态的是 ……（　　）

(A) Cl_2O_5　　(B) BrO_2　　(C) $HClO_2$　　(D) F_2O

3. 将反应 $KMnO_4 + HCl \longrightarrow Cl_2 + MnCl_2 + KCl + H_2O$ 配平后，方程式中 HCl 的系数是 ……（　　）

(A) 8　　(B) 16　　(C) 18　　(D) 32

4. 使下列电极反应中有关离子浓度减小一半，而 E 值增加的是……（　　）

(A) $Cu^{2+} + 2e^- = Cu$　　(B) $I_2 + 2e^- = 2I^-$

(C) $2H^+ + 2e^- = H_2$　　(D) $Fe^{3+} + e^- = Fe^{2+}$

5. 下列氧化还原电对中，$E^\ominus$ 值最大的是 ……（　　）

(A) Ag^+/Ag　　(B) $AgCl/Ag$　　(C) $AgBr/Ag$　　(D) AgI/Ag

6. 已知 $E^\ominus(Zn^{2+}/Zn) = -0.76$ V，下列原电池反应的电动势为 0.46 V，则氢电极溶液中的 pH 为 ……（　　）

$$Zn + 2H^+(a\ mol \cdot dm^{-3}) = Zn^{2+}(1\ mol \cdot dm^{-3}) + H_2(1.013 \times 10^5\ Pa)$$

(A) 10.2　　(B) 2.5　　(C) 3.0　　(D) 5.1

7. 现有原电池(－) Pt|Fe^{3+}，Fe^{2+} ‖ Ce^{4+}，Ce^{3+}|Pt(＋)，该原电池放电时所发生的反应是 …（　　）

(A) $Ce^{3+} + Fe^{3+} = Ce^{4+} + Fe^{2+}$　　(B) $3Ce^{4+} + Ce = 4Ce^{3+}$

(C) $Ce^{4+} + Fe^{2+} = Ce^{3+} + Fe^{3+}$　　(D) $2Ce^{4+} + Fe = 2Ce^{3+} + Fe^{2+}$

8. 某氧化还原反应的标准吉布斯自由能变为 $\Delta_r G_m^\ominus$，平衡常数为 K，标准电动势为 $E^\ominus$，则下列对 $\Delta_r G_m^\ominus$，K，$E^\ominus$ 的值判断合理的一组是 ……（　　）

(A) $\Delta_r G_m^\ominus > 0, E^\ominus < 0, K < 1$　　(B) $\Delta_r G_m^\ominus > 0, E^\ominus < 0, K > 1$

(C) $\Delta_r G_m^\ominus < 0, E^\ominus < 0, K > 1$　　(D) $\Delta_r G_m^\ominus < 0, E^\ominus > 0, K < 1$

9. 某电池(－)A|A^{2+}(0.1 mol · dm^{-3}) ‖ B^{2+}(1.0×10^{-2} mol · dm^{-3})|B(＋)的电动势 E 为 0.27 V，则该电池的标准电动势 $E^\ominus$ 为 ……（　　）

(A) 0.24 V　　(B) 0.27 V　　(C) 0.30 V　　(D) 0.33 V

10. 电极电势与 pH 无关的电对是 ……（　　）

(A) H_2O_2/H_2O　　(B) IO_3^-/I^-　　(C) MnO_2/Mn^{2+}　　(D) MnO_4^-/MnO_4^{2-}

二、填空题

1. 电池(－)Pt|H_2(1.013×10^5 Pa)|H^+(1×10^{-3} mol · dm^{-3}) ‖ H^+(1 mol · dm^{-3})|H_2(1.013×10^5 Pa)|Pt(＋)的电动势为________，电池反应为____________。

2. 将 Ag－AgCl 电极($E^\ominus_{AgCl/Ag} = 0.2222$ V)与饱和甘汞电极($E^\ominus = 0.2415$ V)组成原电池，该原电池的电池符号为________________；正极反应____________；负极反应____________；电池反应____________；电池反应的平衡常数为____________。

3. 电池(－)Cu|Cu^+ ‖ Cu^+，Cu^{2+}|Pt(＋)和(－)Cu|Cu^{2+} ‖ Cu^+，Cu^{2+}|Pt(＋)的反应均可写成 $Cu + Cu^{2+} = 2Cu^+$，则两电池的 $\Delta_r G_m^\ominus$______，$E^\ominus$______，K______(填"相同"或"不同")。

4. 已知 $E^\ominus_{Cu^{2+}/Cu} = 0.337$ V，$K_{sp,Cu(OH)_2} = 2.2 \times 10^{-20}$，则 $E^\ominus_{Cu(OH)_2/Cu} =$______ V。

5. 在 $Fe^{3+}+e^-=Fe^{2+}$ 电极反应中,加入 Fe^{3+} 的络合剂 F^-,则使电极电势的数值________;在 $Cu^{2+}+e^-=Cu^+$ 电极反应中,加入 Cu^+ 的沉淀剂 I^- 可使其电极电势的数值____________。

6. 已知,$Ag(NH_3)_2^+$:$K_{稳}=1.1\times10^7$;AgCl:$K_{sp}=1.8\times10^{-10}$;Ag_2CrO_4:$K_{sp}=2\times10^{-12}$。用"大于"或"小于"填空。

(1) $E^{\ominus}_{Ag(NH_3)_2^+/Ag}$________$E^{\ominus}_{Ag_2CrO_4/Ag}$;

(2) $E^{\ominus}_{Ag_2CrO_4/Ag}$________$E^{\ominus}_{AgCl/Ag}$。

三、计算题

1. 已知 $E^{\ominus}_{Cu^{2+}/Cu}=0.337$ V,$E^{\ominus}_{Cu^{2+}/Cu^+}=0.153$ V,$K_{sp,CuCl}=1.2\times10^{-6}$。通过计算求反应 $Cu^{2+}+Cu+2Cl^-=2CuCl$ 能否自发进行,并求反应的平衡常数 K。

2. 已知 $E^{\ominus}_{Tl^{3+}/Tl^+}=1.25$ V,$E^{\ominus}_{Tl^{3+}/Tl}=0.72$ V。设计成下列三个标准电池为

(a) (−) Tl|Tl^+ ‖ Tl^{3+}|Tl(+);

(b) (−) Tl|Tl^+ ‖ Tl^{3+},Tl^+|Pt(+);

(c) (−) Tl|Tl^{3+} ‖ Tl^{3+},Tl^+|Pt(+)。

(1) 请写出每一个电池的电池反应式;

(2) 计算每个电池的电动势和 $\Delta_r G_m^{\ominus}$。

3. 对于反应 $Cu^{2+}+2I^-=CuI+\frac{1}{2}I_2$,若 Cu^{2+} 的起始浓度为 0.10 mol·dm^{-3},I^- 的起始浓度为 0.50 mol·dm^{-3},计算反应达平衡时留在溶液中 Cu^{2+} 的浓度。已知 $E^{\ominus}_{Cu^{2+}/Cu^+}=0.153$ V,$E^{\ominus}_{I_2/I^-}=0.535$ V,$K^{\ominus}_{sp,CuI}=1\times10^{-12}$。

9 配位化合物

9.1 配合物的基本概念

9.1.1 配合物的定义

配位化合物简称配合物。历史上记载最早的配合物是普鲁士人在寻找染料的时候发现的 $Fe_4[Fe(CN)_6]_3$，故称普鲁士蓝。最早引起人们研究兴趣的是 1798 年发现的第一个钴氨配合物 $CoCl_3 \cdot 6NH_3$。配位化学的真正发展是从 19 世纪末开始。瑞士化学家维尔纳(Werner)提出的著名的维尔纳配位学说为配位化学的创立和发展奠定了基础。

近几十年来，配位化学迅速发展，已经远远超出了无机化学的范畴，涉及有机化学、结构化学、催化机理、生命现象等许多方面的研究，有着十分诱人的前景。

什么是配位化合物？我们来看以下的实验。

如果在 $CuSO_4$ 溶液中加入 $NH_3 \cdot H_2O$，开始生成的是蓝色的 $Cu(OH)_2$ 沉淀。继续加氨水，蓝色沉淀溶解，成为深蓝色澄清溶液。如果在这一溶液中再加入稀 NaOH 溶液，就得不到 $Cu(OH)_2$ 沉淀。这说明在深蓝色溶液中生成了一种新的离子，它与 Cu^{2+} 的性质有所不同。在深蓝色溶液中加入乙醇以降低溶解度，得到深蓝色晶体。对这一晶体进行分析，可知其组成为 $CuSO_4 \cdot 4NH_3$。其中的 4 个 NH_3 分子牢固地结合在 Cu^{2+} 周围，形成 $[Cu(NH_3)_4]^{2+}$。由于生成了 $[Cu(NH_3)_4]^{2+}$，使得溶液中 $[Cu^{2+}]$ 大大降低，所以在这一深蓝色溶液中加入稀 NaOH 得不到 $Cu(OH)_2$ 沉淀。像 $[Cu(NH_3)_4]^{2+}$ 以及我们熟悉的 $[Ag(NH_3)_2]^+$、$[Fe(CN)_6]^{4-}$ 这样一类离子，就称为配离子，含有配离子的化合物就称为配位化合物，简称配合物。

从以上的例子，我们可以看出配合物有这样几个特点：

(1) 不符合经典的化合价理论。配离子在形成的过程中，既没有电子的得失，也不形成新的共用电子对。如 $[Cu(NH_3)_4]^{2+}$ 中，Cu^{2+} 与 NH_3 之间既不存在离子键，也不存在普通共价键。

(2) 在水溶液中的离解方式不同于简单化合物。如 $[Cu(NH_3)_4]^{2+}$ 在水溶液中也能较稳定地存在。

(3) 配合物中存在着与简单化合物不同的键——配位键。这是配合物最本质的特征。如在 $[Cu(NH_3)_4]^{2+}$ 中，Cu^{2+} 与 NH_3 之间就是以配位键相结合的。

根据这些特点，我们可以这样来定义配合物：由一定数目的含有孤对电子的分子或离子与具有空轨道的原子或离子之间以配位键结合而成的结构单元称为配离子或配合分子，含有配离子或配合分子的化合物称配合物。关于配合物的更严格的定义有待发展。

9.1.2 配合物的组成

除少数配位单元不带电荷外，多数配合物都含有带正、负电荷的配离子。配离子是配合物结构中的重要部分，由它表现出配合物的特性。在配离子中，金属离子(或原子)位于配离子的几何中心，称中心离子(原子)。在中心离子周围的离子或分子叫配位体，简称配体。中心离子与配体组成配合物的内界，它是配合物的特征部分，书写时用方括号括起来。方括号外的部分称配合物的外界，它们与配离子以离子键相结合。内界和外界所带电荷量相等、符号相反，使配合物分子呈电中性。

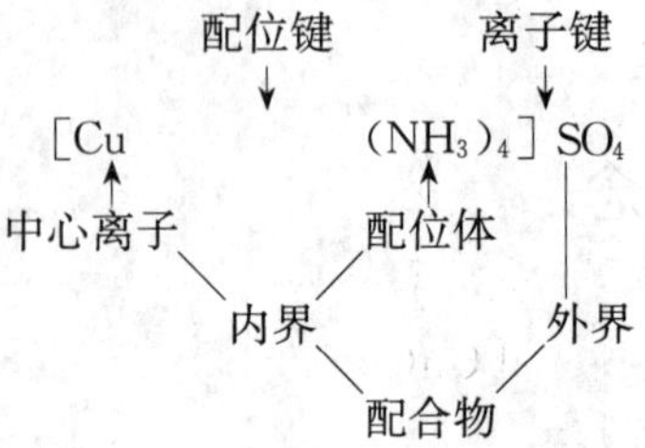

中性配合物(配合分子)没有外界。

[Co　$Cl_3(NH_3)_3$]　　　　[Ni　$(CO)_4$]

中心离子　　配体　　　　中心原子　　配体

(1) 中心离子　又称配合物形成体。一般是金属离子，多数是过渡金属离子，如 Fe^{2+}、Fe^{3+}、Co^{3+}等等。也有一些中性原子，如[$Ni(CO)_4$]中的 Ni。还有一些非金属离子，如 B(Ⅲ)、Si(Ⅳ)等。中心离子一般都具有空的、可接受电子对的价轨道。

(2) 配位体　配位体是含有孤对电子的分子或离子。如 NH_3、H_2O、Cl^-、F^-等。配体中，具有孤对电子的原子称配位原子，如 NH_3 分子中的 N 原子，H_2O 分子中的 O 原子等。成键时，配位原子以其孤对电子与中心离子结合，形成配位键。

配位体大致可以分为两类。只以一个配位键与中心离子相结合的称单齿(单基)配体，如 NH_3、H_2O、Cl^-、CN^-等。以两个或两个以上配位键与中心离子相结合的称多齿配体(例如：标有 * 的为配位原子)。

乙二胺(en)　　$\overset{*}{N}H_2—CH_2—CH_2—\overset{*}{N}H_2$　　双齿配体

草酸根　　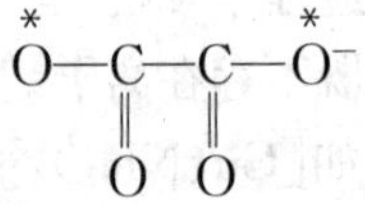　　双齿配体

氨基三乙酸　　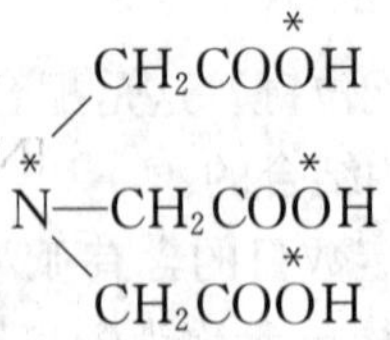　　四齿配体

乙二胺四乙酸(EDTA)

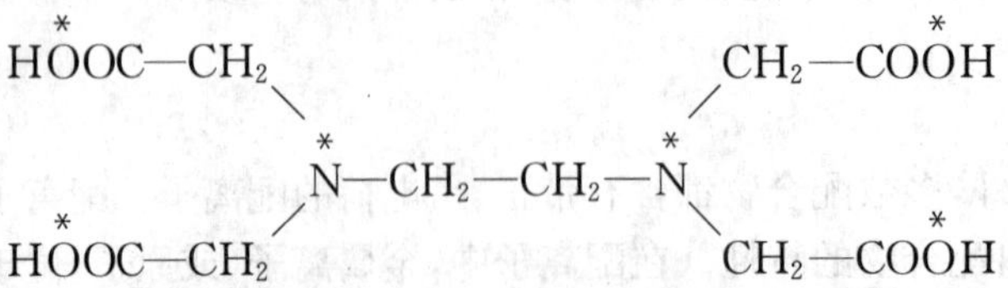　　六齿配体

由它们形成的配合物，如

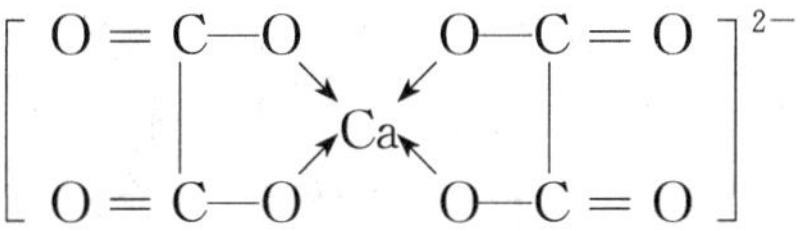

$[Ca(C_2O_4)_2]^{2-}$

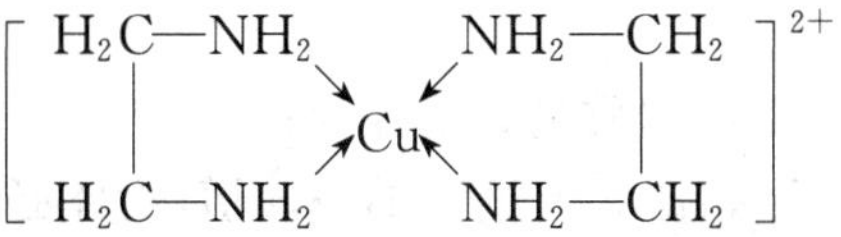

$[Cu(en)_2]^{2+}$

(3) 配位数　直接与中心离子(或原子)以配位键结合的配位原子总数称该中心离子(或原子)的配位数。如$[Cu(NH_3)_4]^{2+}$和$[Cu(en)_2]^{2+}$中Cu^{2+}的配位数均为4。中心离子的配位数一般为2、4、6、8。最常见的是4或6。

配位数与以下因素有关:① 中心离子的半径大,它的周围空间就大,在它周围能容纳的配体就多,即配位数大。如Al^{3+}与F^-可形成$[AlF_6]^{3-}$,而半径较小的B(Ⅲ)只能形成配位数为4的$[BF_4]^-$。② 中心离子正电荷的增加则有利于吸引配体的孤电子对,使配位数提高。例如,Pt^{2+}的配位数一般为4,如$[PtCl_4]^{2-}$;而Pt^{4+}的配位数为6,如$[PtCl_6]^{2-}$。③ 相对于同一中心离子来说,配体的体积大,则中心离子周围能容纳的配体少,使配位数下降。如Al^{3+}与体积较小的F^-形成$[AlF_6]^{3-}$,而与体积较大的Cl^-形成$[AlCl_4]^-$。④ 配体的电荷高,则配体间的斥力增大,配位数相应减小。例如,中性氨分子与Zn^{2+}可形成$[Zn(NH_3)_6]^{2+}$,而OH^-与Zn^{2+}则形成$[Zn(OH)_4]^{2-}$。

除中心离子、配体自身的因素外,配位数还与配合物形成时的条件有关。一般的,增大配体的浓度,降低反应温度,有利于形成高配位数的配合物。

9.1.3　配合物的命名

配体个数以一、二、三表示,配体与中心离子用“合”字相连,中心离子的氧化数用罗马数字表示,并括在圆括号内:

配体数(一、二、三等)—配体名称—合—中心离子名称(中心离子氧化数,Ⅰ、Ⅱ、Ⅲ等)

如果配离子为阳离子,称为某某离子;配离子若为阴离子,则称为某某酸根离子。如:

$[Co(NH_3)_2(NO_2)_4]^-$	四硝基二氨合钴(Ⅲ)酸根离子
$[Co(NH_3)_3(H_2O)Cl_2]^+$	二氯三氨一水合钴(Ⅲ)离子

命名方法与一般无机化合物相同。如:

$K_2[PtCl_6]$	六氯合铂(Ⅳ)酸钾(与KNO_3比较)
$H[BF_4]$	四氟合硼(Ⅲ)酸(与HNO_3比较)
$[Pt(NH_3)_4(NO_2)Cl]CO_3$	碳酸一氯一硝基四氨合铂(Ⅳ)
$[Co_2(CO)_8]$	八羰基合二钴(O)
$NH_4[Cr(NH_3)_2(SCN)_4]$	四硫氰根二氨合铬(Ⅲ)酸铵

9.2　配合物的化学键理论

配合物中的化学键,主要是指配合物中心离子(或原子)与配体之间的化学键。关于这种键的理论,目前主要有三种:价键理论,晶体场—配位场理论,分子轨道理论。

9.2.1 价键理论要点

鲍林(Pauling)将杂化轨道理论应用到配合物中,提出了配合物的价键理论。该理论的主要论点有这样几点:

(1) 中心离子(或原子)与配体以配位键结合,键的本质是共价性的;

(2) 形成配合物的必要条件是:中心离子(或原子)必须有适当的空轨道,配体必须有未键合的孤对电子;

(3) 中心离子(或原子)所提供的空轨道必须首先经过杂化,形成一组数目相同,能量相等,具有一定方向性的杂化轨道,配体的孤对电子进入杂化轨道,形成配位键。

9.2.2 配离子的空间构型

中心离子(或原子)的空的价电子轨道经过杂化,生成一组与参与杂化的原子轨道数目相同的杂化轨道。这样一组杂化轨道能量相等,具有一定的方向性。所以配合物离子具有一定的空间构型。

例如,Ag^{+} 的 5s 轨道与一个 5p 轨道经杂化后形成两个新的能量相等的 sp 杂化轨道,这两个轨道互成 180°,它们分别接受 2 个 NH_3 分子中 N 原子提供的孤电子对,形成两个 σ 配位键。所以

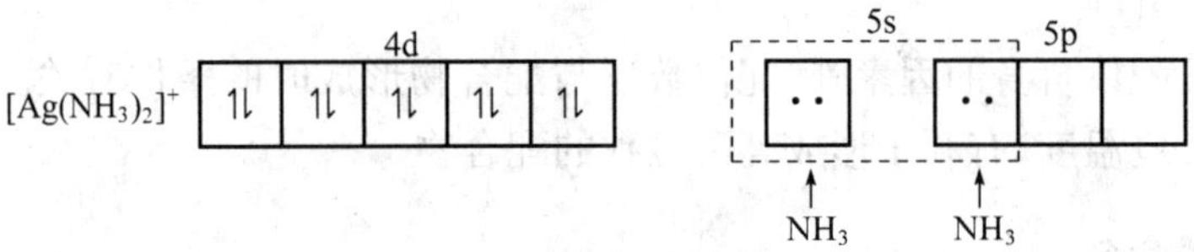

sp 杂化 (直线形)

$[Ag(NH_3)_2]^+$ 是直线形离子,$[H_3N—Ag^+—NH_3]$。

中心离子的杂化轨道,除我们熟悉的 sp 类型杂化(sp、sp^2、sp^3)之外,d 轨道也常常参与杂化,这也是配合物的一个比较显著的特点。例如,$[Ni(CN)_4]^{2-}$,当 Ni^{2+} 与 CN^- 结合时,Ni^{2+} 在配体的影响下,3d 电子重新分布,空出 1 个 3d 轨道与 4s 轨道、2 个 4p 轨道进行杂化,形成 4 个 dsp^2 杂化轨道,容纳 4 个 CN^- 中 C 原子上的孤电子对,形成 4 个 σ 配位键:

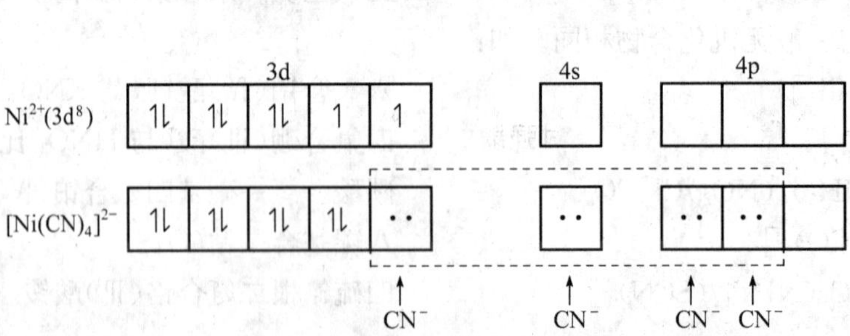

dsp^2 杂化 (平面正方形)

$[Ni(CN)_4]^{2-}$ 为一平面正方形离子,Ni^{2+} 在正方形的中心,CN^- 在正方形的 4 个质点。

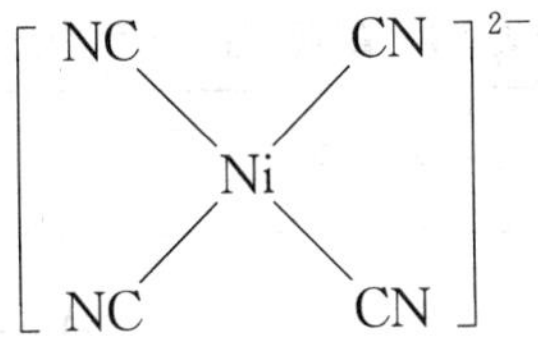

从上面的讨论我们可以知道，每一个配离子都有一定的空间构型，配离子的空间构型与其中心离子（或原子）所采用的杂化类型有很密切的关系。

除此以外，配体的不同亦会引起空间排布方式的不同。例如[$Pt(NH_3)_2Cl_2$]，其中心离子Pt^{2+}采用 dsp^2 杂化，形成一组平面正方形的杂化轨道，这时，Pt^{2+}与配体间有两种结合方式：

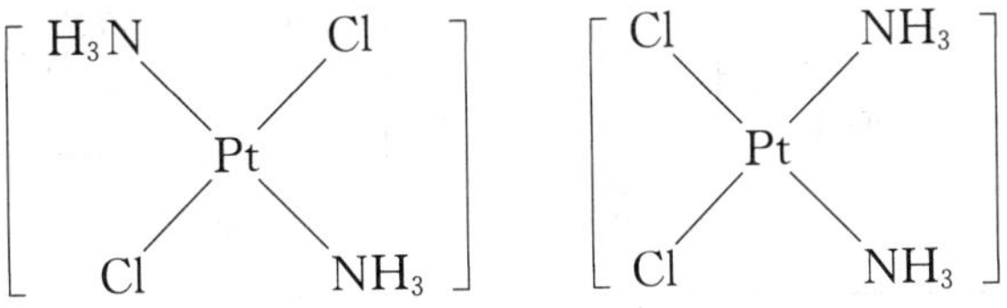

像这样化学组成相同而空间排布方式不同的化合物称几何异构体，也叫顺反异构体。几何异构体之间在性质上也有所不同。

我们再看一种 spd 型杂化，以[FeF_6]$^{3-}$和[$Fe(CN)_6$]$^{3-}$为例。

[FeF_6]$^{3-}$中，Fe^{3+}是利用 4s、4p、4d 轨道杂化，形成 sp^3d^2 杂化轨道，接受 F^- 提供的孤电子对，形成 6 个 σ 配键。sp^3d^2 轨道的空间分布是正八面体的 6 个顶点上。而在[$Fe(CN)_6$]$^{3-}$中，Fe^{3+}在配体的影响下，3d 电子重新排布，空出 2 个 3d 轨道，空出的 3d 轨道与 4s、4p 轨道杂化，形成 d^2sp^3 杂化轨道，d^2sp^3 轨道的空间分布也是正八面体，这样的 6 个轨道接受 CN^- 中 C 原子上的孤电子对，形成 6 个 σ 配键。所以[$Fe(CN)_6$]$^{3-}$也是正八面体离子。

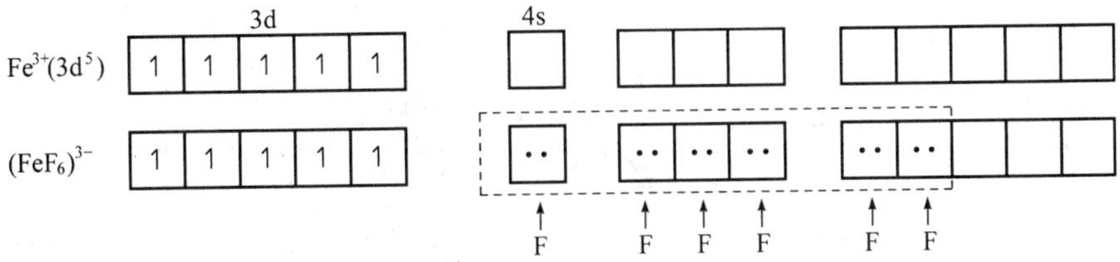

sp^3d^2 杂化（正八面体）

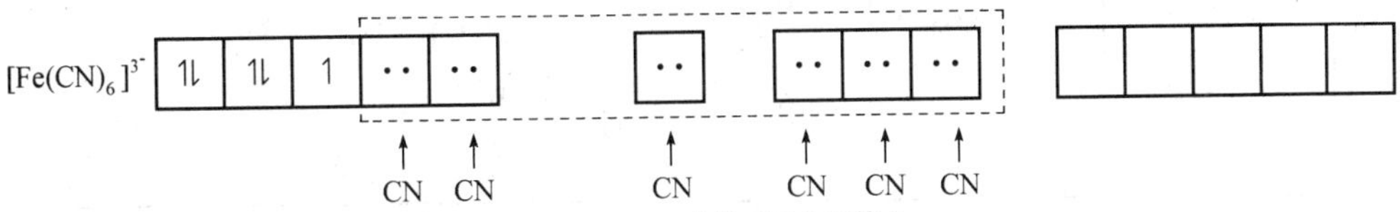

$d^2sp^3d^2$ 杂化（正八面体）

有关各杂化轨道及其空间构型，见表 9-1，须记熟。

表 9-1　配离子的空间构型

配位数	轨道杂化类型	空间构型	结构示意图	实　例
2	sp	直线形	B—A—B	$[Ag(NH_3)_2]^+$，$[Cu(NH_3)_2]^+$，$[Cu(CN)_2]^-$
3	sp^2	平面三角形	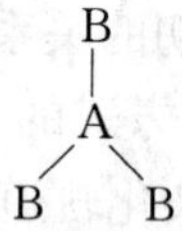	$[CO_3]^{2-}$，$[NO_3]^-$，$[Pd(pph)_3]^0$，$[CuCl_3]^{2-}$，$[HgI_3]^-$
4	sp^3	四面体	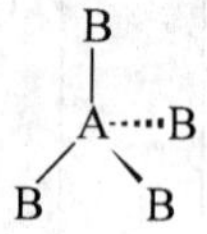	$[ZnCl_4]^{2-}$，$[FeCl_4]^-$，$[CrO_4]^{2-}$，$[BF_4]^-$，$[Ni(CO)_4]^0$，$[Zn(CN)_4]^{2-}$
4	dsp^2 (sp^2d)	平面正方形	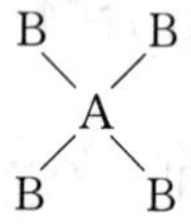	$[Pt(NH_3)_2Cl_2]$，$[Cu(NH_3)_4]^{2+}$，$[PtCl_4]^{2-}$，$[Ni(CN)_4]^{2-}$，$[PdCl_4]^{2-}$(为 sp^2d 型)
5	dsp^3 (d^3sp)	三角双锥	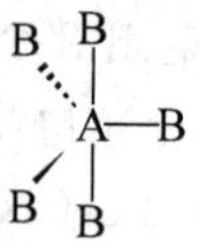	$Fe(CO)_5$，PF_5，$[CuCl_5]^{3-}$，$[Cu(bipy)_2I]^+$
	d^2sp^2 (d^4s)	正方锥形	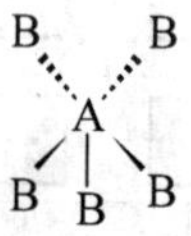	$Vo(acac)_2$，$[TiF_5]^{2-}$ (d^4s)，$[SbF_5]^{2-}$，$[InCl_5]^{2-}$
6	d^2sp^3 (sp^3d)	正八面体	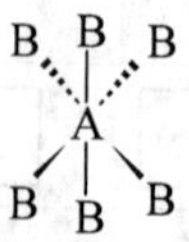	$[Fe(CN)_6]^{4-}$，$W(CO)_6$，$[PtCl_6]^{2-}$，$[Co(NH_3)_6]^{3+}$，$[CeCl_6]^{2-}$，$[Ti(H_2O)_6]^{3+}$

注：图中圆圈代表中心离子，黑点代表配位体；

pph_3：三苯基膦；bipy：联吡啶；$acac^-$：乙酰丙酮基。

9.2.3 高自旋配合物和低自旋配合物

从$[FeF_6]^{3-}$和$[Fe(CN)_6]^{3-}$这两个离子中，我们很容易看出它们的不同。$[FeF_6]^{3-}$中，Fe^{3+}的价电子结构没有改变，形成配离子后未成对电子较多，而$[Fe(CN)_6]^{3-}$中，Fe^{3+}的价电子结构发生了变化，3d电子重新分布，形成配离子后未成对电子较少。

像$[FeF_6]^{3-}$这样一类离子，它们的中心离子仍保持自由离子状态的电子构型，利用外层空的价电子轨道进行杂化，配体的孤电子对进入外层杂化轨道。这样一类配离子称外轨型配离子。由于中心离子的价电子结构没有改变，一般说来，具有较多的未成对电子，磁性较高，故又称高自旋配离子。

再看$[Fe(CN)_6]^{3-}$这样一类离子，它们的中心离子在配体的影响下，电子发生重排，原来自旋平行的未成对电子重新配对，空出了内层轨道参与杂化。这样一类配离子称内轨型配离子。因为中心离子原有的未成对电子重排成对，未成对电子大大减少，磁性较低，故又称低自旋配离子。

配离子究竟是高自旋还是低自旋，可以借助磁矩来确定。磁矩与未成对电子数之间有如下关系：

$$\mu_M = \sqrt{n(n+2)}$$

式中，μ_M：磁矩，单位$A \cdot m^2$；n：未成对电子数。

例如，$[FeF_6]^{3-}$和$[Fe(CN)_6]^{3-}$的磁矩经实验测定分别为$5.9\ A \cdot m^2$和$2.0\ A \cdot m^2$。由此计算出未成对电子数分别为5和1。因Fe^{3+}的电子构型为$3d^5$，这5个d电子应分别在5个d轨道上，自旋平行，由此可知$[FeF_6]^{3-}$中Fe^{3+}仍保持自由离子状态，参与杂化成键的是外层轨道，所以$[FeF_6]^{3-}$为外轨型高自旋配离子，而$[Fe(CN)_6]^{3-}$中的Fe^{3+}电子发生了重排，内层轨道参与杂化成键，所以$[Fe(CN)_6]^{3-}$为内轨型低自旋配离子。

一般来说，对中心离子影响较大的配体有CN^-、NO_2^-、CO等，这些配体与中心离子结合时，形成的多为内轨型配离子；而F^-、Cl^-、H_2O等配体对中心离子的影响较小，它们与中心离子结合时，多形成外轨型配离子。

价键理论对配合物的配位数和几何构型的解释是很成功的，对配合物磁性的解释也很完满，它还可以利用内轨型和外轨型的结构部分地说明配合物的稳定性问题。但价键理论目前仍是定性的理论，不能定量或半定量地说明配合物的性质，不能解释配合物的光谱，等等。这些问题，从晶体物理论中可获得较为满意的说明。

9.3 螯合物

在第一节中，我们介绍了多齿配体，即含有两个或两个以上配位原子的配体。当多齿配体与中心离子结合时，形成具有环状结构的配合物。如乙二胺与Ni^{2+}配合

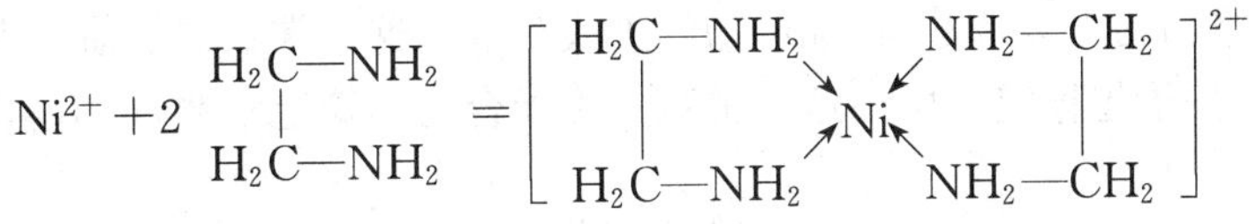

这类具有环状结构的配合物称螯合物，又叫内配合物。

在螯合物分子中，中心离子与配体分子（或离子）的数目之比称配合比。如$[Ni(en)_2]^{2+}$的

配合比为 1∶2。

螯合物的环上有几个原子就称为几元环，如$[Ni(en)_2]^{2+}$有 2 个五元环。螯合物与一般配合物之所以不同，主要是它们的配体不同。螯合物的配体除了需要多齿配体外，一般的还要求在 2 个配位原子间相隔 2 个或 3 个其他原子。一般情况下，五元环、六元环是稳定的，少于或多于这一数目的环均不稳定。一个螯合物具有的五元环或六元环的数目越多，螯合物就越稳定。如$[CaEDTA]^{2-}$具有 5 个五元环(图 9-1)，因此很稳定。

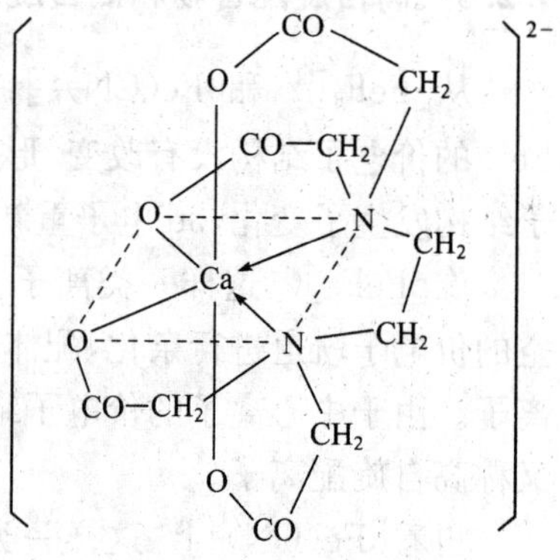

图 9-1　$[CaEDTA]^{2-}$的结构

符合上述条件的配体称螯合剂。螯合剂绝大多数为有机化合物，极少有无机物。

因为存在着环状结构，所以螯合物具有特殊的稳定性。这种由于螯环的形成而使螯合物具有特殊稳定性的效应称螯合效应。

螯合物稳定性高，很少有逐级解离的现象，一般都具有特征的颜色，几乎不溶于水，易溶于有机溶剂。

9.4　配合物的稳定性

讨论配合物，除了我们前面谈到的有关结构方面的问题之外，配合物的稳定性也是我们很关心的一个问题。配合物的稳定性包括的内容很多，其中研究最多、应用最广的是配合物在水溶液中的稳定性。

9.4.1　配离子的稳定常数

9.4.1.1　$K_{稳}$ 与 $K_{不稳}$

我们已经知道，如果在$[Cu(NH_3)_4]^{2+}$溶液中加入稀 NaOH，得不到$Cu(OH)_2$沉淀。但如果在该溶液中加入Na_2S溶液，则可以得到 CuS 黑色沉淀。这说明，$[Cu(NH_3)_4]^{2+}$在水溶液中的行为如同弱电解质一样，能离解出少量Cu^{2+}和NH_3，并存在如下平衡：

$$[Cu(NH_3)_4]^{2+} \rightleftharpoons Cu^{2+} + 4NH_3$$

由于离解出的Cu^{2+}很少，所以只能形成溶解度很小的 CuS 沉淀，而不形成溶解度稍大的$Cu(OH)_2$沉淀。

我们把中心离子与配体结合生成配离子的过程称为配位反应：

$$Cu^{2+} + 4NH_3 \rightleftharpoons [Cu(NH_3)_4]^{2+}$$

相应于这个平衡的平衡常数，称配合物的生成常数。这个常数的数值越大，表示生成配合物的倾向越大，配离子越稳定。所以这一常数又称配合物的稳定常数，以$K_{稳}$表示。

$$K_{稳} = \frac{[Cu(NH_3)_4^{2+}]}{[Cu^{2+}][NH_3]^4}$$

由配离子离解为中心离子和配体的过程称离解反应：

$$[Cu(NH_3)_4]^{2+} \rightleftharpoons Cu^{2+} + 4NH_3$$

相应于这个平衡的平衡常数，称配合物的离解常数。其数值越大，表示配合物离解的倾向越大，配离子越不稳定。所以这一常数又称配合物的不稳定常数，以 $K_{不稳}$ 表示：

$$K_{不稳} = \frac{[Cu^{2+}][NH_3]^4}{[Cu(NH_3)_4^{2+}]}$$

显然，$K_{稳}$ 与 $K_{不稳}$ 互为倒数：

$$K_{稳} = \frac{1}{K_{不稳}}$$

为了使用方便，还常常采用稳定常数的对数值 $\lg K_{稳}$ 或不稳定常数的负对数值 $pK_{不稳}$。显然：

$$\lg K_{稳} = pK_{不稳}$$

一般在使用时，只需用一种常数表示。使用较多的是 $K_{稳}$ 和 $\lg K_{稳}$，用它表示配离子在水溶液中的稳定性比较方便。

一些常见配离子的稳定常数见附录四。

9.4.1.2 逐级稳定常数

中心离子与配体的结合往往不是一步完成的，在多数情况下是分步进行的。因此溶液中存在着一系列的配位平衡，对应于这些平衡有一系列的稳定常数(表 9-2)。

如 Cu^{2+} 与 NH_3 的配位：

$Cu^{2+} + NH_3 \rightleftharpoons [Cu(NH_3)]^{2+}$

$$K_1 = \frac{[Cu(NH_3)^{2+}]}{[Cu^{2+}][NH_3]} = 1.41 \times 10^4$$

$[Cu(NH_3)]^{2+} + NH_3 \rightleftharpoons [Cu(NH_3)_2]^{2+}$

$$K_2 = \frac{[Cu(NH_3)_2^{2+}]}{[Cu(NH_3)^{2+}][NH_3]} = 3.17 \times 10^3$$

$[Cu(NH_3)_2]^{2+} + NH_3 \rightleftharpoons [Cu(NH_3)_3]^{2+}$

$$K_3 = \frac{[Cu(NH_3)_3^{2+}]}{[Cu(NH_3)_2^{2+}][NH_3]} = 7.76 \times 10^2$$

$[Cu(NH_3)_3]^{2+} + NH_3 \rightleftharpoons [Cu(NH_3)_4]^{2+}$

$$K_4 = \frac{[Cu(NH_3)_4^{2+}]}{[Cu(NH_3)_3^{2+}][NH_3]} = 1.39 \times 10^2$$

K_1、K_2、K_3、K_4 就称为配合物的逐级稳定常数，它们的乘积就是该配合物的总稳定常数 $K_{稳}$。

$$K_{稳} = K_1 \cdot K_2 \cdot K_3 \cdot K_4$$
$$\lg K_{稳} = \lg K_1 + \lg K_2 + \lg K_3 + \lg K_4$$

在一般情况下，因为后配位上去的配体受到前面配体的排斥，加上空间位阻的影响，逐级稳定常数总是依次减小的。但也有少数例外。

表 9-2　一些配离子的逐级稳定常数的对数量

配　离　子	$\lg K_1$	$\lg K_2$	$\lg K_3$	$\lg K_4$	$\lg K_5$	$\lg K_6$	$\lg K_{稳}$
$[Zn(NH_3)_4]^{2+}$	2.20	2.20	2.19	2.10			8.69
$[Hg(NH_3)_4]^{2+}$	8.80	8.70	1.00	0.78			19.28
$[Zn(en)_3]^{2+}$	5.92	5.15	1.80	—			12.87
$[Ag(NH_3)_2]^{+}$	3.27	3.96					7.23
$[Cu(NH_3)_4]^{2+}$	4.15	3.50	2.89	2.14			12.68
$[Ni(NH_3)_6]^{2+}$	2.63	2.10	1.59	1.04	0.60	0.08	8.04
AlF_6^{3-}	6.13	5.02	3.85	2.74	1.63	0.47	19.84

$K_{稳}$反映了配离子的稳定性。在利用$K_{稳}$比较配合物的稳定性时,需注意只有相同类型的配离子,才能直接用$K_{稳}$来比较。如$[Ag(NH_3)_2]^+$和$[Ag(CN)_2]^-$的类型相同,$[Ag(NH_3)_2]^+$的$K_{稳}=1.7\times10^7$,$[Ag(CN)_2]^-$的$K_{稳}=1.0\times10^{21}$,可知$[Ag(CN)_2]^-$比$[Ag(NH_3)_2]^+$稳定得多。但对不同类型的配离子,如$[Ag(NH_3)_2]^+$和$[Zn(NH_3)_4]^{2+}$,就不能直接用$K_{稳}$比较其稳定性,因为这时涉及逐级平衡的问题。单齿配体和多齿配体亦不同,如$[Cu(NH_3)_4]^{2+}$和$[Cu(en)_2]^{2+}$。只有当配位数和配体数(即配合比)均相同时,才能用$K_{稳}$比较稳定性。这一情况类似于沉淀平衡中K_{sp}与溶解度的关系。

9.4.2　稳定常数的应用

配位平衡具有其他化学平衡的共同特点。和其他常数一样,稳定常数可用来计算配位平衡中有关离子的浓度,判断离子间转化的可能性,配离子与沉淀之间的转化,等等。

例 1　计算在 0.1 mol·l^{-1} $[Cu(NH_3)_4]SO_4$ 溶液中 Cu^{2+} 和 NH_3 的浓度{$K_{稳,[Cu(NH_3)_4]^{2+}}=4.8\times10^{12}$}。

解:设平衡时$[Cu^{2+}]=x$ mol·L^{-1}

$$Cu^{2+}+4NH_3 \rightleftharpoons [Cu(NH_3)_4]^{2+}$$

平衡浓度　　x　　$4x$　　$0.1-x$

$$K_{稳}=\frac{[Cu(NH_3)_4^{2+}]}{[Cu^{2+}][NH_3]^4}=\frac{0.1-x}{x\cdot(4x)^4}=4.8\times10^{12}$$

因为　$K_{稳}$ 较大　所以 $0.1-x\approx0.1$

所以　$$\frac{0.1}{x(4x)^4}=4.8\times10^{12}$$

解得:　$x=6.03\times10^{-4}$

$[Cu^{2+}]=x=6.03\times10^{-4}$ mol·L^{-1}

$[NH_3]=4x=2.41\times10^{-3}$ mol·L^{-1}

答:平衡时 Cu^{2+} 和 NH_3 的浓度分别为 6.03×10^{-4} mol·L^{-1},2.41×10^{-3} mol·L^{-1}。

在计算配位平衡问题时,要特别注意题目给出的常数是$K_{稳}$还是$K_{不稳}$,根据常数写出相应的平衡表达式,不能混淆。

例 2　在 1 mL 0.04 mol·L^{-1} $AgNO_3$ 溶液中,加入 1 mL 2.0 mol·L^{-1}氨水,计算平衡时溶液中的$[Ag^+]${$K_{稳,[Ag(NH_3)_2]^+}=1.7\times10^7$}。

解:混合后,$[Ag^+]=0.02$ mol·L^{-1},$[NH_3]=1.0$ mol·L^{-1}

设平衡时$[Ag^+]=x\ mol\cdot L^{-1}$

因体系中$[NH_3]$大大过量，故意可认为 Ag^+ 几乎完全配位形成$[Ag(NH_3)_2]^+$，即$[Ag(NH_3)_2]^+=0.02\ mol\cdot L^{-1}$。

$$Ag^+ \quad + \quad 2NH_3 \rightleftharpoons [Ag(NH_3)_2]^+。$$

起始浓度	0.02	1.0	0
反 应 后	0	$1.0-2\times0.02=0.96$	0.02
平衡浓度	x	$0.96+2x\approx0.96$	$0.02-x\approx0.02$

$$K_{稳}=\frac{[Ag(NH_3)_2^+]}{[Ag^+][NH_3]^2}=1.7\times10^7$$

所以
$$[Ag^+]=x=\frac{[Ag(NH_3)_2^+]}{K_{稳}[NH_3]^2}=\frac{0.02}{1.7\times10^7\times(0.96)^2}$$
$$=1.28\times10^{-9}(mol\cdot L^{-1})$$

答：平衡时溶液中的 Ag^+ 浓度为 $1.28\times10^{-9}\ mol\cdot L^{-1}$。

利用 $K_{稳}$ 还可以判断配位反应进行的方向。例如下列反应：

$$[HgCl_4]^{2-}+4I^-\rightleftharpoons[HgI_4]^{2-}+4Cl^-$$

这一反应的方向可以通过反应的平衡常数来判断：

$$K=\frac{[HgI_4^{2-}][Cl^-]^4}{[HgCl_4^{2-}][I^-]^4}$$

将上式右端分子和分母同乘以$[Hg^{2+}]$，得：

$$K=\frac{[HgI_4^{2-}][Cl^-]^4[Hg^{2+}]}{[Hg^{2+}][I^-]^4[HgCl_4^{2-}]}=\frac{K_{稳,[HgI_4]^{2-}}}{K_{稳,[HgCl_4]^{2-}}}$$
$$=\frac{7.2\times10^{29}}{1.6\times10^{15}}=4.5\times10^{14}$$

从 K 值可以看出，反应向着生成$[HgI_4]^{2-}$的方向进行，而且 K 值相当大，足以使这一反应进行得相当完全。

两种配合物之间也可以像两种难溶盐一样进行转化。转化的方向是从较不稳定的配离子转化为较稳定的配离子，如同在沉淀反应中，溶解度较大的难溶盐可以转化为溶解度较小的难溶盐一样。

一些难溶盐往往因形成配合物而溶解。

例 3 求 298 K 时，在 $6\ mol\cdot L^{-1}$ NH_3 水中 AgCl 的溶解度。

解：设溶解的 AgCl 为 $x\ mol\cdot L^{-1}$。

$$AgCl(s)+2NH_3\rightleftharpoons[Ag(NH_3)_2]^++Cl^-$$

初始浓度	x	6		
平衡浓度		$6-2x$	x	x

$$K=\frac{[Ag(NH_3)_2^+][Cl^-]}{[NH_3]^2}$$

分子分母同乘以$[Ag^+]$，得：

$$K=\frac{[Ag(NH_3)_2^+]}{[Ag^+][NH_3]^2}\cdot[Ag^+][Cl^-]$$
$$=K_{稳,[Ag(NH_3)_2]^+}\cdot K_{sp,AgCl}$$
$$=1.7\times10^7\times1.56\times10^{-10}$$

$$=2.7\times10^{-3}$$

$$K=\frac{[Ag(NH_3)_2^+][Cl^-]}{[NH_3]^2}=\frac{x^2}{(6-2x)^2}=2.7\times10^{-3}$$

解得　　　　$x=0.28\ mol\cdot L^{-1}$

答:在 6 $mol\cdot L^{-1}$ NH_3 水中 AgCl 的溶解度为 0.28 $mol\cdot L^{-1}$

配离子的形成还将引起金属电极电势的改变。

例 4　已知 $Au^++e^-\rightleftharpoons Au$,$E^\ominus=1.68$ V。$[Au(CN)_2]^-$ 的 $K_{稳}=2\times10^{38}$。计算下列电对的电势 $E^\ominus$。

$$[Au(CN)_2]^-+e^-\rightleftharpoons Au+2CN^-$$

解:金属离子形成配离子后,氧化型物质的浓度降低,故而电极电势下降。

将电极 Au^+/Au、$[Au(CN)_2]^-/Au$ 组成原电池,Au^+/Au 为正极,$[Au(CN)_2]^-/Au$ 为负极:

(－)　$[Au(CN)_2]^-+e^-\rightleftharpoons Au+2CN^-$　　　　$E^\ominus_{(-)}$

(＋)　　　$Au^++e^-\rightleftharpoons Au$　　　　　　$E^\ominus_{(+)}=1.68$ V

电池反应　$Au^++2CN^-\rightleftharpoons[Au(CN)_2]^-$　　　　$K_{稳}=2\times10^{38}$

根据　$\lg K=\frac{nE^\ominus}{0.0592}=\frac{n}{0.0592}[E^\ominus_{(+)}-E^\ominus_{(-)}]$

得　$E^\ominus_{(-)}=E^\ominus_{(+)}-\frac{0.0592}{n}\lg K$

$$=1.68-\frac{0.0592}{1}\lg(2\times10^{38})$$

$$=-0.59(V)$$

答:$[Au(CN)_2]^-/Au$ 的标准电极电势为－0.59 V。

可见,形成配离子后,金属的标准电极电势大大降低了,而且形成的配离子越稳定,电极电势下降越多(表 9-3)。

表 9-3　$[HgX_4]^{2-}$ 的标准电极电势和稳定常数

电极反应	$E^\ominus$/V	$\lg K_{稳,[HgX_4]^{2-}}$
$[Hg(CN)_4]^{2-}+2e^-=Hg+4CN^-$	－0.37	41.5
$[HgI_4]^{2-}+2e^-\rightleftharpoons Hg+4I^-$	－0.04	29.6
$[HgBr_4]^{2-}+2e^-\rightleftharpoons Hg+4Br^-$	＋0.21	21.6
$[HgCl_4]^{2-}+2e^-\rightleftharpoons Hg+4Cl^-$	＋0.38	15.2
$Hg^{2+}+2e^-\rightleftharpoons Hg$	＋0.85	—

配位平衡和其他化学平衡一样,是一种动态的相对平衡,也存在平衡移动。配位平衡与溶液的浓度、酸度、沉淀反应、氧化还原反应都有密切的关系。配位平衡的应用很广,而这些应用都离不开稳定常数。

9.5　配合物的应用

配位化学发展的一个重要方面,就是生物无机化学学科的兴起,这是近几十年来才发展起来的一门新兴边缘学科。人们知道,生物机体中有许多金属元素,虽然含量甚微,但作用极大,故称之为生命元素。它们与生物体中的蛋白质、肽、氨基酸、核酸、核酸降解物激素、微生物及新陈代谢产物等生物配体结合成生物配合物，在生物体内发挥着正常的生物功能。在植物生长中起光合作用的叶绿素是镁的配合物；在人体血液中起传送 O_2 作用的血红素是铁的配合物；在人体内调节物质代谢的胰岛素是锌的配合物；催化生物体内各种生化反应的酶几乎都含有以配合物形态存在的金属元素。

目前证明，对人体有特殊生理功能的必要微量元素有 Mn、Fe、Co、Mo、I、Zn 等；还有初步查明的必需元素有 V、Cr、F、Si、Ni、Se、Sn 等。它们是以配合物的形式存在于人体内。微量元素在体内的分布极不均匀，如甲状腺中的碘，血红蛋白中的铁，造血组织中的钴，脂肪组织中的钒，肌肉组织中的锌，它们都具有重要的特异生理功能。有些必要的微量元素是酶和蛋白质的关键成分(如 Fe、Cu、Zn 等)；有些参与激素的作用(如 Zn 参与促进性腺激素的作用，Ni 促进胰腺的作用)；有些则影响核酸的代谢作用(如 V、Cr、Ni、Fe、Cu 等)。可见微量元素不仅对人体的正常生长、发育是必需的，而且对人体的其他生命活动有着极为重要的作用。

有机体内某些生命元素不足时，将导致疾病。如铁不足引起贫血症，铜不足导致血管与脉管被破坏，锌不足会使大量酶的活性衰减，而镁不足则引起核糖的破坏。生命元素过量时也会导致疾病，如过量铜沉积在肝、脑和肾中引起的威尔森病，钙过量引起血管壁的硬化，细胞外液钾离子过量引起心脏紊乱，甚至死亡。此外，一些有害金属侵入机体引起的金属中毒等都是与生物配合物有关的。癌症的研究也发现与微量金属元素有关，某些高发病区在地理环境上找到了规律性，缺碘地区易患甲状腺肿瘤，土壤中锌和铬含量高的地区与肠胃癌发病率有关，而钼、铜、铁缺乏的地区易引起食道癌，等等。

因此，从生物无机原理出发，生物配合物的研究主要有以下几个方面：第一，用金属配合物供应有机体所缺乏的生命必需元素或有益元素；第二，选用配位体，以除去过量的生命元素；第三，选用能除去有害金属的配位体用作解毒剂；第四，利用金属配合物直接治疗疾病。这些方面的研究已取得不少成果，日益显示出其强大的生命力。例如，已用于临床的砷、汞的解毒剂二巯基丙醇(BAL)；排除铅中毒的 EDTA 钠盐；EDTA 的钙盐则是排除人体铀、钍、钌等放射性元素的高效解毒剂；D-青霉胺可除去威尔森病中过量的铜；羟基喹啉铁(Ⅲ)配合物具有抗真菌作用；偶氮硫乙酰与铜的配合物具有抗结核真菌作用；顺式二氯二氨合铂(Ⅱ)、碳铂、二氯茂铁是发展中的第一至第三代抗癌药物，且后两者对肾的损害小，但碳铂难溶于水，因而影响疗效。

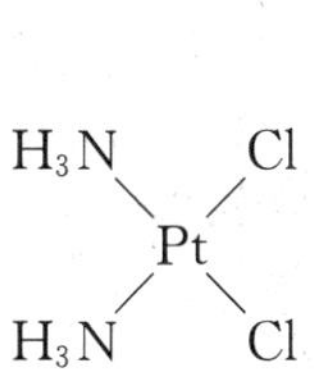

顺式二氯二氨合铂

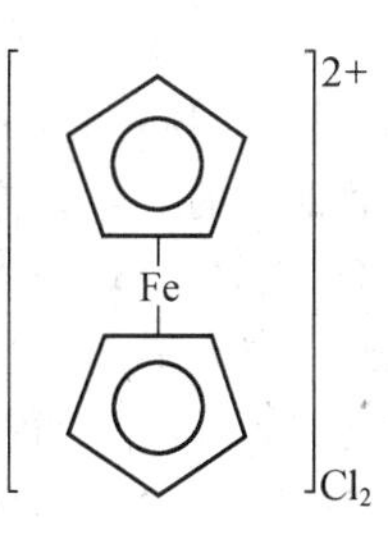

二氯茂铁

总之，配合物在医药化学上有着重要的用途。随着现代物质结构、化学键理论和实验方法的发展，将为深入地研究配合物化学提供有利条件，促进配合物化学的更大发展。与此同时，配合物在医药化学方面的应用也将更为广泛和深入，为人类的健康作出贡献。

思考题

1. 什么是内轨型配合物？什么是外轨型配合物？

2. 什么是高自旋配合物？什么是低自旋配合物？

3. 配合物中中心离子与配位原子之间是什么化学键？内界与外界之间是什么化学键？

4. 配合物与复盐有什么区别？

5. 什么是螯合物？螯合物有什么特点？

习题

1. 命名下列配合物，并指出配离子的电荷数和中心离子氧化数。

(1) $[Co(NH_3)_6]Cl_2$

(2) $K_2[Co(NCS)_4]$

(3) $Na_2[SiF_6]$

(4) $[Pt(NH_3)_2Cl_2]$

(5) $[Cr(NH_3)_5Cl]Cl_2$

(6) $K_2[Zn(OH)_4]$

(7) $[Co(H_2O)_4Cl_2]Cl$

2. 指出下列配合物中配离子的电荷和配位数。

(1) $[Co(NH_3)_5](H_2O)Cl_3$

(2) $[Cr(NH_3)_6]Cl_3$

(3) $[Cu(en)_2]SO_4$

(4) $[Pt(NH_3)_2(ONO)_2Cl_2]$

(5) $[Co(NH_3)_3(NO_2)_3]$

3. 写出下列配合物的化学式。

(1) 三硝基三氨合钴(Ⅲ)

(2) 氯化二氯一水三氨合钴(Ⅲ)

(3) 二氯二羟基二氨合铂(Ⅳ)

(4) 六氯合铂(Ⅳ)酸钾

4. 某配合物的实验式为 $PtCl_4 \cdot 2NH_3$，其水溶液不导电，加入 $AgNO_3$ 溶液不发生沉淀，滴加强碱无 NH_3 放出，写出该化合物的化学式。

5. 已知有两种钴的配合物，它们具有同一组成 $Co(NH_3)_5 \cdot Br \cdot SO_4$。实验结果表明，向第一种配合物溶液中加入 $BaCl_2$ 时产生 $BaSO_4$ 沉淀，但加入 $AgNO_3$ 时不产生沉淀，向第二种配合物溶液中加入 $AgNO_3$ 时产生沉淀，而加入 $BaCl_2$ 时不产生沉淀。根据实验结果确定这两种配合物的化学式。

6. 根据价键理论写出下列配离子的成键情况和空间构型。

(1) $[Cu(CN)_2]^-$

(2) $[Ni(CN)_4]^{2-}$

(3) $[CoF_6]^{3-}$

(4) $[Fe(CO)_5]$

(5) $[Cr(H_2O)_5Cl]^{2+}$

7. 确定下列配合物是内轨型或外轨型，说明理由，并以它们的电子层结构表示之。

(1) $K_4[Mn(CN)_6]$　　　　磁矩 $\mu = 2.00$

(2) $K_3[Cr(C_2O_4)_3]$　　　　磁矩 $\mu=3.38$

(3) $(NH_4)_2[FeF_5(H_2O)]$　　　　磁矩 $\mu=5.78$

8. 计算在 0.1 mol·L^{-1} $K_3[Fe(CN)_6]$中 Fe^{3+} 的浓度{$[Fe(CN)_6]^{3-}$ 的 $K_{稳}=1\times10^{42}$}。

9. 判断下列配位反应进行的方向：

(1) $[HgCl_4]^{2-}+4I^- \rightleftharpoons [HgI_4]^{2-}+4Cl^-$

(2) $[Cu(CN)_2]^-+2NH_3 \rightleftharpoons [Cu(NH_3)_2]^++2CN^-$

(3) $[Cu(NH_3)_4]^{2+}+Zn^{2+} \rightleftharpoons [Zn(NH_3)_4]^{2+}+Cu^{2+}$

10. 在含有 2.5 mol·L^{-1} $AgNO_3$ 和 0.41 mol·L^{-1} NaCl 溶液中，如果不使 AgCl 沉淀生成，溶液中最低的 CN^- 浓度应是多少{$K_{sp,AgCl}=1.56\times10^{-10}$，$K_{稳,[Ag(CN)_2]^-}=1.26\times10^{21}$}？

11. 在 1 L 0.1 mol·L^{-1} $[Ag(NH_3)_2]^+$ 溶液中，加入 0.1 mol 固体 KI，是否有 AgI 沉淀析出{$[Ag(NH_3)_2]^+$ 的 $K_{稳}=1.7\times10^7$，$K_{sp,AgI}=1.5\times10^{-16}$}？

12. 0.1 mol·L^{-1} $AgNO_3$ 溶液 50 mL 中加入密度为 0.932 含氨 18.2%的氨水 30 mL 后，加水稀释至 100 mL，求该溶液中 Ag^+、$[Ag(NH_3)_2]^+$ 和 NH_3 的浓度。

13. 计算$[Ni(CN)_4]^{2-}+2e^- \rightleftharpoons Ni+4CN^-$ 电极的标准电势{$K_{稳,[Ni(CN)_4]^{2-}}=1\times10^{22}$，$E^{\ominus}_{Ni^{2+}/Ni}=-0.246$ V}。

第 9 章 检 测 题

一、选择题

1. Co(Ⅲ)的八面配合物 $CoCl_m \cdot nNH_3$，若 1 mol 配合物与 $AgNO_3$ 作用生成 1 mol AgCl 沉淀，则 m 和 n 的值是 ……………………………………………………………………………………（　　）

(A) $m=1,n=5$　　(B) $m=3,n=4$　　(C) $m=5,n=1$　　(D) $m=4,n=5$

2. 如果电对的氧化型和还原型同时生成配位体和配位数相同的配合物，其 $E^{\ominus}$ 一定 …………（　　）

(A) 变小　　(B) 变大　　(C) 不变　　(D) 由具体情况决定

3. 已知 $E^{\ominus}_{Hg^{2+}/Hg}=0.854$ V，$K_{稳,HgI_4^{2-}}=6.8\times10^{29}$，则 $E^{\ominus}_{HgI_4^{2-}/Hg}$ 值为…………………………（　　）

(A) -0.026 V　　(B) 0.026 V　　(C) -0.906 V　　(D) -0.052 V

4. 下列配合平衡反应中，平衡常数 $K>1$ 的是 ……………………………………………（　　）

(A) $Ag(CN)_2^- + 2NH_3 = Ag(NH_3)_2^+ + 2CN^-$

(B) $FeF_6^{3-} + 6SCN^- = Fe(SCN)_6^{3-} + 6F^-$

(C) $Cu(NH_3)_4^{2+} + Zn^{2+} = Zn(NH_3)_4^{2+} + Cu^{2+}$

(D) $HgCl_4^{2-} + 4I^- = HgI_4^{2-} + 4Cl^-$

5. 下列配离子中，属反磁性的是 ……………………………………………………………（　　）

(A) $Mn(CN)_6^{4-}$　　(B) $Cu(CN)_4^{2-}$　　(C) $Co(CN)_6^{3-}$　　(D) $Fe(CN)_6^{3-}$

6. 在 $K[Co(C_2O_4)_2(en)]$ 中，中心离子的配位数为 ………………………………………（　　）

(A) 3　　(B) 4　　(C) 5　　(D) 6

7. 下列配离子具有正方形或八面体结构，其中 CO_3^{2-} 作螯合剂的是 ……………………（　　）

(A) $[Co(NH_3)_5(CO_3)]^+$　　(B) $[Pt(en)(CO_3)_2]$

(C) $[Pt(en)(NH_3)(CO_3)]$　　(D) $[Co(NH_3)_4(CO_3)]$

8. 某金属离子生成的两种配合物的磁矩分别为 $\mu=4.90$ 和 $\mu=0$，则该金属可能是 …………（　　）

(A) Cr^{3+}　　(B) Mn^{2+}　　(C) Mn^{3+}　　(D) Fe^{2+}

二、填空题

1. 命名下列配合物：

(1) $[Pt(NH_3)(NO_2)(Py)(NH_2OH)]Cl$ ________________；

(2) $[Cr(H_2O)(en)(C_2O_4)(OH)]$ ________________；

(3) $[Cr(NH_3)_6][Co(CN)_6]$ ________________；

(4) $[PtCl_2(OH)_2(NH_3)_2]$ ________________。

2. 配合物 $K_3[Fe(CN)_5(CO)]$ 中配离子的电荷数应为________，配离子的空间构型为________，配位原子为________，中心离子的配位数为________。中心离子所采取的轨道杂化方式为________，该配合物属________磁性分子。

3. $Ni(NH_3)_4^{2+}$ 具有顺磁性，则它的几何构型为________；$Ni(CN)_4^{2-}$ 几何构型为________，具有________磁性。

4. 指出下列配离子的中心离子中未成对电子数：

(1) $CoCl_4^{2-}$ ________；　　(2) MnF_6^{4-} ________；

(3) $Fe(H_2O)_6^{2+}$ ________；　　(4) $Ni(H_2O)_6^{2+}$ ________；

(5) $Mn(CN)_6^{4-}$ ________；　　(6) $Zn(CN)_4^{2-}$ ________。

5. 写出下列配合物的化学式：

(1) 四异硫氰根·二氨合钴(Ⅲ)酸铵________________________；

(2) 二氯化亚硝酸根·三氨·二水合钴(Ⅲ)______________________；

(3) 五氰·羰合铁(Ⅱ)配离子______________________________________；

(4) 四氯合铂(Ⅱ)酸四氨合铜(Ⅱ)____________________________________；

(5) 二水合溴化二溴·四水合铬(Ⅲ)_____________________________________。

三、计算题

1. 在 1 dm^3 的 6 mol·dm^{-3}的氨水中加入 0.01 mol 固体 $CuSO_4$，溶解后，在此溶液中再加入 0.01 mol 固体 NaOH，是否会有 $Cu(OH)_2$ 沉淀生成{$K_{稳,[Cu(NH_3)_4^{2+}]}=2.09\times10^{13}$，$K_{sp,[Cu(OH)_2]}=2.2\times10^{-20}$}？

2. 已知 $E^{\ominus}_{Au^+/Au}=1.69$ V，$K_{稳,[Au(CN)_2^-]}=2\times10^{38}$，试求 $E^{\ominus}_{[Au(CN)_2^-/Au]}$？

10 p区元素

10.1 卤素

10.1.1 卤素的通性

周期表ⅦA族包括氟(F)、氯(Cl)、溴(Br)、碘(I)、砹(At)五种元素,统称为卤素。其中砹为人工合成元素,具有放射性,本节不予讨论。卤素希腊原文为成盐元素的意思,上述五种元素是典型的非金属,易和典型的金属元素(如碱金属)化合生成盐,因而得名。

卤素原子的价电子构型为 ns^2np^5,有7个价电子,因而有获得一个电子而成为-1氧化态卤离子 X^- 的强烈倾向,这成为使它们具有同族元素相似性的重要基础。然而,不同卤原子其内层电子结构各不相同,性质上就有一定差异。卤素的一些重要性质汇列于表10-1。

表10-1 卤素的一些性质

性 质	氟	氯	溴	碘
物态(常温常压下)	气体	气体	液体	固体
颜色	淡黄	黄绿	红棕	紫黑
熔点/K	53.38	172	265.8	386.5
沸点/K	84.86	238.4	331.8	457.4
293 K时在水中溶解度/($mol \cdot L^{-1}$)	反应	0.09	0.21	0.0013
共价半径/pm	64	99	114.2	133.3
X^- 离子半径/pm	133	181	196	220
第一电离势/($kJ \cdot mol^{-1}$)	1681	1251	1140	1008
电子亲合势/($kJ \cdot mol^{-1}$)	-322	-348.7	-324.5	-295
X^- 的水合能/($kJ \cdot mol^{-1}$)	-507	-368	-335	-293
X_2 的离解能/($kJ \cdot mol^{-1}$)	156.9	242.6	193.8	152.6
电负性(Pauling标度)	3.98	3.16	2.96	2.66

卤素与同周期其他元素比较,有最大的电子亲合势,最大的第一电离势(稀有气体除外),最大的电负性和最小的原子半径,因此卤素是最活泼的非金属元素。卤素的分子结构很相似,在周期系中,卤素分子均以双原子分子存在,这在其他族中是没有的。卤素性质上的差异以氟为最显著。在氟化物中氟的氧化数总是-1,这与氟的电负性最大,最外电子层又没有d轨道有关;而氯、溴、碘除了-1氧化数外,由于最外层都有空的d轨道,这些空轨道可以参加成键;当它们与电负性更大的元素化合时,处于最外层的p轨道和s轨道的成对电子可以激发进入d轨道,形成正氧化态的共价化合物,其特征氧化数为+1、+3、+5、+7表现在卤素含氧化合物和卤素互化物中。氟的原子半径最小,当2个F原子组成单质 F_2 分子时,其外层上未键合的孤对电子将产生明显的排斥作用,弱化了单键,导致键能降低。虽然氟分子的键弱化效应明显,键能较小,电子亲合势也不大,但 F^- 的水合能却特别大(表10-1),所以氟在卤素单质中是

最强的氧化剂。氟的原子半径很小，它与不具有孤对电子的其他原子化合生成的氟化物，比其他卤化物更稳定。氟的这种特殊性，在 p 区其他各族有类似现象，即与氟同周期的各族第一个元素其性质与同族元素有较大差别。

10.1.2 卤素单质

10.1.2.1 物理性质

卤素单质的一些物理性质见表 10-1。

卤素分子间存在着微弱的分子间作用力，随着相对分子质量的增大，分子的变形性逐渐增大，分子间的色散力也逐渐增强。因此卤素单质的熔点及沸点自氟至碘依次升高。这与常温常压下的氟、氯呈气态，溴是液态，碘则为固态的现象是一致的。碘固体有很高的蒸气压，加热时碘可不经熔化而直接变成紫色蒸气，这种现象称升华。

卤素单质均有颜色，且随相对分子质量增大，颜色加深。物质的颜色通常是由于物质对可见光中不同波长的光具有选择性吸收而产生的。被吸收后剩下来的那一部分可见光呈现出物质的颜色。例如，物质若吸收可见光中的短波部分，那么该物质就呈现出长波颜色。在卤族元素中，从氟到碘，外层电子从基态被激发到较高的能级所需要的能量逐渐减少，故对可见光的吸收逐渐向波长较长的长波方向移动。如气态氟分子激发电子需吸收能量大、波长短的紫光，因而显出黄色；而气态碘分子激发电子，需吸收能量小、波长长的黄光，显出紫色。

卤素在水中溶解度不大。氟与水剧烈反应，氯和溴能稍溶于水，碘仅微溶于水。卤素单质在有机溶剂中溶解度大，为此可利用有机溶剂在水相中萃取达到富集卤素的目的。溴和碘随所用溶剂不同、浓度不同，颜色不一样。溴溶液的颜色随溴浓度增加呈现自棕黄至棕红色；碘溶液的颜色，则随溶剂的不同而有区别：一般来说，在非极性或弱极性溶剂中，溶液显紫色，即显碘蒸气本色。而在强极性溶剂如水、乙醇中，溶液显棕色(如碘酒)。这是因为卤素单质中以碘分子离解能最小，在极性溶剂中部分 I—I 键易于断裂，发生溶剂化作用，减少了 I_2 分子浓度，溶液颜色变浅。碘在水中微溶，但易溶于碘化物水溶液。这因当 I^- 靠近 I_2 分子时，使 I_2 分子极化而产生诱导偶极，从而形成较稳定的 I_3^- 缘故($I^- + I_2 = I_3^-$)。

所有卤素对眼、鼻、气管等黏膜具有强烈刺激性，吸入较多时造成严重中毒，甚至死亡，故使用时注意防护。它们的毒性从氟到碘依次减轻。

10.1.2.2 化学性质

卤素单质均具有氧化性。它们作为氧化剂，在水溶液中的反应如下：

$$\frac{1}{2}X_2 + e^- \rightleftharpoons X^-(aq)$$

从热化学分析，不同卤素单质的 $E^{\ominus}_{X_2/X^-}$ 是不同的，各个不同的 $E^{\ominus}_{X_2/X^-}$ 值反映了由 X_2 生成 X^- 倾向的相对大小，也可表示卤素单质作为氧化剂的氧化性强度。运用玻恩—哈伯循环，可将上式剖析为几个能量项，并作能量变化的计算：

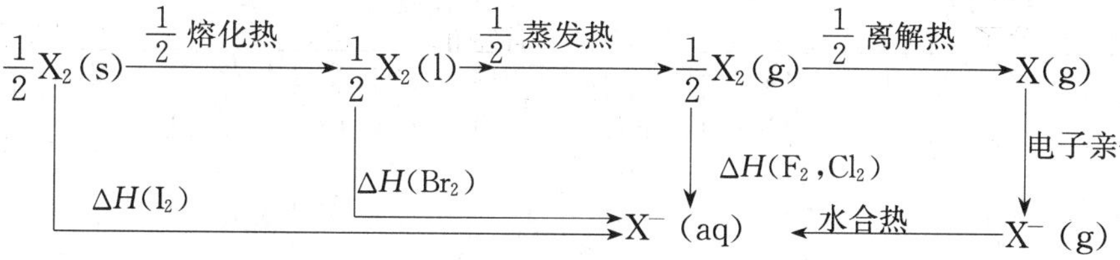

玻恩—哈伯循环中各个能量数据见表 10-2。

表 10-2　$\frac{1}{2}X_2 \longrightarrow X^-(aq)$过程的 $\Delta H/(kJ \cdot mol^{-1})$

	$\frac{1}{2}$熔化热	$\frac{1}{2}$蒸发热	$\frac{1}{2}$离解热	电子亲合能	水合热	总和(ΔH)
F_2	—	—	158/2	−322	−485	−728
Cl_2	—	—	244/2	−348.7	−350	−576.7
Br_2	—	31/2	192/2	−324.5	−320	−533
I_2	15.4/2	44/2	150/2	−295	−280	−470.3

由表 10-2 可见，尽管氯具有最大电子亲合势（放出能量），但由于氟的水合热（放能）比其他卤素大得多，氟的离解热（吸能）又是反常地小（由于键弱化效应），致使该过程总的焓变(ΔH)以氟释出能量最大。能量计算结果表明，卤素单质的氧化能力依次为：$F_2>Cl_2>Br_2>I_2$。

卤素单质氧化性的上述变化规律具体体现在：

(1) 与金属的作用　氯对金属的作用比氟的活性要小，一般要在较高温度下进行，但氯与锑粉的反应却能在室温下进行：

$$2Sb+3Cl_2=2SbCl_3$$
$$2Sb+5Cl_2=2SbCl_5$$

干燥的液态氯因不与铁、铅、金和铂反应，可以用钢制的容器贮存或运输，一旦潮湿，氯就会腐蚀铁器。

溴也能与锑粉反应，需要加热；碘与锑粉反应温度则要求更高。

(2) 与氢的作用　氟在低温和黑暗中可以和氢直接反应放出大量的热并引起爆炸；氯与氢混合曝光后才能发生爆炸反应；溴和氢反应需要加热，碘和氢则要求更高的温度下才能反应且反应不甚完全，原因是碘化氢不稳定，要分解($I_2+H_2 \rightleftharpoons 2HI$)。

(3) 与 H_2O 的作用　卤素与水发生氧化还原反应而放出氧，反应式为

$$X_2+H_2O=2H^++2X^-+\frac{1}{2}O_2$$

上述反应可改写为两个电极反应：

$$\frac{1}{2}X_2+e^-=X^- \quad (1)$$

$$\frac{1}{2}O_2+2H^++2e^-=H_2O \quad (2)$$

比较表 10-3 氧化剂和还原剂的标准电极电势可以得到以下结论：酸性介质中，氟、氯能将水氧化放出氧气；中性介质中，氟、氯、溴能将水氧化放出氧气；碱性介质中，氟、氯、溴和碘均能将水氧化放出氧。

表 10-3　氧化剂和还原剂的标准电极电势(V)

氧化剂	$E^{\ominus}_{X_2/X^-}$	还原剂	$E^{\ominus}$
F_2	+2.87 V	$O_2+4H^++4e^-=2H_2O$	酸性 1.230 V
Cl_2	+1.358 V	$O_2+4H^++4e^-=2H_2O$ (1×10^{-7})	中性 0.815 V
Br_2	+1.065 V	$O_2+2H_2O+4e^-=4OH$	碱性 0.401 V
I_2	+0.535 V		

10.1.3 卤化氢和氢卤酸

卤化氢皆为无色，有刺激臭味的气体，遇空气中的水蒸气会形成酸雾。它们是极性分子，在水中有很大溶解度，卤化氢的水溶液称氢卤酸，除氢氟酸外均为强酸。卤化氢极易液化，液态卤化氢不导电。表 10-4 列举了卤化氢的一些重要性质。

10.1.3.1 热稳定性

$$HX \xlongequal{\triangle} \frac{1}{2}H_2 + \frac{1}{2}X_2$$

衡量 HX 热稳定性的尺度是生成热。一般说，生成热为负值的化合物其稳定性要比生成热为正值的化合物要高。所以 HX 的稳定性顺序是：HF>HCl>HBr>HI。事实上 HF 要加热到 1 000 ℃以上分解。而 HI 在 300℃分解。HBr、HI 见光易分解，故氢溴酸、氢碘酸需以棕色瓶贮存。

从表 10-4 所列的键能值，同样也可以说明这种稳定性大小的顺序。键能值指出 HF>HCl>HBr>HI 的递变关系。

表 10-4 卤化氢的物理性质

性质		HF	HCl	HBr	HI
熔点/K		190.0	158.2	184.5	222.2
沸点/K		292.5	188.1	206.0	237.6
生成热/($kJ \cdot mol^{-1}$)		−268.8	−92.30	−36.25	+25.95
在 127 3 K 时的分解率/%		—	0.014	0.5	33
101.3 kPa，293 K 时的溶解度/%		35.3	42	49	57
0.1 $mol \cdot L^{-1}$时的表观电离度/%		8.5	92.6	93.5	95
气态分子偶极矩/($\times 10^{-30}$ $C \cdot m$)		6.37	3.57	2.67	1.40
气态分子核间距/pm		92	128	141	162
键能/($kJ \cdot mol^{-1}$)		565	431	362	299
恒沸溶液(101.3 kPa)	沸点/K	393	383	399	400
	密度/($g \cdot mL^{-1}$)	1.14	1.097	1.49	1.70
	质量分数/%	35.35	20.24	47	57

10.1.3.2 还原性

卤化氢的还原性是指其中卤原子氧化数从−1 升高到零的倾向大小。碘化氢的热稳定性最小，最易分解，它的还原性则最强。相反，氟化氢的热稳定性最大，它的还原性极弱。卤化氢的还原性表现为 HF<HCl<HBr<HI。HF 几乎无还原性，欲制取氟通常借助于电解法。

$$2KHF_2 \xlongequal[100℃]{电解} 2KF + H_2\uparrow + F_2\uparrow$$

KHF_2 即为 $KF \cdot HF$。HF 难电离，所以添加熔融的 KF 增加 HF 的导电能力。HCl 则可被 MnO_2、$KMnO_4$、PbO_2 等强氧化剂氧化。

$$MnO_2 + 4HCl(浓) \xlongequal{\triangle} MnCl_2 + 2H_2O + Cl_2\uparrow$$

$$2KMnO_4 + 16HCl(浓) \xlongequal{\triangle} 2MnCl_2 + 2KCl + 5Cl_2\uparrow + 8H_2O$$

HBr 仅用中强氧化剂如浓 H_2SO_4 即可将其氧化；至于 HI，当用更弱的氧化剂如 Fe^{3+}，甚至常温下空气中氧气均能使之氧化。

$$2NaBr + 3H_2SO_4 = 2NaHSO_4 + Br_2 + SO_2 + 2H_2O$$

$$8NaI + 9H_2SO_4 = 8NaHSO_4 + 4I_2 + H_2S + 4H_2O$$

以上事实说明，用高沸点的浓 H_2SO_4 与相应的卤盐反应可以制取 HF 和 HCl，但不能制取 HBr 和 HI。

$$\left.\begin{array}{l} CaF_2 + H_2SO_4 = CaSO_4 + 2HF \\ NaCl + H_2SO_4 = NaHSO_4 + HCl \end{array}\right\} \text{高沸点酸制取低沸点酸}$$

欲制备 HBr 和 HI 当用无氧化性又是高沸点的浓磷酸：

$$NaBr + H_3PO_4 \xlongequal{\triangle} NaH_2PO_4 + HBr\uparrow$$

$$NaI + H_3PO_4 \xlongequal{\triangle} NaH_2PO_4 + HI\uparrow$$

10.1.3.3 酸性

卤化氢水溶液呈酸性，按下式离解：

$$HX(g) + H_2O = H^+(aq) + X^-(aq)$$

氢卤酸酸性按 HF＜HCl＜HBr＜HI 依次增强，后三者都是强酸，它们都是全部电离的（表10-4列出的是表观电离度），很难区分它们之间的相对强弱。氢氟酸的酸性较弱（$K_a \approx 10^{-4}$），这与氟化氢分子的键能相对较高，而且氟化氢分子可以形成分子间氢键，或与水分子形成氢键，使水化氟离子 $F^-(aq)$不易形成有关。

10.1.4 卤素含氧酸及其盐

10.1.4.1 概述

卤素中除氟的电负性大于氧。氯、溴、碘的电负性都比氧小，因此前者只有氟的氧化物而无氟的含氧酸①。后三者都有含氧酸，它们的氧化数呈正价。已知的卤素含氧酸列于表 10-5。

表 10-5 卤素的含氧酸

名　称	卤素氧化数	氯	溴	碘
次卤酸	+1	HClO	HBrO	HIO
亚卤酸	+3	$HClO_2$	$HBrO_2$	
卤　酸	+5	$HClO_3$	$HBrO_3$	HIO_3
高卤酸	+7	$HClO_4$	$HBrO_4$	HIO_4，H_5IO_6

卤素的含氧酸中，很多只能存在水溶液中，得不到游离的纯酸，如各种次卤酸、亚卤酸及卤酸中的氯酸、溴酸等。这说明卤素含氧酸都是很不稳定的，而它们相应的盐则较稳定。

卤素含氧酸的阴离子中，卤原子以 sp^3 杂化与氧原子结合，价层电子对排布方式均为四面体状。而离子形状则各不相同：亚卤酸阴离子呈角形，卤原子价层上另有 2 对孤对电子；卤酸阴离子呈三角锥形，卤原子价层上还有一对孤对电子；高卤酸阴离子呈四面体形（无孤对电子）。

卤素含氧酸均具有显著氧化性，这可从它们的标准电极电势中看出（图 10-1）

① 1971 年合成 HFO，极不稳定对它的认识远未清楚。

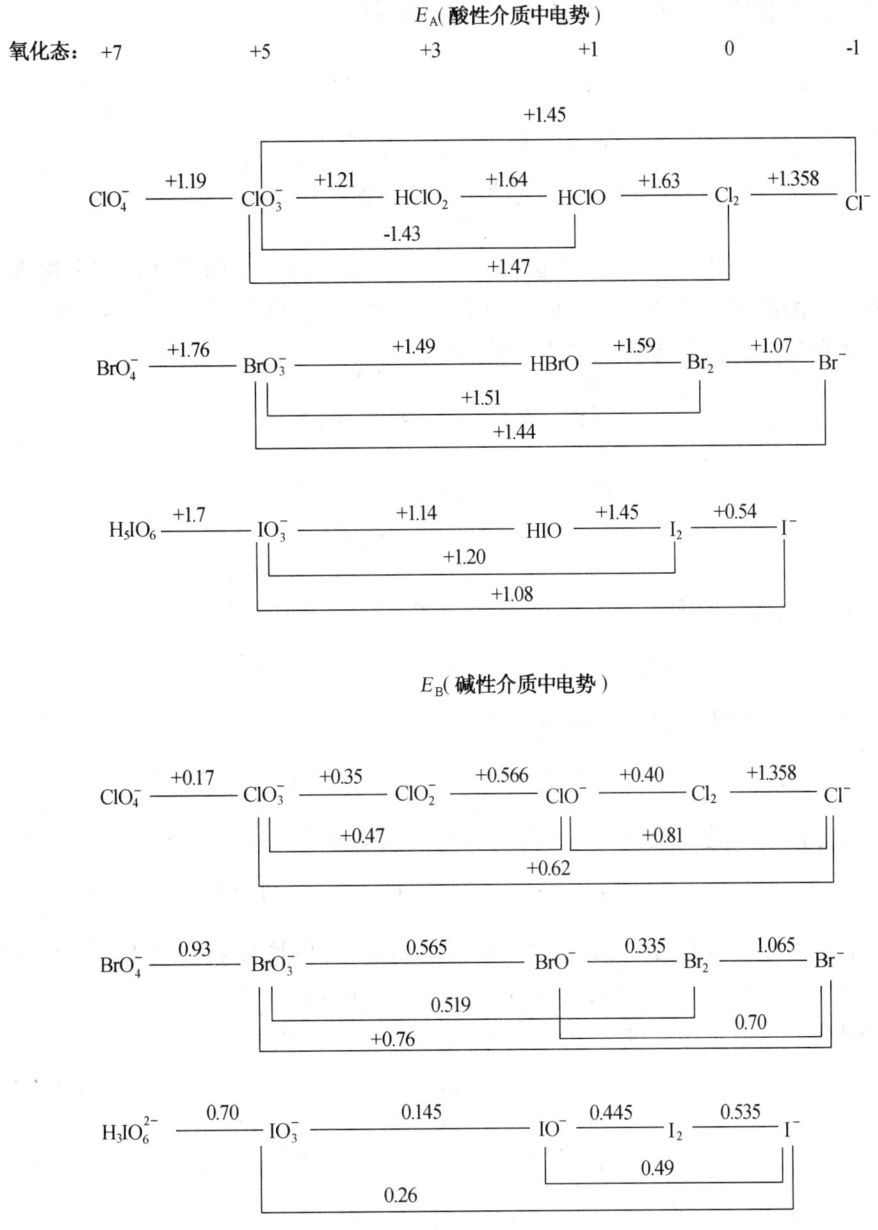

图 10-1　卤族元素标准电势图

10.1.4.2　次卤酸及其盐

次氯酸 HClO、次溴酸 HBrO 和次碘酸 HIO 都是极弱酸，它们的电离常数 K_a 分别为：HClO：2×10^{-8}；HBrO：2×10^{-9}；HIO：1×10^{-11}。因此，次卤酸盐均极易水解。碱金属的次卤酸盐(如 NaClO)溶液呈碱性。

次卤酸都不稳定。其水溶液易分解($2HClO=2HCl+O_2$)。

该反应在阳光下更易发生，因而次氯酸是强氧化剂。氯水或漂白液的漂白作用都与此有关，从反应式可知，次卤酸可由卤素水解而生成：

$$X_2+H_2O=H^++X^-+HXO$$

这是卤素的歧化反应，但从下面电势图看出($E^{\ominus}_{A}$ 值)：

$$HClO \xrightarrow{1.63} Cl_2 \xrightarrow{1.36} Cl^-$$

$$HBrO \xrightarrow{1.59} Br_2 \xrightarrow{1.07} Br^-$$

$$HIO \xrightarrow{1.45} I_2 \xrightarrow{0.54} I^-$$

$E^{\ominus}_{左}$均大于 $E^{\ominus}_{右}$，说明在酸性溶液里卤素几乎不发生歧化，加上卤素在水中溶解度不大，故由水解生成的次卤酸是极少的。若在碱性溶液，从平衡移动原理可知，卤素歧化倾向将大大加强。这从碱性介质中的元素电势图中也可看出($E^{\ominus}_{B}$)：

$$ClO^- \xrightarrow{0.40} Cl_2 \xrightarrow{1.36} Cl^-$$

$$BrO^- \xrightarrow{0.45} Br_2 \xrightarrow{1.07} Br^-$$

$$IO^- \xrightarrow{0.45} I_2 \xrightarrow{0.54} I^-$$

$E^{\ominus}_{右}$均$>E^{\ominus}_{左}$，歧化反应能发生。例如，氯气与氢氧化钠溶液作用：

$$Cl_2 + 2NaOH = NaCl + NaClO + H_2O$$

若用廉价石灰代替氢氧化钠可制得漂白粉：

$$2Cl_2 + 3Ca(OH)_2 = Ca(ClO)_2 + CaCl_2 \cdot Ca(OH)_2 \cdot 2H_2O$$

漂白粉的有效成分是次氯酸钙 $Ca(ClO)_2$，它能为潮湿的 CO_2 所分解：

$$Ca(ClO)_2 + CO_2 + H_2O = CaCO_3 + 2HClO$$

为了减少漂白粉中既易吸潮、又无实效的氯化钙成分，以增加漂白效果，发展了漂粉精的生产，漂粉精的主要成分是 $3Ca(ClO)_2 \cdot 2Ca(OH)_2 \cdot 2H_2O$。

次卤酸阴离子不稳定还可进一步歧化，生成卤酸阴离子和卤离子：

$$3XO^- \rightleftharpoons XO_3^- + 2X^-$$

$$ClO_3^- \xrightarrow{0.50} ClO^- \xrightarrow{0.89} Cl^-$$

$$BrO^- \xrightarrow{0.54} BrO^- \xrightarrow{0.76} Br^-$$

$$IO_3^- \xrightarrow{0.14} IO^- \xrightarrow{0.49} I^-$$

而且歧化速度依 Cl、Br、I 顺序依次增强，室温时 ClO^- 歧化速度极慢。温度升至 75℃左右时，歧化速度显著加快。故在加热条件下 Cl_2 与碱的反应为

$$3Cl_2 + 6NaOH \stackrel{\triangle}{=} 5NaCl + NaClO_3 + 3H_2O$$

对于 BrO^- 和 IO^-，歧化速度在室温时就已相当快，故 Br_2 或 I_2 与碱溶液的反应为

$$3Br_2 + 6OH^- = 5Br^- + BrO_3^- + 3H_2O$$

$$3I_2 + 6OH^- = 5I^- + IO_3^- + 3H_2O$$

10.1.4.3 卤酸及其盐

与次卤酸相反，氯酸 $HClO_3$、溴酸 $HBrO_3$ 和碘酸 HIO_3 都是强酸，它们的稳定性也依次增强，尤其是碘酸，已能从溶液中以无色晶体析出。碘酸可由碘和浓硝酸作用制取。

$$I_2+10HNO_3=2HIO_3+10NO_2\uparrow+4H_2O$$

所有卤酸都是强氧化剂，而它们的盐溶液氧化能力却较弱（见图 10-1 元素电势图）。

在卤酸盐中比较重要的，且有实用价值的是氯酸盐。固体氯酸钾是常用的强氧化剂之一，它固然可由氯气通入热的氢氧化钾溶液生成。

$$3Cl_2+6KOH(\text{热})=5KCl+KClO_3+3H_2O$$

但从反应式来看，原料中有 $\frac{5}{6}$ 的氯生成了氯化钾，未加利用，为了克服此缺点，制备时常用电解氯化钾热溶液的方法。电极反应为：

$$\text{阳极}\quad 2Cl^- -2e^- =Cl_2$$

$$\text{阴极}\quad 2H^+ +2e^- =H_2$$

这时电解槽内不用隔膜，阳极区生成的氯气与阴极区积聚的 OH^- 歧化反应生成 ClO_3^- 和 Cl^-，后者 Cl^- 可在阳极反复使用，使原料中的氯离子得到充分转化。

卤酸盐的热分解反应是较复杂的。例如，当有催化剂二氧化锰存在时，氯酸钾在 200℃左右即可分解。

$$2KClO_3=2KCl+3O_2\uparrow$$

若无催化剂并在温度不太高（约 400℃）时，可分解成高氯酸钾。

$$4KClO_3\xlongequal{668\ K}KCl+3KClO_4$$

$KBrO_3$、KIO_3 的热分解产物是相应的卤化物和氧气，得不到高卤酸盐。

10.1.4.4 高卤酸及其盐

$HClO_4$ 的水溶液是一种最强的无机酸，它与水组成的恒沸溶液含有 75% $HClO_4$，该浓度的高氯酸是很稳定的。无水 $HClO_4$ 则不稳定，在贮藏时可能会发生爆炸。热浓的 $HClO_4$ 是强的氧化剂，遇到有机物会发生爆炸性反应，但稀冷的 $HClO_4$ 几乎不显氧化性。

固体高氯酸盐在高温时也是一个强氧化剂，但其氧化能力比氯酸盐弱。

$$KClO_4\xlongequal{\triangle}KCl+2O_2\uparrow$$

高氯酸盐一般是可溶的，但 Cs^+、Rb^+、K^+ 及 NH_4^+ 的高氯酸盐的溶解度都很小。

高溴酸是强酸，强度接近于 $HClO_4$，它的氧化能力高于高氯酸和高碘酸（见图 10-1 元素电势图）。

高碘酸有 HIO_4、H_5IO_6 等不同组成。HIO_4 酸性和氧化性均强；H_5IO_6 则为五元弱酸，但它也是强氧化剂。

$$2Mn^{2+}+5IO_4^-+3H_2O=2MnO_4^-+5IO_3^-+6H^+$$

$$2Mn^{2+}+5H_5IO_6=2MnO_4^-+5IO_3^-+11H^++7H_2O$$

对 IO_6^{5-} 阴离子，其中碘原子采取 sp^3d^2 杂化（八面体结构）。这种高配位数与碘原子有较大体积有关。

10.1.5 卤化物

卤素和电负性较小的元素生成的化合物叫卤化物。

离子型卤化物（如碱金属、碱土金属）熔点、沸点高，易溶于极性溶剂，溶液或熔融态时均能导电；非金属的卤化物具有共价性，熔点、沸点较低，且具挥发性。

卤化物性质递变具有如下规律性：

(1) 在同一周期中，卤化物随阳离子的电荷自左至右依次增高，离子半径逐渐减小，熔沸点下降，导电性能降低，由离子型逐渐过渡到共价型。

(2) 同一金属不同卤化物，由于 X^- 的变形性依 $F^- \longrightarrow I^-$ 增强，故键的离子性将依次递减而共价性依次递增。

(3) 同一金属不同氧化态的卤化物：金属氧化态愈高时，其卤化物共价性愈强，表现出熔沸点要低些，挥发性要大些。

卤化物遇水发生水解有两种情况：典型非金属卤化物，除 CCl_4、SF_6 等少数外，往往发生强烈水解生成氢卤酸和含氧酸。如：

$$PCl_3 + 3H_2O = H_3PO_3 + 3HCl$$

弱碱性金属（如 Zn、Pb、Bi、Sb、Sn 等）卤化物，水解倾向较大，因为生成难溶性的碱式盐或氧基盐。如：

$$PbCl_2 + H_2O = Pb(OH)Cl\downarrow + HCl$$

$$SbCl_3 + H_2O = SbOCl\downarrow + 2HCl$$

故配制上述盐的澄清溶液时需要事先用盐酸酸化。

最后应当掌握几个名词：

多卤化物是指金属卤化物与自由卤素或卤素互化物发生加合作用所形成的化合物。如：

$$KI + I_2 = KI_3$$

$$CsBr + IBr = CsIBr_2$$

卤素互化物是指不同卤素原子之间互相共用电子对所形成一系列的化合物，其性质类似于卤素。例如 ICl 的颜色、熔沸点均像溴。大多数的卤素互化物有很强化学活性，所以是强氧化剂，它们很不稳定，遇水立即分解。如：

$$IF_5 + 3H_2O = HIO_3 + 5HF$$

拟卤素是指两个或两个以上电负性较大的元素的原子组成的原子团。性质与卤素相似，或为阴离子时与卤离子相似，均有刺激性气味。重要的拟卤素有氰 $(CN)_2$、硫氰 $(SCN)_2$、氧氰 $(OCN)_2$ 等。

重要的拟卤素化合物如硫氰酸盐、氰化钾等。硫氰酸盐很容易制备：

$$KCN + S = KSCN$$

SCN^- 是常见优良的配位体，大多数金属硫氰酸盐皆溶于水，而且它还是 Fe^{3+} 的特殊而灵敏的反应试剂，可以形成好几种红色的配合物：

$$Fe^{3+}+nSCN^{-}\rightleftharpoons Fe(SCN)_n^{(3-n)} \qquad n=1,2,\cdots,6$$

SCN^- 浓度越大，所形成的配合物溶液的颜色越深。

氰化物如氰化钾是合成药物的常用原料，也是实验室常用试剂，氰化钾（KCN）剧毒，0.05 g 可致死，CN^- 水解可生成 HCN（剧毒）。

$$CN^{-}+H_2O=HCN\uparrow+OH^{-}$$

为此，排放 CN^- 时要求在水中的 CN^- 质量分数低于 0.01×10^{-6}，空气中的 HCN 的限度为10×10^{-6}，在"三废"处理中可借助于 ClO^- 的氧化性将 CN^- 氧化成无毒的 CNO^-，或利用 CN^- 的强配位作用，用 Fe^{2+} 与 CN^- 配位生成$[Fe(CN)_6]^{4-}$，而解毒其反应式如下：

$$\underset{\text{有毒}}{ClO^{-}+CN^{-}}=\underset{\text{无毒}}{CNO^{-}}+Cl^{-}$$

$$Fe^{2+}+6CN^{-}=\underset{\text{(无毒)}}{[Fe(CN)_6]^{4-}}$$

10.1.6 常用的含卤素药物

（1）盐酸　药用规格含量 9.5%～10.5%（g/mL），可内服补充胃酸的不足，治疗胃酸缺乏症。

（2）氯化钠　用于配制生理盐水（0.9%），大量用在出血过多、严重腹泻等所引起的缺水症，也可用来洗涤伤口。

（3）氯化钾　是一种利尿药，用于心脏性或肾脏性水肿，亦用于缺钾症。

（4）氯化铵　用作祛痰剂。

（5）溴化钠、溴化钾、溴化铵　三种溴化物混合可压成三溴片或配成三溴合剂，作为镇静剂。

（6）碘化钠或碘化钾　配制碘酊用作助溶剂，也可用于缺碘引起的甲状腺肿大。

（7）碘　配制碘酊，外用作消毒剂。

（8）漂白粉　有效成分是 $Ca(ClO)_2$，利用与空气中的 CO_2、水蒸气作用，放出有效氯，达到消毒目的，医院常用它撒在走廊、屋角、滋生污物上。

10.2 氧族元素

10.2.1 通性

氧族元素位于周期系第Ⅵ主族，包括氧（O）、硫（S）、硒（Se）、碲（Te）和钋（Po），其中硒、碲是稀散元素，钋是放射性元素。

有关氧族元素的基本性质汇列于表 10-6。

表 10-6　氧族元素的性质

性　质	氧	硫	硒	碲	钋
原子序	8	16	34	52	84
相对原子质量	16.00	32.06	78.96	127.6	
价电子层结构	$2s^2 2p^4$	$3s^2 3p^4$	$4s^2 4p^4$	$5s^2 5p^4$	$6s^2 6p^4$
主要氧化数	−2	−2、+2 +4、+6	−2、+2、 +4、+6	−2、+2 +4、+6	+2、+4
共价半径/pm	66	104	117	137	167
离子半径(M^{2-})/pm	132	184	191	211	—
熔点/K	54.6	386	490	1663	—
沸点/K	90	718	958	—	—
第一电离势/($kJ \cdot mol^{-1}$)	1175	1006	941	869	818
第一电子亲合势/($kJ \cdot mol^{-1}$)	−141	−200.4	−149.9	−190.14	−130
第二电子亲合势/($kJ \cdot mol^{-1}$)	+780	+590	+420	—	—
单键离解能/($kJ \cdot mol^{-1}$)	142	256	172	126	—
电负性(鲍林)	3.44	2.58	2.55	2.10	2.00

氧族元素价电子构型为 ns^2np^4，常见氧化态为−2、+4、+6。氧的电负性仅次于 F，在一般化合物中氧化数皆为−2，而硫、硒和碲在化合物中通常与氧化合出现的氧化数为+4、+6，其正氧化态稳定性由硫到碲逐渐增强，氧和硫为典型非金属，硒和碲是准金属，而钋是典型的金属，与卤素族相比，氧族元素显示的非金属性减弱，所不同的是本族元素能形成同素异形体。

10.2.2　氧和硫的单质

10.2.2.1　单质氧

在自然界中，氧是以单质氧 O_2 和臭氧 O_3 的形式出现，更大量的是以含氧化合物的形式存在。气态氧无色无臭，液态氧是蓝色的，不论处于何种物态，氧分子均具有顺磁性。按分子轨道理论，氧分子中有 2 个未成对的、能量较高的反键电子，在强度适当的磁场影响下，其原子吸收和发射光谱中可有(2S+1)条谱线，这里 S 是自旋量子数合量，因此基态氧分子是三线态氧 $^3O_2$，其化学反应不甚活泼，当它在一定条件下被激发后，2 个自旋平行的反键电子可以成对地同占一个 π_{2p}^* 轨道，也可以自旋相反方向分别占据 2 个 π_{2p}^* 轨道，这两种激发态氧分子的电子状态，其 $S=0$，即 $2S+1=1$，称单线态氧 $^1O_2$，化学反应极活泼，但寿命极短。单线态氧的存在是许多药物见光见空气易氧化的根本原因。

氧是人和一切生物必不可少的。带有负电荷的氧分子称负氧离子，有“空气维生素”之冠称。人们在高山、瀑布、海滨等处，常会感到空气格外新鲜，正是由于那里的负氧离子较为丰富之故。负氧离子对中枢神经系统会产生良性影响。

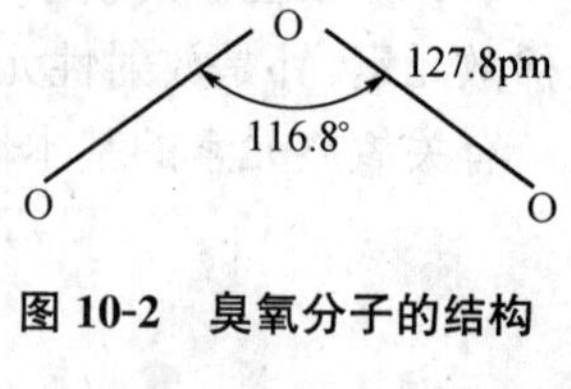

图 10-2　臭氧分子的结构

臭氧是由 3 个氧原子构成的角形分子，是唯一的单质极性分子，中心氧原子以 sp^2 杂化态与其他 2 个配位氧原子结合(图 10-2)

键角为116.8°，除形成2个σ键外，中心氧原子还有2对孤对电子，其中的一对孤对电子与另2个氧原子的各一个未成对电子形成离域的π_3^4键。

臭氧是淡蓝色气体，具鱼腥味。当氧分子吸收了波长<240 nm的紫外辐射可形成臭氧，其反应为

$$3O_2(g)+h\nu=2O_3(g) \qquad \Delta H^{\ominus}=284.6\ \text{kJ}\cdot\text{mol}^{-1}$$

上反应又为紫外线所分解。在高层大气中，同时存在着形成和分解的两种化学过程，这两种过程最后达到动态平衡，结果导致一个浓度相对稳定的臭氧层，正是这个臭氧层吸收了高空紫外线的强辐射，保护了地球生物免遭紫外线的伤害。但在地面大气，臭氧的存在又是十分有害的，因为臭氧是最强的氧化剂之一，其分子不稳定，无论在酸性或碱性条件下都比氧具有更强的氧化性。

10.2.2.2　单质硫

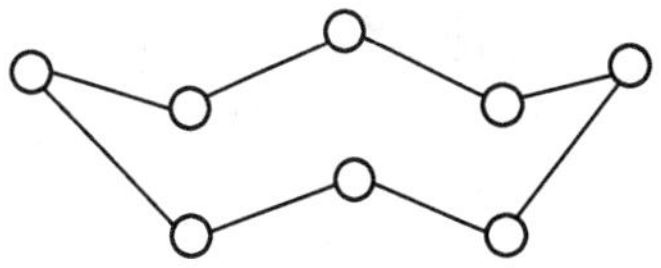

图10-3　S_8环状结构

硫有许多同素异性体，最常见的是斜方硫和单斜硫。两者都是由S_8绉环状分子组成的，见图10-3。晶状硫色泽淡黄或暗黄，易溶于CS_2、CCl_4等非极性溶剂，它们都属于分子晶体。具有很低的熔点，斜方硫为112.8℃，单斜硫为119℃。

(1) 单质硫的热稳定性　室温下，斜方硫是稳定的，当加热到96℃，斜方硫不经熔化就转变成单斜硫，由于转化时并无键的破坏或形成，反应热甚微：

$$S_8(\text{斜方})=S_8(\text{单斜}) \qquad \Delta H^{\ominus}=0.3\ \text{kJ}\cdot\text{mol}^{-1}$$

继续加热，硫开始熔化变成澄清易流动的液体，当升温至160℃以上时，S_8绉环开始断裂、形成链状结构，硫链互相纠缠，使液态硫稠度变厚、色泽变深，如此时倾入水中，使其突然冷却，则可变成弹性硫。如将液态硫继续加热，则硫链继续断裂变短，液体硫的黏度重新降低，到444.6℃时沸腾（硫黄沸点），在硫蒸气中存在着S_6、S_4、S_2等分子。随着温度继续升高，S_2分子比例增多，约至900℃时，蒸气硫几乎全部由S_2分子所组成。超过900℃，S_2分子开始解离为单原子分子。

(2) 单质硫的重要反应　硫是很活泼的非金属，能与大多数元素直接作用，甚至在低温时，也能和碱金属、碱土金属、银、汞、铅、铝等直接作用。

$$S+H_2 \xlongequal{\triangle} H_2S$$

$$S+Hg=HgS$$

硫在空气中燃烧得SO_2：

$$S+O_2=SO_2$$

与具有氧化性的浓硫酸及浓硝酸反应：

$$S+2H_2SO_4 \xlongequal{\triangle} 3SO_2\uparrow+2H_2O$$

$$S+6HNO_3 \xlongequal{\triangle} H_2SO_4+6NO_2+2H_2O$$

硫与碱反应发生歧化：

$$3S+6NaOH=2Na_2S+Na_2SO_3+3H_2O$$

硫溶于亚硫酸盐中，生成硫代硫酸盐：

$$SO_3^{2-}+S=S_2O_3^{2-}$$

与卤素相似，硫也能形成多硫化物，如硫溶于碱金属硫化物中

$$Na_2S+xS=Na_2S_x \qquad x=2\sim6$$

生成的多硫化物，随 x 的增大，颜色从黄色、橙色而至红色。多硫离子具有链状结构，S 原子通过共用电子对相连成硫链，如 S_5^{2-}：

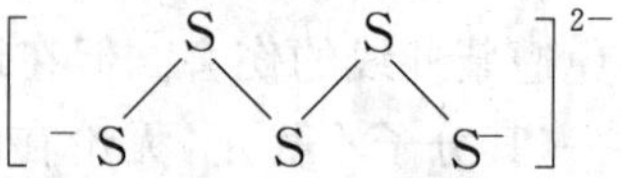

(3) 单质硫的医药用途　硫与碳酸钠或碳酸钾共熔时，得到多硫化物、亚硫酸盐和硫代硫酸盐的混合物。

$$3S+3K_2CO_3=2K_2S+K_2SO_3+3CO_2\uparrow\text{（歧化）}$$
$$K_2S+S=K_2S_2$$
$$K_2SO_3+S=K_2S_2O_3$$

这样得到的混合物呈猪肝色，医药上叫做含硫钾或硫肝，用于治疗皮肤病。

多硫化物遇酸不稳定，如酸化多硫化物时，可析出硫和硫化氢。

$$S_x^{2-}+2H^+=H_2S\uparrow+(x-1)S\downarrow$$

若小心加稀盐酸与多硫化物溶液中使呈弱碱性，也可破坏多硫化物，得到颗粒极细的沉降硫，如：

$$2CaS_5+2HCl=CaCl_2+Ca(HS)_2+8S\downarrow$$

沉降硫质极细，用于皮肤病治疗时比用一般硫黄粉效果好得多。

10.2.3　过氧化氢

过氧化氢俗称双氧水，纯的过氧化氢是一种淡蓝色的黏稠液体，它与水能以任何比例相混，市售双氧水为 30% 的过氧化氢溶液，会灼伤皮肤，医药上用 3% H_2O_2 来消毒杀菌。过氧化氢分子间具有较强的氢键，故在液态和固态中存在缔合分子，使它具有较高的沸点(423 K)和熔点(272 K)。

过氧化氢分子中有一个过氧链—O—O—，2 个氢原子分别位于像半展开书本的两页纸上与氧结合，两页纸面的夹角 φ 为 94°，O—H 键与 O—O 键间夹解 φ 为 97°(图 10-4)。

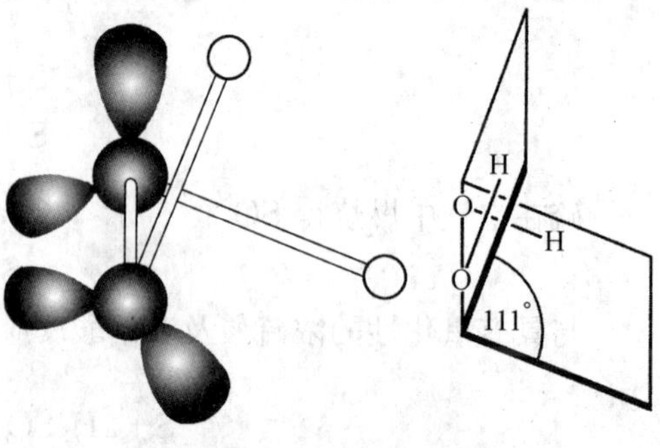

图 10-4　过氧化氢分子结构

过氧化氢的主要性质表现为：

(1) 极弱酸

$$H_2O_2+H_2O \rightleftharpoons H_3O^++HO_2^- \qquad K_1=1.5\times10^{-12}$$

浓 H_2O_2 能与 $Ba(OH)_2$ 中和反应生成过氧化钡，H_2O_2 表现其酸性。

$$Ba(OH)_2+H_2O_2=BaO_2+2H_2O$$

(2) 氧化性与还原性　过氧化氢中氧的氧化数为-1，处于氧的中间价态，可以被氧化为零价，也可被还原为-2价。从氧的电位图可见。

酸性 $E_A^\ominus$

$$O^2 \xrightarrow{+0.682} H_2O_2 \xrightarrow{+1.77} H_2O \quad (O^2 \to H_2O: +1.23)$$

碱性 $E_B^\ominus$

$$O_2 \xrightarrow{-0.076} HO_2^- \xrightarrow{+0.88} OH^- \quad (O_2 \to OH^-: +0.41)$$

H_2O_2 在酸性溶液中氧化性更强，主要作为氧化剂。如：

$$H_2O_2 + 2H^+ + 2I^- = 2H_2O + I_2$$

$$H_2O_2 + 2H^+ + 2Fe^{2+} = 2Fe^{3+} + 2H_2O$$

$$4H_2O_2 + PbS(黑) = 4H_2O + PbSO_4(白)\downarrow$$

H_2O_2 与强氧化剂作用时，表现为还原性，作还原剂。如：

$$Cl_2 + H_2O_2 = 2HCl + O_2\uparrow$$

$$2MnO_4^- + 5H_2O_2 + 6H^+ = 2Mn^{2+} + 5O_2\uparrow + 8H_2O$$

(3) 不稳定性　过氧化氢在常温下便平稳地分解。

$$H_2O_2(l) = H_2O(l) + \frac{1}{2}O_2(g) \quad \Delta H^\ominus = -98.7\ kJ \cdot mol^{-1}$$

分解时释出热量，主要是由于低键能的过氧键转化为键能高得多的 O_2，这同时又是一个熵增过程，分解的自发性就更明显，从电势图看，它还有歧化倾向（$E_左^\ominus < E_右^\ominus$）。但是，该反应分解速度是很慢的。升高温度、碱性介质、见光以及有重金属离子存在都能加速 H_2O_2 分解。保存过氧化氢应在低温避光、加稳定剂，如微量锡酸钠、焦磷酸钠等。

(4) 过氧键转移反应　当 H_2O_2 在酸性溶液中加入 $K_2Cr_2O_7$ 时，生成蓝色的过氧化铬。

$$4H_2O_2 + Cr_2O_7^{2-} + 2H^+ = 2CrO_5 + 5H_2O$$

过氧化铬 CrO_5 有如下结构：

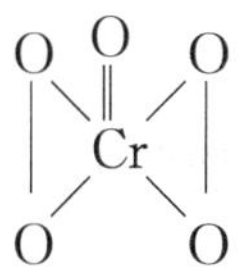

它在乙醚层中稳定，该反应并非氧化还原，而是过氧化氢中的过氧键转移到过氧化铬中去。该反应可作为 H_2O_2 的鉴别反应之一。

10.2.4　硫化氢和金属硫化物

10.2.4.1　硫化氢

硫化氢具有臭鸡蛋味。室温下饱和硫化氢水溶液浓度为 $0.1\ mol \cdot L^{-1}$，由于 H_2S 水溶液易被空气中的氧气渐渐氧化而变混，所以要现用现配。

硫化氢水溶液具有弱酸性，为二元弱酸。它又是强还原剂，能被许多氧化剂所氧化，如：

$$2H_2S + O_2 = 2S\downarrow + 2H_2O$$

$$H_2S + I_2 = 2HI + S\downarrow$$

$$2MnO_4^- + 5H_2S + 6HCl = 2MnCl_2 + 2Cl^- + 5S\downarrow + 8H_2O$$

硫化氢被氧化，产物一般为游离态硫，但如氧化剂过量或反应条件改变时，也可生成氧化态更高的硫化物，如：

$$H_2S + 4Br_2 + 4H_2O = H_2SO_4 + 8HBr$$

$$2H_2S + 3O_2 \xlongequal{\text{燃烧}} 2H_2O + 2SO_2\uparrow$$

H_2S 是化学常用试剂，实验室制备 H_2S 可利用非氧化性强酸置换弱酸盐产生弱酸的原理。如：

$$FeS + 2HCl = FeCl_2 + H_2S\uparrow$$

或利用硫代乙酰胺水解产生 H_2S。

$$CH_3CSNH_2 + 2H_2O = H_2S\uparrow + CH_3C(=O)ONH_4$$

10.2.4.2　金属硫化物

许多金属硫化物难溶于水且有颜色，见表 10-7。

表 10-7　一些金属硫化物的颜色与溶度积常数

硫　化　物	颜　色	溶度积 K_{sp}(291 K)
CuS	黑色	8.5×10^{-45}
CdS	黄色	3.6×10^{-29}
CoS	黑色	3×10^{-26}
HgS	黑色	4×10^{-53}
MnS	肉色	1.4×10^{-15}
PbS	黑色	3.4×10^{-28}
ZnS	白色	1.2×10^{-23}
FeS	黑色	3.7×10^{-19}
Ag_2S	黑色	1.6×10^{-49}

强酸加入到金属硫化物中有硫化氢气体产生。根据硫化物在酸中溶解情况分成四类：

能溶于稀盐酸：如 ZnS、MnS；

能溶于浓盐酸：如 CdS、PbS；

不溶于浓盐酸溶于浓硝酸：如 CuS、Ag_2S；

不溶于浓硝酸仅溶于水：如 HgS。

它们的反应方程式如下：

$$ZnS + 2H^+ = Zn^{2+} + H_2S\uparrow$$

$$3CuS + 8HNO_3 = 3Cu(NO_3)_2 + 3S\downarrow + 2NO\uparrow + 4H_2O$$

$$3HgS + 12HCl + 2HNO_3 = 3[HgCl_4]^{2-} + 6H^+ + 3S\downarrow + 2NO\uparrow + 4H_2O$$

由于氢硫酸是一个很弱的酸，所以可溶性的碱金属和碱土金属硫化物（CaS、SrS、BaS 微溶）在水溶液中发生水解，使溶液呈碱性。如 Na_2S 溶于水时几乎全部水解，其水溶液可作为强碱使用。Cr_2S_3、Al_2S_3 在水中完全水解，因此，这些硫化物不可能用湿法从溶液中制备。下面是一些硫化物水解方程式：

$$Na_2S + H_2O \rightleftharpoons NaHS + NaOH$$

$$2CaS + 2H_2O \rightleftharpoons Ca(OH)_2 + Ca(HS)_2$$

$$Al_2S_3 + 6H_2O \rightleftharpoons 2Al(OH)_3 \downarrow + 3H_2S \uparrow$$

10.2.5 硫的含氧酸及其盐

10.2.5.1 SO_2、亚硫酸及其盐

SO_2 是无色有刺激臭味的气体，其分子空间构型为角形，S 原子以 sp^2 杂化与两个 O 原子各形成一个 σ 键，还有一个 p 轨道与两个 O 原子相互平行的 p 轨道形成一个 Π_3^4 的离域 π 键。S—O 键具有双键特征(S—O 单键键长为 155 pm)。

SO_2 是极性分子，极易液化(常压，263 K 下即可)，液态 SO_2 是许多物质的良好溶剂。

SO_2 能和一些有机色素结合成无色的化合物，例如可用于漂白纸张、草帽等。

SO_2 是大气中的主要污染物。它对人体及动植物有毒害，还会腐蚀金属制品，损坏油漆油料、织物和皮革等。

SO_2 的水溶液叫做亚硫酸，实际上它是一种水合物 $SO_2 \cdot xH_2O$，到目前为止，还没有制得游离的亚硫酸(H_2SO_3)。在亚硫酸的水溶液中存在下列平衡：

$$SO_2 + xH_2O \rightleftharpoons SO_2 \cdot xH_2O \rightleftharpoons H^+ + HSO_3^- + (x-1)H_2O \quad K_1 = 1.54 \times 10^{-2}(291\ K)$$

$$HSO_3^- \rightleftharpoons H^+ + SO_3^{2-} \quad K_2 = 1.02 \times 10^{-7}(291\ K)$$

可知亚硫酸水溶液有二级电离，为二元弱酸，为了方便，仍把亚硫酸写成 H_2SO_3。

碱金属的亚硫酸盐易溶于水，由于水解，溶液显碱性，其他金属的亚硫酸正盐均微溶于水，而所有的酸式亚硫酸盐都易溶于水。亚硫酸盐受热容易分解，遇无氧化性强酸则分解放出 SO_2。

$$4Na_2SO_3 \xlongequal{\triangle} 3Na_2SO_4 + Na_2S$$

$$SO_3^{2-} + 2H^+ = H_2O + SO_2 \uparrow$$

SO_2 或亚硫酸盐中的 S 的氧化数为+4，处于中间价态，既可作氧化剂，又可作还原剂。

$$SO_4^{2-} + 4H^+ + 2e^- = H_2SO_3 + H_2O \qquad E_A^\ominus: +0.17\ V$$

$$H_2SO_3 + 4H^+ + 4e^- = S + 3H_2O \qquad E_A^\ominus: +0.45\ V$$

$$SO_4^{2-} + H_2O + 2e^- = SO_3^{2-} + 2OH^- \qquad E_B^\ominus: -0.93\ V$$

根据上述标准电极电势可知，SO_2 在酸性溶液中氧化性并不强，而在碱性溶液中却有很强的还原性。例如，在酸性介质遇强还原剂表现氧化性。

$$H_2SO_3 + 2H_2S = 3S \downarrow + 3H_2O$$

一般而言，遇氧化剂都能表现其还原性质。如：

$$2MnO_4^- + 5SO_3^{2-} + 6H^+ = 5SO_4^{2-} + 2Mn^{2+} + 3H_2O$$

$$\text{或}\ 2MnO_4^- + 5SO_2 + 2H_2O = 5SO_4^{2-} + 2Mn^{2+} + 4H^+$$

$$2FeCl_3 + SO_2 + 2H_2O = 2FeCl_2 + H_2SO_4 + 2HCl$$

$$I_2+SO_2+2H_2O=2HI+H_2SO_4$$

亚硫酸钠在空气中放置，能缓慢被氧化。

$$2Na_2SO_3+O_2=2Na_2SO_4$$

在医药上，亚硫酸钠、亚硫酸氢钠和焦亚硫酸钠（$Na_2S_2O_5$）都可用作注射剂的抗氧剂，保护药液不被氧化。

10.2.5.2 SO_3、H_2SO_4 及其盐

无色的气态 SO_3 主要以单分子存在。它的分子是平面三角形，S 原子以 sp^2 杂化形成3 个 σ 键和一个 4 原子 6 电子的 Π_4^6 的离域 π 键。S—O 键键长 141 pm，具有双键特征。很纯的 SO_3 可在室温下保持液态存在，当冷却纯的液态 SO_3 至 289.8 K 时，可得到固态 SO_3。

SO_3 是强氧化剂，高温时能将 I^- 氧化成碘，将 P 氧化成 P_2O_5。

$$2KI+SO_3=I_2+K_2SO_3$$

$$2P+5SO_3=P_2O_5+5SO_2$$

SO_3 吸水生成硫酸并放出大量热，该热使水蒸发，所发生的水蒸气与 SO_3 形成酸雾，影响吸收效果，故工业上生产硫酸不是用水去吸收 SO_3，而是用浓硫酸吸收 SO_3。

将 SO_3 溶解在浓硫酸中所得到的溶液称为发烟硫酸。当它暴露于空气中时，挥发出来的 SO_3 和空气中的水蒸气形成硫酸的细小雾滴状似“冒烟”，故有发烟硫酸之称。

纯硫酸是无色的油状液体。加热硫酸时，它会放出 SO_3 直至酸的浓度降低到 98.3%为止，这时它成为恒沸溶液，沸点为 611 K。市售浓硫酸的浓度为 98%，比重 1.84。硫酸的主要化学性质如下：

(1) 吸水性和脱水性　硫酸是 SO_3 水合物，除了 H_2SO_4（$SO_3 \cdot H_2O$）和 $H_2S_2O_7$（$2SO_3 \cdot H_2O$）外，还有一系列稳定的水合物，故浓硫酸有强烈吸水性，可用作干燥剂。浓硫酸还能从一些有机物质中夺取与水分子组成相当的氢和氧，使这些有机物炭化。例如，蔗糖或纤维被浓硫酸脱水：

$$\underset{\text{蔗糖}}{C_{12}H_{22}O_{11}}\xlongequal{\text{浓 } H_2SO_4}12C+11H_2O$$

因此，浓硫酸又是一个强脱水剂，能严重地损坏衣服和烧伤皮肤等，使用时必须注意安全。例如稀释硫酸时，应该将浓硫酸缓缓倾入水中，利用硫酸比重大，搅拌容易与水自然混匀。如果将水倒入浓硫酸，因水比重轻，硫酸与水结合放出大量的热集中于液面，会引起酸液爆沸溅出伤人。

(2) 强酸性　硫酸溶液是强的二元酸，第一步完全电离，第二步部分电离 $K_2=1.2\times10^{-2}$。因此在一般实验室浓度的硫酸中主要以 HSO_4^- 形式存在。在浓度超过 14 mol·L^{-1}（浓 H_2SO_4 约 18 mol·L^{-1}）时，将影响水化离子的形成，未电离的 H_2SO_4（或离子对）大大增多，实际上浓硫酸不能看做完全电离了，这对它的酸性有很大影响。

(3) 氧化性　浓硫酸尤其在加热情况下是强氧化剂，能氧化多种金属与非金属。稀硫酸则无氧化性。硫酸的还原产物通常为 SO_2，也有可能被还原为 S 或 H_2S 的。如：

$$2H_2SO_4+Cu=CuSO_4+SO_2\uparrow+2H_2O$$

$$2H_2SO_4 + C = CO_2 + 2SO_2\uparrow + 2H_2O$$

$$4H_2SO_4 + 3Zn = 3ZnSO_4 + S\downarrow + 4H_2O$$

$$5H_2SO_4 + 4Zn(粉状) = 4ZnSO_4 + H_2S\uparrow + 4H_2O$$

铁器能被浓硫酸钝化，因而铁罐或铜瓶可储放浓硫酸。2 个 H_2SO_4 脱去 1 分子水所成的新酸称焦硫酸（$H_2S_2O_7$）。焦硫酸的氧化性比浓硫酸更强。

硫酸盐有正盐和酸式盐，还能形成复盐。碱土金属和铵可形成酸式盐和正盐，其他金属只能生成正盐。大部分硫酸盐都溶于水，少数不溶，如 $CaSO_4$、$SrSO_4$、$BaSO_4$、$PbSO_4$ 和 Ag_2SO_4 等。碱金属和碱土金属硫酸盐，热稳定，高温也不分解，其他金属硫酸盐高温分解，一般先分解成金属氧化物和 SO_3。如：

$$CuSO_4 \xlongequal{\triangle} CuO + SO_3\uparrow$$

$$Ag_2SO_4 \xlongequal{\triangle} Ag_2O + SO_3\uparrow$$

$$Ag_2O \xlongequal{\triangle} 2Ag + \frac{1}{2}O_2\uparrow$$

多数硫酸盐有形成复盐的趋势。在复盐中的两种硫酸盐若是同晶型的化合物，则叫做矾。常见的两类复盐的组成通式：一类是 $M_2^{I}SO_4 \cdot M^{II}SO_4 \cdot 6H_2O$，其中 M^{I} 为 NH_4^+、K^+、Rb^+、Cs^+，M^{II} 为 Fe^{2+}、Co^{2+}、Ni^{2+}、Zn^{2+}、Cu^{2+}、Mg^{2+}，属于这类的复盐，如摩尔盐 $(NH_4)_2SO_4 \cdot FeSO_4 \cdot 6H_2O$，镁钾矾 $K_2SO_4 \cdot MgSO_4 \cdot 6H_2O$。另一类是 $M_2^{I}SO_4 \cdot M_2^{III}(SO_4)_3 \cdot 24H_2O$，其中 M^{I} 为碱金属（Li 除外）、NH_4^+、Tl^+，M^{III} 为 Al^{3+}、Fe^{3+}、Cr^{3+}、Co^{3+}、Ga^{3+}、V^{3+}，属于这一类复盐，如明矾 $K_2SO_4 \cdot Al_2(SO_4)_3 \cdot 24H_2O$。

10.2.5.3 硫代硫酸钠

硫代硫酸钠（$Na_2S_2O_3 \cdot 5H_2O$）又称海波或大苏打。将硫粉溶于沸腾的亚硫酸钠溶液，可以结晶得到硫代硫酸钠。

$$Na_2SO_3 + S \xlongequal{\triangle} Na_2S_2O_3$$

硫代硫酸钠是无色透明的结晶，易溶于水，其水溶液显弱碱性，在酸性溶液中，硫代硫酸钠迅速分解，因为游离的硫代硫酸不存在，它酸性极弱且极不稳定。

$$S_2O_3^{2-} + 2H^+ = \text{“}H_2S_2O_3\text{”} = S\downarrow + SO_2\uparrow + H_2O$$

只有在碱性溶液中，硫代硫酸钠才稳定存在。

硫代硫酸根 $S_2O_3^{2-}$ 可看成是 SO_4^{2-} 中的一个氧原子被硫原子所代替并与 SO_4^{2-} 相似具有四面体构型。

$S_2O_3^{2-}$ 中的 S 平均氧化数较低，为+2，它是中等强度的还原剂。最重要的氧化还原反应就是与碘的反应，反应生成连四硫酸钠。

$$2Na_2S_2O_3 + I_2 = Na_2S_4O_6 + 2NaI$$

反应中氧化数改变为：$S^{+2} \longrightarrow S^{2.5}$，$I_2^0 \longrightarrow 2I^-$。这个反应是定量进行的，是分析化学中碘量法

的基础。

$Na_2S_2O_3$ 与 Cl_2 反应，被氧化成 H_2SO_4。

$$Na_2S_2O_3+4Cl_2+5H_2O=2H_2SO_4+2NaCl+6HCl$$

$S_2O_3^{2-}$ 是重要配位体，能与很多重金属离子形成稳定的配离子。例如，溴化银不溶于水，但能溶于硫代硫酸钠溶液中。

$$2Na_2S_2O_3+AgBr=Na_3[Ag(S_2O_3)_2]+NaBr$$

摄影术上，硫代硫酸钠用作定影液，可溶去胶片上未受感光的溴化银；在医药上，$Na_2S_2O_3$ 可用作注射液的抗氧剂，或静脉注射用作卤素、氰化物及重金属中毒时的解毒剂。

$$Na_2S_2O_3+KCN=Na_2SO_3+KSCN$$

$Na_2S_2O_3$ 还可用于治疗疥疮：先用 40%$Na_2S_2O_3$ 溶液擦洗患处，几分钟后再用 5%盐酸擦洗，在患处即生成具有高度杀菌能力的 S 单质而达到治疗目的。

10.2.5.4 连硫酸盐和过硫酸盐

(1) 连硫酸盐 上面提到的连四硫酸钠 $Na_2S_4O_6$ 就是一种连硫酸盐，它的结构式为

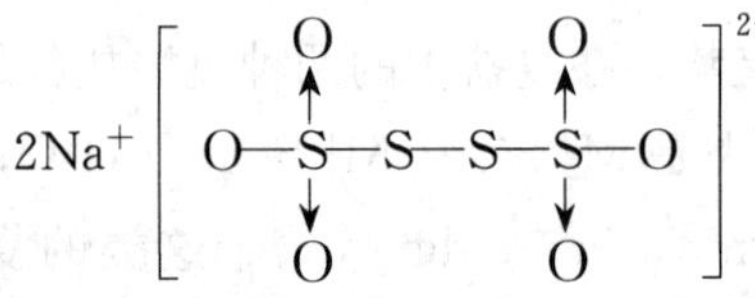

可见，连硫酸根中是硫原子代替了硫酸根中的氧原子，然后硫原子相互形成 S—S 键。它的通式是 $H_2S_nO_6$(n=2,3,…,6)，例如连四硫酸可写成 $H_2S_4O_6$。

具有类似连硫酸盐结构的还有连亚硫酸盐，其中很重要的是连二亚硫酸钠 $Na_2S_2O_4$，俗称保险粉，其结构式为

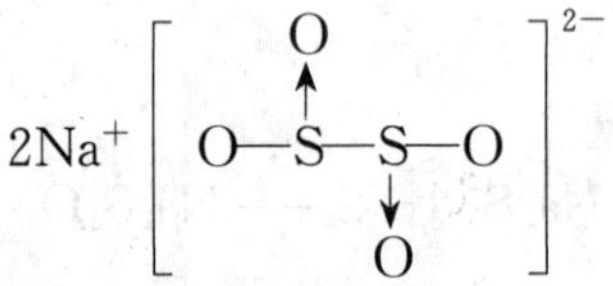

$Na_2S_2O_4$ 是很强的还原剂，它的水溶液在空气中放置能被空气中的氧氧化，生成亚硫酸盐或硫酸盐，因此，$Na_2S_2O_4$ 在气体分析中常用来吸收氧气。

$$2Na_2S_2O_4+O_2+2H_2O=4NaHSO_3$$

$$Na_2S_2O_4+O_2+H_2O=NaHSO_3+NaHSO_4$$

连二亚硫酸钠水溶液不稳定。

$$2Na_2S_2O_4+H_2O=Na_2S_2O_3+2NaHSO_3\text{（歧化）}$$

加酸则迅速分解，析出单质硫。

$$2Na_2S_2O_4+4HCl=3SO_2+S\downarrow+2H_2O+4NaCl$$

(2) 过硫酸及其盐　含有过氧键“—O—O—”的硫酸称为过硫酸。重要的有过一硫酸（H_2SO_5，简称过硫酸）和过二硫酸，它们的结构为

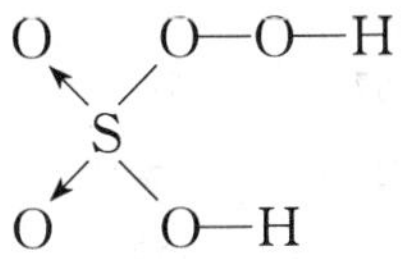

过一硫酸

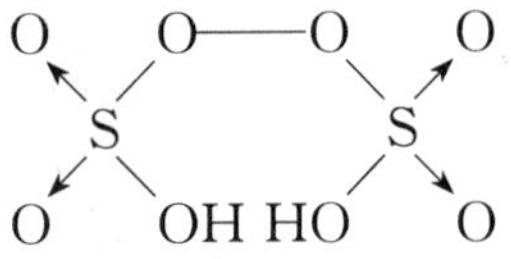

过二硫酸

过二硫酸是电解冷浓硫酸而制得的，在阳极 HSO_4^- 放电形成过二硫酸。

$$2HSO_4^- - 2e^- = H_2S_2O_8$$

过二硫酸水解可得过一硫酸。

$$H_2S_2O_8 + H_2O = H_2SO_5 + H_2SO_4$$

过一硫酸和过二硫酸都是白色晶体，有强烈吸湿性，它们以及它们的盐都是强氧化剂。

$$S_2O_8^{2-} + 2e^- \rightleftharpoons 2SO_4^{2-} \qquad E^{\ominus} = +2.01\ V$$

但它氧化作用的速度很慢，一般用 Ag^+ 作催化剂以加速反应。

$$2Mn^{2+} + 5S_2O_8^{2-} + 8H_2O \xrightarrow[Ag^+]{\triangle} 2MnO_4^- + 10SO_4^{2-} + 16H^+$$

过一硫酸盐尚未制得。重要的过二硫酸盐有过二硫酸铵 $(NH_4)_2S_2O_8$ 和过二硫酸钾 $K_2S_2O_8$。

10.3 氮族元素

10.3.1 通性

周期系 VA 族包括氮(N)、磷(P)、砷(As)、锑(Sb)、铋(Bi)五种元素称为氮族元素。氮、磷是非金属，砷、锑显示两性为准金属，铋是典型的金属。因此本族元素在性质递变上（表 10-8）表现出从非金属到金属的典型过渡。

氮族元素原子具有 ns^2np^3 的价电子构型。一般情况下，利用 p^3 或 (s^2+p^3) 电子参与成键，本族元素的主要氧化数为 −3、+3 和 +5。N、P 在本族中电负性较大，能存在稳定的 −3 氧化数。随着自上而下电负性减小，呈正氧化态趋于明显。因此，除了氮形成的化合物中呈现从 −3 到 +5 的任何整数氧化态外，其他各元素以形成正价态（+3 或 +5）为主。本族元素除 N 外，从 P 到 Bi，+5 氧化态的稳定性递减，而 +3 氧化态的稳定性递增。+5 氧化态的磷最稳定，几乎不具有氧化性；而 +5 氧化态的铋有最强的氧化性，它的 +3 氧化态铋几乎不显还原性。

由于氮族元素的电负性均小于同周期相应的ⅦA、ⅥA 族元素，它与卤素或氧、硫反应主要形成 +3、+5 的共价化合物，与氢反应形成 −3 的共价型氢化物。因此形成共价化合物是本族元素的特征。

表 10-8　氮族元素的基本性质

性　质	N	P	As	Sb	Bi
原子序	7	15	33	51	83
相对原子质量	14.01	30.97	74.92	121.75	208.98
价电子构型	$2s^2 2p^3$	$3s^2 3p^3$	$4s^2 4p^3$	$5s^2 5p^3$	$6s^2 6p^3$
主要氧化态	−3、−2、−1、+1 +2、+3、+4、+5	−3、+3 +5	−3、+3、 +5	(−3) +3、+5	(−3) +3、+5
共价半径/pm	55	110	121	141	154.7
离子半径/pm					
M^{3-}	171	212	222	245	213
M^{3+}	16	44	58	76	96
M^{5+}	13	35	46	62	74
第一电离热/$(kJ \cdot mol^{-1})$	1402	1011.8	859.7	833.7	703.3
第一电子亲合势/$(kJ \cdot mol^{-1})$	−7	71.1	77	101	100
电 负 性	3.04	2.19	2.18	2.05	2.02

10.3.2　氮、磷的单质

10.3.2.1　氮

氮分子是由两个氮原子通过 1 个 σ 键和 2 个 π 键相结合的，三重键的键能为 946 $kJ \cdot mol^{-1}$，比氧分子键能 493 $kJ \cdot mol^{-1}$ 约大 1 倍，因此 N_2 分子具有极高的稳定性，要打开三重键是十分困难的。如：

$$\frac{1}{2}N_2(g)+\frac{1}{2}O_2(g)=NO(g)$$

$$\Delta H^{\ominus}_{298}=+90.37\ kJ \cdot mol^{-1}$$

$$\Delta S^{\ominus}_{298}=+0.2106\ kJ \cdot mol^{-1} \cdot K^{-1}$$

$$\Delta G^{\ominus}_{298}=+86.67\ kJ \cdot mol^{-1}$$

这说明在常温下氮气与氧气化合的反应是不能自发进行的，幸好，氮气与氧气能在大气中共存，要不人们将要在 NO 的大气中生活，这种情景是不堪设想的。

N_2 是无色、无臭、无味气体，在水中溶解度很小。

N_2 在常温下的不活泼性，可用它来代替惰性气体(稀有气体)使用。如通 N_2 气流于安瓿注射液中，驱赶走空气，然后密封，可防止药物被空气中的氧所氧化。至于它在工业中的应用就更大，如合成氨，由此制造化肥、硝酸和炸药等。

工业上可通过液化空气，把 O_2 分离来得到液态 N_2，储存于钢瓶中。在实验室中，N_2 的制备可加热分解饱和氯化铵和饱和亚硝酸钠的混合溶液(若直接加热固体 NH_4NO_2 反应过于激烈)来制得。

$$NH_4Cl+NaNO_2 \xlongequal{\triangle} NH_4NO_2+NaCl$$

$$NH_4NO_2 \longrightarrow N_2\uparrow+2H_2O$$

由$(NH_4)_2Cr_2O_7$ 的热分解或将 NH_3 通过红热的氧化铜，都可得到 N_2：

$$(NH_4)_2Cr_2O_7 \xlongequal{\triangle} N_2\uparrow + Cr_2O_3 + 4H_2O$$

$$2NH_3 + 3CuO \xlongequal{\triangle} 3Cu + N_2\uparrow + 3H_2O$$

10.3.2.2　磷

磷原子间成键能力比氮原子强，因此，氮只有一种单质——N_2，而磷则有多种同素异形体，主要有白磷、红磷和黑磷三种。

磷蒸气迅速冷却(隔绝空气)时，得到白磷，纯白磷是无色透明的晶体，遇光即逐渐变为黄色，所以白磷又叫黄磷，白磷不溶于水，易溶于 CS_2 中，经测定，不论在溶液中或在蒸气状态，磷的相对分子质量都相当于分子式 P_4，它具有四面体结构，每个原子有一对不参与成键的孤电子对。这样，每个键角都是 60°，比正常 P 轨道的夹角 90°小得多，所以分子具有张力，键易断裂，因此白磷化学活性活泼。白磷长时间受光辐射或隔绝空气加热会逐渐变成红磷，此时 P_4 分子中部分键发生断裂，互相聚合成链状结构。黑磷是具有石墨状的片层结构，不常见。磷的三种变体中，以黑磷最稳定，红磷次之，白磷最不稳定。

黄磷在空气中缓慢氧化到表面上积聚的热量达到它的燃点(313 K)便发生自燃，故黄磷要保存于水中，黄磷与卤素反应剧烈，与热的浓碱作用发生歧化反应。

$$P_4 + 3KOH + 3H_2O \xlongequal{\triangle} PH_3\uparrow + 3KH_2PO_2$$

与热的铜盐反应生成磷化亚铜，在冷溶液中则析出铜。

$$11P + 15CuSO_4 + 24H_2O \xlongequal{\triangle} 5Cu_3P + 6H_3PO_4 + 15H_2SO_4$$

$$2P + 5CuSO_4 + 8H_2O \xlongequal{} 5Cu + 2H_3PO_4 + 5H_2SO_4$$

黄磷有剧毒，误食 0.1 g 就能致死。而红磷、黑磷则无毒。化学活性也不很活泼。

10.3.3　氮和氢的化合物

氮和氢能组成多种化合物，如 NH_3、联氨 N_2H_4、羟氨 NH_2OH 等，氮的氧化数分别为−3、−2、−1，其中最重要的是 NH_3。

10.3.3.1　氨

(1) 氨的制备：工业上，氨通过氮和氢在高温、高压和催化剂存在下合成：

$$N_2(g) + 3H_2(g) \xlongequal[\text{铁触媒}]{5.2\times10^7\sim7.2\times10^7\ \text{Pa}(500\sim700\ \text{atm})\quad 673\sim733\ \text{K}} 2NH_3$$

实验室中通常用铵盐和碱反应，来制备少量氨：

$$(NH_4)_2SO_4 + CaO \xlongequal{\triangle} CaSO_4 + 2NH_3\uparrow + H_2O$$

(2) 氨的性质：氨是一种无色有刺激臭味的气体，其分子为三角锥形，N 原子尚有一对孤对电子，常温下加压即可得到液态氨，其沸点为−33.4℃。液氨和水相似，在分子间有氢键。液氨有较大介电常数(−60℃时，ε=26.7)，能溶解许多盐类。液氨的一个特点是能溶解碱金属，生成导电性能良好的深蓝色溶液，蒸干此溶液，复得原先溶解的碱金属。氨在水中溶解度很大，1 体积水常温下可溶解 700 体积氨。

氨的重要化学性质表现在：

① 氨的加合作用　NH_3 中 N 上的孤对电子能与其他离子或分子形成共价配键。例如，氨与 Ag^+、Cu^{2+}、Cr^{3+} 等离子形成 $[Ag(NH_3)_2]^+$、$[Cu(NH_3)_4]^{2+}$、$[Cr(NH_3)_6]^{3+}$ 等。许多盐吸收 NH_3，形成结晶形的氨合物，例如 $CaCl_2 \cdot 8NH_3$ 等。

② 氨的还原作用　氨能还原多种氧化剂。常温下，氨在水溶液中能被许多强氧化剂（Cl_2、H_2O_2、$KMnO_4$ 等）所氧化，如：

$$3Cl_2 + 2NH_3 = N_2 + 6HCl$$

若 Cl_2 过量则得 NCl_3：

$$3Cl_2 + NH_3 = NCl_3 + 3HCl$$

氨在纯氧中燃烧呈现黄色火焰：

$$4NH_3 + 3O_2 = 6H_2O + 2N_2$$

③ 氨的取代作用　取代反应的一种形式是氨分子中的氢被其他原子或基团所取代，生成一系列氨的衍生物。如氨基—NH_2 的衍生物，亚氨基—NH 的衍生物或氮化物 N—。例如，把 NH_3 通过熔融钠得到氨基钠：

$$2Na + 2NH_3 = 2NaNH_2 + H_2\uparrow$$

$NaNH_2$ 遇水立即放出 NH_3：

$$NaNH_2 + H_2O = NaOH + NH_3$$

镁在高温下与 NH_3 反应生成氮化镁，后者水解放出氨：

$$3Mg + 2NH_3 = Mg_3N_2 + 3H_2\uparrow$$

$$Mg_3N_2 + 6H_2O = 3Mg(OH)_2 + 2NH_3$$

取代反应的另一种形式是氨以它的氨基或亚氨基取代其他化合物中的原子或基团，例如：

$$HgCl_2 + 2NH_3 = Hg(NH_2)Cl\downarrow + NH_4Cl$$

$$\underset{\text{(光气)}}{COCl_2} + 4NH_3 = \underset{\text{(尿素)}}{CO(NH_2)_2} + 2NH_4Cl$$

这种反应类似水解反应，称氨解反应。

10.3.3.2　联氨和羟氨

联氨（N_2H_4）又称肼，它是无色液体，具有强还原性。如：

$$N_2H_4(l) + 2H_2O_2(l) = N_2(g) + 4H_2O(g) \quad \Delta H^{\ominus} = -640\ \text{kJ}\cdot\text{mol}^{-1}$$

该反应过程由键能较弱的 N—N、N—H 和 O—O 键转化成生成物中键能较强的 N≡N、H—O 等键，因而释放出大量能量，故联氨与 H_2O_2 的反应可用作火箭推进剂。

羟氨（NH_2OH）是不稳定的白色固体，它在 15℃左右发生热分解，生成氨、水、氮或氧化亚氮的混合物，在较高温度下这种分解是爆炸性的。它的水溶液较稳定，是比氨水弱的碱，常制成羟氨盐酸盐（$NH_3OH^+Cl^-$）形式出售。

与联氨一样，羟氨也是一种强还原剂，还原能力以在碱性介质更强，它们作为还原剂的优点是氧化产物(N_2、N_2O、NO)可以逸出反应系统,不给反应溶液带来杂质。

10.3.4 氮的含氧酸及其盐

10.3.4.1 亚硝酸及其盐

若将等摩尔数的 NO 和 NO_2 混合物溶解在冰水中或向亚硝酸盐的冷溶液中加酸时,生成亚硝酸。

$$NO + NO_2 + H_2O \xlongequal{冷冻} 2HNO_2$$

$$NaNO_2 + H_2SO_4 \xlongequal{冷冻} HNO_2 + NaHSO_4$$

亚硝酸很不稳定,仅存在于冷的稀溶液中,微热便分解为 NO、NO_2 和 H_2O。

亚硝酸是一种弱酸,比醋酸略强。

$$HNO_2 = H^+ + NO_2^- \qquad K_a = 5 \times 10^{-4}(291\ K)$$

亚硝酸盐比亚硝酸稳定得多,易溶于水。用碱吸收 NO 和 NO_2 的混合气体可以生成亚硝酸盐。用粉末状金属铅、碳或铁在高温下还原固态硝酸盐,也可得亚硝酸盐,利用 PbO 的难溶性达到分离。

$$Pb + KNO_3 = KNO_2 + PbO$$

亚硝酸盐均有毒,易转化为致癌物质亚硝胺。

在亚硝酸和亚硝酸盐中,氮原子的氧化数是+3,处于 N 的中间氧化态,因此它既具有还原性,又有氧化性。例如,NO_2^- 在酸性溶液中能将 I^- 氧化为单质碘。

$$2NO_2^- + 2I^- + 4H^+ = 2NO + I_2 + 2H_2O$$

该反应定量进行,能用于测定亚硝酸盐含量。用不同的还原剂,NO_2^- 可被还原成 NO、N_2O、NH_2OH、N_2 或 NH_3。例如,尿素还原亚硝酸时,NO_2^- 被还原成 N_2。

$$CO(NH_2)_2 + 2HNO_2 = 2N_2 + CO_2 + 3H_2O$$

该反应可用来消除溶液中的亚硝酸,因产物 N_2、CO_2 均可逸出溶液体系。当亚硝酸盐遇到更强氧化剂如 $KMnO_4$、Cl_2 等则作还原剂,被氧化成硝酸盐。

$$2MnO_4^- + 5NO_2^- + 6H^+ = 2Mn^{2+} + 5NO_3^- + 3H_2O$$

$$Cl_2 + NO_2^- + H_2O = 2H^+ + 2Cl^- + NO_3^-$$

从氮的电势图可见,亚硝酸盐在酸性溶液中是强氧化剂,氧化性是主要的;在碱性溶液中,亚硝酸盐的还原性是主要的。

酸性介质 $E_A^\ominus$

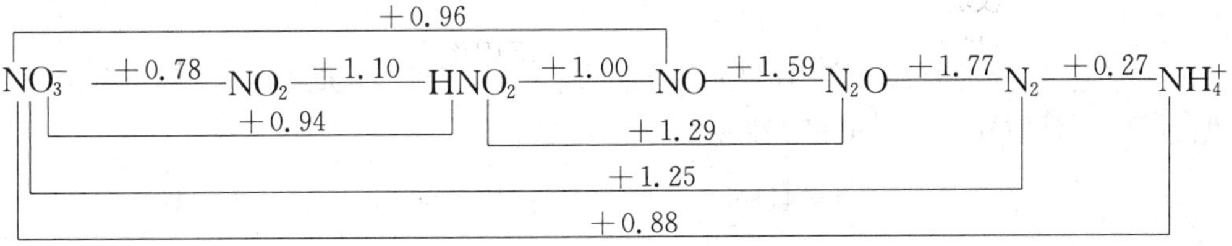

碱性介质 $E_B^{\ominus}$

$$NO_3^- \xrightarrow{-0.87} NO_2 \xrightarrow{+0.89} NO_2^- \xrightarrow{-0.46} NO \xrightarrow{+0.76} N_2O \xrightarrow{+0.94} N_2 \xrightarrow{-0.73} NH_3$$

$$NO_3^- \xrightarrow{-0.15} NO \qquad NO_3^- \xrightarrow{+0.01} NO_2^- \qquad NO_3^- \xrightarrow{+0.25} N_2$$

10.3.4.2 *硝酸及其盐*

(1) 硝酸　在硝酸根 NO_3^- 中，N 原子用 sp^2 杂化轨道与 3 个 O 原子结合，形成 3 个 σ 键，4 个原子同处一个平面。N 原子的另一 p 轨道（有 2 个电子）与该平面垂直，3 个 O 原子还各有 1 个与该平面垂直的 p 轨道。这 4 个互相平行的 p 轨道共有 5 个 p 电子，加上离子的 1 个负电荷，共 6 个电子，组成垂直于平面的四中心六电子大 π 键，Π_4^6。NO_3^- 中，N—O 键长为 121 pm，介于一般单键 N—O 键长 140 pm 和双键 N═O 键长 119 pm 之间。为此，NO_3^- 中的 N—O 键可表示为 N……O。

硝酸分子也是平面型结构，只是在 H^+ 存在的情况下，略微破坏了 NO_3^- 的对称性，键角、键长也发生变化，有一个 N—O 键长为 140 pm。因此，认为此时氮原子仅与 2 个氧原子 p 轨道形成三原子四电子的 π 键，Π_3^4。很明显，Π_3^4 大 π 键不如 Π_4^6 大 π 键稳定，即 HNO_3 分子稳定性不如 NO_3^-。

纯硝酸是无色液体，沸点 359 K，具有挥发性。纯硝酸中溶入过量二氧化氮，形成发烟硝酸，呈棕黄色。硝酸与水能以任意比例混合。通常所指浓硝酸含 HNO_3 68%～70%，相当于硝酸恒沸溶液的浓度(69.2%)，沸点为 394.8 K。

硝酸若受热或见光，易按下式分解：

$$4HNO_3 = 4NO_2 + O_2 + 2H_2O$$

因此，硝酸中由于常含有 NO_2 而带黄色或红色，色泽视 NO_2 含量多少而定。

硝酸是一个强氧化性酸。它的氧化机制复杂，除与还原剂的性质和反应温度有关外，与硝酸本身的浓度也很有关系。硝酸与非金属作用得到相应的含氧酸。

$$C + 4HNO_3(浓) = CO_2 + 4NO_2 + 2H_2O$$

$$S + 2HNO_3(稀) = H_2SO_4 + 2NO$$

$$P + 5HNO_3(浓) = H_3PO_4 + 5NO_2 + H_2O$$

$$3I_2 + 10HNO_3(稀) = 6HIO_3 + 10NO + 2H_2O$$

一般金属都能溶于硝酸，生成硝酸盐（对多数金属）或氧化物（对偏酸性金属，例如 Sn）。铁、铝、铬与浓硝酸作用，金属表面会形成一层致密的氧化物膜（钝化）阻止浓硝酸的进一步氧化。

硝酸与金、铂等贵金属不作用，但如有浓盐酸存在时，能溶解贵金属。1 体积浓硝酸与 3 体积浓盐酸的混合酸称王水。铂和金能溶于王水，生成配离子：

$$3Pt + 4HNO_3 + 18HCl = 3H_2[PtCl_6] + 4NO + 8H_2O$$

$$Au + HNO_3 + 4HCl = HAuCl_4 + NO + 2H_2O$$

硝酸与金属反应时，硝酸被还原的产物包括很多种（见氮元素电势图），实际上，反应中同时生成的常是氮的多种较低氧化态的混合物。不同的反应，只是各种产物的比例不同。这种情况将随金属的本性、硝酸的浓度以及反应温度等条件而变化。在通常写出的反应方程式中，只是指出主要的产物。较不活泼的金属硝酸反应主要生成 NO 和 NO_2；较活泼金属则能生成更低价态产物，如 N_2O、甚至 NH_4^+。如：

$$Cu+4HNO_3(浓)=Cu(NO_3)_2+2NO_2\uparrow+2H_2O$$

$$3Cu+8HNO_3(稀)=3Cu(NO_3)_2+2NO\uparrow+4H_2O$$

$$4Zn+10HNO_3(稀)=4Zn(NO_3)_2+N_2O\uparrow+5H_2O$$

$$4Zn+10HNO_3(很稀)=4Zn(NO_3)_2+NH_4NO_3+3H_2O$$

应该着重指出，还原产物的氧化态高低并不表示氧化剂的强弱，例如，不同硝酸浓度与活泼金属镁的反应：

$$Mg+4HNO_3(16\ mol\cdot L^{-1})=Mg(NO_3)_2+2NO_2\uparrow+2H_2O$$

$$3Mg+8HNO_3(8\ mol\cdot L^{-1})=3Mg(NO_3)_2+2NO\uparrow+4H_2O$$

$$4Mg+10HNO_3(2\ mol\cdot L^{-1})=4Mg(NO_3)_2+N_2O\uparrow+5H_2O$$

$$4Mg+10HNO_3(1\ mol\cdot L^{-1})=4Mg(NO_3)_2+NH_4NO_3+3H_2O$$

硝酸的氧化性是指其中 NO_3^- 而言的，酸越浓，NO_3^- 越多，氧化能力越强；酸越稀，NO_3^- 越少，氧化性减弱，但还原时，每个 NO_3^- 取得较多电子的机会则增加，NO_3^- 还原产物中 N 的价数就越低。

（2）硝酸盐　硝酸盐大多是无色、易溶于水的晶体，硝酸盐的水溶液没有氧化性，若将溶液酸化则显示氧化性。固体硝酸盐加热分解，放出 O_2，因而显氧化性。热分解产物取决于盐的阳离子，大致分四种类型。

① 硝酸铵的热分解：

$$NH_4NO_3 \xlongequal{\triangle} N_2O\uparrow+2H_2O$$

$$2NH_4NO_3 \xlongequal{>573\ K} 4H_2O+2N_2\uparrow+O_2\uparrow$$

② 碱金属、碱土金属硝酸盐的热分解放出 O_2 并转化为相应的亚硝酸盐：

$$2NaNO_3 \xlongequal{\triangle} 2NaNO_2+O_2\uparrow$$

③ 活泼性较小的金属（电位序在 Mg～Cu 之间）硝酸盐热分解产生相应的氧化物：

$$2Cu(NO_3)_2 \xlongequal{\triangle} 2CuO+4NO_2\uparrow+O_2\uparrow$$

④ 不活泼金属（电位序在 Cu 以后）硝酸盐热分解为金属：

$$2AgNO_3 \xlongequal{\triangle} 2Ag+2NO_2\uparrow+O_2\uparrow$$

实际上，硝酸盐的分解都得经过亚硝酸盐和氧化物，然后再分解为金属。但由于各种金属的亚硝酸盐和氧化物的稳定性不同，故热分解产物也不同。硝酸盐热分解的共同点是都放出氧，所以固体硝酸盐在高温时是强氧化剂。

在实际工作中，配制含有金属离子的试剂溶液，常利用各种硝酸盐。其优点是，溶解度大，如不需要 NO_3^-，也容易从溶液中除去，方法是用 HNO_3 酸化溶液，再加热至干，使 HNO_3 分解殆尽。

10.3.5 磷的含氧化合物

10.3.5.1 磷的氧化物

磷在空气中或氧中的燃烧产物是 P_4O_{10}，如果氧气不足则生成 P_4O_6。P_4O_{10} 分子结构与 P_4O_6 相似。在 P_4O_6 中，4 个 P 原子占据四面体的顶角，而氧原子处于四面体的 6 条边上和 P 原子相连。由于每个 P 原子上还有 1 对孤电子对可能再和氧原子结合，因此，P_4O_6 不稳定会继续被氧化为 P_4O_{10}。在 P_4O_{10} 分子中，每个 P 原子与 4 个 O 原子构成一个四面体，并通过其中 3 个氧原子与另外 3 个四面体联结。

P_4O_6 为白色吸湿性蜡状固体（熔点 297 K，沸点 447 K），有很强毒性，可溶于苯、二硫化碳和氯仿等非极性溶剂。与冷水反应缓慢地生成亚磷酸，故称“亚磷酸酐”。

$$P_4O_6 + 6H_2O(\text{冷}) = 4H_3PO_3$$

在热水中则发生强烈的歧化反应。

$$P_4O_6 + 6H_2O(\text{热}) = 3H_3PO_4 + PH_3\uparrow$$

P_4O_{10} 为白色雪状固体，易升华（632 K），在加压加温下，晶体会转变为无定形玻璃状体。P_4O_{10} 是磷酸的酸酐，它与水反应视水的用量多寡，P—O—P 键将有不同程度断开，生成不同组分的酸。其形成的顺序是偏磷酸、焦磷酸，最后形成正磷酸。

$$P_4O_{10} \xrightarrow{2H_2O} (HPO_3)_4 \xrightarrow{2H_2O} 2H_4P_2O_7 \xrightarrow{2H_2O} 4H_3PO_4$$

磷酸酐（P_4O_{10}）是优良的干燥剂和脱水剂，例如，可脱去 H_2SO_4 和 HNO_3 中的水而成为 SO_3 和 N_2O_5。

$$P_4O_{10} + 6H_2SO_4 = 6SO_3\uparrow + 4H_3PO_4$$

$$P_4O_{10} + 12HNO_3 = 6N_2O_5\uparrow + 4H_3PO_4$$

10.3.5.2 磷的含氧酸及其盐

磷的含氧酸按氧化数分，有 $H_3\overset{+1}{P}O_2$（次磷酸），$H_3\overset{+3}{P}O_3$（亚磷酸），$H_3\overset{+5}{P}O_4$（正磷酸）。按结合水分，有 HPO_3（偏磷酸），$H_4P_2O_7$（焦磷酸），磷酸和聚磷酸等。其中，我们着重讨论磷酸和磷酸盐。见表 10-9。

（1）磷酸　通常说的磷酸是指正磷酸，纯磷酸为无色晶体、熔点 315.4 K。可以与水以任何比例混合。市售磷酸是黏稠的浓溶液（质量分数为 85%）。加热时，磷酸逐渐脱水生成焦磷酸、偏磷酸，因此磷酸没有自身的沸点。

磷酸是一种无氧化性、不挥发的中强三元酸，在水溶液中分步电离，其 pK_1、pK_2 及 pK_3 分别为 2、7 和 12。

磷酸分子比较稳定，强热时仅发生脱水，缩合成多磷酸。若由 n 个 H_3PO_4 分子缩去($n-1$)

表 10-9 磷的含氧酸及其盐

分　类	化学式	命　名	结构式(酸强度)
按氧化数	$H_3\overset{+1}{P}O_2$	次磷酸	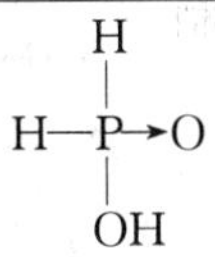 (中强一元酸)
	$H_3\overset{+3}{P}O_3$	亚磷酸	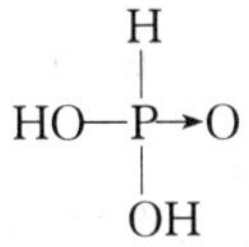 (中强二元酸)
	$H_3\overset{+5}{P}O_4$	正磷酸	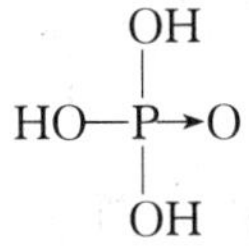 (中强三元酸)
	HPO_3	偏磷酸	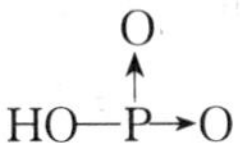 (一元弱酸)
按水分子结合多少	$H_4P_2O_7$	焦磷酸	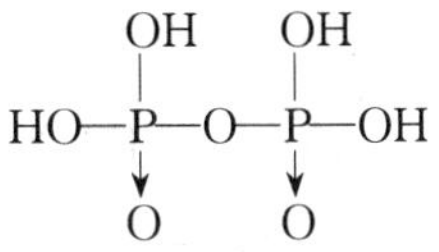 (中强四元酸)
	H_3PO_4	正磷酸	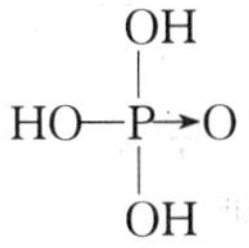 (中强三元酸)
	$H_{n+2}P_nO_{3n+1}$	聚磷酸	

分子水，所成的多磷酸具有 $H_{n+2}P_nO_{3n+1}$ 的通式，为开链型。例如，2 分子 H_3PO_4 缩合 1 分子水生成焦磷酸 $H_4P_2O_7$

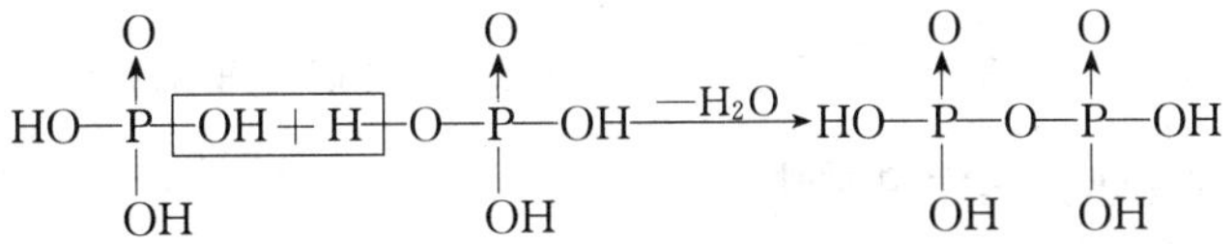

若由 n 个 H_3PO_4 分子缩去 n 个分子水，则成环状的多偏磷酸，具有通式 $(HPO_3)_n$。例如，4 分子 H_3PO_4 失去 4 分子水生成四偏磷酸，$(HPO_3)_4$。

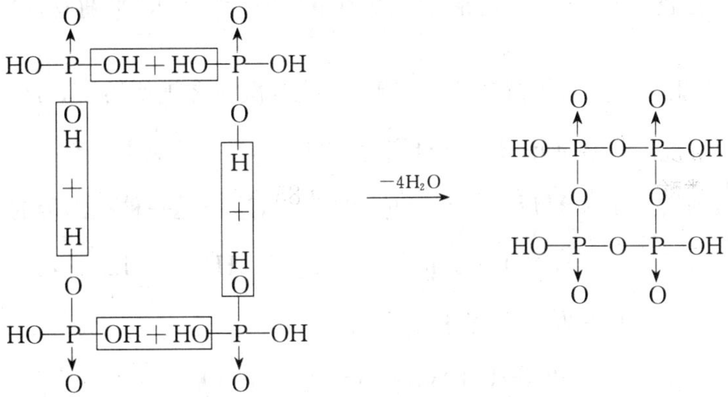

(2) 磷酸盐　磷酸是三元酸，故有三个系列的磷酸盐，例如以碱金属磷酸为例：

Na_3PO_4	磷酸钠	正盐
NaH_2PO_4	磷酸二氢钠	酸式盐
Na_2HPO_4	磷酸氢二钠	酸式盐

所有磷酸二氢盐都易溶于水，除碱金属及铵外，其他金属的磷酸氢盐及正磷酸盐都难溶。

磷酸二氢盐的水溶液呈弱酸性。它溶于水时，因 $H_2PO_4^-$ 部分电离产生 H^+：

$$H_2PO_4^- \rightleftharpoons H^+ + HPO_4^{2-}$$

与此同时，$H_2PO_4^-$ 也水解产生 OH^-：

$$H_2PO_4^- + H_2O \rightleftharpoons H_3PO_4 + OH^-$$

但它电离的程度大于水解，所以溶液呈弱酸性。磷酸氢二钠水溶液呈弱碱性，因 HPO_4^{2-} 的水解程度大于其电离程度。磷酸钠水溶液碱性更强，因 PO_4^{3-} 只进行水解。

实验室及医药研究工作中，常利用各种磷酸盐的酸碱性配制缓冲溶液。

PO_4^{3-} 可作为金属离子的配位体，形成配离子。如在 Fe(Ⅲ)盐溶液中加入浓 PO_4^{3-} 溶液，可生成$[Fe(PO_4)_2]^{3-}$和$[Fe(PO_4)_3]^{6-}$。焦磷酸根离子及三聚磷酸根离子的配位能力更强。它们能与水中的 Ca^{2+}、Mg^{2+} 配位，生成可溶性配合物，使硬水软化。例如：

$$5Ca^{2+} + 2Na_5P_3O_{10} = Ca_5(P_3O_{10})_2 + 10Na^+$$

10.3.6 砷、锑、铋的化合物

10.3.6.1 氢化物

砷、锑、铋都能生成氢化物 MH_3（M＝As、Sb、Bi），它们的氢化物都是无色有恶臭的剧毒气体，极不稳定。三种氢化物中以砷化氢（又称胂）为最重要。将砷化物水解或用活泼金属在酸性溶液里使砷化物还原都能得到胂。

$$Na_3As + 3H_2O = AsH_3 + 3NaOH$$

$$As_2O_3 + 6Zn + 6H_2SO_4 = 2AsH_3 + 6ZnSO_4 + 3H_2O$$

在缺氧条件下，胂受热分解为单质砷。

$$2AsH_3 \xlongequal{500\ K} 2As + 3H_2$$

析出的砷聚集在器皿的冷却部位形成亮黑色的“砷镜”，此即所谓马氏试砷法，能检出 0.007 mg 的 As。

SbH_3 分解时也能形成类似的“锑镜”，但“砷镜”能为次氯酸钠所溶解，“锑镜”不溶。

$$5NaClO + 2As + 3H_2O = 2H_3AsO_4 + 5NaCl$$

胂的还原性很强，与 $AgNO_3$ 反应便有黑色 Ag 析出，这也是一种检出砷的方法。

$$2AsH_3 + 12AgNO_3 + 3H_2O = As_2O_3 + 12HNO_3 + 12Ag\downarrow$$

胂能被空气中氧所氧化并发生自燃。

$$2AsH_3 + 3O_2 = As_2O_3 + 3H_2O$$

砷、锑、铋氢化物的还原性依 AsH_3、SbH_3、BiH_3 的顺序递减。

10.3.6.2　氧化物及其水合物

砷、锑、铋的氧化物有两类：+3 价态的有 As_2O_3、Sb_2O_3 和 Bi_2O_3；+5 价态的有 As_2O_5 和 Sb_2O_5。直接燃烧砷、锑、铋单质可得到+3 价态的氧化物。

$$4M+3O_2=M_4O_6$$（M=As、Sb，结构与 P_4O_6 相似）

$$4Bi+3O_2=2Bi_2O_3$$

+5 价态氧化物通常由单质或 M_2O_3 进一步氧化，所得相应水合物脱水得 M_2O_5，例如：

$$3As+5HNO_3+2H_2O=3H_3AsO_4+5NO\uparrow$$

$$3As_2O_3+4HNO_3+7H_2O=6H_3AsO_4+4NO\uparrow$$

$$2H_3AsO_4\xlongequal{443\ K}As_2O_5+3H_2O$$

硝酸只能把铋氧化成 $Bi(NO_3)_3$。在碱性介质，Cl_2 能氧化 Bi(Ⅲ)生成 $NaBiO_3$。

$$Bi(OH)_3+Cl_2+3NaOH=NaBiO_3+2NaCl+3H_2O$$

As_2O_3 俗称砒霜，是剧毒的白色固体粉末，致死量为 0.1 g。As_2O_3 中毒时可服用新制的 $Fe(OH)_2$（把 MgO 加入到 $FeSO_4$ 溶液中强烈摇动制得）悬浮液来解毒。As_2O_3 微溶于水，生成亚砷酸。

$$As_2O_3+3H_2O=2H_3AsO_3$$

As_2O_3 是两性偏酸氧化物，易溶于碱，生成亚砷酸盐。

$$As_2O_3+6NaOH=2Na_3AsO_3+3H_2O$$

$$As_2O_3+6HCl=2AsCl_3+3H_2O$$

Sb_2O_3 又称锑白，是优良白色颜料，它是两性偏碱性的氧化物，难溶于水，易溶于酸和碱。

$$Sb_2O_3+3H_2SO_4=Sb_2(SO_4)_3+3H_2O$$

$$Sb_2O_3+2NaOH=2NaSbO_2+H_2O$$

Bi_2O_3 为黄色固体，只显碱性，不溶于水及碱，只溶于酸。

$$Bi_2O_3+6HNO_3=2Bi(NO_3)_3+3H_2O$$

$As(OH)_3$ 和 $Sb(OH)_3$ 是两性氢氧化物。

$$As^{3+}+3OH^-\rightleftharpoons As(OH)_3\rightleftharpoons 3H^++AsO_3^{3-}$$

$$Sb^{3+}+3OH^-\rightleftharpoons Sb(OH)_3\rightleftharpoons 3H^++SbO_3^{3-}$$

$As(OH)_3$（H_3AsO_3）仅存在溶液中，$Sb(OH)_3$、$Bi(OH)_3$ 都不溶于水。

As(Ⅲ)、Sb(Ⅲ)、Bi(Ⅲ)都有还原性，其还原能力依次递减。

砷、锑、铋+5 价态的氧化物酸性递变规律和+3 价态一样。它们的酸性比相应+3 价态的强。砷酸的酸性接近磷酸。锑酸是白色无定形沉淀，酸性很弱。锑酸氧化性大于砷酸，铋酸盐氧化性最强，它能将 Mn^{2+} 氧化成 MnO_4^-。

$$10NaBiO_3+4MnSO_4+14H_2SO_4=4NaMnO_4+5Bi_2(SO_4)_3+3Na_2SO_4+14H_2O$$

该反应常用于锰的定性检出。

+5 价 Bi 的强氧化性与 Bi 原子最外电子层 $6s^2$ 电子对的稳定性有关。

砷酸在酸性溶液中是中强氧化剂，但在碱溶液中砷酸盐氧化性迅速减弱；相反，三价的亚砷酸盐（或偏亚砷酸盐）还原性明显增强，化学分析上利用这一反应测定碘（或砷）。

$$AsO_3^{3-}+I_2+H_2O \underset{\text{强酸性}}{\overset{\text{微碱性}}{\rightleftharpoons}} AsO_4^{3-}+2I^-+2H^+$$

10.3.6.3 *硫化物和硫代酸盐*

砷、锑、铋的硫化物都难溶于水。因此在砷、锑、铋的+3 价盐溶液中或用强酸酸化后的 MO_3^{3-}、MO_4^{3-}（M=As、Sb、Bi）溶液中通入 H_2S 都可得到有颜色的沉淀。表 10-10 是砷分族硫化物的颜色和它们在酸碱溶液中的溶解性。

表 10-10 砷、锑、铋硫化物的颜色和溶解性

硫 化 物	As_2S_3	As_2S_5	Sb_2S_3	Sb_2S_5	Bi_2S_3
颜色	黄	黄	橙红	橙红	棕黑
在浓 HCl 中	不溶	不溶	溶	溶 Sb(Ⅴ)→Sb(Ⅲ)	溶
在 NaOH 中	溶	溶	溶	溶	不溶
在 Na_2S 或 $(NH_4)_2S$ 中	溶	易溶	溶	易溶	不溶

砷、锑、铋硫化物的酸碱性与相应的氧化物很相似，As_2S_3 两性偏酸，它不溶于酸，只溶于碱；Sb_2S_3 显两性，既溶于酸又溶于碱；Bi_2S_3 显碱性，溶于酸。

$$As_2S_3+6OH^-=AsO_3^{3-}+AsS_3^{3-}+3H_2O$$

$$Sb_2S_3+6OH^-=SbO_3^{3-}+SbS_3^{3-}+3H_2O$$

$$Sb_2S_3+12HCl=2H_3[SbCl_6]+3H_2S\uparrow$$

As_2S_3 和 Sb_2S_3 还能溶于碱性硫化物如 Na_2S 或 $(NH_4)_2S$ 中，而 Bi_2S_3 不溶。

$$As_2S_3+3S^{2-}=2AsS_3^{3-}$$

硫代亚砷酸盐可看做是亚砷酸盐中的 O 被 S 取代的产物，上面这个反应就好像具有酸性的氧化物能溶解在碱中一样。

$$As_2O_3+6OH^-=2AsO_3^{3-}+3H_2O$$

As_2S_5 和 Sb_2S_5 的酸性分别比相应的 M_2S_3 强，因此 M_2S_5 比 M_2S_3 更易溶于碱性硫化物溶液中。

$$As_2S_5+3Na_2S=2Na_3AsS_4$$

$$Sb_2S_5+3(NH_4)_2S=2(NH_4)_3SbS_4$$

砷、锑的硫代酸盐和硫代亚酸盐与酸反应时生成硫代酸和硫代亚酸，它们很不稳定，在生成时就分解放出 H_2S 并析出硫化物沉淀。

$$2AsS_4^{3-} + 6H^+ = As_2S_5 \downarrow + 3H_2S \uparrow$$

$$2AsS_3^{3-} + 6H^+ = As_2S_3 \downarrow + 3H_2S \uparrow$$

因此硫代酸盐只能在中性或碱性介质中存在。

10.4 碳、硅、硼

碳(C)、硅(Si)属于ⅣA族，硼(B)属于ⅢA族。这两族元素从周期表上看，正处于从金属向非金属过渡的位置。碳、硅同族，有相似性，它们均是非金属，硼也是非金属，虽与硅不是同族，但在周期表上与硅处于对角线位置，有更多的相似性(所谓对角线规则)，故本节将C、Si、B放在一起讨论。

10.4.1 碳、硅、硼的成键特征

碳与硅的价电子构型为 ns^2np^2，价电子数目与价电子轨道数相等，称为等电子原子。硼的价电子构型为 $2s^22p^1$，价电子数少于价电子轨道数，故称缺电子原子。这些元素的电负性较大，要失去价电子层上的p电子成为正离子是较困难的，它们倾向于将s电子激发到p轨道而形成较多的共价键。碳的常见氧化数为+4和+2；硅为+4；硼为+3。碳原子因半径小，相邻碳原子间还能形成p—pπ键。故C与C之间可形成多重键，硅则不能形成。因此碳原子在化合物中常以 sp^3、sp^2 和sp杂化轨道形成σ键。硅的外电子层上还有空的d轨道也可以参与成键，所以它还能形成共价数大于4的化合物。硼以 sp^2 和 sp^3 杂化轨道成键时，除了能形成一般的σ键外，还能形成多中心键。

碳、硅、硼都有自相结合成键的特性，碳的自相结合能力很大，这是因为—C—C—单键的键能较其他元素的单键键能大。C、Si、B与氢形成的键比它们各自结合的键更牢，所以它们都有一系列的氢化物。

元　素	C—C(金刚石)	Si—Si	B—B
键能/($kJ \cdot mol^{-1}$)	346	222	293±21

这三种元素的单质晶体几乎都属于原子晶体，故熔点、沸点高，除石墨外，硬度也大。

10.4.2 碳、碳酸、碳酸盐

10.4.2.1 碳的同素异形体

碳的同素异形体有金刚石和石墨两种，以前认为还有一种无定形碳，后经证明它是微晶型石墨。

金刚石是一种无色、透明的原子晶体，每个碳原子都以 sp^3 杂化轨道和相邻4个碳原子相结合。C—C键长154 pm。整个晶体是一个巨型分子，是典型的原子晶体。在所有物质中它的硬度最大，在所有单质中，它的熔点最高。由于金刚石晶体中，全部价电子都形成了共价键，没有可以自由流动的电子，故是非导体。

石墨是黑色、不透明、非常柔软的晶体，石墨中每个碳原子以 sp^2 杂化轨道与相邻的3个碳原子相结合成层状结构，C—C键长142 pm，层与层间距为335 pm，各层之间以分子间力相

结合。因此，石墨层间容易滑动，质软碳原子的另一个未成键的电子比较自由，相当于金属晶体中的自由电子，所以石墨能导电。

石墨和金刚石之间能互相转化，在隔绝空气条件下，加热金刚石到 1 273 K，可转变为石墨，而且这种转变是放热反应，可见石墨是比金刚石更为稳定的晶型。

10.4.2.2 碳酸与碳酸盐

(1) 碳酸　CO_2 溶于水，生成碳酸。293 K、101.3 kPa 时，1 L 水中约溶解 0.9 L CO_2(约合 0.04 $mol \cdot L^{-1}$)，生成碳酸的反应是极慢的：

$$CO_2 + H_2O \rightleftharpoons H_2CO_3 (\text{慢})$$

而碳酸的电离却很快：

$$H_2CO_3 \rightleftharpoons H^+ + HCO_3^- (\text{快})$$

第二步反应比第一步快 10 万倍左右。故溶液中未电离的 H_2CO_3 极少，溶液中主要以 HCO_3^- 和溶解的 CO_2 形式存在，故通常说 CO_2 溶于水生成碳酸，实际上能生成 H_2CO_3 的只是很少一部分 CO_2，碳酸只能在水溶液中存在，加热 CO_2 水溶液，CO_2 将挥发，上述反应平衡左移，最后只剩下水。

碳酸是二元弱酸：

$$H_2CO_3 \rightleftharpoons H^+ + HCO_3^- \quad K_1 = 4.3 \times 10^{-7}$$

$$HCO_3^- \rightleftharpoons H^+ + CO_3^{2-} \quad K_2 = 4.7 \times 10^{-11} \quad (298\ K)$$

上式 K 值是假定溶于水的 CO_2 全部转变为 H_2CO_3 而估算出来的。实际上溶解的 CO_2 只是很少一部分：在 298 K 时，$[CO_2] : [H_2CO_3] = 600 : 1$，故在下式中：

$$K_1 = \frac{[H^+][HCO_3^-]}{[H_2CO_3]}$$

$[H_2CO_3]$的实际浓度比上式估算的$[H_2CO_3]$要小得多，因而实际的 K_1 值应大于 4.3×10^{-7}，大约为 2×10^{-4}。

在与空气接触的蒸馏水中因有 CO_2 溶解，使水的 pH 偏酸，约在 5.5 左右。当需要无 CO_2 的蒸馏水时，可将蒸馏水煮沸赶除，然后迅速冷却。如果碱性溶液接触空气，则甚易吸收大气中 CO_2，为此，盛碱液的容器必须密闭保存或者用装有 CO_2 吸收剂，如碱石灰($NaOH + CaO$)的盖子盖紧。

(2) 碳酸盐　碳酸盐可分三种类型：酸式碳酸盐 $M^{I}HCO_3$、碱式碳酸盐 $M_2^{II}(OH)_2CO_3$ 和碳酸的正盐 $M_2^{I}CO_3$。通常所说的碳酸盐是指碳酸的正盐。

了解这些盐类在水中的溶解性、水解性和热稳定性很有必要。

① 溶解性：碳酸盐中除碱金属(不包括 Li)、铵及铊(Tl^+)盐易溶于水外，其他金属的碳酸盐都是难溶的。对难溶的碳酸盐来说，它们的酸式盐要比正盐的溶解度大，例如：

$$\underset{(\text{难溶})}{CaCO_3} + CO_2 + H_2O = \underset{(\text{可溶})}{Ca(HCO_3)_2}$$

这点似乎和离子间引力大小(CO_3^{2-} 变成 HCO_3^- 使静电引力大为降低)与溶解度大小有关。但对于易溶的 Na_2CO_3、K_2CO_3 和$(NH_4)_2CO_3$ 的相应碳酸氢盐，却有相对较低的溶解度。

如向浓碳酸铵溶液中通入 CO_2 至饱和，可沉淀析出 NH_4HCO_3，这是工业上生产碳酸铵肥料的基础。

$$2NH_4^+ + CO_3^{2-} + CO_2 + H_2O = 2NH_4HCO_3 \downarrow$$

溶解度的这一反常现象，是因为酸式碳酸盐中 HCO_3^- 离子间通过氢键形成双聚或多聚离子，小分子成为大分子，从而降低了碳酸氢盐的溶解度。

② 水解性：CO_3^{2-} 是个弱酸根，因水解而显较强碱性。例如，0.1 mol·L^{-1} Na_2CO_3 的 pH=11.63。

$$CO_3^{2-} + H_2O \rightleftharpoons HCO_3^- + OH^-$$

HCO_3^- 也是弱酸根，它既可电离，又可水解，但水解是主要的，故碳酸氢盐溶液显弱碱性。例如，0.1 mol·L^{-1} $NaHCO_3$ 的 pH=8.3。

$$HCO_3^- + H_2O \rightleftharpoons H_2CO_3 + OH^-$$

当 CO_3^{2-} 与水解性较强的阳离子反应时，由于水解的相互促进，产物可能是碱式碳酸盐或氢氧化物沉淀，例如：

$$2Cu^{2+} + 2CO_3^{2-} + H_2O = Cu_2(OH)_2CO_3 \downarrow + CO_2 \uparrow$$

$$2Fe^{3+} + 3CO_3^{2-} + 3H_2O = 2Fe(OH)_3 \downarrow + 3CO_2 \uparrow$$

一般说来，像 Fe^{3+}、Al^{3+}、Cr^{3+} 等能水解产生溶解度极小的氢氧化物，在加入可溶性碳酸盐时，产物是氢氧化物。而另一些金属离子，它们的氢氧化物和碳酸盐的溶解度相近，如 Cu^{2+}、Zn^{2+}、Pb^{2+}、Mg^{2+} 等，当加入可溶性碳酸盐时可能产生碱式碳酸盐，如室温 $MgCO_3$ 和 $Mg(OH)_2$ 的溶解度分别为 3.2×10^{-3} mol·L^{-1} 和 2.0×10^{-4} mol·L^{-1}，若在 Mg^{2+} 盐溶液中加入 Na_2CO_3 溶液，就会产生碱式盐沉淀。

$$2Mg^{2+} + 2CO_3^{2-} + H_2O = Mg_2(OH)_2CO_3 \downarrow + CO_2$$

③ 热稳定性：固体碳酸盐在足够高的温度下都会分解，生成 CO_2 和金属氧化物。一般说来，正盐比酸式盐稳定，酸式盐比游离酸稳定。例如，碳酸不能游离存在，稍加热碳酸水溶液就分解，$NaHCO_3$ 在 423 K 时开始分解，Na_2CO_3 的分解温度则要达到 2 073 K 以上。其热稳定顺序是：

$$Na_2CO_3 > NaHCO_3 > H_2CO_3$$

碳酸盐热稳定性的高低主要与组成碳酸盐的金属离子的电荷数、离子半径大小及电子构型有关。

碳酸盐在水溶液中不分解，但酸式碳酸盐在水溶液中很容易分解成碳酸盐，例如 $NaHCO_3$ 溶液：

$$2NaHCO_3 = Na_2CO_3 + CO_2 \uparrow + H_2O$$

在 50℃时就有 CO_2 放出，加热到 100℃时，几乎完全分解，因此，$NaHCO_3$ 溶液久置，溶液碱性会提高。

10.4.3 二氧化硅、硅酸和硅酸盐

10.4.3.1 二氧化硅

二氧化硅是无色、硬而脆、难溶于水的固体，石英、水晶、砂子等的成分主要是 SiO_2。玛瑙、碧玉都是被各种杂质所着色的石英晶体。SiO_2 和同族的 CO_2 相比有着极不相同的性质，由于 Si=O 双键键能不大，所以它不像 CO_2 那样以 C=O 双键组成 CO_2 分子，而是以 Si—O 单键组成巨型分子，且 Si—O 键能很高，故石英的硬度很大，SiO_2 是原子晶体。

二氧化硅不溶于水及除氢氟酸外的其他酸中，当它溶于氢氟酸时，生成四氟化硅气体。

$$SiO_2 + 4HF = SiF_4\uparrow + 2H_2O$$

二氧化硅与热的浓强碱溶液或熔融碳酸钠共熔生成硅酸盐。

$$SiO_2 + 2NaOH(浓) \xlongequal{\triangle} Na_2SiO_3 + H_2O$$

$$SiO_2 + Na_2CO_3 \xlongequal{熔融} Na_2SiO_3 + CO_2\uparrow$$

10.4.3.2 硅酸

SiO_2 是硅酸的酐，但因 SiO_2 不溶于水，故不能用 SiO_2 与水直接作用制得硅酸，而只能用可溶性硅酸盐与酸反应制得，反应式为

$$SiO_4^{4-} + 4H^+ = H_4SiO_4\downarrow$$

硅酸是二元弱酸，电离常数 $K_1 = 3\times10^{-10}$、$K_2 = 2\times10^{-12}$，其组成随形成时的条件而异，常以通式 $x SiO_2 \cdot y H_2O$ 表示。现已确知的有正硅酸 H_4SiO_4（$x=1, y=2$），偏硅酸 H_2SiO_3（$x=1, y=1$），二偏硅酸 $H_2Si_2O_5$（$x=2, y=1$）和焦硅酸 $H_6Si_2O_7$（$x=2, y=3$），$x>2$ 的硅酸叫多硅酸。

正硅酸经过脱水可得到一系列酸，包括偏硅酸和多硅酸，如：

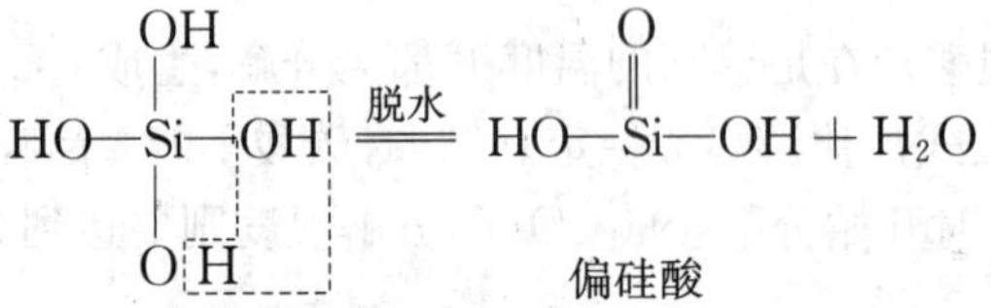

偏硅酸

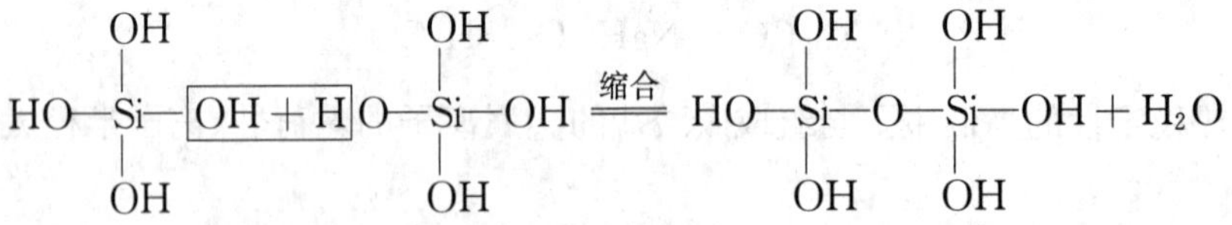

二硅酸（焦硅酸）

硅酸在水中溶解度很小，但刚刚反应而生成的硅酸，常不能立即沉淀出来，经过相当长时间后，会逐渐聚合成多硅酸，形成胶体溶液，即硅酸溶胶。

胶状的硅酸脱水，能得到多孔性硅胶，它有很大的表面积，能吸附大量水、气体和其他物质，可做吸附剂。实验室中，常用作干燥剂，用于天平和精密仪器的维护，通常制成变色硅胶来使用。市售变色硅胶是将硅胶浸以 $CoCl_2$ 溶液，干燥活化后得蓝色硅胶（无水 $CoCl_2$ 为蓝色），硅胶吸水，蓝色变成粉红色（$CoCl_2 \cdot 6H_2O$ 是粉红色），表明硅胶已失去干燥能力。将此硅胶

经 378 K 烘干后又重新变蓝，因此可反复使用。

10.4.3.3　硅酸盐

除了碱金属以外，其他金属的硅酸盐都不溶于水。硅酸钠是最常见的可溶性硅酸盐，可由石英砂与烧碱或纯碱反应而制得。

$$SiO_2 + 2NaOH \xlongequal{\triangle} Na_2SiO_3 + H_2O$$

$$SiO_2 + Na_2CO_3 \xlongequal{\triangle} Na_2SiO_3 + CO_2\uparrow$$

硅酸钠水解使溶液显强碱性。水解产物为二硅酸盐或多硅酸盐。

$$Na_2SiO_3 + 2H_2O = NaH_3SiO_4 + NaOH$$

硅酸氢钠很容易聚合成二硅酸钠或多硅酸钠。

$$2NaH_3SiO_4 = Na_2H_4Si_2O_7 + H_2O$$

工业上制多硅酸钠的方法是将石英砂、硫酸钠和煤粉混合后放在反射炉内进行反应，温度为 1 373～1 623 K。1 小时以后，将产物冷却，即得玻璃块状物，通常含有铁盐等杂质而呈灰色或绿色。因水蒸气处理使之溶解成黏稠液体，成品俗称“水玻璃”，又名“泡花碱”。它是多种多硅酸盐的混合物，化学组成为 $Na_2O \cdot nSiO_2$，是强碱弱酸的盐，甚至用二氧化碳也能取代出硅酸。这一反应中，二氧化碳促进了硅酸钠的水解。

$$Na_2SiO_3 + CO_2 + H_2O = H_2SiO_3 + Na_2CO_3$$

所以水玻璃溶液久存后，易逐渐分解出胶状硅酸。水玻璃在建筑和造纸工业上用作黏合剂。木材或织物用水玻璃浸泡后既可以防腐又可以防火。浸过水玻璃的鲜蛋可长期保存，水玻璃也是制造硅胶和分子筛的原料。

硅酸盐在自然界中分布很广，如云母、石棉、滑石、高岭土等都是最常见的天然硅酸盐矿物。

云母：$K_2O \cdot 3Al_2O_3 \cdot 6SiO_2 \cdot 2H_2O$

石棉：$CaO \cdot 3MgO \cdot 4SiO_2$

高岭土：$Al_2O_3 \cdot 2SiO_2 \cdot 2H_2O$

人工制造的硅酸盐则有砖瓦、玻璃、水泥、陶瓷等。

10.4.4　分子筛

分子筛是一种新型的高效能选择性吸附剂，可用来分离气体或液体混合物中的大小不同或极性不同的分子。分子筛有天然的和合成的两大类。天然的分子筛就是泡沸石（$Na_2O \cdot Al_2O_3 \cdot 2SiO_2 \cdot nH_2O$），它是一类含有结晶水的铝硅酸盐；合成分子筛的原料是水玻璃、偏铝酸钠（$NaAlO_2$）和氢氧化钠。将这些原料分别配成溶液，按一定比例混合均匀，即得一种白色悬浊液，然后在 373 K 保温使之逐渐转变为晶体。将此晶体洗涤、干燥、成型和脱水即得分子筛产品。

分子筛为什么具有筛分分子的能力？因为分子筛是一类具有立体架状结构的铝硅酸盐，当用适当方法（如加热）使之脱水后，就会形成大量内表面很大的空穴，以及与这些空穴相贯通的孔径均匀的微孔道，微孔道孔径很小，正好和分子的直径相当，故它能把比微孔小的某些物质吸附进去，而把比微孔大的分子挡在外面，从而把大小不同的分子分离开来，起到筛分分子的作用，因而有分子筛之称。

分子筛晶体中的骨架是由 SiO_4 四面体和 AlO_4 四面体通过顶角的氧原子连接而成的，由于连接方式不同，形成了不同类型的分子筛。确定分子筛类型和孔径大小的因素是化学组成中 SiO_2 与 Al_2O_3 的摩尔比，简称硅铝比。A 型、X 型和 Y 型分子筛中的 SiO_2/Al_2O_3 摩尔比分别为 2.2/3 和 3/6，硅铝比愈高，分子筛的耐酸和热稳定性也愈好。

由于铝的化合价是 3，所以铝氧四面体 AlO_4 中，有一个氧原子的价没有得到平衡，因而使 AlO_4 带有负电荷。为了保持电中性，在铝氧四面体附近必须有带正电荷的金属离子来抵消它的负电荷，它们对分子筛的孔径大小和性质也有影响。在 A 型分子筛中，如金属离子是 K^+，孔径为 380 pm(3.8 Å)，称 3A 型分子筛；如金属离子是 Na^+，孔径为 420 pm(4.2 Å)，称 4A 型分子筛等。

分子筛对于水及其他极性分子有很强的吸附能力，又易再生可多次重复使用，故它被大量用于干燥和纯化气体及液体物质。由于分子筛骨架空隙中的正离子可以和溶液中的其他正离子发生交换作用，故它可用作离子交换剂等。

10.4.5 硼酸及硼砂

10.4.5.1 *硼酸*

硼酸 H_3BO_3 或写为 $B(OH)_3$，为白色片状晶体，微溶于水。其结构单元 $B(OH)_3$ 为平面三角形，B 原子以 sp^2 杂化轨道与氧原子通过 σ 键结合。

硼酸受热会逐渐脱水形成偏硼酸、四硼酸，最后转变为硼酐。

$$H_3BO_3 \xlongequal{373\ K} HBO_2 + H_2O$$

$$4HBO_2 \xlongequal{433\ K} H_2B_4O_7 + H_2O$$

$$H_2B_4O_7 \xlongequal{\text{强烈灼烧}} 2B_2O_3 + H_2O$$

H_3BO_3 是一元弱酸，$K_a = 7\times10^{-10}$。它的酸性并不是它本身给出的质子，而是由于硼是缺电子原子，有空轨道，它加合了来自 H_2O 分子的 OH^-（OH^- 中 O 原子有孤电子对），而释出 H^+ 离子，因此只能是一元酸。

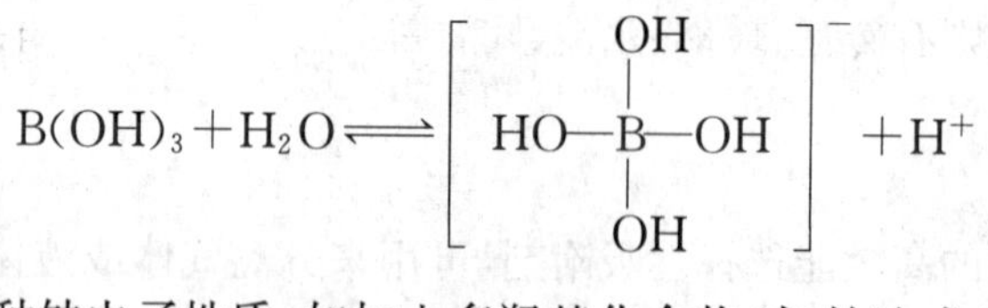

利用 H_3BO_3 的这种缺电子性质，如加入多羟基化合物（如甘油或多元醇），则形成稳定配合物，这种配合物表现出一元强酸的性质，可以用强碱来滴定。

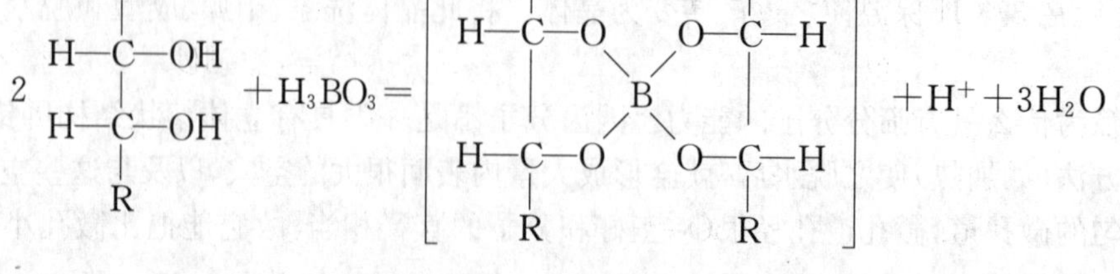

硼酸酸性极弱，可以利用与甘油生成甘油硼酸，有较强的酸性，用强碱以酚酞为指示剂进行滴定，以测定硼酸的含量。

硼酸和甲醇或乙醇在浓 H_2SO_4 存在的条件下，生成硼酸酯，它具有挥发性，燃烧时呈绿色火焰，这是鉴别硼酸根的方法。

$$H_3BO_3 + 3CH_3OH \xlongequal{H_2SO_4} B(OCH_3)_3 + 3H_2O$$

H_3BO_3 与强碱 NaOH 中和，得到偏硼酸钠 $NaBO_2$，在碱性较弱条件下则得到四硼酸盐，如硼砂 $Na_2B_4O_7 \cdot 10H_2O$，而得不到单个 BO_3^{3-} 的盐。但反过来，在任何一种硼酸盐的溶液中加酸时，总是得到硼酸，因为硼酸的溶解度较小，它容易从溶液中析出。例如，四硼酸盐加酸生成 H_3BO_3。

$$Na_2[B_4O_5(OH)_4] + 3H_2O + 2HCl = 4H_3BO_3 + 2NaCl$$

理由是存在下述平衡：

$$H_3BO_3 + 2H_2O \underset{H^+}{\overset{OH^-}{\rightleftharpoons}} [B(OH)_4]^- + H_3O^+$$

硼酸除了大量地被用于玻璃和搪瓷工业以外，还因为它是弱酸，对人体的组织黏膜有缓和的消毒杀菌作用而无刺激性，因此医药上常用来作为消毒剂（如硼酸软膏）和食物防腐剂。

10.4.5.2 *硼砂*

硼砂的化学名叫四硼酸钠，俗称硼砂，其化学式习惯写成 $Na_2B_4O_7 \cdot 10H_2O$，是很常用的一种硼酸盐。实际硼砂的结构单元是由 2 个 $B(OH)_3$ 和 2 个 $[B(OH)_4]^-$ 缩合而成的双六元环，应该写成 $Na_2[B_4O_5(OH)_4] \cdot 8H_2O$，其结构为

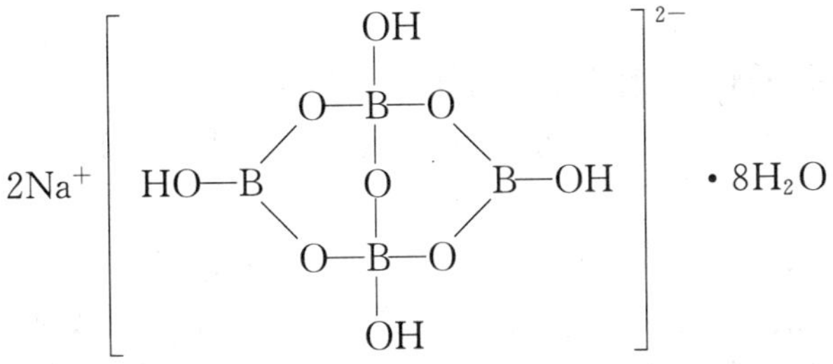

其中两边的 2 个 B 原子是平面三角形（sp^2 杂化）的中心。它们的阴离子通过氢键联成链状结构，链与链之间通过 Na^+ 离子键结合，并有 H_2O 分子参与结构中。

硼砂是无色透明的单斜晶体，在干燥空气中容易失水而风化。常温下水中溶解度不大，在沸水中易溶。它在水溶液中先水解成偏硼酸钠，然后进一步水解成氢氧化钠和硼酸，所以溶液显碱性。

$$Na_2B_4O_7 + 3H_2O \rightleftharpoons 2NaBO_2 + 2H_3BO_3$$

$$2NaBO_2 + 4H_2O \rightleftharpoons 2NaOH + 2H_3BO_3$$

将水合硼砂晶体加热至 623～673 K，结晶水失去成为无水物，将硼砂与金属氧化物混合后一起灼烧，生成偏硼酸的复盐，常具有特殊的颜色，可利用以鉴定一些金属，在分析化学上叫做硼砂珠试验。例如：

$$Na_2B_4O_7 + CoO = Co(BO_2)_2 \cdot 2NaBO_2\text{（蓝色）}$$

$$Na_2B_4O_7 + NiO = Ni(BO_2)_2 \cdot 2NaBO_2$$（热时紫色，冷时棕色）

其他如铁为黄色，铬显绿色等。

10.5 铝、锡、铅

10.5.1 通性

铝(Al)、镓(Ga)、铟(In)、铊(Tl)、锗(Ge)、锡(Sn)和铅(Pb)，分别属于周期系ⅢA族和ⅣA族的金属元素。这七种元素中，铝、锡、铅是最常见的，它们的单质和化合物有广泛的用途。铝是典型的两性元素，锡、铅也具两性。它们有以下几个主要特点：

(1) 成高价态的稳定性，同族元素自上而下递减，Al氧化数为+3(同族Tl的主要氧化数为+1)，Sn的氧化数为+4和+2，而Pb的主要氧化数为+2(Pb的+4价态极不稳定)。重元素高价态不稳定的原因与其形成化合物时键强度的减弱有关。早先提出 ns^2 电子对自上而下趋于稳定的说法，只是反映了现象上的因果联系。

(2) 与同族非金属元素(B、C、Si)不同，它们都能失去最外层的电子成为阳离子。因此与电负性大的非金属元素结合时以形成离子键为主，当元素处于高氧化态时，由于阳离子的极化力强，往往形成共价化合物，如 Al_2Cl_6、$SnCl_4$ 等。

(3) 氧化物和氢氧化物都是两性，其中以铝的两性尤甚。

(4) 铝为缺电子原子，它的某些化合物分子中存在着三中心键，出现桥连结构。

10.5.2 铝、锡、铅的单质

10.5.2.1 铝

铝为银白色的金属，质轻，具有良好的导电性和延展性，具有一定强度的耐化学腐蚀(表面纯化所致)，因此铝及其合金广泛应用于各个领域。铝是活泼金属，在自然界以化合物形式存在。

铝既是亲氧元素，又是典型的两性元素：

(1) 铝的亲氧性　铝一接触空气或氧气，其表面就立即被一层致密的氧化膜所覆盖，这层膜可阻止内层的铝被氧化，它也不溶于水，所以铝在空气和水中都很稳定。

铝的亲氧性还可以从氧化铝很高的生成焓看出。

$$2Al + \frac{3}{2}O_2 = Al_2O_3 \qquad \Delta H^{\ominus} = -1\ 669.7\ kJ \cdot mol^{-1}$$

由于铝的亲氧性，它能从许多氧化物中夺取氧。例如，将铝粉和 Fe_2O_3(或 Fe_3O_4)粉末按一定比例混合，用引燃剂点燃，反应即猛烈地进行，得到氧化铝和单质铁并放出大量热，温度可达到3 273 K，使生成的铁熔化。这个原理被用于冶炼镍、铬、锰、钒等难溶金属，称为铝还原法。

$$8Al(s) + 3Fe_3O_4(s) = 4Al_2O_3(s) + 9Fe(s) \quad \Delta H^{\ominus} = -3\ 350\ kJ \cdot mol^{-1}$$

(2) 铝的两性　主要体现在铝单质，氧化物和氢氧化物都能与酸、碱反应，相应的反应方程式如下：

$$2Al + 6H^+ = 2Al^{3+} + 3H_2 \uparrow$$

$$2Al+2OH^-+6H_2O=2Al(OH)_4^-+3H_2\uparrow$$

$$Al_2O_3+6H^+=2Al^{3+}+3H_2O$$

$$Al_2O_3+2OH^-+3H_2O=2Al(OH)_4^-$$

$$Al(OH)_3+3H^+=Al^{3+}+3H_2O$$

$$Al(OH)_3+OH^-=Al(OH)_4^-$$

高纯度的铝(99.95%)不与一般酸作用,只溶于王水。普通的铝能溶于稀盐酸或稀硫酸,被冷的浓 H_2SO_4 或浓、稀 HNO_3 所钝化。所以常用铝桶装运浓 H_2SO_4、浓 HNO_3。但是铝能同热的浓 H_2SO_4 反应:

$$2Al+6H_2SO_4(浓)\xlongequal{\triangle}Al_2(SO_4)_3+3SO_2\uparrow+6H_2O$$

铝比较易溶于强碱中:

$$2Al+2NaOH+6H_2O=2NaAl(OH)_4+3H_2\uparrow$$

在溶液中生成的铝酸盐可能是$[Al(OH)_4]^-$或$[Al(OH)_6]^{3-}$。脱水产物或高温熔融物的组成符合最简式 $NaAlO_2$。

$$Al_2O_3+2NaOH\xlongequal{熔融}2NaAlO_2+H_2O$$

10.5.2.2 锡和铅

锡有三种同素异形体,即灰锡、白锡和脆锡。

$$\underset{(\alpha)}{灰锡}\xleftrightarrow{13.2℃}\underset{(\beta)}{白锡}\xleftrightarrow{161℃}\underset{(\gamma)}{脆锡}$$

白锡是银白带蓝色的金属,有延展性,加热到161℃转变为脆锡,继续升温到232℃锡开始熔化。灰锡是粉末状,由白锡转变成灰锡(低于13.2℃)非常慢,锡制品在寒冬长期处于低温会自行毁坏。毁坏先是在某点开始,然后迅速蔓延,故常称为“锡疫”。铅为暗灰色、重而软的金属,铅没有变体。

锡、铅属中等活泼金属,由于某些原因表现出一定的化学惰性。它们的化学性质可概括如下:

(1) 与氧的反应　常温下,空气中的氧只对铅有作用,在Pb表面生成一层氧化铅,使Pb失去金属光泽而变成暗灰色。空气氧对Sn无影响,但高温时,Sn、Pb均能迅速氧化。

$$Sn+O_2\xlongequal{\triangle}SnO_2$$

$$2Pb+O_2\xlongequal{\triangle}2PbO$$

(2) 与水的反应　Sn、Pb的 $E^\ominus$ 虽在氢之上,但因相差无几,而且 H_2 在Sn、Pb上的超电压很大(一种阻碍 H_2 发生的阻力)。故Sn既不被空气氧化,又不与水反应。但水能使Pb表面氧化膜脱落,在有空气氧存在的条件下,缓慢反应生成 $Pb(OH)_2$。

$$PbO+H_2O=Pb(OH)_2$$

$$2Pb + O_2 + 2H_2O = 2Pb(OH)_2$$

铅若与硬水接触,因硬水中含 SO_4^{2-}、HCO_3^- 和 CO_3^{2-} 等离子,铅表面将生成一层难溶的硫酸铅和碱式碳酸铅保护膜,可阻止水继续与铅反应。因铅和铅的化合物有毒,所以铅管不能用于输送饮水。

(3) 与酸的反应　锡、铅与稀盐酸、稀硫酸反应很慢。尤其 Pb 表面因生成难溶的 $PbCl_2$、$PbSO_4$ 而使反应中止。但易溶于热的浓盐酸和浓硫酸。

$$Sn + 2HCl(浓) \xlongequal{\triangle} SnCl_2 + H_2\uparrow$$

$$Sn + 4H_2SO_4(浓) \xlongequal{\triangle} Sn(SO_4)_2 + 2SO_2\uparrow + 4H_2O$$

$$Pb + 3HCl(浓) \xlongequal{\triangle} H[PbCl_3] + H_2\uparrow$$

$$Pb + 3H_2SO_4(浓) \xlongequal{\triangle} Pb(HSO_4)_2 + SO_2\uparrow + 2H_2O$$

锡、铅与硝酸都能反应,产物因浓度而异。

$$4Sn + 10HNO_3(稀) = 4Sn(NO_3)_2 + NH_4NO_3 + 3H_2O$$

$$Sn + 4HNO_3(浓) = \underset{水合偏锡酸}{H_2SnO_3\downarrow} + 4NO_2\uparrow + H_2O$$

$$3Pb + 8HNO_3(稀) = 3Pb(NO_3)_2 + 2NO\uparrow + 4H_2O$$

铅在有氧存在的条件下可溶于醋酸,生成易溶的醋酸铅 $Pb(CH_3COO)_2$。

$$2Pb + O_2 = 2PbO$$

$$PbO + 2CH_3COOH = Pb(CH_3COO)_2 + H_2O$$

(4) 与碱反应　锡、铅在强碱溶液中慢慢被溶解,生成亚锡酸盐和亚铅酸盐,同时放出 H_2。

$$Sn + 2OH^- = SnO_2^{2-} + H_2\uparrow$$

$$Pb + 2OH^- = PbO_2^{2-} + H_2\uparrow$$

所以 Sn、Pb 是两性元素。由于氧化数为 +2 和 +4 的锡化物稳定性相差不大,而氧化数为 +2 的铅化物比 +4 的稳定得多,因此 +2 氧化态的锡化物是还原剂,而 +4 氧化态的铅则是强氧化剂。

10.5.3 铝的化合物

10.5.3.1 铝盐和铝酸盐

硝酸铝 $Al(NO_3)_3\cdot 6H_2O$,硫酸铝 $Al_2(SO_4)_3\cdot 18H_2O$,明矾 $KAl(SO_4)_2\cdot 12H_2O$ 以及水合的卤化铝如 $AlCl_3\cdot 6H_2O$ 等都是常见的铝盐。它们在水溶液中都有水解作用而使溶液显酸性。

Al^{3+} 电荷大,半径小,遇水强烈地水解,在水中 Al^{3+} 实际上以八面体的水合配离子 $[Al(H_2O)_6]^{3+}$ 而存在。它在水中解离,使溶液显酸性,这就是铝盐的水解作用。如:

$$[Al(H_2O)_6]^{3+} + H_2O \rightleftharpoons [Al(H_2O)_5OH]^{2+} + H_3O^+$$

$[Al(H_2O)_5OH]^{2+}$还将逐级解离，并随溶液碱性和温度增加而加强，因此铝盐溶液加热时会析出一部分 $Al(OH)_3$ 沉淀。在铝盐溶液中加入可溶性碳酸盐或硫化物会促使铝盐完全水解：

$$2Al^{3+} + 3CO_3^{2-} + 3H_2O = 2Al(OH)_3\downarrow + 3CO_2\uparrow$$

$$2Al^{3+} + 3S^{2-} + 6H_2O = 2Al(OH)_3\downarrow + 3H_2S\uparrow$$

$Al(OH)_3$ 胶状沉淀能使水中的泥土微粒吸附，Al^{3+} 有效地中和泥土胶粒上的负电荷，加速了泥土微粒的集结下沉，因此有净水作用。$Al_2(SO_4)_3$ 和明矾$[K_2SO_4 \cdot Al_2(SO_4)_3 \cdot 24H_2O]$常用于净水剂、造纸充填剂、媒染剂等。

固态的铝酸盐可以用氧化铝同固态的碱共熔的方法制得：

$$Al_2O_3 + 2NaOH \xlongequal{熔融} 2NaAlO_2 + H_2O$$

铝酸盐溶液中含$[Al(OH)_4]^-$配离子，铝酸是弱酸，铝酸盐水解使溶液呈碱性，水解反应如下：

$$[Al(OH)_4]^- \rightleftharpoons Al(OH)_3 + OH^-$$

向铝酸盐溶液中加酸，或通入 CO_2 将促进水解的进行而得到无水的氢氧化铝沉淀。

在药用中，氢氧化铝常制成凝胶混悬液、干燥粉剂或片剂，用于胃酸过多、胃溃疡等症的治疗。

中药称明矾为白矾，将它加热至 737 K 左右，失去全部结晶水及部分三氧化硫，得到一多孔性脆的白色块状物，称为枯矾（或苦矾），其收敛、燥湿、止泻作用较好，适用于溃疡及久痢、脱肛等症，在用法上，枯矾多作撒布剂。

10.5.3.2　卤化铝

铝生成三卤化物 AlX_3，其中三氟化铝 AlF_3 是离子型化合物（熔点 1290℃），但 $AlCl_3$、$AlBr_3$、AlI_3 都是共价型化合物，很容易升华。蒸气密度的测量表明，$AlCl_3$、$AlBr_3$ 和 AlI_3 均为双聚分子，这种双聚分子具有桥联结构。例如 Al_2Cl_6：

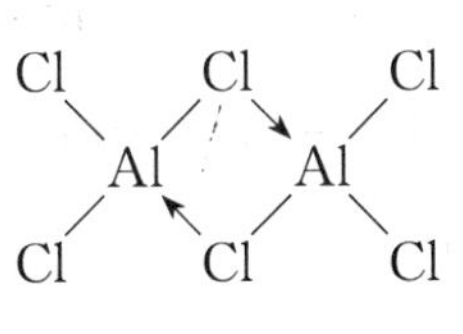

因为 $AlCl_3$ 为缺电子分子，Al 倾向于接受电子对形成 sp^3 杂化轨道。2 个 $AlCl_3$ 分子间发生 Cl→Al 的电子对授予而配位。在这种分子中有氯桥键。这种双聚分子遇到电子对给予体分子时会离解成单分子，然后 $AlCl_3$ 单分子再同这个电子对给予体形成配位化合物，这一性质使无水三卤化铝成为有机合成中常用的催化剂。无水三氯化铝常温下是一种白色晶体，它的熔点为 190℃，但在 180℃时已开始升华，能溶于有机溶剂。遇水离解为$[Al(H_2O)_6]^{3+}$和 Cl^- 并发生强烈水解。

工业上用熔融的 Al 与 Cl_2 反应制取无水 $AlCl_3$。还可以用通 Cl_2 于 Al_2O_3 和碳的混合物中的方法制取无水 $AlCl_3$。

$$Al_2O_3 + 3C + 3Cl_2 \xlongequal{高温} 2AlCl_3 + 3CO$$

用湿法只能制得 $AlCl_3 \cdot 6H_2O$。

10.5.4 锡、铅的化合物

10.5.4.1 氧化物

锡、铅有 MO_2 和 MO 两类氧化物。MO_2 都是共价型、两性偏酸性的化合物。MO 也是两性的，但碱性略强，离子性也略强，但还不是典型的离子化合物。所有这些氧化物都是不溶于水的固体。

(1) 锡的氧化物　在锡的氧化物中，重要的为二氧化锡，可以由金属锡在空气中燃烧而得。它不溶于水，也难溶于酸或碱，但与 NaOH 或 Na_2CO_3 和 S 共熔，能转变为可溶性盐。

$$SnO_2 + 2NaOH = \underset{锡酸钠}{Na_2SnO_3} + H_2O$$

$$SnO_2 + 2Na_2CO_3 + 4S = \underset{硫代锡酸钠}{Na_2SnS_3} + Na_2SO_4 + 2CO_2 \uparrow$$

SnO_2 为非整比化合物，其晶体中锡的比例较大，从而形成 n 型半导体。当该半导体吸附像 H_2、CO、CH_4 等具有还原性、可燃性气体时，其电导会发生明显变化，利用这一特点，SnO_2 被用于制造半导体气敏元件，以检测上述气体，它还用于制造不透明玻璃、珐琅和陶瓷。

(2) 铅的氧化物　有 PbO、PbO_2 和混合氧化物 Pb_3O_4 三种类型。

PbO 俗称密陀僧，由空气氧化熔融的铅而制得。PbO 有两种变体，色泽上有红色的和黄色的，红色比较稳定。PbO 显两性，比较之，更易溶于酸。

$$PbO + 2HCl = PbCl_2 + H_2O$$

$$PbO + 2NaOH + H_2O = \underset{亚铅酸钠}{Na_2[Pb(OH)_4]}$$

PbO 用于制造蓄电池、铅玻璃和铅的化合物。

PbO_2 呈棕色，是 Pb(Ⅱ)化合物经强氧化剂(如熔融的氯酸钾或硝酸盐)氧化 PbO 或者用 NaClO 氧化亚铅酸盐，都可得到 PbO_2。

$$Pb(OH)_4^{2-} + ClO^- = PbO_2 + Cl^- + 2OH^- + H_2O$$

PbO_2 易溶于碱，与强碱共热可得铅酸盐。

$$PbO_2 + 2NaOH + 2H_2O \xlongequal{\triangle} Na_2Pb(OH)_6$$

Pb(Ⅳ)为强氧化剂，例如：

$$PbO_2 + 4HCl = PbCl_2 + Cl_2 \uparrow + 2H_2O$$

$$2PbO_2 + 2H_2SO_4 = 2PbSO_4 + O_2 \uparrow + 2H_2O$$

$$2PbO_2 \xlongequal{\triangle} 2PbO + O_2$$

Pb_3O_4 俗名“红丹”或“铅丹”，将 Pb 在纯氧中加热，或者在 673～773 K 将 PbO 小心地加

热均可得到红色的 Pb_3O_4 粉末。它的晶体中既有 Pb(Ⅳ)又有 Pb(Ⅱ)，化学式可写为 $2PbO \cdot PbO_2$。Pb_3O_4 与 HNO_3 反应得到 PbO_2。

$$Pb_3O_4 + 4HNO_3 = PbO_2 \downarrow + 2Pb(NO_3)_2 + 2H_2O$$

该反应说明了在 Pb_3O_4 的晶体中有 $\frac{2}{3}$ 的 Pb(Ⅱ)和 $\frac{1}{3}$ 的 Pb(Ⅳ)。

铅丹有氧化性，涂在钢材上有利于钢铁表面钝化，其防锈效果较好，故被大量的用于油漆船舶和桥梁钢架。

10.5.4.2 氢氧化物

由于锡、铅的氧化物难溶于水，它们的氢氧化物是用盐溶液加碱制成的。实际上这些氢氧化物是一些组成不定的氧化物的水合物，但通常将它们的化学式写作 $M(OH)_4$ 或 $M(OH)_2$。

常见的氢氧化物是 $Sn(OH)_2$ 或 $Pb(OH)_2$。$Sn(OH)_2$ 既溶于酸又溶于强碱。

$$Sn(OH)_2 + 2HCl = SnCl_2 + 2H_2O$$

$$Sn(OH)_2 + 2NaOH = Na_2[Sn(OH)_4]$$

$$Sn(OH)_6^{2-} + 2e^- = Sn(OH)_4^{2-} + 2OH^- \qquad E_B^{\ominus} = -0.96\ V$$

亚锡酸根离子是一种强还原剂，它在碱性介质中容易转变为锡酸根离子。例如，$Sn(OH)_4^{2-}$ 在碱性溶液中能将 Bi^{3+} 还原为金属铋。

$$3Na_2Sn(OH)_4 + 2BiCl_3 + 6NaOH = 2Bi \downarrow + 3Na_2Sn(OH)_6 + 6NaCl$$

$Pb(OH)_2$ 也具有两性：

$$Pb(OH)_2 + 2HCl \xlongequal{\triangle} PbCl_2 + 2H_2O$$

$$Pb(OH)_2 + NaOH = Na[Pb(OH)_3]$$

在 $M(OH)_4$ 中常见的是 $Sn(OH)_4$，称锡酸，将锡与浓硝酸反应或由 Sn(Ⅳ)盐在低温下水解或与氨水反应得到。如：

$$SnCl_4 + 4H_2O = Sn(OH)_4 \downarrow + 4HCl$$

$$SnCl_4 + 4NH_3 \cdot H_2O = Sn(OH)_4 \downarrow + 4NH_4Cl$$

通过在低温水解得到的锡酸，它既可溶于酸，也可溶于碱；但由 Sn(Ⅳ)盐在高温下水解或者用金属与浓硝酸作用制得的锡酸，则不溶于酸，也不溶于碱。前者称 α-锡酸，后者称 β-锡酸。若 α-锡酸经过长期放置，也可变得不溶于酸碱的 β-锡酸。

10.5.4.3 卤化物

Sn 直接与卤素或浓的氢卤酸，或者用它们的氧化物与氢卤酸反应，都可以得到 Sn 的卤化物。例如：

$$Sn + 2Cl_2 = SnCl_4$$

$$SnO + 2HCl(浓) = SnCl_2 + H_2O$$

$$SnO_2 + 4HCl(浓) = SnCl_4 + 2H_2O$$

Sn(Ⅱ)的盐化物为离子型化合物，重要的化合物有 $SnCl_2$，将 Sn 与浓盐酸反应可以得到

无色晶体 $SnCl_2 \cdot 2H_2O$，它是实验室常用的还原剂，例如，它能将汞盐还原为亚汞盐：

$$2HgCl_2 + SnCl_2 = SnCl_4 + Hg_2Cl_2 \downarrow (白色)$$

当 $SnCl_2$ 过量时，亚汞将进一步被还原为金属汞：

$$Hg_2Cl_2 + SnCl_2 = SnCl_4 + 2Hg(黑色)$$

这个反应很灵敏，常用来检验 Hg^{2+} 或 Sn^{2+} 的存在。

$SnCl_2$ 易于水解，配制 $SnCl_2$ 溶液时，先将 $SnCl_2$ 固体溶解在少量浓盐酸中，再加水稀释。为防止 Sn^{2+} 氧化，常在新鲜配制的 $SnCl_2$ 溶液中加少量金属锡。$SnCl_2$ 水解反应方程式如下：

$$SnCl_2 + H_2O = Sn(OH)Cl \downarrow (白色) + HCl$$

$PbCl_2$ 难溶于冷水，易溶于热水，也能溶于盐酸中：

$$PbCl_2 + 2HCl = H_2[PbCl_4]$$

PbI_2 为黄色丝状，难溶于冷水，易溶于热水或因生成配盐而溶解于 KI 的溶液中：

$$PbI_2 + 2KI = K_2[PbI_4]$$

MX_4 型卤化物具有共价化合物特征，熔点低，易挥发或升华。Pb(Ⅳ)的卤化物极不稳定，不易制得。Sn(Ⅳ)的卤化物中，以 $SnCl_4$ 最为重要。$SnCl_4$ 在常温常压下为液态，它在空气中因水解而冒烟。通常用 Cl_2 与 $SnCl_2$ 反应制得 $SnCl_4$，从水溶液中能得到 $SnCl_4 \cdot 5H_2O$ 晶体。四氯化锡用作媒染剂、有机合成上的氯化催化剂及镀锡的试剂。

10.5.4.4 常见的铅盐

(1) 硝酸铅　金属铅或一氧化铅与硝酸作用制得硝酸铅 $Pb(NO_3)_2$。它易溶于水，如不加酸，它易水解生成酸式盐沉淀。

$$Pb^{2+} + NO_3^- + H_2O = Pb(OH)NO_3 \downarrow + H^+$$

固体硝酸铅加热容易按下式分解：

$$2Pb(NO_3)_2 \xlongequal{\triangle} 2PbO + 4NO_2 \uparrow + O_2$$

(2) 碳酸铅　用 $NaHCO_3$ 与 $PbCl_2$ 作用可得 $PbCO_3$。将碱金属碳酸盐加到含 Pb^{2+} 的溶液中可得 $Pb_3(OH)_2(CO_3)_2$，它是白色颜料称为铅白，这种颜料有很强的覆盖力，缺点是颜料本身有毒，遇 H_2S 会因生成 PbS 而变黑。

(3) 醋酸铅　将氧化铅与醋酸共煮可生成醋酸铅 $Pb(Ac)_2$（Ac^- 为 CH_3COO^- 的简写），它为无色晶体，易溶于水，电离度甚小，是一种弱电解质，属共价型化合物。醋酸铅有甜味，俗称“铅糖”，因有毒性又称“铅霜”。

在难溶铅盐中重要的还有黄色的铬酸铅 $PbCrO_4$，是很好的黄色颜料；白色的 $PbSO_4$，它不溶于水，但易溶于 NaAc 或 NH_4Ac，因而生成可溶难电离的 $Pb(Ac)_2$；黑色的硫化铅 PbS，可溶于浓盐酸和稀硝酸。

$$PbS + 4HCl(浓) = H_2S \uparrow + 2H^+ + [PbCl_4]^{2-}$$

$$3PbS + 8H^+ + 2NO_3^- = 3Pb^{2+} + 3S + 2NO \uparrow + 4H_2O$$

11 s区元素

11.1 氢

氢在空气中的含量约为 $5\times10^{-5}\%$，但在太阳素和某些星球的大气中则含有大量的氢。自然界中氢主要以化合物的形式存在。在水、碳氢化合物及所有生物组织中都含有氢。

11.1.1 氢的电子层结构及成键特征

氢的电子层结构为 $1s^1$。已知氢有三种同位素，它们是普通氢或氕(用 ${}^1_1H$ 或 H 表示)，重氢或氘(${}^2_1H$ 或 D)和氚(${}^3_1H$ 或 T)。存在于自然界中所有氢原子的 99.98%是 ${}^1_1H$，在约 0.02%是 ${}^2_1H$，${}^3_1H$ 的存在是极少的，大约 10^7 个普通氢原子才有一个氚原子。

氢原子在形成化学键时，其成键方式主要有以下几种情况：

(1) 失去价电子形成 H^+ 即质子。由于质子的半径很小，约为氢原子半径的几万分之一，因此质子具有很强的电场，能使邻近的原子或分子强烈地变形而与它结合在一起。因此，除气态的质子流外，一般不存在自由质子。例如，水溶液中的 H^+ 永远是水合离子 H_3O^+。

(2) 获得一个电子，形成 H^-。这是氢和活泼金属相化合形成离子形氢化物的价键特征。由于 H^- 有较大的半径，容易变形，仅存于离子型氢化物晶体中，在水中立即水解产生 H_2。

(3) 形成共价键。氢很容易同其他非金属通过共用电子对结合，形成共价型氢化物。

此外，与电负性极强的元素(如氟、氧等)相结合的氢原子上可以存在多余的正电荷，这样的氢原子会吸引邻近高电负性原子上的孤电子对，形成氢键。氢键能使氢化物分子间产生许多特殊结合形式。

11.1.2 氢的性质

氢是所有气体中最轻的。氢的扩散性能好，导热性强。由于氢分子之间的引力小，致使其熔点和沸点极低，所以很难液化。氢在水中的溶解度很小，以体积计在 273 K 时仅能溶解 2%，但可大量溶解于镍、钯、铂等金属中。

氢分子是相对稳定的。由于氢原子半径特别小，又无内层电子，因而氢分子中的共用电子对直接受核的作用，形成的 σ 键，相当牢固，故 H_2 的离解能相当大。根据测定：

$$H_2=2H \qquad \Delta H^{\ominus}=431.58\ \text{kJ}\cdot\text{mol}^{-1}$$

所以单质氢在常温下不活泼。

现将单质氢的一些重要化学反应汇列于下：

$$H_2 \xrightarrow[\text{光、热}]{Cl_2} 2HCl$$

$$H_2 \xrightarrow{\text{Li,Na,Ca 等金属}} MH\text{、}MH_2 \text{ 盐型金属氢化物}$$

$$H_2 \xrightarrow[\text{加热}]{\text{非金属}} \text{非金属氢化物}$$

$$H_2 \xrightarrow[\text{催化剂、加压、加热}]{N_2} NH_3$$

$$H_2 \xrightarrow{\text{金属氧化物}} \text{低价金属氧化物} \longrightarrow \text{金属}$$

$$H_2 \xrightarrow[\text{催化剂}]{\text{烯烃、炔烃、不饱和有机物}} \text{饱和烃}$$

$$H_2 \xrightarrow[\text{催化剂}]{CO} CH_3OH(\text{醇类})$$

$$H_2 \xrightarrow{R_2C{=}CH_2,CO} R_2CHCH_2CHO(\text{醛类})$$

11.1.3 离子型氢化物

氢几乎能和除稀有气体外的所有元素结合，生成不同类型的化合物。氢的化合物可分为三类：离子型氢化物，即 s 区元素的氢化物；共价型氢化物，即 p 区元素的氢化物；过渡型氢化物，即 d 区、ds 区元素的氢化物。共价型氢化物已在 p 区元素一章中讨论过。本节重点讨论离子型氢化物及其性质。

与卤素原子不同，氢形成 H^- 的过程是强烈吸热的。

$$\frac{1}{2}H_2(g)+e^-=H^-(g) \qquad \Delta H^{\ominus}=150.62\ \text{kJ}\cdot\text{mol}^{-1}$$

由于这一过程的吸热性，所以氢原子只同活泼性最强的金属（碱金属、碱土金属，铍和镁除外）形成离子型氢化物。

$$2M+H_2=2M^+H^- \qquad (M=\text{碱金属})$$

$$M+H_2=M^{2+}H_2^- \qquad (M=Ca、Sr、Ba)$$

离子型氢化物又称盐型氢化物。电解熔融的盐型氢化物，在阳极上放出氢气，证明在这类氢化物中的氢是带负电的组分。

离子型氢化物都是白色盐状晶体，一般都是由金属和氢气在高温条件下直接反应来合成的。这类氢化物有很高的反应活性，遇水立即反应，生成 H_2 和金属氢氧化物。

$$MH+H_2O=MOH+H_2\uparrow$$

离子型氢化物受热后分解：

$$2MH \xlongequal{\triangle} 2M+H_2\uparrow$$

$$MH_2 \xlongequal{\triangle} M+H_2\uparrow$$

碱土金属氢化物的热稳定性强于碱金属氢化物。同族元素随原子序数的增大，热稳定性下降。

离子型氢化物都是极强的还原剂。例如，固态 NaH 在 673 K 时能将 $TiCl_4$ 还原为金属钛

$$TiCl_4+4NaH=Ti+4NaCl+2H_2\uparrow$$

H^-能在非极性溶剂溶液中同 B^{3+}、Al^{3+}等结合成复合氢化物。

$$4LiH + AlCl_3 \xrightarrow{\text{乙醚}} Li[AlH_4] + 3LiCl$$

这类化合物包括 $Na[BH_4]$、$Li[AlH_4]$、$Al[BH_4]_3$ 等。其中 $Li[AlH_4]$是重要的还原剂。在有机合成中，复合氢化物是一种重要的官能团还原剂，如将羧酸还原为醇，将硝基还原为氨基，等等。

11.2 碱金属和碱土金属

11.2.1 通性

碱金属和碱土金属的一些主要性质，分别列于表 11-1 和表 11-2。

ⅠA 和ⅡA 族元素的原子最外层分别有 1、2 个 s 电子，它们的原子半径是同周期元素中最大的(稀有气体除外)，而核电荷是同周期元素中最少的。由于内层电子的屏蔽效应显著，故有效核电荷是同周期元素中最少的，所以它们很容易失去最外层电子而分别呈+1 和+2 价，表现出强金属性。同族元素中，自上而下，原子半径的显著递增使得金属性显著递增。

碱金属和碱土金属元素原子的核电荷低而半径较大，故其单质晶体中的金属键不很牢固，碱金属比碱土金属更不牢固。它们的熔点、沸点和硬度都很低，ⅡA 元素略高于ⅠA 元素。

碱金属元素在化合时，多以形成离子键为特征，碱土金属(Be 除外)元素与电负性较大的非金属元素所形成的化学键，基本上均为离子键。

表 11-1 碱金属元素的基本性质

性 质	锂	钠	钾	铷	铯
符号	Li	Na	K	Rb	Cs
原子序	3	11	19	37	55
相对原子质量	6.941	22.9893	39.098	85.4678	132.9054
价电子构型	$2s^1$	$3s^1$	$4s^1$	$5s^1$	$6s^1$
主要氧化态	+Ⅰ	+Ⅰ	+Ⅰ	+Ⅰ	+Ⅰ
原子半径/pm* (金属半径)	152	153.7	227.2	247.5	265.4
离子半径/pm	68	97	133	147	167
电离势					
第一电离势/($kJ \cdot mol^{-1}$)	521	499	421	405	371
第二电离势/($kJ \cdot mol^{-1}$)	7295	4591	3088	2675	2436
电负性	0.98	0.93	0.82	0.82	0.79
标准电极电势/V					
$M^+(aq) + e^- \rightleftharpoons M(s)$	−3.045	−2.7109	−2.923	−2.925	−2.923
$M^+(g)$水合热/($kJ \cdot mol^{-1}$)	519	406	322	293	264

* 表中所列原子半径数值系金属半径值。

表 11-2　碱土金属元素的基本性质

性质	铍	镁	钙	锶	钡
符号	Be	Mg	Ca	Sr	Ba
原子序	4	12	20	38	56
相对原子质量	9.012	24.305	40.078	87.62	137.33
价电子构型	$2s^2$	$3s^2$	$4s^2$	$5s^2$	$6s^2$
主要氧化态	+Ⅱ	+Ⅱ	+Ⅱ	+Ⅱ	+Ⅱ
原子半径/pm(金属半径)	111.3	160	197.3	215.1	217.3
离子半径/pm	35	66	99	112	134
电离势					
第一电离势/($kJ\cdot mol^{-1}$)	905	742	593	552	564
第二电离势/($kJ\cdot mol^{-1}$)	1 768	1 460	1 152	1 070	971
第三电离势/($kJ\cdot mol^{-1}$)	14 939	7 658	4 942	4 351	3 575
电负性	1.57	1.31	1.00	0.95	0.89
标准电极电势/V					
$M^{2+}(aq)+2e^- \rightleftharpoons M(s)$	−1.85	−2.375	−2.76	−2.89	−2.90
$M(OH)_2+2e^- \rightleftharpoons M(s)+2OH^-$	−2.28	−2.69	−3.02	−2.99	−2.97
$M^{2+}(g)$水合热/($kJ\cdot mol^{-1}$)	2 494	1 921	1 577	1 443	1 305

碱金属和碱土金属的第一个元素 Li 和 Be，由于次外层只有 2 个电子。屏蔽效应小，所以原子半径和离子半径很小，与本族其他元素相比，性质上有较大差异。但 Li 和 Mg 的性质相似，Be 和 Al 的性质相似，这种第二周期元素与邻族第三周期元素性质相似的现象是因原子结构周期性变化的结果造成的，化学上称对角相似规则。凡有这种关系的还有 B 和 Si。

11.2.2　单质的化学性质

s 区金属元素的原子容易失去电子，单质的金属晶格也不够牢固，所以这些金属的化学性质非常活泼，在金属活动顺序表中，它们都排在氢的前面，而且都属于最前列。在同一族中，金属的活泼性由上而下逐渐增强；在同一周期中，从左到右金属活泼性逐渐减弱。

金属活泼性增强 ↓		
	Li	Be
	Na	Mg
	K	Ca
	Rb	Sr
	Cs	Ba

← 金属活泼性增强

碱金属和碱土金属单质均为强还原剂，它们的强还原性表现在以下几个方面：

(1) 还原作用　还原其他金属离子或正氧化态非金属元素。例如：

$$TiCl_4+4Na=Ti+4NaCl$$

$$SiO_2+2Mg=Si+2MgO$$

$$CO_2+2Mg=C+2MgO$$

(2) 与氧反应　碱金属单质在空气中极易与氧化合，生成不同类型的氧化物。

$$4Li+O_2=2Li_2O$$

$$2Na+O_2=Na_2O_2$$

$$K+O_2=KO_2$$

由此可见碱金属单质的化学活泼性递变规律。碱土金属也有类似的反应，但活泼性弱于碱金属。

(3) 与水反应　碱金属与碱土金属和水都能发生激烈反应，生成氢氧化物和氢气。如：

$$2M+2H_2O=2MOH+H_2\uparrow$$

$$M+2H_2O=M(OH)_2+H_2\uparrow$$

但 Li、Be、Mg 与水作用时，金属表面生成难溶的氢氧化物，因而阻碍反应的继续进行。

(4) 与非金属单质作用

$$2Na+Cl_2\xlongequal{点燃}2NaCl$$

$$Mg+Cl_2\xlongequal{点燃}MgCl_2$$

$$3Mg+N_2\xlongequal{\triangle}Mg_2N_2$$

11.2.3　碱金属和碱土金属的重要化合物

11.2.3.1　氧化物

碱金属、碱土金属能形成三种类型的氧化物：正常氧化物，含有 O^{2-}；过氧化物，含有 O_2^{2-}；超氧化物，含有 O_2^-。它们所形成的各种氧化物见下表 11-3。

表 11-3

类型	在空气中直接形成	间接形成
正常氧化物	Li、Be、Mg、Ca、Sr、Ba	ⅠA、ⅡA 所有元素
过氧化物	Na、Ba	除 Be 外的ⅠA、ⅡA 所有元素
超氧化物	Na、K、Rb、Cs	除 Be、Mg、Li 外的ⅠA、ⅡA 所有元素

例如

$$Na_2O_2+2Na=2Na_2O$$

$$2KNO_3+10K=6K_2O+N_2$$

$$2Na+O_2=Na_2O_2$$

$$MO+H_2O_2+7H_2O=MO_2\cdot 8H_2O(M=Ca、Sr、Ba)$$

碱金属的氧化物同水作用生成氢氧化物，过氧化物同水作用产生氢氧化物和 H_2O_2 或 O_2，超氧化物同水作用则生成氢氧化物、H_2O_2 和 O_2。

$$Na_2O+H_2O=2NaOH$$

$$Na_2O_2+2H_2O\xlongequal{冷冻}2NaOH+H_2O_2$$

$$Na_2O_2+H_2O=2NaOH+\frac{1}{2}O_2$$

$$2KO_2+2H_2O=2KOH+H_2O_2+O_2$$

过氧化物和超氧化物与 CO_2 反应则放出 O_2。

$$2Na_2O_2+2CO_2=2Na_2CO_3+O_2\uparrow$$

$$4KO_2+2CO_2=2K_2CO_3+3O_2\uparrow$$

过氧化物与超氧化物广泛用作强氧化剂、引火剂、漂白剂。由于它们可吸收 CO_2 并放出 O_2,故常用于高空飞行、潜水等。

碱土金属的氧化物都是难溶于水的白色粉末,具有较高的熔点,可用作耐火材料。BeO、MgO 对水呈一定的惰性,CaO、BaO 等遇水猛烈反应,并放出大量的热。

$$CaO+H_2O=Ca(OH)_2 \qquad \Delta H^{\ominus}=-65.27\ kJ\cdot mol^{-1}$$
$$BaO+H_2O=Ba(OH)_2 \qquad \Delta H^{\ominus}=-102.5\ kJ\cdot mol^{-1}$$

11.2.3.2 氢氧化物

碱金属的氢氧化物都是无色晶体,易溶于水。固体碱吸湿性强,易潮解,因此固体 NaOH 是常用的干燥剂。绝大多数碱金属氢氧化物都具有强碱性,其碱性递变情况如下:

LiOH <	NaOH <	KOH <	RbOH <	CsOH
中强碱	强碱	强碱	强碱	强碱

碱土金属氢氧化物的碱性和溶解性均小于碱金属氢氧化物。它们的碱性递变情况如下:

$Be(OH)_2<$	$Mg(OH)_2<$	$Ca(OH)_2<$	$Sr(OH)_2<$	$Ba(OH)_2$
两性	中强碱	强碱	强碱	强碱

碱金属氢氧化物突出的化学性质是强碱性,它们的水溶液和熔融物既能溶解某些两性金属及其氧化物,也能溶解许多非金属及其氧化物。例如:

$$2Al+2OH^-+6H_2O=2[Al(OH)_4]^-+3H_2\uparrow$$

$$Zn+2OH^-+2H_2O=[Zn(OH)_4]^{2-}+H_2\uparrow$$

$$2B+2OH^-+2H_2O=2BO_2^-+3H_2\uparrow$$

$$Si+2OH^-+H_2O=SiO_3^{2-}+2H_2\uparrow$$

还可以与盐反应生成另一种碱。

$$OH^-+NH_4^+ \xrightarrow{\triangle} NH_3\uparrow+H_2O$$

$$3OH^-+Fe^{3+}=Fe(OH)_3\downarrow$$

为什么碱金属氢氧化物的碱性特别强?一是因为它们易溶于水,可得到高浓度的溶液;二是它们溶于水后几乎完全电离,因此溶液的 OH^- 浓度很高。这样两个原因使得碱金属氢氧化物具有特别强的碱性。碱土金属氢氧化物的溶解度比碱金属氢氧化物小得多,电离程度亦小一些,故其碱性要弱一些。

11.2.3.3 盐类

碱金属、碱土金属的常见盐类有卤化物、碳酸盐、硝酸盐、硫酸盐和硫化物等。

(1) 溶解性特点　碱金属盐类的最大特征是易溶于水,且在水中完全电离,所有碱金属离子都是无色的。只有少数碱金属盐是难溶的:一类是锂盐,如 LiF、Li_2CO_3 等;另一类是 K^+、Rb^+、Cs^+ 同某些较大的阴离子组成的盐。由于离子间较强的极化作用致使溶解度下降,如 $KClO_4$、$K_2Na[Co(NO_2)_6]$等。

碱土金属盐类的重要特征是其微溶性。除卤化物和硝酸盐外,多数碱土金属盐只有较低的溶解度。这是碱土金属区别于碱金属的特点之一。

(2) 热稳定性　一般碱金属盐都具有较高的热稳定性。如卤化物、硫酸盐、碳酸盐加热时都很难分解。唯有硝酸盐热稳定性较差。例如:

$$4LiNO_3 \xlongequal{973\ K} 2Li_2O + 4NO_2\uparrow + O_2\uparrow$$

$$2NaNO_3 \xlongequal{1\,003\ K} 2NaNO_2 + O_2\uparrow$$

$$2KNO_3 \xlongequal{943\ K} 2KNO_2 + O_2\uparrow$$

碱土金属的卤化物、硫酸盐、碳酸盐对热也较稳定。它们的碳酸盐的热稳定性较碱金属碳酸盐低。分解温度随 $BeCO_3$、$MgCO_3$、$CaCO_3$、$SrCO_3$、$BaCO_3$ 的顺序递增。这一规律可以用离子极化的观点来解释。

(3) 焰色反应　碱金属和钙、锶、钡的挥发性盐在无色火焰中灼烧时,能使火焰呈现一定的颜色,称"焰色反应"。原子的结构不同,灼烧时就发出不同波长的光。利用这一特征,可以定性鉴定这些元素的存在(表 11-4)。

表 11-4　碱金属和几种碱土金属的焰色

离　子	Li^+	Na^+	K^+	Rb^+	Cs^+	Ca^{2+}	Sr^{2+}	Ba^{2+}
焰　色	红	黄	紫	紫红	紫红	橙红	红	黄绿
波长/nm	670.8	589.0	404.4	420.2	455.5	612.2	687.8	553.6
		589.6	404.7	629.8	459.3	616.2	707.0	

(4) 钠盐和钾盐的性质差异　钠盐和钾盐的性质很相似,但也有差别。重要的有三点:一是钠盐的溶解度大于钾盐;二是钠盐比相应的钾盐的吸湿性强;第三是含结晶水的钠盐比钾盐多。

(5) 几种常见盐类　卤化物中应用最广的是氯化钠 NaCl。NaCl 除供食用外,还是制取金属钠、NaOH、Na_2CO_3、Cl_2 和 HCl 等多种化工产品的原料。冰盐混合物可用作制冷剂。

氯化钙 $CaCl_2 \cdot 6H_2O$ 加热至 473 K 时失水成 $CaCl_2 \cdot 2H_2O$,温度高于 533 K 则完全脱水成无水氯化钙 $CaCl_2$。无水 $CaCl_2$ 是重要的干燥剂,吸水性很强。由于它能与气态氨和乙醇形成加合物,如 $CaCl_2 \cdot 4NH_3$、$CaCl_2 \cdot 4C_2H_5OH$ 等,故不能用于氨和乙醇的干燥。$CaCl_2$ 与冰的混合物是实验室常用的制冷剂,可获得 218 K 的低温。

氯化钡 $BaCl_2$ 是最重要的可溶性钡盐,可用于医药、灭鼠剂等。$BaCl_2$ 及一切可溶性钡盐对人、畜都有害,对人致死量为 0.8 g,切忌入口。$BaCl_2$ 试液常用作检验和分离 SO_4^{2-}。

碱金属碳酸盐有两类,正盐和酸式盐。碳酸钠 Na_2CO_3 俗称苏打或纯碱,其水溶液因水解而呈较强的碱性。它是一种基本的化工原料。工业上将饱和的食盐溶液冷却后用氨饱和,然后通入 CO_2,由于 $NaHCO_3$ 溶解度较小,即发生下列反应:

$$NH_3+NaCl+H_2O+CO_2 \xrightarrow{<313\ K} NaHCO_3\downarrow+NH_4Cl$$

煅烧 $NaHCO_3$ 得到 Na_2CO_3：

$$2NaHCO_3 \xrightarrow{>600\ K} Na_2CO_3+CO_2\uparrow+H_2O\uparrow$$

母液中的 NH_4Cl 加消石灰可回收氨，循环使用：

$$2NH_4Cl+Ca(OH)_2=2NH_3\uparrow+CaCl_2+2H_2O$$

碳酸氢钠 $NaHCO_3$ 俗称小苏打，其水溶液呈弱碱性，主要用于医药和食品工业。发酵粉是 $NaHCO_3$ 与酒石酸氢钾 $KHC_4H_4O_6$ 的混合物，在溶液中反应产生 CO_2

$$NaHCO_3+KHC_4H_4O_6=KNaC_4H_4O_6+H_2O+CO_2\uparrow$$

泡沫灭火器则是利用下面的反应生成的 CO_2 来灭火的。

$$3NaHCO_3+Al_2(SO_4)_3+3H_2O=3NaHSO_4+2Al(OH)_3+3CO_2\uparrow$$

碱金属和碱土金属的硝酸盐都易溶于水。KNO_3 和 $NaNO_3$ 化学性质相似，固体加热有氧化性，但 $NaNO_3$ 吸潮而 KNO_3 不吸潮，所以火药中用 KNO_3 而不用 $NaNO_3$。KNO_3 还是含氮、钾的优质化肥。

$Na_2SO_4\cdot10H_2O$ 俗称芒硝，在医药方面用作泻剂。由于它有很大的熔化热（253 $kJ\cdot kg^{-1}$），可用于低温贮存太阳能。白天它吸收太阳能而熔融，夜晚冷却结晶时放出热能。无水 Na_2SO_4 俗称元明粉，大量用于玻璃、造纸、水玻璃、陶瓷等工业中，也用于制造硫化钠和硫代硫酸钠等。如：

$$Na_2SO_4+2C \xrightarrow{1\,123\sim1\,273\ K} Na_2S+2CO_2$$

$CaSO_4\cdot2H_2O$ 俗称生石膏，加热到 393 K 时部分脱水成熟石膏 $CaSO_4\cdot\frac{1}{2}H_2O$，这个过程是可逆的。

$$2CaSO_4\cdot2H_2O \xrightleftharpoons{\sim393\ K} 2CaSO_4\cdot\frac{1}{2}H_2O+3H_2O$$

熟石膏与水混合成糊状后，会重新凝固成 $CaSO_4\cdot2H_2O$，这时逐渐硬化并膨胀。医疗用的石膏绷带就是利用了这一性质。将石膏加热到 773 K 以上，便得无水石膏 $CaSO_4$。无水石膏不再与水化合，故不能作黏合剂。

碱土金属的硫酸盐大多难溶于水，其溶解度按自上而下的顺序递减。$BaSO_4$ 的溶解度极小，在 100 g 水中仅能溶解约 2×10^{-4} g。它的这种难溶性在分析化学中常被用作 SO_4^{2-} 或 Ba^{2+} 的定性及定量分析。

$BaSO_4$ 是唯一无毒的钡盐，因其溶解度极小，又不溶于胃酸，不会引起中毒。纯净的 $BaSO_4$ 有强烈的吸收 X 射线的能力，在医疗诊断中用作肠胃系统的 X 射线造影剂。

12 d 区和 ds 区元素

12.1 d 区和 ds 区元素通性

12.1.1 结构特征

过渡元素的价电子层结构是$(n-1)d^{1\text{-}10}ns^{1\text{-}2}$（Pd 的价电子层结构是 $4d^{10}5s^0$），价电子层结构的特点是最外电子层尚未充满，次外电子层未满或刚刚充满。例如，第一过渡系元素原子的价电子构型为

Sc	Ti	V	Cr	Mn	Fe	Co	Ni	Cu	Zn
$3d^14s^2$	$3d^24s^2$	$3d^34s^2$	$3d^54s^1$	$3d^54s^2$	$3d^64s^2$	$3d^74s^2$	$3d^84s^2$	$3d^{10}4s^1$	$3d^{10}4s^2$

造成过渡元素电子排布特点的原因可能是由于$(n-1)$d 与 ns 轨道间[甚至$(n-1)$d 与 np 间]的能量差较主族元素的 ns、np 的能量差小得多，如：

Fe 原子基态的3d 与 4s 能量差约 117 $kJ \cdot mol^{-1}$

3d 与 4p 能量差约 134 $kJ \cdot mol^{-1}$

C 原子基态的 2s 与 2p 能量差约 850 $kJ \cdot mol^{-1}$

且这种能量的差别随周期数（即 n）增大，$(n-1)$d 与 ns 轨道能量差越来越小，因此造成过渡元素电子填充时$(n-1)$d 与 ns 轨道间电子的排布并不是完全按着规律进行而是时有交错，这一点对 d 电子参与成键也是十分突出的。

12.1.2 原子半径

各过渡系中，随原子序数的增加原子半径依次减小，原子半径减小的幅度比较缓慢，平均两相邻的原子半径相差 5 pm，但当 d 轨道达到全满时，原子半径有所增大，即铜分族与锌分族的元素的原子半径普遍比同过渡系元素的原子半径要大。d 区和 ds 区的各分族的原子半径从上到下总趋势是增加的，如第一与第二过渡系间原子半径增加较多，但第二与第三过渡系间原子半径却十分接近，甚至某些个别的第三过渡系元素的原子半径还略低于同族的第二过渡系元素，如 Zr 与 Hf 的原子半径就属于此种。

造成过渡系元素原子半径递变规律的原因主要是：由于过渡系元素的 d 电子层是未充满的电子层，未充满的 d 电子屏蔽作用较小，原子序数增加 1，核外增加 1 个 d 电子，但它不能完全屏蔽核内所增加的 1 个正电荷，因而随原子序数的增加，有效核电荷就依次增大，所以使同过渡元素中，从左至右，原子半径依次减小，直到铜分族与锌分族处，d 电子全充满，这时 d 轨道的屏蔽作用加强，才使铜分族与锌分族具有比同过渡元素较大的原子半径。如第一、二过渡系原子半径见表 12-1。

表 12-1　第一、二过渡系原子半径(pm)

第一过渡系	Sc	Ti	V	Cr	Mn	Fe	Co	Ni	Cu	Zn
原子半径	160.8	144.8	132.1	124.9	124.1	125.3	124.6	127.8	133.2	
第二过渡系	Y	Zr	Nb	Mo	Tc	Ru	Rh	Pb	Ag	Cd
原子半径	181	160	142.9	136.2	135.8	132.5	134.5	137.6	144.4	148.9

12.1.3　单质的物理性质

在本章结构特性中我们介绍过 d 区和 ds 区元素的最外层电子少，仅 1 或 2 个电子，这就决定了 d 区和 ds 区元素单质全是金属。在形成金属单质时，由于 ns 电子和 $(n-1)$d 电子都可以参加形成金属键，从而增加了键的强度。此外，d 区和 ds 区元素原子半径较小。因而金属单质具有高密度、高硬度及高熔点、高沸点等特性，其中最高的都云集在ⅥB、ⅦB 及Ⅷ B 族。例如，单质中比重最大的是锇 Os(22.6)、铱 Ir(22.7)、铂 Pt(21.5)；硬度最高的是铬 Cr(9)，仅次于金刚石(10)；熔点最高的是 W(3415℃)，仅次于碳(4000℃)。

另外，许多 d 区和 ds 区金属单质及其化合物有顺磁性，这是因为它们具有未成对 d 电子引起的。

12.1.4　单质的化学活泼性

金属的活泼性可以由金属原子失电子能力即电离能来衡量，也可以由标准电极电势来表征元素失电子的趋势，但这两种衡量标准的条件是不同的。表 12-2 为常见过渡元素单质的实际反应性能。从表中实际情况我们可以发现：周期的 d 区、ds 区元素的性质相似；同族从上到下金属活泼性减弱。其中ⅢB 族例外，它们都是极活泼金属，且从上到下活性增强。上述金属活泼性的变化规律可以从电极电势的变化规律加以说明。

表 12-2　常见过渡元素单质的反应性能

元素	第一过渡系									
	Sc	Ti	V	Cr	Mn	Fe	Co	Ni	Cu	Zn
溶剂	热 H_2O	热 HCl	热 HNO_3	稀 HCl	稀 HCl	稀 HCl	稀 HCl	稀 HCl	稀 HNO_3	稀 HCl
产物	$Sc(OH)_3$	Ti^{3+}	VO_2^+	Cr^{3+}	Mn^{2+}	Fe^{2+}	Co^{2+}	Ni^{2+}	Cu^{2+}	Zn^{2+}

元　素	ⅠB			ⅡB			ⅢB		
	Cu	Ag	Au	Zn	Cd	Hg	Sc	Y	La
溶液	稀 HNO_3	稀 HNO_3	王水	稀 HCl	稀 HCl	HNO_3	热 H_2O	热 H_2O	热 H_2O
产物	Cu^{2+}	Ag^+	$[AuCl_4]^-$	Zn^{2+}	Cd^{2+}	Hg^{2+}	$Sc(OH)_3$	$Y(OH)_3$	La^{3+}

应当指出，从 $E_A^\ominus$ 的大小判断过渡金属的化学活泼性仅仅是从热力学角度考虑的。化学活泼性的表现还与动力学(反应速度)因素有关。如 $E^\ominus_{Ti^{3+}/Ti}=-1.21$ V，说明 Ti 失电子的趋势是较大的，Ti 的化学性质应该是活泼金属，但由于金属钛的表面上常常附盖有致密的氧化物薄膜，使钛在常温下不与稀酸等起反应，只有热的浓盐酸才可与金属钛反应。

$$2Ti+6HCl(浓)\xlongequal{\triangle}2TiCl_3+3H_2\uparrow$$

又如，常温下金属汞与硫粉在研磨的情况可反应生成硫化汞，而铁粉与硫粉则需在加热下才可生成硫化亚铁，这个现象并不能说明金属汞的化学活泼性比铁强。

12.1.5 多种氧化态

因为过渡元素除最外层的 s 电子可以作为价电子外，次外层 d 电子也可部分或全部作为价电子参加成键，所以过渡元素常表现为正氧化态且有多种氧化态。表 12-3 为第一过渡系元素的常见氧化态。

表 12-3 第一过渡系元素的氧化态

元素	Sc	Ti	V	Cr	Mn	Fe	Co	Ni	Cu	Zn
价电子构型	$4s^2 3d^1$	$4s^2 3d^2$	$4s^2 3d^3$	$4s^1 3d^5$	$4s^2 3d^5$	$4s^2 3d^6$	$4s^2 3d^7$	$4s^2 3d^8$	$4s^1 3d^{10}$	$4s^2 3d^{10}$
氧化态	$\underline{+3}$	+2	+2	+2	$\underline{+2}$	$\underline{+2}$	$\underline{+2}$	$\underline{+2}$	+1	$\underline{+2}$
		+3	+3	$\underline{+3}$	+3	$\underline{+3}$	+3		$\underline{+2}$	
		$\underline{+4}$	+4	+4	+4					
			$\underline{+5}$	+5	+6					
				$\underline{+6}$	+7					

* 表中有横线者为稳定氧化态。

由表中所列氧化态情况我们可以发现：在第一过渡系中元素所呈现的氧化态是先随原子序数的增加而增加，到 Mn 元素之后，元素的氧化态又逐渐下降。这种情况可认为是与 d 轨道中的电子数有关。一般当 d 轨道中电子数达到或超过半充满时，d 电子稳定性逐渐增大，d 电子参与化学反应逐渐变得困难，因此元素 Mn(ⅦB)达到本过渡系的最高氧化态。当 d 轨道完全充满之后，d 电子参与化学反应的趋势逐渐减弱。

另外，同族过渡元素从上到下，最高氧化态的稳定性增加。例如，在第一过渡系元素中许多较低氧化态比较稳定，而处于最高氧化态的元素[Cr(Ⅵ)、Mn(Ⅶ)、Fe(Ⅵ)、Co(Ⅲ)及 Ni(Ⅲ)等]则表现出强氧化性。

低氧化态的过渡元素能以阳离子形式存在于晶体或水溶液中，例如 Ag^+、Fe^{2+}、Cu^{2+}、Mn^{2+} 等；高氧化态的则存在于氟化物、氧化物或含氧酸根离子中，例如 V_2O_5、CrO_3、CrO_4^{2-}、MnO_4^- 等。对于同一元素来说，最高氧化态的氧化物及其水合物常呈酸性，而最低氧化态的氧化物及其水合物常呈碱性。氧化态越高，酸性越强。中间氧化态的呈两性。如 Mn：

MnO	Mn_2O_3	MnO_2	MnO_3	Mn_2O_7
$Mn(OH)_2$	$Mn(OH)_3$	$Mn(OH)_4$	H_2MnO_4	$HMnO_4$
碱性	弱碱性	两性	酸性	酸性

$\longrightarrow$
酸 性 增 强

对同族元素来说，它们最高氧化态的氧化物及其水合物的酸碱性自上而下酸性减弱，碱性增强，第一过渡系元素的氧化物及其水合物的酸性最强，而下面 2 个元素氧化物及其水合物的酸碱性强弱差不太多。例如：

酸性减弱 ↓	H_2CrO_4	$HMnO_4$
	H_2MoO_4	$HTeO_4$
	H_2WO_4	$HReO_4$

12.1.6 水合离子的颜色

物质呈现颜色的原因比较复杂。可见光(波长范围 400～760 nm,相当于 10 000～30 000 cm^{-1})是各种波长的复合光,由于物质对可见光的吸收、反射或透射的情况不同而显示不同的颜色,表 12-4 列出物质对可见光吸收与呈现颜色的关系。

当组成物质的原子中的电子由基态跃迁至激发态所需的能量在可见光范围时,它就可以吸收部分可见光,从而显示出余下的未被吸收的可见光的混合色(称为互补色)。过渡金属的离子在水溶液中常常显示出某种颜色,这也是过渡金属区别于主族金属离子(如 Na^+、Mg^{2+}、Al^{3+}…)的一个重要特征。

表 12-4 可见光谱

能量 $E/\times10^{-20}$ J		50	40		33		28	25
波长 λ/nm		400	500		600		600	800
被吸收的颜色	不可见光区	可 见 光 区						不可见光区
	紫 外 区	紫	蓝	绿	黄	橙	红	红外区
观察到的颜色	无 色	黄绿	黄	紫红	蓝	绿蓝	蓝绿	无 色

表 12-5 列出了第一过渡系元素水合离子的颜色与未成对 d 电子数的关系。一般说来,没有未成对 d 电子的简单水合离子为无色,例如 Ag^+ ($4d^{10}$),Cd($4d^{10}$)、Hg^{2+} ($5d^{10}$)及 s 区和 p 区元素的简单水合离子(Na^+、Mg^{2+}、Al^{3+}等)。若简单离子中有未成对的 d 电子,则其水合离子可能有颜色,例如 Cu^{2+}、Cr^{3+}等。这是因为这些未成对 d 电子的基态和激发态的能量相差不大,且不如成对 d 电子稳定,因此容易吸收可见光区能量而发生跃迁。

表 12-5 第一过渡系元素水合离子的颜色

d 电子构型	未成对的 d 电子数	Sc	Ti	V	Cr	Mn	Fe	Co	Ni	Cu	Zn
$3d^0$ ($3d^{10}$)	0	Sc^{3+} 无色	Ti^{4+} 无色							(Cu^+) 无色	Zn^{2+} 无色
$3d^1$ ($3d^9$)	1		Ti^{3+} 紫色							Cu^{2+} 天蓝	
$3d^2$ ($3d^8$)	2			V^{3+} 绿色					Ni^{2+} 绿色		
$3d^3$ ($3d^7$)	3				Cr^{3+} 蓝紫色			Co^{2+} 粉红			
$3d^4$ ($3d^6$)	4				(Cr^{2+}) 蓝色		Fe^{2+} 浅绿	(Co^{3+}) 绿色			
$3d^5$	5					Mn^{2+} 浅粉红	Fe^{3+} 浅紫*				

注:括号内的离子不太稳定;Cr^{3+} 部分水合为灰绿色;$[Fe(OH_2)_6]^{3+}$ 为浅紫色;pH>2～3 时,水解产生黄色的$[Fe(OH_2)_5(OH)]^{2+}$。

值得提出,物质的颜色并不一定完全由物质中某种离子的颜色决定,因为离子间有相互影响。例如:

Ag^{+}(aq)	无色	Cu^{2+}(aq)	天蓝色
AgCl (s)	白色	$CuSO_4$(s)	白色
AgBr(s)	浅黄色	$CuSO_4 \cdot 5H_2O$(s)	天蓝色
Ag_2I(s)	黄色	CuO(s)	黑色
Ag_2S(s)	红色	CuS(s)	黑色

这些可以用离子极化理论来作定性的解释。

12.1.7 易成配合物

过渡元素具有强烈的形成配合物的倾向，这是由于过渡元素具有 s 区和 p 区元素所不能比拟的性质。

首先，过渡元素的价电子层轨道有能量相近的且未充满的(n－1)d、ns、np、nd 轨道，它们都属于同一能级组。这些能量相近的轨道可以通过不同形式的杂化[如 d^2sp^3、dsp^2、sp^3d^2、sp^3 杂化等]形成成键能力较强的杂化轨道，以接受配体提供的孤对电子，形成多种形式的配合物。

其次，过渡金属离子具有较强的极化能力和变形性。若与过渡金属相结合的配体难以变形，这就要求过渡金属中心离子的半径小，电荷高，有强的极化能力，这样二者之间才能产生足够大的静电作用，彼此结合在一起形成稳定的配合物。若配体是易于极化的，则要求过渡金属中心离子具有较大的极化能力和变形性，二者之间才能由于极化作用产生足够大的结合力。若中心离子具有较大的变形性，由于相互极化作用，可使这种结合力进一步加强。

过渡金属离子的电子构型的极化能力和变形性都是很强的，因而过渡金属离子是形成配合物的好的中心离子。正是这种特性使过渡金属离子易于形成为数众多的配合物。

12.2 铬和锰的化合物

12.2.1 铬的重要化合物

铬有从＋2～＋6 的各种氧化态，重要的是＋3 和＋6 氧化态。其标准电极电势图如下。

酸性 $E_A^\ominus$：

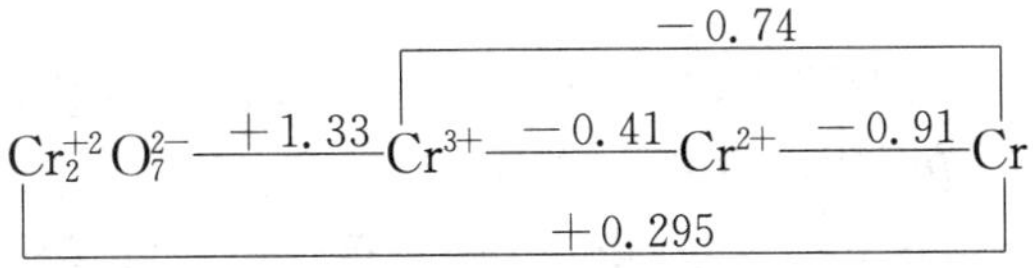

碱性 $E_B^\ominus$：

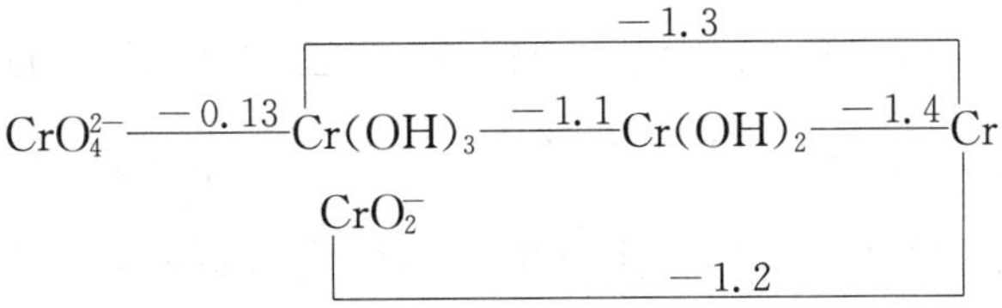

12.2.1.1 Cr(Ⅲ)的化合物

Cr(Ⅲ)的化合物最稳定，也最重要，常见的有 Cr_2O_3，$CrCl_3\cdot 6H_2O$，$Cr_2(SO_4)_3\cdot 18H_2O$，$K_2SO_4\cdot Cr_2(SO_4)_3\cdot 24H_2O$ 等。

Cr_2O_3 和 $Cr(OH)_3$ 是两性物质，微溶于水，溶于酸成 Cr^{3+}，溶于碱成 CrO_2^-。

$$Cr_2O_3+6H^+ \rightleftharpoons 2Cr^{3+}+3H_2O$$

$$Cr_2O_3+2OH^- \rightleftharpoons 2CrO_2^-+H_2O$$

在碱性溶液中，CrO_2^- 的还原性强，H_2O_2、Cl_2、Br_2 等氧化剂能把亚铬酸盐氧化成铬酸盐。

$$\underset{\text{(绿色)}}{2\,CrO_2^-}+3H_2O_2+2OH^- \rightleftharpoons \underset{\text{(黄色)}}{2\,CrO_4^{2-}}+4H_2O$$

$$2CrO_2^-+3Cl_2+8OH^- \rightleftharpoons 2CrO_4^{2-}+6Cl^-+4H_2O$$

Cr^{3+} 在酸性溶液中的还原性弱，只有很强的氧化剂，如 $KMnO_4$、$(NH_4)_2S_2O_8$ 等才能把它氧化。

$$10Cr^{3+}+6MnO_4^-+11H_2O \xlongequal{\triangle} 5Cr_2O_7^{2-}+6Mn^{2+}+22H^+$$

$$2Cr^{3+}+3S_2O_8^{2-}+7H_2O \xlongequal[Ag^+\text{催化}]{\triangle} Cr_2O_7^{2-}+6SO_4^{2-}+14H^+$$

12.2.1.2 Cr(Ⅵ)的化合物

常见的有 CrO_3，K_2CrO_4，Na_2CrO_4，$K_2Cr_2O_7$ 等。

于重铬酸钾($K_2Cr_2O_7$)浓溶液中加入浓硫酸，能析出深红色的 CrO_3。

$$K_2Cr_2O_7+H_2SO_4=K_2SO_4+2CrO_3\downarrow+H_2O$$

CrO_3 称铬酐，溶于水生成铬酸，是较强的酸。

$$CrO_3+H_2O=H_2CrO_4$$

铬酐是一很强的氧化剂，遇某些有机物，本身还原成 Cr_2O_3。

K_2CrO_4 是黄色晶体。铬酸盐溶于水后，存在如下平衡：

$$\underset{\text{(黄色)}}{2\,CrO_4^{2-}}+2H^+ \rightleftharpoons 2HCrO_4^- \rightleftharpoons \underset{\text{(橙色)}}{Cr_2O_7^{2-}}+H_2O$$

故向溶液中加酸，平衡向右移动，生成 $Cr_2O_7^{2-}$，溶液由黄变橙；向含 $Cr_2O_7^{2-}$ 的溶液中加碱，平衡向左移动，$Cr_2O_7^{2-}$ 转变成 CrO_4^{2-}，溶液由橙变黄。

$K_2Cr_2O_7$ 又叫红矾钾，$Na_2Cr_2O_7$ 又叫红矾钠。重铬酸盐在溶液中是强氧化剂，它们还原产物是 Cr^{3+}，$E^\ominus_{Cr_2O_7^{2-}/Cr^{3+}}=+1.33\ V$。它能把 H_2S、H_2SO_3、HI 等物质氧化。

$$Cr_2O_7^{2-}+3H_2S+8H^+ \rightleftharpoons 2Cr^{3+}+3S\downarrow+7H_2O$$

$$Cr_2O_7^{2-}+3SO_3^{2-}+8H^+ \rightleftharpoons 2Cr^{3+}+3SO_4^{2-}+4H_2O$$

$$Cr_2O_7^{2-}+6I^-+14H^+ \rightleftharpoons 2Cr^{3+}+3I_2+7H_2O$$

$$Cr_2O_7^{2-}+6Cl^-+14H^+ \rightleftharpoons 2Cr^{3+}+3Cl_2\uparrow+7H_2O$$

上述反应的最后一个反应是实验室中制备少量氯气的简便方法。

在碱性溶液中，重铬酸盐的氧化性很弱，$E^{\ominus}_{CrO_4^{2-}/CrO_2^-}=-0.13\ V$。重铬酸盐是实验室常用的一种强氧化剂。它与浓硫酸的混合物叫做铬酸洗液，常用于洗涤玻璃器皿。重铬酸钾易于用重结晶法纯制，在分析化学中作基准物使用。

12.2.2 锰的重要化合物

锰的主要氧化态为+2、+3、+4、+6 和+7。在通常条件下，以+2 为最稳定，因 Mn^{2+} 的电子构型为 $3d^5$，是半充满轨道的稳定构型。在高氧化态化合物中，重要的是 MnO_2 和 $KMnO_4$。锰的标准电势如下。

酸性 $E^{\ominus}_A$：

$$\overbrace{\underbrace{MnO_4^- \xrightarrow{+0.564} MnO_4^{2-} \xrightarrow{+2.26} MnO_2}_{+1.695} \xrightarrow{+0.95} Mn^{3+} \xrightarrow{+1.51} Mn^{2+}}^{+1.51} \xrightarrow{-1.18} Mn$$

碱性 $E^{\ominus}_B$：

$$\underbrace{MnO_4^- \xrightarrow{+0.564} MnO_4^{2-} \xrightarrow{+0.60} MnO_2}_{+0.588} \xrightarrow{-0.2} Mn(OH)_3 \xrightarrow{+0.1} Mn(OH)_2 \xrightarrow{-1.55} Mn$$

$$\underbrace{MnO_2 \xrightarrow{-0.2} Mn(OH)_3 \xrightarrow{+0.1} Mn(OH)_2}_{-0.05}$$

12.2.2.1 Mn(Ⅱ)的化合物

Mn^{2+} 能与多数阴离子成盐，除磷酸盐、碳酸盐以及硫化物外，Mn(Ⅱ)几乎都溶于水。从水溶液中析出的晶体常为水合物。例如 $MnCl_2 \cdot 4H_2O$，$Mn(NO_3)_2 \cdot 6H_2O$，$MnSO_4 \cdot 7H_2O$ 等。在中性或酸性溶液中，Mn^{2+} 以浅红色的$[Mn(H_2O)_6]^{2+}$形式存在，在空气中很稳定，难以被氧化。在酸性溶液中，只有铋酸钠 $NaBiO_3$，过硫酸铵$(NH_4)_2S_2O_8$ 等强氧化剂才能把 Mn^{2+} 氧化成紫色的 MnO_4^-。

$$2Mn^{2+}+5NaBiO_3+14H^+=5Na^++5Bi^{3+}+7H_2O+2MnO_4^-$$

$$2Mn^{2+}+5S_2O_8^{2-}+8H_2O \xlongequal[Ag^+]{\triangle} 10SO_4^{2-}+2MnO_4^-+16H^+$$

这些反应可用来检验 Mn^{2+}。

于 Mn(Ⅱ)盐溶液中加硫化铵，得肉色的硫化锰 MnS，它难溶于水，易溶于酸。

12.2.2.2 Mn(Ⅳ)的化合物

在 Mn(Ⅳ)的化合物中，最稳定、最重要的是二氧化锰 MnO_2，它是灰黑色固体，不溶于水。MnO_2 在酸性溶液中是较强的氧化剂，它与浓盐酸共热可以放出 Cl_2，可用此反应制备少量 Cl_2：

$$MnO_2+4HCl=MnCl_2+2H_2O+Cl_2\uparrow$$

它与浓硫酸共热可放出 O_2：

$$2MnO_2+2H_2SO_4 \xlongequal{\triangle} 2MnSO_4+2H_2O+O_2\uparrow$$

在有机合成中，MnO_2 也常作氧化剂用。

12.2.2.3 Mn(Ⅵ)的化合物

Mn(Ⅵ)以 MnO_4^{2-} 形式存在，它只有两种盐：K_2MnO_4 和 Na_2MnO_4。

将 MnO_2 和 KOH 在空气中加热熔融，得暗绿色的锰酸钾。

$$2MnO_2+4KOH+O_2=2K_2MnO_4+2H_2O$$

如加入 $KClO_3$、KNO_3 等氧化剂，反应较快。

$$3MnO_2+6KOH+KClO_3=3K_2MnO_4+KCl+3H_2O$$

K_2MnO_4 可溶于水。MnO_4^{2-} 呈绿色，它在水溶液中很不稳定，易发生歧化反应。

$$3MnO_4^{2-}+2H_2O \rightleftharpoons MnO_2+2MnO_4^-+4OH^-$$

加酸时分解更快，MnO_4^{2-} 只存在于强碱性溶液中。

12.2.2.4 Mn(Ⅶ)的化合物

Mn(Ⅶ)化合物中最常见的是 $KMnO_4$，是深紫色晶体，加热至 200℃以上时能分解放出氧气。

$$2KMnO_4 \xlongequal{\triangle} K_2MnO_4+MnO_2+O_2\uparrow$$

它易溶于水，水溶液呈 MnO_4^- 特有的紫色。$KMnO_4$ 是一种强氧化剂，它们氧化能力和被还原产物随溶液的酸碱度不同而异。在酸性溶液中：

$$MnO_4^-+8H^++5e^- \rightleftharpoons 2Mn^{2+}+4H_2O \quad E^\ominus=+1.51\ V$$

在过量还原剂的存在下，还原产物为 Mn^{2+}，例如：

$$2MnO_4^-+5SO_3^{2-}+6H^+=2Mn^{2+}+5SO_4^{2-}+3H_2O$$

$$2MnO_4^-+10I^-+16H^+=2Mn^{2+}+5I_2+8H_2O$$

$$MnO_4^-+5Fe^{2+}+8H^+=Mn^{2+}+5Fe^{3+}+4H_2O$$

在中性、弱碱性溶液中，$KMnO_4$ 被还原为 MnO_2。

$$MnO_4^-+2H_2O+3e^-=MnO_2(s)+4OH^- \quad E^\ominus=+0.588\ V$$

$$2MnO_4^-+3SO_3^{2-}+H_2O=3SO_4^{2-}+2MnO_2+2OH^-$$

在强碱情况下，还原产物可为 MnO_4^{2-}。例如：

$$2MnO_4^-+SO_3^{2-}+2OH^-=2MnO_4^{2-}+SO_4^{2-}+H_2O$$

高锰酸钾是实验室中常用的氧化剂。在定量分析中，$KMnO_4$ 用于配制标准溶液。因它不易提纯，不能作为基准物质用。在酸性溶液中，$KMnO_4$ 和 H_2O 能发生下列反应：

$$4MnO_4^-+2H_2O=4MnO_2+3O_2\uparrow+4OH^-$$

但此反应在中性或碱性溶液中分解极慢。MnO_2 和光线能促使其分解，故配制 $KMnO_4$ 溶液时应除去 MnO_2，盛于棕色瓶中，保存于暗处。

稀 $KMnO_4$ 水溶液可用于食物消毒、冲洗肠道以及皮肤炎症的湿敷等，在磷或巴比妥类剧毒药物中毒时可用 $KMnO_4$ 稀溶液洗胃。

12.3 铁、钴、镍的化合物

12.3.1 铁的重要化合物

铁有从+2~+6的各种氧化态，其中最重要的氧化态是+2和+3。铁的电势图如下。

酸性$E_A^\ominus$：

$$FeO_4^{2-} \xrightarrow{\leq +1.9} Fe^{3+} \xrightarrow{+0.771} Fe^{2+} \xrightarrow{-0.440} Fe$$

碱性$E_B^\ominus$：

$$FeO_4^{2-} \xrightarrow{\leq +1.9} Fe(OH)_3 \xrightarrow{-0.56} Fe(OH)_2 \xrightarrow{-0.887} Fe$$

12.3.1.1 Fe(Ⅱ)的化合物

Fe^{2+}在水溶液中通常以水化离子$[Fe(H_2O)_6]^{2+}$形式存在，呈淡绿色。并有部分水解：

$$[Fe(H_2O)_6]^{2+} + H_2O \rightleftharpoons [Fe(H_2O)_5OH]^{+} + H_3O^{+}$$

水解程度很小($pK_h = 9.5$)溶液近于中性。

Fe^{2+}有还原性，$KMnO_4$、$K_2Cr_2O_7$、H_2O_2等氧化剂能把它氧化成Fe^{3+}：

$$MnO_4^- + 5Fe^{2+} + 8H^+ = Mn^{2+} + 5Fe^{3+} + 4H_2O$$

$$Cr_2O_7^{2-} + 6Fe^{2+} + 14H^+ = 2Cr^{3+} + 6Fe^{3+} + 7H_2O$$

$$H_2O_2 + 2Fe^{2+} + 2H^+ = 2Fe^{3+} + 2H_2O$$

在酸性溶液中，空气中的氧也能把它氧化：

$$4Fe^{2+} + O_2 + 4H^+ = 4Fe^{3+} + 2H_2O$$

在碱性溶液中，Fe^{2+}的还原性更强，它能把NO_3^-和NO_2^-还原成NH_3，能把Cu^{2+}还原成铜。

亚铁盐与第一系列过渡元素+2价离子的盐类性质相似，它们的强酸盐(如卤化物、硝酸盐、硫酸盐)易溶于水，而弱酸盐(如碳酸盐、硫化物、磷酸盐、草酸盐和氢氧化物)大多数难溶于水而溶于酸。

常见的亚铁盐是$FeSO_4 \cdot 7H_2O$，俗称绿矾。它不稳定，特别是它们的溶液，易氧化为Fe(Ⅲ)化合物。$FeSO_4 \cdot 7H_2O$在空气中逐渐风化，失去部分结晶水，并逐渐被氧化成黄褐色的硫酸铁。

硫酸铁能与碱金属的硫酸盐形成复盐，如硫酸亚铁铵$(NH_4)_2SO_4 \cdot FeSO_4 \cdot 6H_2O$，又称莫尔氏盐，它比绿矾要稳定得多。在定量分析中用于标定重铬酸钾和高锰酸钾溶液。

$FeSO_4 \cdot 7H_2O$在农业上用于防治虫害，在医疗上做成药片或糖浆用于治疗缺铁性贫血症。

Fe(Ⅱ)配合物的配位数为6，如$[Fe(H_2O)_6]^{2+}$、$[Fe(CN)_6]^{4-}$等。其重要的亚铁盐有亚铁氰化钾$K_4[Fe(CN)_6]$，俗称黄血盐。它的溶液是检验Fe^{3+}的重要试剂 。

$$4Fe^{3+} + 3[Fe(CN)_6]^{4-} = Fe_4[Fe(CN)_6]_3 \downarrow (蓝色)$$

$K_4[Fe(CN)_6]$与Fe^{2+}作用生成白色$K_2Fe[Fe(CN)_6]$沉淀。

12.3.1.2 Fe(Ⅲ)的化合物

Fe^{3+}在酸性水溶液中，通常以淡紫色的$[Fe(H_2O)_6]^{3+}$形式存在，很易水解。

$$[Fe(H_2O)_6]^{3+} + H_2O \rightleftharpoons [Fe(H_2O)_5OH]^{2+} + H_3O^+ \qquad K_h = 10^{-3.05}$$

水解生成的碱式离子呈黄色。溶液的 pH 越高，水解度越大，最后逐渐形成胶体，析出红棕色水合氧化铁$Fe_2O_3 \cdot nH_2O$沉淀。加热亦可促进水解平衡向右移动。欲防止水解可加入一定量强酸。

Fe^{3+}具有氧化性，能被$SnCl_2$、H_2S、SO_2、I^-等还原成Fe^{2+}。例如：

$$2Fe^{3+} + 2I^- = 2Fe^{2+} + I_2$$

Fe^{3+}还能被金属铁还原。

$$2Fe^{3+} + Fe = 3Fe^{2+}$$

故在亚铁盐溶液中加铁丝可防止Fe^{3+}的生成。

最常见的铁(Ⅲ)化合物有：$Fe_2O_3 \cdot nH_2O$(通常称氢氧化铁)；Fe_2O_3(因制备方法不同，颜色可由红棕至鲜红)；Fe_3O_4[又称磁性氧化铁，其结构为$Fe^{Ⅱ}Fe^{Ⅲ}[Fe^{Ⅲ}O_4]$，$Fe_2(SO_4)_3 \cdot 9H_2O$，$KFe(SO_4)_2 \cdot 12H_2O$(铁钾矾)]等。铁(Ⅲ)盐中，$FeCl_3$比较重要，铁屑与氯气可直接作用：

$$2Fe(屑) + 3Cl_2 = 2FeCl_3(棕黑色)$$

也可将铁屑与盐酸作用，再往溶液中通入Cl_2，经浓缩得黄棕色的水合氯化铁$FeCl_3 \cdot 6H_2O$晶体。$FeCl_3$在空气中易潮解，易溶于水，也溶于甲醇、乙醇、乙醚、丙酮等有机溶剂。在 573 K 以上升华。它基本上属于共价型化合物。

$FeCl_3$能引起蛋白质的迅速凝聚，所以在医疗上用作伤口的止血剂。

Fe(Ⅲ)的配合物较多，较重要的有$K_3[Fe(CN)_6]$(通常称铁氰化钾，俗称赤血盐)，$Fe(SCN)_3$，$[FeF_6]^{3-}$等。

铁氰化钾溶液与Fe^{2+}作用，生成蓝色沉淀，常用来检验Fe^{2+}：

$$2[Fe(CN)_6]^{3-} + 3Fe^{2+} = Fe_3[Fe(CN_6)]_2\downarrow$$

铁氰化钾溶液与Fe^{3+}作用，形成棕色溶液：

$$[Fe(CN)_6]^{3-} + Fe^{3+} = Fe[Fe(CN)_6]$$

Fe^{3+}与SCN^-作用生成血红色的$[Fe(SCN)_6]^{3-}$溶液，此反应是检验Fe^{3+}的灵敏反应。

$$Fe^{3+} + 3SCN^- = [Fe(SCN)_3](血红色)$$

Fe^{3+}与F^-能形成更稳定的配离子$[FeF_6]^{3-}$。故加入F^-，能使Fe^{3+}与SCN^-形成的血红色溶液退色。

12.3.2 钴和镍的重要化合物

钴和镍的氧化还原性可由它们的标准电极电势作出判断。为比较起见，同时列入铁的标准电势：

酸性

$$Fe^{3+} + e^- = Fe^{2+} \qquad E^\ominus = 0.771\ V$$

$$Co^{3+} + e^- = Co^{2+} \qquad E^\ominus = 1.82\ V$$

可见，$E^\ominus_{Fe^{3+}/Fe^{2+}}$ 的值最小，Fe^{2+} 具有还原性。$E^\ominus_{Co^{3+}/Co^{2+}}$、$E^\ominus_{Ni^{3+}/Ni^{2+}}$ 的值较大，Co^{3+} 是强氧化剂，+3 氧化态的镍更不稳定。Co^{2+}、Ni^{2+} 比较稳定。

钴(Ⅱ)和镍(Ⅱ)的强酸盐几乎都溶于水，但由于水解作用而使溶液呈酸性。它们的弱酸盐，例如碳酸盐、磷酸盐、硫化物都是不溶的。可溶盐的离子都有颜色，如 Co^{2+} 呈粉红色，Ni^{2+} 呈亮绿色。而在无水盐中 Co^{2+} 呈蓝色，Ni^{2+} 为黄色。

最常用的钴(Ⅱ)盐是 $CoCl_2$，它随所含结晶水分子数的不同而呈现不同的颜色。

水分子数目：	6	4	2	1	0
颜　　色：	粉红	红	浅红紫	蓝紫	浅蓝

无水 $CoCl_2$ 在潮湿空气中由于吸水，逐渐从蓝色变成粉红色。做干燥剂用的硅胶常含有氯化钴，利用 $CoCl_2$ 因吸水而发生的颜色变化，来显示硅胶的吸湿情况。

钴(Ⅲ)、(Ⅱ)和镍(Ⅱ)的配合物很多，最常见的配离子有 $[Co(H_2O)_6]^{2+}$，$[Co(NH_3)_6]^{2+}$，$[Co(NH_3)_6]^{3+}$，$[Co(NO_2)_6]^{3-}$，$[Co(CN)_6]^{3-}$，$[Co(SCN)_6]^{3-}$，$[Ni(CN)_4]^{2-}$，$Ni(CO)_4$，$[Ni(H_2O)_6]^{2+}$，$[Ni(NH_3)_6]^{2+}$ 等。在配合物中+3 氧化态的 Co 较简单化合物稳定，+2 氧化态 Ni 也是稳定的。这与它们的结构有关。例如，$[Co(NH_3)_6]^{3+}$，$[Co(NH_3)_6]^{2+}$，$[Ni(NH_3)_4]^{2+}$ 的稳定性与结构的关系为：

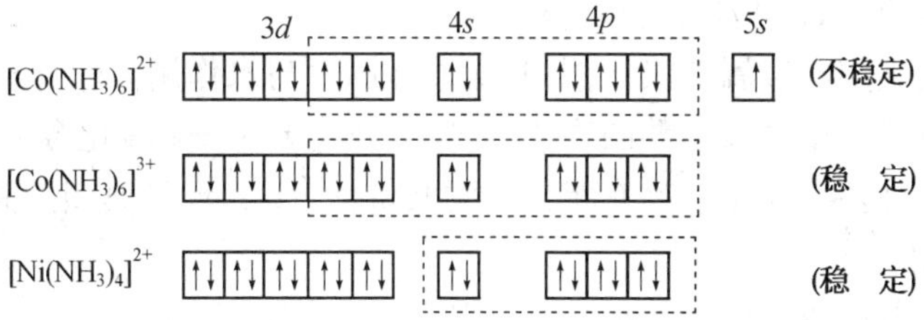

12.4　铂及其配合物

铂是银白色、有光泽、延展性好的金属。铂在空气中稳定，加热也不被氧化。铂与氯在 523～573 K 时作用生成红棕色 $PtCl_4$。铂不溶于一般的酸及氢氟酸中，溶于王水生成氯铂酸。

$$3Pt + 4HNO_3 + 18HCl = 3H_2[PtCl_6] + 4NO + 8H_2O$$

熔融的苛性碱或过氧化钠对铂腐蚀较严重。铂与硫或硫化物、磷或磷化物在加热时都能作用。

由于铂的化学稳定性很高，又能耐高温，故在化学上常用它制成各种器皿，例如铂坩埚、铂电极等。在使用铂的器皿时应注意下列几点：

(1) 不能用煤气灯的还原焰加热，因可能生成碳化物，使铂器皿变脆。

(2) 不能将滤纸和硫酸盐、砷酸盐、磷酸盐等一起在铂器皿中加热，因加热时碳可能把这些化合物中的硫、砷、磷等还原成单质，它们与铂作用使器皿变脆。

(3) 不能在铂器皿中处理重金属离子，以防止它们与铂形成合金。

(4) 不能在铂器皿中加热苛性碱、过氧化物或可能产生卤素的产物。

用王水溶解 Pt，即生成氯铂酸 $H_2[PtCl_6]$。氯铂酸与碱金属氯化物作用，生成相应的氯铂酸盐。氯铂酸的铵盐、钾盐、铷盐、铯盐等都是难溶于水的黄色晶体。分析化学中有时可用 $H_2[PtCl_6]$来检验 NH_4^+、K^+、Rb^+、Cs^+等离子。$H_2[PtCl_6]$与甲醛和 KOH 水溶液作用，可制得铂黑，它在有机合成中作氢化的催化剂。

$K_2[PtCl_4]$溶液与适量氨水作用得橙黄色组成为$[Pt(NH_3)_2Cl_2]$的顺式异构体，称 α-二氯二氨合铂(Ⅱ)：

$$K_2[PtCl_4]+2NH_3=[Pt(NH_3)_2Cl_2]+2KCl$$

它溶于过量氨水：

$$[Pt(NH_3)_2Cl_2]+2NH_3=[Pt(NH_3)_4]Cl_2$$

$[Pt(NH_3)_4]Cl_2$ 溶液与浓盐酸共热得鲜黄色$[Pt(NH_3)_2Cl_2]$的反式异构体，称 β-二氯二氨合铂(Ⅱ)。顺式二氯二氨合铂(Ⅱ)有抑制癌细胞增殖的作用，其反式无效。

12.5 铜和银

Cu、Ag 是ⅠB 族元素，又称铜族元素。从原子的最外电子层构型来看，它们与 s 区的碱金属元素相同，都是 1 个电子。但它们的化学性质与碱金属有较大的差别。主要表现在：

(1) 铜族金属密度都大于 5，属重金属，碱金属是轻金属；铜族金属硬度大、导电性好、熔沸点高，碱金属很软，如 Na、K 用刀就可以切割。

(2) 铜族金属远不如碱金属活泼。例如，铜族金属不与水作用，而碱金属与水激烈反应。

(3) 铜族元素可形成多种氧化数的物质，而碱金属主要是+1 氧化数的物质。

(4) 铜族元素中许多二元化合物有相当大的共价性，如 AgI 是典型的共价分子，而碱金属绝大多数是离子型化合物。

(5) 铜族元素都能形成较稳定的配合物，而碱金属则不易形成。

12.5.1 铜和银的单质

常温下，铜在干燥空气中是稳定的，仅在它的表面生成了一层厚度为 0.1～0.3 μm 的红色氧化亚铜薄膜，因不影响本身的光泽，故铜具有特征的赤红色光泽。在含有 CO_2 的潮湿空气中，铜的表面会逐渐生成绿色铜锈，俗称“铜绿”。

铜的标准电势比氢大，故不能转换酸中的氢，但能被氧化性酸如硝酸、热浓硫酸氧化，生成相应的盐。

$$Cu+4HNO_3=Cu(NO_3)_2+2NO_2\uparrow+2H_2O$$

$$Cu+2H_2SO_4(浓)\xlongequal{\triangle}CuSO_4+SO_2\uparrow+2H_2O$$

铜在空气中能溶解于氨水，生成蓝色的铜氨配离子；也能溶于氰化钾溶液中。

$$2Cu+O_2+8NH_3+2H_2O=2[Cu(NH_3)_4]^{2+}+4OH^-$$

$$4Cu+8CN^-+O_2+2H_2O=4[Cu(CN)_2]^-+4OH^-$$

银在室温下不与氧结合，但加热到 473 K 时，表面可形成氧化银的薄膜。在空气中会与硫化氢反应，表面生成黑色 Ag_2S。

$$2Ag+H_2S+\frac{1}{2}O_2=Ag_2S+H_2O$$

银相似于铜，能溶于硝酸或热浓硫酸及氰化钾溶液中。

$$Ag+2HNO_3=AgNO_3+NO_2+H_2O$$

$$4Ag+8CN^-+2H_2O+O_2=4[Ag(CN)_2]^-+4OH^-$$

银不溶于氨水，也不与熔融碱作用，故在进行苛性钾熔融反应时，可用银坩埚代替铂坩埚。

12.5.2 铜的重要化合物

铜能生成氧化数为+1、+2 的化合物。+3 氧化态不稳定（如 $KCuO_2$）。+1 氧化态的铜只在难溶化合物或配离子中稳定存在，常见的难溶铜（Ⅰ）化合物如 CuCl、CuI、Cu_2S、Cu_2O。它们在干燥空气中，不易被氧化。常见 Cu（Ⅰ）的配离子如 $[CuCl_2]^-$、$[Cu(CN)_2]^-$、$[Cu(NH_3)_2]^+$，它们在水溶液中易被空气氧化。

由铜的电势图可见：

酸性 $E_A^\ominus$

$$Cu^{2+}\xrightarrow{0.17\ V}Cu^+\xrightarrow{0.52\ V}Cu\qquad (Cu^{2+}\xrightarrow{0.345\ V}Cu)$$

$E^\ominus_{Cu^+/Cu}>E^\ominus_{Cu^{2+}/Cu}$，$Cu^+$ 在水溶液中发生歧化反应：

$$2Cu^+\rightleftharpoons Cu^{2+}+Cu\qquad K_c=1.2\times10^6$$

故可溶性铜（Ⅰ）化合物在水中不易存在。根据平衡移动原理，只有形成难溶性 Cu（Ⅰ）化合物或配离子时，Cu（Ⅰ）才是稳定的。

12.5.2.1 氧化亚铜 Cu_2O

Cu_2O 是红色固体，很稳定。当灼烧 CuO 至 1 273～1 473 K 时，分解放出氧，生成 Cu_2O。将含酒石酸钾钠的 Cu（Ⅱ）盐碱性溶液，用葡萄糖还原，就得到 Cu_2O。由于反应物的浓度或反应条件不同，生成 Cu_2O 晶粒的大小不同，颜色可由黄、橙黄到红。在临床上利用此反应来检查糖尿病患者尿中的糖含量。含酒石酸钾的铜盐碱性溶液称为菲林溶液（Fehlins' s solution）。酒石酸钾钠的加入是为了使 Cu^{2+} 形成配离子，以避免产生氢氧化铜的沉淀。

$$2Cu^{2+}+4OH^-+\underset{\text{葡萄糖}}{C_6H_{12}O_6}=Cu_2O\downarrow+2H_2O+\underset{\text{葡萄糖酸}}{C_6H_{12}O_7}$$

12.5.2.2 氧化铜 CuO

加热 $Cu(OH)_2$ 或 Cu（Ⅱ）盐可制得 CuO：

$$Cu(OH)_2\xlongequal{\triangle}CuO\downarrow+H_2O$$

$$2Cu(NO_3)_2\xlongequal{\triangle}2CuO\downarrow+4NO_2\uparrow+O_2\uparrow$$

CuO 不溶于水，溶于酸生成相应的盐，微溶于碱生成 $[Cu(OH)_4]^{2-}$。CuO 在高温时表现出相当强的氧化性，所以当与各种不同有机物接触时，CuO 把它们氧化为 CO_2 和 H_2O，而本身被还原成单质 Cu。例如：

$$CuO+H_2 \xlongequal{\triangle} Cu+H_2O$$

$$CuO+CO \xlongequal{\triangle} CO_2+Cu$$

因此这一反应常被用作有机物的元素分析，以测定其中碳和氢的含量。

12.5.2.3　硫酸铜 $CuSO_4 \cdot 5H_2O$

在充分供给空气的条件下，用热的稀硫酸溶解铜可制得蓝色五水合硫酸铜 $CuSO_4 \cdot 5H_2O$，俗称“胆矾”或“蓝矾”。

$$2Cu+O_2+2H_2SO_4 \xlongequal{\triangle} 2CuSO_4+2H_2O$$

CuO 与稀硫酸反应，经蒸发浓缩也可得 $CuSO_4 \cdot 5H_2O$。其在不同温度下，可以发生下列变化：

$$CuSO_4 \cdot 5H_2O \xrightarrow{375\ K} CuSO_4 \cdot 3H_2O \xrightarrow{386\ K} CuSO_4 \cdot H_2O \xrightarrow{531\ K} CuSO_4 \xrightarrow{923\ K} CuO$$

无水硫酸铜为白色粉末，不溶于乙醇和乙醚，其吸水性很强，吸水后即显出特征的蓝色。可利用这一性质来检验乙醇、乙醚等有机溶剂中的微量水分。也可用无水硫酸铜从这些有机物中除去少量水分（作干燥剂）。在农业上，将 $CuSO_4 \cdot 5H_2O$ 与石灰乳混合（质量比 $m_{CuSO_4 \cdot 5H_2O} : m_{CaO} : m_{H_2O}=1:1:100$），可用于水果与蔬菜的杀菌，称波尔多液。

12.5.2.4　硫化铜 CuS

在硫酸铜溶液中，通入 H_2S，即有黑色 CuS 沉淀析出：

$$CuSO_4+H_2S = CuS\downarrow+H_2SO_4$$

CuS 不溶于水，也不溶于稀酸，但溶于热的稀 HNO_3 中：

$$3CuS+8HNO_3 = 3Cu[NO_3]_2+2NO\uparrow+3S\downarrow+4H_2O$$

CuS 也溶于 KCN 溶液，生成 $[Cu(CN)_4]^{3-}$。

$$2CuS+10CN^- = 2[Cu(CN)_4]^{3-}+(CN)_2\uparrow+2S^{2-}$$

12.5.3　银的重要化合物

银的化合物主要是氧化数为 +1 的化合物，氧化数为 +2、+3 的化合物很少，如 AgO、AgF_2、Ag_2O_3，一般不稳定，是极强的氧化剂。

银盐一个重要特点是多数难溶于水，能溶的只有 $AgNO_3$、AgF、$AgClO_4$ 等少数几种。

Ag^+ 和 Cu^{2+} 相似，易形成配合物，把难溶性银盐转化成配离子是溶解难溶银盐的重要方法。

12.5.3.1　氧化银（Ag_2O）

在 $AgNO_3$ 溶液中加 NaOH，反应首先析出白色 AgOH。常温下 AgOH 极不稳定，立即脱水生成暗棕色 Ag_2O 沉淀。Ag_2O 生成热很小（31 $kJ \cdot mol^{-1}$），因此不稳定，加热到 573 K 时，就完全分解。氧化银是一种强氧化剂，它容易被 CO 或 H_2O_2 还原。

$$Ag_2O+CO=2Ag+CO_2$$

$$Ag_2O+H_2O_2=2Ag+H_2O+O_2\uparrow$$

Ag_2O 和 MnO_2、Co_2O_3、CuO 的混合物在室温下能迅速将 CO 氧化成 CO_2，可用在防毒面具中。

12.5.3.2　硝酸银($AgNO_3$)

$AgNO_3$ 是一种无色晶体。由于它的稳定性和易溶于水，故是一个重要的银盐试剂。将 Ag 溶于 HNO_3，蒸发并结晶即得 $AgNO_3$。

固体 $AgNO_3$ 受强热或日光直接照射，即逐渐分解。因此，$AgNO_3$ 的固体或试液必须保存在棕色瓶内。

$AgNO_3$ 具有氧化性($E^{\ominus}_{Ag^+/Ag}=0.799$ V)，在室温时，许多有机物都能将它还原成黑色银粉。例如用 $AgNO_3$ 溶液在纤维织物上画一记号，不久这个记号就变黑了。蛋白质遇 $AgNO_3$ 即生成黑色蛋白银沉淀，因此它对有机组织有破坏作用，使用时应防止与皮肤接触。10%的 $AgNO_3$ 溶液在医药上作为消毒剂和腐蚀剂。

常用含氨的硝酸银溶液来检查甲醛类化合物，称银镜反应，其反应式为

$$2AgNO_3+2NH_3+H_2O=Ag_2O+2NH_4NO_3$$

$$(过量)4NH_3+Ag_2O+H_2O=2[Ag(NH_3)_2]^++2OH^-$$

$$2[Ag(NH_3)_2]^++HCHO+H_2O=HCOO^-+3NH_4^++NH_3+2Ag\downarrow$$

适当过量氨的加入是为了生成$[Ag(NH_3)_2]^+$配离子，以控制 Ag^+ 浓度，使产生的 Ag 颗粒细而均匀。故此反应亦可用来制镜或暖水瓶镀银。

12.5.3.3　卤化银(AgX)

于 $AgNO_3$ 溶液中加入可溶性卤化物(如 NaCl、NaBr、KI 等)，即生成不同颜色的 AgX 沉淀。卤化银的性质列于表 12-6。

表 12-6　卤化银的性质

化　合　物	AgF	AgCl	AgBr	AgI
颜　　色	白	白	淡黄	黄
298 K 时的溶解度/($mg\cdot L^{-1}$)	1 800 000	30	5.5	0.056
键的离子性成分/%	70	30	23	11

从 AgF 到 AgI，颜色逐渐加深，这是由于在卤化银中，离子极化作用按 AgF、AgCl、AgBr、AgI 的顺序增强。在水中的溶解度依次减少，这是由于键的共价性依次增强。

AgCl、AgBr、AgI 都具有感光性，可用作照相底片上的感光物质。普通照相底片上敷有一层含 AgBr 胶粒的凝胶。在光的作用下，胶粒里的 AgBr 分解成“银核”(银原子)。

$$AgBr\xrightarrow{光子}Ag+Br$$

将底片用氢醌(有机还原剂)处理，含有“银核”的 AgBr 粒子被还原为金属，变成黑色。这个过程称为显影。然后再浸入 $Na_2S_2O_3$(大苏打)溶液中，使未感光的 AgBr 形成$[Ag(S_2O_3)]^{3-}$

而溶解，剩下的金属银不再变化，故此过程称为定影。

12.5.3.4　配合物

Ag^+具有 5s 和 5p 空轨道，它通常以 sp 杂化轨道与配位体的孤对电子构成配键，形成配位数为 2 的配离子。例如：

$$Ag^+ + 2Cl^- \rightleftharpoons [AgCl_2]^- \qquad K_{稳} = 4.5\times10^5$$

$$Ag^+ + 2NH_3 \rightleftharpoons [Ag(NH_3)_2]^+ \qquad K_{稳} = 1.5\times10^7$$

$$Ag^+ + 2S_2O_3^{2-} \rightleftharpoons [Ag(S_2O_3)_2]^{3-} \qquad K_{稳} = 2.4\times10^{13}$$

$$Ag^+ + 2CN^- \rightleftharpoons [Ag(CN)_2]^- \qquad K_{稳} = 1.3\times10^{21}$$

根据难溶银盐K_{sp}的不同和配离子稳定性的差异，可使银盐的沉淀生成和溶解；配离子的生成和解离交替进行。例如：

$$Ag^+ + Cl^- = AgCl(s)\downarrow \qquad K_{sp} = 1.56\times10^{-10}$$

$$Ag^+ + 2NH_3 = [Ag(NH_3)_2]^+ \qquad K_{稳} = 1.57\times10^7$$

合并两式得：

$$AgCl(s) + 2NH_3 = [Ag(NH_3)_2]^+ + Cl^- \qquad K = K_{sp}\cdot K_{稳} = 2.65\times10^{-3}$$

同样方法处理可得：

$$AgBr(s) + 2NH_3 = [Ag(NH_3)_2]^+ + Br^- \qquad K = 1.3\times10^{-5}$$

$$AgI(s) + 2NH_3 = [Ag(NH_3)_2]^+ + I^- \qquad K = 2.6\times10^{-9}$$

从上述平衡常数的大小可看出：AgCl 能较好地溶于浓氨水，而 AgBr 和 AgI 却难溶于氨水中。同理可说明 AgBr 易溶于 $Na_2S_2O_3$ 溶液中，而 AgI 易溶于 KCN 溶液中。

因此，下列反应依次连续发生就不难理解了。

$$AgCl(s) + 2NH_3(aq) = [Ag(NH_3)_2]^+ + Cl^-$$

$$[Ag(NH_3)_2]^+ + Br^- = AgBr\downarrow + 2NH_3$$

$$AgBr(s) + 2S_2O_3^{2-} = [Ag(S_2O_3)_2]^{3-} + Br^-$$

$$[Ag(S_2O_3)_2]^{3-} + I^- = AgI\downarrow + 2S_2O_3^{2-}$$

$$AgI(s) + 2CN^- = [Ag(CN)_2]^- + I^-$$

$$2[Ag(CN)_2]^- + S^{2-} = Ag_2S\downarrow + 4CN^-$$

12.6　锌和汞

Zn、Hg 是ⅡB 族元素，又称锌族元素。从原子的最外层电子构型看，它们与 s 区的碱土金属元素相同，都是 2 个电子。但它们的化学性质、物理性质与碱土金属有较大的差别。主要表现在：

(1) 锌族金属的熔点、沸点都比碱土金属低，汞在室温下就是液体。

(2) 锌族元素形成的化合物所表现的共价性较显著，不论在程度上或范围上都比碱土金属的化合物所表现的共价性大。

(3) 碱土金属较活泼，尤其是钙、锶、钡在空气中易被氧化，不但能从稀酸中置换出氢气，而且能从水中置换出氢气。锌族元素活泼性差，在常温下干燥的空气中不起变化，也不能从水中转换出氢气。

(4) 碱土金属的氢氧化物碱性较强，锌族金属的氢氧化物是弱碱。$Be(OH)_2$ 和 $Zn(OH)_2$ 都是两性氢氧化物。

(5) 锌族和碱土金属的硝酸盐都易溶于水，而碳酸盐都难溶于水。锌族元素的硫酸盐是易溶的，而碱土金属的硫酸盐则是微溶或难溶。

(6) 锌族金属离子形成配合物的倾向比碱土金属离子强得多。

12.6.1 锌和汞的单质

锌和汞的元素位于第一过渡系之末，它们单质的熔点、沸点都比同一过渡系金属单质的低。汞是金属中熔点最低的，常温下是液体。在干燥空气中，锌、汞单质较稳定。受热时，锌燃烧生成 ZnO，汞则氧化得很慢。Zn 能溶于稀硫酸和盐酸中，汞则不溶，仅溶于硝酸和热浓硫酸中。

$$3Hg + 8HNO_3 = 3Hg(NO_3)_2 + 2NO + 4H_2O$$

$$Hg + 2H_2SO_4 \xlongequal{\triangle} HgSO_4 + SO_2 + 2H_2O$$

可见锌族元素单质的化学活泼性按锌到汞的顺序减弱。

锌与 CO_2 的潮湿空气接触，表面生成一层碱式碳酸盐薄膜，阻止锌进一步被氧化。

$$4Zn + 2O_2 + 3H_2O + CO_2 = ZnCO_3 \cdot 3Zn(OH)_2$$

利用这一性质，加上锌比较活泼，常把 Zn 镀在铁片上(俗称白铁皮)，以防铁片生锈。当白铁皮被切开时，切口部分露出的铁层、锌层以及表面吸附的水膜即形成原电池，Zn 是原电池的负极，Fe 是正极，所以锌被腐蚀，而铁得到保护。

汞具挥发性，在 293 K 时，其蒸气压是 0.017 Pa(0.0013mmHg)。空气中即使含有微量的汞蒸气，对人体也是有害的。为防止汞的挥发，可在汞的表面覆盖一层水。如因不小心，将汞散落桌面或地面，必须立即用锡箔沾起，因锡箔易被汞湿润成汞齐。或用硫黄粉覆盖，使变成难溶的HgS。

汞的另一特性是能溶解许多金属(如 Na、K、Ag、Au、Zn、Sn、Pb 等)，形成汞齐。钠汞齐与水反应放出氢气，在有机合成中用作还原剂。

12.6.2 锌的重要化合物

锌在化合物中的氧化数是+2。Zn^{2+} 为无色。锌的卤化物(除氟化物外)、硝酸盐、硫酸盐和醋酸盐都易溶于水。氯化锌、氢氧化锌、硫化锌、碳酸锌等难溶于水。

12.6.2.1 氧化锌和氢氧化锌

氧化锌是常用药物，为白色不溶于水的粉末，加热时变黄，冷却恢复白色。药用氧化锌是由硫酸锌溶液与碳酸钠溶液反应生成碱式碳酸锌沉淀(由于弱酸弱碱盐水解的原因，不能得到正碳酸盐)，然后煅烧分解而得。

$$5ZnSO_4+5Na_2CO_3+3H_2O=2ZnCO_3\cdot 3Zn(OH)_2\downarrow+5Na_2SO_4+3CO_2$$

$$2ZnCO_3\cdot 3Zn(OH)_2\xlongequal{灼烧}5ZnO+2CO_2\uparrow+3H_2O\uparrow$$

氢氧化锌可由适量的碱与锌盐复分解而制得，为白色不溶于水的沉淀，加热易脱水生成氧化锌 ZnO。

ZnO 和 $Zn(OH)_2$ 都具有两性，溶于强酸成锌盐，溶于强碱成锌酸盐。

$$Zn(OH)_2+2H^+=Zn^{2+}+2H_2O$$

$$Zn(OH)_2+2OH^-=[Zn(OH)_4]^{2-}$$

因此在 $Zn(OH)_2$ 饱和溶液中存在如下平衡：

$$Zn^{2+}+2OH^-=Zn(OH)_2\xlongequal{+2H_2O}[Zn(OH)_4]^{2-}+2H^+$$

加酸，平衡向左移动，生成 Zn^{2+}；加碱，平衡向右移动，生成锌酸盐。

$Zn(OH)_2$ 还可溶于氨水中，这一点与 $Al(OH)_3$ 不同，溶解作用是由于生成了氨配离子。

$$Zn(OH)_2+4NH_3=[Zn(NH_3)_4]^{2+}+2OH^-$$

12.6.2.2 无水氯化锌

用锌、氧化锌或碳酸锌与盐酸反应，经浓缩冷却，就有 $ZnCl_2\cdot H_2O$ 晶体析出。如将氯化锌溶液蒸干，只能得到碱式氯化锌而得不到无水氯化锌，这是 Zn^{2+} 水解造成的。

$$ZnCl_2+H_2O\xlongequal{\triangle}Zn(OH)Cl+HCl\uparrow$$

要制备无水 $ZnCl_2$，一般要在干燥 HCl 气氛中加热脱水。

无水 $ZnCl_2$ 是白色易潮解的固体，吸水性强，在有机合成中常用作脱水剂和催化剂。

$ZnCl_2$ 的浓溶液中，由于生成配合酸-羟基二氯合锌酸 $H[ZnCl_2(OH)]$ 而使溶液具有显著的酸性，它能溶解金属氧化物。

$$ZnCl_2+H_2O=H[ZnCl_2(OH)]$$

$$FeO+2H[ZnCl_2(OH)]=Fe[ZnCl(OH)_2]+H_2O$$

在焊接金属时，用 $ZnCl_2$ 溶液清除金属表面上的氧化物就是根据这一性质，它的优点是不损害金属表面，而且水分蒸发后，熔化的盐覆盖在金属表面，使之不再氧化，能保证焊接金属接触良好。

12.6.3 汞的重要化合物

汞有氧化数为+1、+2 的化合物。在 $HgCl_2$、HgS 等化合物中，汞的氧化数是+2。在 Hg_2Cl_2、$Hg_2(NO_3)_2$ 等化合物中，汞的氧化数是+1。氧化数为+1 的化合物称亚汞化合物。亚汞化合物中，汞总是以双聚体 Hg_2^{2+} 的形式出现，其结构为 $Hg^+:Hg^+$，即 2 个 Hg^+ 以共价结合。因此氯化亚汞的化学式是 Hg_2Cl_2，而不是 HgCl。

氧化数为+2 的汞化合物大多为共价化合物，但固体硫酸汞、硝酸汞是离子化合物。

12.6.3.1 氧化汞

氧化汞 HgO 有两种，一种红色氧化汞，一种黄色氧化汞。由硝酸汞缓缓加热得红色 HgO：

$$2Hg(NO_3)_2 \xlongequal{\triangle} 2HgO + 4NO_2\uparrow + O_2\uparrow$$

向硝酸汞溶液中加强碱，得黄色 HgO：

$$Hg(NO_3)_2 + 2NaOH = HgO\downarrow + 2NaNO_3 + H_2O$$

因 $Hg(OH)_2$ 不稳定，故得到的是分解产物。两种颜色的 HgO 都是正交晶系，不过黄色的颗粒很细而已。

HgO 是碱性氧化物，在水中溶解度小，能溶于稀酸，加热到 673 K 以上开始分解为 Hg 和 O_2。

HgO 在医药上称"黄降汞"，用于消毒杀菌。

12.6.3.2 氯化汞

氯化汞俗称升汞，氧化汞溶于盐酸可制得氯化汞。

$$HgO + 2HCl = HgCl_2 + H_2O$$

$HgCl_2$ 微溶于水，有剧毒，内服 0.2～0.4 g 可致死，医疗上用 $HgCl_2$ 稀溶液作手术器械的消毒。中药称"白降丹"，用于治疗疔毒。

$HgCl_2$ 的化学性质主要有以下几点：

(1) 是共价化合物，熔融态及在水中电离度都很小，主要以 $HgCl_2$ 分子存在。

(2) $HgCl_2$ 在水中稍有水解。

(3) 氨解与水解相似，氯化汞遇氨水即析出白色氯化氨基汞沉淀：

$$HgCl_2 + 2NH_3 = Hg(NH_2)Cl\downarrow + NH_4Cl$$

$Hg(NH_2)Cl$ 又称"白降汞"，在医药上用以治疗疥、癣等皮肤病。

(4) 氧化性：在酸性溶液中 $HgCl_2$ 是一较强的氧化剂，可被 $SnCl_2$ 等还原剂还原成 Hg_2Cl_2 或 Hg。

$$2HgCl_2 + SnCl_2 + 2HCl = Hg_2Cl_2\downarrow(\text{白}) + H_2SnCl_6$$

如果 $SnCl_2$ 过量，生成的 Hg_2Cl_2 进一步被还原为黑色 Hg，使沉淀变黑。

$$Hg_2Cl_2 + SnCl_2 + 2HCl = 2Hg\downarrow(\text{黑}) + H_2SnCl_6$$

利用上述反应可检验 Hg^{2+}。

(5) 形成配合物：与 KI 反应，生成猩红色的 HgI_2 沉淀，它溶于过量的 KI 中，生成无色的 $[HgI_4]^{2-}$ 配离子。

$$HgCl_2 + 2KI = HgI_2\downarrow + 2KCl$$

$$HgI_2 + 2KI = K_2[HgI_4]$$

含 $[HgI_4]^{2-}$ 配离子的碱性溶液称奈氏试剂，是检验 NH_3 或 NH_4^+ 的灵敏试剂。

$$2[HgI_4]^{2-} + NH_3 + 3OH^- = HgO\cdot HgNH_2I\downarrow + 7I^- + 2H_2O$$

$$2[HgI_4]^{2-} + NH_4^+ + 4OH^- = \underset{(\text{黄棕色})}{HgO\cdot HgNH_2I}\downarrow + 7I^- + 3H_2O$$

12.6.3.3 氯化亚汞

氯化亚汞(Hg_2Cl_2)俗称甘汞,将 Hg 与 $HgCl_2$ 混合在一起研磨,可以制得 Hg_2Cl_2。

$$HgCl_2 + Hg = Hg_2Cl_2 \downarrow$$

氯化亚汞难溶于水,少量时无毒,内服可作轻泻剂。外用治疗慢性溃疡及皮肤病。Hg_2Cl_2 在光的照射下,容易分解生成汞和氯化汞。

$$Hg_2Cl_2 \xlongequal{光} HgCl_2 + Hg$$

保存 Hg_2Cl_2 必须注意避光和密闭。因 Hg_2Cl_2 可内服,而 $HgCl_2$ 为剧毒药,在使用和保存时就要特别注意。现将 Hg_2Cl_2 的主要化学性质汇集于下:

(1) 与 NaOH 反应,生成黑色的 Hg 和 HgO 混合物。

$$Hg_2^{2+} + 2OH^- = Hg_2(OH)_2 = Hg \downarrow + HgO \downarrow + H_2O$$

(2) 与氨水反应,生成灰黑色的 Hg 和 $HgNH_2Cl$ 混合物。

$$Hg_2Cl_2 + 2NH_3 = HgNH_2Cl \downarrow (白) + NH_4Cl + Hg \downarrow (黑)$$

(3) 被 $SnCl_2$ 还原,直接生成黑色的 Hg(中间不出现白色沉淀过程)。

$$Hg_2Cl_2 + SnCl_2 + 2HCl = 2Hg + H_2SnCl_6$$

这些化学性质可以用来区分 Hg_2^{2+} 和 Hg^{2+}。

13 无机化学实验

实验一　酸碱滴定

一、目的要求

1. 练习滴定操作。
2. 测定氢氧化钠溶液和盐酸溶液的浓度(mol/L)。

二、实验原理

利用酸碱中和反应,可以测定酸或碱的浓度。量取一定体积的酸溶液,用碱溶液滴定,可以从所用的酸溶液和碱溶液的体积(V_a 和 V_b)与酸溶液的浓度(c_a)算出碱溶液的浓度(c_b):

$$c_a \cdot V_a = c_b \cdot V_b$$

$$c_b = \frac{c_a \cdot V_a}{V_b}$$

反之,也可以从 V_a、V_b 和 c_b 求出 c_a。

中和反应的化学计量点可借助于酸碱指示剂确定。

本实验用 NaOH 溶液滴定已知浓度的草酸,标定 NaOH 溶液的浓度。再用已标定的 NaOH 溶液来滴定未知浓度的盐酸,以测定盐酸的浓度。

三、仪器和药品

【仪器】 滴定管,移液管。

【药品】 NaOH 溶液,HCl 溶液,草酸标准溶液,酚酞。

四、实验内容

1. NaOH 溶液浓度的标定

把已洗净的碱式滴定管用 NaOH 溶液荡洗 3 遍。每次都要将滴定管持平、转动,最后溶液从尖嘴放出。再将 NaOH 溶液装入滴定管中,赶走橡皮管和尖嘴部分的气泡,调整管内液面的位置恰好为“0.00”。

用移液管量取 20.00 mL 草酸标准溶液,把它加到锥形瓶中,再加入 2～3 滴酚酞指示剂,摇匀。

挤压碱式滴定管橡皮管内的玻璃球,使液体滴入锥形瓶中。开始时,液滴流出的速度可以快一些,但必须成滴而不是一股水流。碱液滴入瓶中,局部出现粉红色,随着摇动锥形瓶,红色很快消失。当接近终点时,粉红色消失较慢,就应该逐滴加入碱液。最后应控制加半滴,即令液滴悬而不落,用锥形瓶内壁将其靠下,摇匀。放置 0.5 min 后粉红色不消失,即认为已达终点。稍停，记下滴定液面的位置(体积)。

如上法，再取草酸标准溶液，用 NaOH 溶液滴定，重复 2 次，要求 3 次所用碱液的体积相差不超过 0.10 mL。

滴定过程中应注意以下几点：

(1) 滴定完毕后，尖嘴外不应留有液滴，尖嘴内不应留有气泡。

(2) 由于空气中 CO_2 的影响，已达到终点的溶液放久后又会退色。这并不说明中和反应没有完全。

(3) 滴定过程中，碱液可能溅在锥形瓶内壁的上部，最后半滴碱液也是由锥形瓶内壁沾下来。因此，在快到终点时，要用洗瓶以少量蒸馏水冲洗锥形瓶内壁，以免引起误差。

2. HCl 溶液浓度的测定

将酸式滴定管洗净后，用少量 HCl 溶液荡洗 3 遍，然后加满 HCl 溶液，液面调至 0.00 mL。

从酸式滴定管放约 20 mL HCl 溶液到锥形瓶中，加入 2～3 滴酚酞，按以上的操作，用 NaOH 溶液滴定到终点。如 NaOH 加过了量，则从酸式滴定管再放 HCl 溶液至红色退去。再以 NaOH 滴定到终点。准确记录终点时所用 HCl 和 NaOH 溶液的体积。

五、数据记录

1. NaOH 溶液浓度的标定

实验序号	Ⅰ	Ⅱ	Ⅲ
NaOH 溶液用量/mL 草酸溶液用量/mL 草酸溶液浓度/($mol \cdot L^{-1}$) NaOH 溶液浓度/($mol \cdot L^{-1}$)			
NaOH 溶液平均浓度/($mol \cdot L^{-1}$)			

2. HCl 溶液浓度的测定

实验序号	Ⅰ	Ⅱ	Ⅲ
NaOH 溶液用量/mL HCl 溶液用量/mL HCl 溶液浓度/($mol \cdot L^{-1}$)			
HCl 溶液平均浓度/($mol \cdot L^{-1}$)			

实验二　化学反应速率

一、目的要求

1. 了解浓度、温度和催化剂对反应速率的影响。

2. 测定过二硫酸铵[$(NH_4)_2S_2O_8$]与碘化钾(KI)反应的反应速率，并计算反应级数、反应速率常数及反应的活化能。

二、实验原理

在均相反应中，反应速率决定于反应物的本性、浓度、温度和催化剂。反应速率的快慢可以单位时间内反应物浓度的减少或生成物浓度的增加来表示，本实验利用不同浓度的$(NH_4)_2S_2O_8$ 氧化 KI 生成 KI_3，以 KI_3 与淀粉生成蓝色加合物作为反应完成的标志。出现蓝色的时间越短，表明反应速率越快；出现蓝色的时间越长，说明反应速率越慢。

在水溶液中，$(NH_4)_2S_2O_8$ 与 KI 发生以下反应：

$$S_2O_8^{2-} + 2I^- = 2SO_4^{2-} + I_2 \tag{1}$$

这个反应的平均反应速率可用下式表示：

$$v = -\frac{\Delta[S_2O_8^{2-}]}{\Delta t} = k[S_2O_8^{2-}]^m[I^-]^n$$

式中，v 为平均反应速率；$\Delta[S_2O_8^{2-}]$为 Δt 时间内 $S_2O_8^{2-}$ 的浓度变化；$[S_2O_8^{2-}]$和$[I^-]$分别为 $S_2O_8^{2-}$ 与 I^- 的起始浓度；k 为反应速度常数；m 和 n 则为反应级数。

为了测定 Δt 时间内 $S_2O_8^{2-}$ 的浓度变化，在将$(NH_4)_2S_2O_8$ 溶液和 KI 溶液混合的同时，加入一定体积的已知浓度的 $Na_2S_2O_3$ 溶液和淀粉溶液。这样在反应(1)进行的同时，还发生以下反应：

$$2S_2O_3^{2-} + I_2 = S_4O_6^{2-} + 2I^- \tag{2}$$

反应(2)的速率比反应(1)快得多，所以由反应(1)生成的 I_2 立即与 $S_2O_3^{2-}$ 作用生成了无色的 $S_4O_6^{2-}$ 和 I^-。但是一旦 $Na_2S_2O_3$ 耗尽，反应(1)生成的微量 I_2 就立即与淀粉作用，使溶液显蓝色。

从反应式(1)和(2)可以看出，$S_2O_8^{2-}$ 减少 1 mol 时，$S_2O_3^{2-}$ 则减少 2 mol，即

$$\Delta[S_2O_8^{2-}] = \frac{\Delta[S_2O_3^{2-}]}{2}$$

记录从反应开始到溶液出现蓝色所需要的时间 Δt。由于在 Δt 时间内 $S_2O_3^{2-}$ 全部耗尽，所以 $\Delta[S_2O_3^{2-}]$实际上就是反应开始时 $Na_2S_2O_3$ 的浓度，进而可以 计算反应速率$-\frac{\Delta[S_2O_8^{2-}]}{\Delta t}$。

对反应速率表示式 $v=k[S_2O_8^{2-}]^m[I^-]^n$ 两边取对数，得：

$$\lg v = m\lg[S_2O_8^{2-}] + n\lg[I^-] + \lg k$$

当$[I^-]$不变时，以 $\lg v$ 对 $\lg[S_2O_8^{2-}]$作图，可得一直线，斜率即为 m。同理，当$[S_2O_8^{2-}]$不变时，以 $\lg v$ 对 $\lg[I^-]$作图，可求得 n。

求出 m 和 n，可由 $k=\frac{v}{[S_2O_8^{2-}]^m[I^-]^n}$求得反应速率常数 k。

反应速率常数 k 与反应温度 T 一般有以下关系：

$$\lg k = A - \frac{E_a}{2.303RT}$$

式中，E_a 为反应的活化能；R 为摩尔气体常数；T 为热力学温度。测出不同温度时的 k 值，以 $\lg k$ 对 $\frac{1}{T}$ 作图，可得一直线，由直线斜率 $\left(-\frac{E_a}{2.303R}\right)$ 可求得反应的活化能 E_a。

三、仪器和药品

【仪器】 秒表 1 只，100℃温度计 1 支；水浴 2 只；烧杯：150 mL 3 只，100 mL 2 只；量筒：100 mL 3 只，10 mL 2 只。

【药品】 $(NH_4)_2S_2O_8$ 0.20 mol/L；KI 0.2 mol/L；$Na_2S_2O_3$ 0.01 mol/L；KNO_3 0.2 mol/L；$(NH_4)_2SO_4$ 0.2 mol/L；0.2%淀粉溶液。

四、实验内容

1. 浓度对化学反应速率的影响，求反应级数

在室温下，用 3 只量筒分别量取 20 mL 0.2 mol/L KI 溶液，8 mL 0.01 mol/L $Na_2S_2O_3$ 溶液和 4 mL 0.2%淀粉溶液，都加到 150 mL 烧杯中，混合均匀。再用另 1 只量筒量取 20 mL 0.2 mol/L $(NH_4)_2S_2O_8$ 溶液，快速加到烧杯中。同时启动秒表，并不断搅拌。当溶液刚出现蓝色时，立即停止秒表。记下时间及室温。

用同样的方法按照表格中的用量进行另外 4 次实验。为了使每次实验中的溶液的离子强度和总体积保持不变，不足的量分别用 0.2 mol/L KNO_3 溶液和 0.2 mol/L $(NH_4)_2SO_4$ 溶液补足。

算出各实验中的反应速率 v，并填入表中。

用表中实验Ⅰ、Ⅱ、Ⅲ的数据以 $\lg v$ 对 $\lg[S_2O_8^{2-}]$ 作图，求出 m；用实验Ⅰ、Ⅳ、Ⅴ的数据以 $\lg v$ 对 $\lg[I^-]$ 作图，求出 n。

求出 m 和 n 后，再算出各实验的反应速率常数 k，把计算结果填入表 1 中。

表 1　浓度对化学反应速率的影响

实验序号		Ⅰ	Ⅱ	Ⅲ	Ⅳ	Ⅴ
	反应温度					
试剂用量/mL	0.20 mol/L $(NH_4)_2S_2O_8$ 溶液	20	10	5	20	20
	0.2 mol/L KI 溶液	20	20	20	10	5
	0.01 mol/L $Na_2S_2O_3$ 溶液	8	8	8	8	8
	0.2%淀粉溶液	4	4	4	4	4
	0.2 mol/L KNO_3 溶液	—	—	—	10	15
	0.2 mol/L $(NH_4)_2SO_4$ 溶液	—	10	15	—	—
起始浓度/$(mol \cdot L^{-1})$	$(NH_4)_2S_2O_8$ 溶液					
	KI 溶液					
	$Na_2S_2O_3$ 溶液					

续表

实验序号	Ⅰ	Ⅱ	Ⅲ	Ⅳ	Ⅴ
反应时间，Δt/s $S_2O_8^{2-}$ 的浓度变化，$\Delta[S_2O_8^{2-}]/(mol \cdot L^{-1})$ 反应的平均速率，$v=-\frac{\Delta[S_2O_8^{2-}]}{\Delta t}$ 反应速度常数，$k=\frac{v}{[S_2O_8^{2-}]^m[I^-]^n}$					

2. 温度对化学反应速率的影响，求活化能

在 150 mL 烧杯中加入 10 mL KI 溶液，4 mL 淀粉，8 mL $Na_2S_2O_3$ 和 10 mL KNO_3 溶液。

在另一小烧杯中加入 20 mL $(NH_4)_2S_2O_8$ 溶液，并把它们同时放在冰水浴中冷却。等烧杯中的溶液都冷到 0℃时，把$(NH_4)_2S_2O_8$ 加到 KI 等混合溶液中，同时启动秒表，并不断搅拌。当溶液刚出现蓝色时，立即停止秒表，记下反应时间。

在约 10℃、20℃、30℃的条件下，重复以上实验。这样就可以得到 4 个温度(0℃、10℃、20℃、30℃)下的反应时间。算出 4 个温度下的反应速率及反应速率常数，把数据及计算结果填入表 2 中。

表 2　温度对化学反应速率的影响

实验序号	Ⅰ	Ⅱ	Ⅲ	Ⅳ
反应温度/℃ 反应时间/s 反应速率/v 反应速度常数/k $\lg k$ $\frac{1}{T}$				

注：T 为热力学温度。

用表中各次实验的 $\lg k$ 对$\frac{1}{T}$作图，求出反应(1)的活化能。

实验三 药用氯化钠的制备、性质及杂质限度检查

一、目的要求

1. 掌握药用氯化钠的制备原理和方法。

2. 初步了解药品的鉴别、检查方法。

二、实验原理

1. 食盐是能溶于水的固态物质。对于其中所含杂质的去除方法基本如下：

(1) 机械杂质如泥沙可采取过滤法除去。

(2) 一些能溶解的杂质可根据其性质借助于化学方法除去。如加入 $BaCl_2$ 溶液可使 SO_4^{2-} 生成 $BaSO_4$ 沉淀，加入 Na_2CO_3 溶液可使 Ca^{2+}、Mg^{2+}、Fe^{3+}、Ba^{2+} 等离子生成难溶物沉淀，先后滤去。

(3) 少量可溶性杂质如 Br^-、I^-、K^+ 等离子，可根据溶解度不同，在重结晶时，使其残留在母液中弃去。

2. 鉴别试验是被检药品组成离子的特征试验(这里指的是氯化钠的组成离子 Na^+、Cl^-)。

3. 钡盐、硫酸盐、钾盐、钙镁盐的限度检查，是根据沉淀反应原理，样品管和标准管在相同条件下进行比浊试验，样品管不得比标准管更深。

4. 重金属系指 Pb、Bi、Cu、Hg、Sb、Sn、Co、Zn 等金属的离子，它们在一定条件下能与 H_2S 或 Na_2S 作用而显色。中国药典规定在弱酸性条件下进行，用稀醋酸调节。实验证明，在 pH=3 时，PbS 沉淀最完全，反应式为

$$Pb^{2+}+S^{2-} \longrightarrow PbS\downarrow$$

重金属的检查，是在相同条件下进行比色试验。

三、仪器和药品

【仪器】 电炉，蒸发皿，布氏漏斗、铂丝棒、烧杯 250 mL 2 只，台天平，奈氏比色管。

【药品】

固体：NaCl(粗盐)。

酸：HCl 浓，$\frac{1}{50}$ mol/L；H_2SO_4 6 mol/L。

碱：NaOH 2 mol/L，$\frac{1}{50}$ mol/L；Na_2CO_3 饱和溶液。

盐：$BaCl_2$ 25%；KI 10%；钙盐溶液；$AgNO_3$ 0.25 mol/L；KBr 10%；镁盐溶液；醋酸铀酰锌溶液；$(NH_4)_2C_2O_4$ 试液；Na_2HPO_4 试液；NH_4Cl 试液。

其他：淀粉-碘化钾试纸；溴麝香草酚蓝试液。

四、实验内容

1. 食盐精制

(1) 操作步骤以流程图表示如下：

粗食盐 50g

[主要成分　氯化钠(NaCl)

杂质成分　有机物、泥沙以及 Ca^{2+}、Mg^{2+}、Fe^{3+}、SO_4^{2-}、Br^-、I^- 等]

↓小火炒至有机物碳化

↓移烧杯中，加适量水加热至溶解

↓趁热倾泻法过滤①

沉淀甲　弃去　(碳化物、泥沙)

滤液甲

↓加热近沸

↓在搅拌下逐滴加入 25% $BaCl_2$ 试液至沉淀完全②

↓煮沸、稍冷、倾泻法过滤

沉淀乙　弃去($BaSO_4$)

滤液乙

↓加热

↓加饱和 Na_2CO_3 使沉淀完全，并加 NaOH 溶液，使 pH 为 10～11

↓煮沸、放冷，倾泻法过滤入蒸发皿中

沉淀弃去[$CaCO_3$，$BaCO_3$，$Fe(OH)_3$，$Mg(OH)_2 \cdot 3MgCO_3$]

滤液丙

↓用 HCl 中和至 pH 3～4

↓加热蒸发至稠厚糊状，有大量 NaCl 析出时

↓趁热抽滤

母液(氯化钠的饱和溶液含有 Br^-，I^-，K^+ 等离子)

粗品 NaCl

↓重结晶

精制 NaCl

↓烘干

母液 → 母液合并，生产上可套用

成品 NaCl

2. 鉴别反应

氯化钠溶液(1∶10)的制备(供下列鉴别应用)。

(1) 钠盐

① 焰色反应：取铂丝，用浓盐酸润湿后在无色火焰中灼烧，至火焰不显颜色为止(表示铂丝已洁净)。后蘸取氯化钠溶液，置无色火焰中灼烧，火焰出现持久鲜黄色。

② 沉淀反应：取氯化钠溶液 1～2 滴，用 3 mol/L HAc 3 滴使酸化，加醋酸铀酰锌试液 10 滴，用玻璃棒摩擦试管内壁，即渐渐析出醋酸铀酰锌钠淡黄绿色沉淀。反应如下：

$$Na^+ + Zn^{2+} + 3UO_2^{2+} + 8Ac^- + HAc + 9H_2O \longrightarrow$$

$$NaAc \cdot Zn(Ac)_2 \cdot 3UO_2(Ac)_2 \cdot 9H_2O \downarrow \text{(醋酸铀酰锌钠)} + H^+$$

(2) 氯化物

生成氯化银沉淀。取氯化钠溶液 1～2 滴，加 0.25 mol/L 硝酸银试液 2 滴，即发生白色凝乳状沉淀。滴加6 mol/L 氨试液，沉淀溶解，再加 6 mol/L HNO_3 至酸性，又有白色沉淀生成：

$$Cl^- + Ag^+ \longrightarrow AgCl \downarrow \text{(白)}$$

---

① 倾泻法过滤，多在沉淀易于下沉的条件下使用，是指尽量将沉淀保留于烧杯中，待溶液澄清后，只将澄清液除去。

② 检查沉淀是否完全，可吸滤少量上层清液置试管中，加 1～2 滴沉淀剂，无混浊生成即示已沉淀完全。

$$AgCl\downarrow + 2NH_3 \longrightarrow Ag(NH_3)_2^+ + Cl^-$$

$$Ag(NH_3)_2^+ + Cl^- + 2H^+ \longrightarrow AgCl\downarrow + 2NH_4^+$$

3. 检查

成品氯化钠需进行以下各项质量检查试验。

(1) 溶液的澄清度　取本品 5 g,加水至 25 mL,应溶解成无色澄明的溶液。

(2) 酸碱度　取本品 5 g,加新鲜蒸馏水 50 mL 溶解后,加溴麝香草酚蓝指示液 2 滴。如溶液呈黄色,滴加 1/50 mol/L NaOH 溶液使其变蓝色,所消耗的 1/50 mol/L NaOH 溶液不得超过 0.1 mL。如显蓝色或绿色,滴加 1/50 mol/L HCl 溶液使其变黄色,所消耗的 1/50 mol/L HCl 溶液不得超过 0.2 mL。

氯化钠为强酸强碱所生成的盐,在水溶液中应呈中性。但在制备过程中,可能夹杂少量酸或碱,所以药典把其水溶液的 pH 值限制在很小范围内。溴麝香草酚蓝指示液的变色范围是 pH6.6～7.6,由黄色到蓝色。

(3) 碘化物与溴化物　取本品 1 g,加蒸馏水 3 mL 溶解后,加氯仿 1 mL,并注意逐滴加入用等量蒸馏水稀释的氯试液,随滴随振摇,氯仿层不得显紫红色、黄色或橙色。

进行对照试验。分别取 10%的碘化物、溴化物溶液各 1 mL,分置于两试管内,各加氯仿 1 mL,同上法逐滴加入用等量蒸馏水稀释的氯试液,随滴随振摇。氯试液氧化 I^- 释出碘,使氯仿层显紫红色,氯试液氧化 Br^- 释出溴,使氯仿层显黄色或橙黄色。

$$2Br^- + Cl_2 \longrightarrow Br_2 + 2Cl^-$$

$$2I^- + Cl_2 \longrightarrow I_2 + 2Cl^-$$

(4) 钡盐　取本品 4 g,用蒸馏水 20 mL 溶解、过滤,滤液分为两等份。一份中加稀硫酸 2 mL,另一份中加蒸馏水 2 mL,静置 2 h,两液应同样澄明。

(5) 钙盐与镁盐　取本品 4 g,加蒸馏水 20 mL 溶解后,加氨试液 2 mL,摇匀,分为两等份。一份加草酸铵试液 1 mL,另一份加磷酸氢二钠试液 1 mL,氯化铵试液数滴,5 min 内均不得发生混浊。然后作对照试验。

① 取钙盐溶液 1 mL,加氨试液至微碱性,加草酸铵试液 1 mL,溶液有白色结晶析出。反应式为

$$Ca^{2+} + C_2O_4^{2-} \longrightarrow CaC_2O_4\downarrow(\text{白色})$$

② 另取镁盐溶液 1 mL,加入氨水和氯化铵数滴,再逐滴加磷酸氢二钠溶液,有白色沉淀析出,反应式为

$$Mg^{2+} + HPO_4^{2-} + NH_4^+ + OH^- \longrightarrow MgNH_4PO_4\downarrow(\text{白色}) + H_2O$$

(6) 硫酸盐　本品含硫酸盐,依下法检查,如发生混浊,与标准硫酸钾 1 mL 配成的对照标准溶液比较,不得更浓(0.002%)。

取 50 mL 奈氏比色管两支,甲管中加标准硫酸钾溶液 1 mL,加蒸馏水稀释至约 35 mL 后,加 1 mol/L 盐酸 5 mL,氯化钡试液 5 mL,再加适量蒸馏水至刻度,使成 50 mL,摇匀。

取本品 5 g 置乙管中,加适量的蒸馏水溶解,至约 35 mL,加 1 mol/L 盐酸 5 mL,溶液应澄明,如不澄明可用滤纸过滤,加氯化钡试液 5 mL,用蒸馏水稀释至刻度,使成 50 mL,摇匀。

甲乙两管放置 10 min 后,置比色管架上,在光线明亮处双眼自上而下透视。比较两管的混浊度,乙管发生的混浊度不得大于甲管。

标准硫酸钾溶液的制备。精密称取硫酸钾 0.181 3 g,置 1 000 mL 的容量瓶中,加适量的蒸馏水使溶解并稀释至刻度,摇匀即得(每 1 mL≎0.1 mg 的 SO_4^{2-})。

(7) 铁盐　取本品 5 g，置于 50 mL 奈氏比色管中，加蒸馏水 35 mL 溶解，加稀盐酸 5 mL，过硫 酸铵约 30 mg，再加硫氰化铵试液 5 mL，与适量的蒸馏水至刻度，使成 50 mL，摇匀，如显色与标准铁溶液 1.5 mL 用同法处理后制得的标准管的颜色比较不得更深(0.000 3%)，反应式为

$$Fe^{3+} + 3SCN^{-} \longrightarrow Fe(SCN)_3\text{(血红色)}$$

标准铁溶液的制备。精密称取未风化的硫酸铁铵 0.863 0 g，置于 1 000 mL 的容量瓶中，加蒸馏水溶解后，加稀盐酸 2 mL，用蒸馏水稀释至刻度，摇匀。精密量取溶液 10 mL，置于 100 mL 容量瓶中，加稀盐酸 0.5 mL，用蒸馏水稀释至刻度，摇匀即得(每 1 mL 相当于 0.01 mg 的 Fe)。

(8) 钾盐　取本品 5 g，置奈氏比色管中。加蒸馏水 20 mL 溶解，加 3 mol/L 醋酸 2 滴(使 pH 为 5～6)，加 0.1 mol/L 四苯硼钠液 2 mL，加水至刻度，使成 50 mL，如显混浊，与标准硫酸钾 0.5 mL 制成的对照标准溶液比较，不得更浓(0.01%)。反应式为

$$K^{+} + B(C_6H_5)_4^{-} \longrightarrow KB(C_6H_5)_4\downarrow\text{(白色)}$$

标准硫酸钾溶液的制备。精密称取 105℃干燥至恒重的硫酸钾 2.228 0 g，置 1 000 mL 容量瓶中，加适量蒸馏水溶解，加水至刻度，摇匀即得(1 mL 相当于 1 mg 的 K)。

四苯硼钠溶液的配制。取四苯硼钠[$NaB(C_6H_5)_4$]1.5 g，置乳钵中加水 10 mL 研磨后，再加水 40 mL 研匀，用质密的滤纸过滤即得。

(9) 重金属　取 50 mL 比色管 2 支。于第一管中加标准铅溶液 1 mL(每 1 mL=0.01 mg Pb)，加稀醋酸 2 mL，再加水稀释至 25 mL，于第二管中加样品 5 g，蒸馏水 23 mL 溶解后，加稀醋酸 2 mL。再于 2 管中分别加硫化氢试液 10 mL，摇匀，在暗处放置 10 min，然后进行比色。如果第二管所显颜色比第一管浅，说明重金属不超过规定限度。

附：上述标准铅溶液 1 mL 是根据具体情况计算出来的，计算方法如下。

药典规定氯化钠的重金属检查项目："取样品 5 g，加蒸馏水 23 mL 溶解后，加醋酸 2 mL 依法检查，含重金属不得超过 2×10^{-6} g/L。"并没有直接给出标准铅溶液的取用量，需要按下述次序自行计算。

① 先根据供试品的取用量和重金属的限量，求得重金属含量(mg)。

题给条件：NaCl 的取用量为 5 g，其中含重金属的限量为 2×10^{-6} g/L。

则允许重金属(Pb)的含量为

$5\times1\ 000\times0.000\ 002=0.01$ mg(Pb)

② 再计算标准铅溶液的取用量。

因标准铅溶液每 mL 含 Pb 0.01 mg，需 0.01 mg Pb 作为标准进行对照。应取标准铅溶液的体积为：0.01 mg/(0.01 mg/1 mL)=1 mL。

实验四　硫酸亚铁铵的制备

一、目的要求

1. 了解复盐的制备方法。

2. 掌握水浴加热和减压过滤等操作。

二、实验原理

铁屑易与稀硫酸反应，生成硫酸亚铁。

$$Fe + H_2SO_4 = FeSO_4 + H_2 \uparrow$$

硫酸亚铁与等物质量的硫酸铵在水溶液中相互作用，便生成溶解度较小、浅蓝色的硫酸亚铁铵 $FeSO_4 \cdot (NH_4)_2SO_4 \cdot 6H_2O$。

$$FeSO_4 + (NH_4)_2SO_4 + 6H_2O = FeSO_4 \cdot (NH_4)_2SO_4 \cdot 6H_2O$$

一般亚铁盐在空气中都易被氧化，但形成复盐后却比较稳定，不易被氧化。

三、仪器和药品

【仪器】 台天平，恒温水浴，抽滤水泵，蒸发皿，锥形瓶，10 mL 量筒，50 mL 比色管，石棉网。

【药品】

固体：碎铁屑，硫酸铵。

酸：H_2SO_4 3 mol/L，HCl 3 mol/L。

盐：Na_2CO_3 10%，KSCN 0.1 mol/L 。

四、实验内容

1. 制备步骤

(1) 铁屑的净化(去油污)　在台天平上称取 2 g 铁屑放于锥形瓶中，然后加入 20 mL 10% Na_2CO_3 溶液，在电炉上微微加热约 10 min，用倾泻法去碱液，用蒸馏水把铁屑冲洗干净。

(2) 硫酸亚铁的制备　往盛有铁屑的锥形瓶中加入 15 mL 3 mol/L H_2SO_4，在水浴上加热，使铁屑和硫酸反应至不再有气泡冒出为止。趁热抽滤，用 5 mL 热蒸馏水洗涤残渣。滤液转至蒸发皿中。将锥形瓶中的和滤纸上的未反应铁屑用滤纸吸干后称重。从反应的铁屑的量求算出生成的 $FeSO_4$ 理论产量。

(3) 硫酸亚铁铵的制备　根据上面计算出来的 $FeSO_4$ 的理论产量，按照 $FeSO_4$ ∶ $(NH_4)_2SO_4$ = 1 ∶ 0.75 的质量比，称取固体硫酸铵，加到硫酸亚铁溶液中，水浴上蒸发浓缩至表面出现晶体膜为止，自然冷却后，便得到硫酸亚铁铵晶体。用倾泻法除去母液，把晶体留在蒸发皿中晾干。称重，计算产率。

2. 产品纯度检验

(1) Fe^{3+} 的限量检查　称 2 g 产品于 50 mL 比色管中，加入 30 mL 不含氧的蒸馏水使之溶解。加 4 mL 3 mol/L HCl 和 2 mL 0.1 mol/L KSCN，继续加不含氧的蒸馏水至 50 mL 刻度。摇匀，所呈现的红色与标准试样比较，检验产品级别。

(2) 标准试样的制备　取含有下列数量 Fe^{3+} 的溶液 30 mL。

Ⅰ级试剂：0.10 mg

Ⅱ级试剂：0.20 mg

Ⅲ级试剂：0.40 mg

然后与产品同样处理(标准试样均由实验室准备)。

实验五　铜、银、锌、镉、汞

一、目的要求

1. 了解铜、银、锌、镉和汞的氢氧化物的性质。
2. 了解铜、银、锌、镉和汞的配合物的形成和性质。
3. 了解铜、银、锌、镉和汞的离子的分离和鉴定。

二、实验原理

在周期系ⅠB与ⅡB族元素中，重要的元素是铜、银、锌、镉、汞。铜的化合物与锌的化合物性质相似，银、镉、汞三元素化合物的性质相近似。

1. 铜、锌

(1) 氧化物和氢氧化物　CuO(黑色)、Cu_2O(红色)、ZnO(白色)。

$Cu(OH)_2$、$Zn(OH)_2$ 是两性氢氧化物，尤以 $Zn(OH)_2$ 的两性更突出，溶于强碱，生成配合物。

$$Cu(OH)_2+2OH^-=[Cu(OH)_4]^{2-}\text{(深蓝色)}$$
$$Zn(OH)_2+2OH^-=[Zn(OH)_4]^{2-}$$

它们受热脱水，分别生成 CuO 和 ZnO。

(2) Cu^{2+} 和 Cu^+ 的转化　铜的元素电位图是：

$$Cu^{2+}\xrightarrow{0.157}Cu^+\xrightarrow{0.52}Cu$$

因为 $E^\ominus_{Cu^+/Cu}>E^\ominus_{Cu^{2+}/Cu^+}$，可见 Cu^+ 不稳定，容易按下式发生歧化反应：

$$2Cu^+\rightleftharpoons Cu^{2+}+Cu\quad K=10^6$$

因为 Cu^{2+} 为弱氧化剂，当有 Cu 或其他还原剂存在的条件下，在能生成难溶的亚铜盐时才能被还原。例如，将 $CuCl_2$ 溶液与铜屑(和 NaCl 混合后)加热可生成白色的氯化亚铜 CuCl 沉淀。

又如 Cu^{2+} 溶液中加入 KI 时，Cu^{2+} 被 I^- 还原得白色 CuI 沉淀。

$$2Cu^{2+}+4I^-\rightleftharpoons 2CuI\downarrow+I_2$$

(3) 配合物　Cu^{2+} 可与 Cl^-、NH_3 形成稳定程度不同的配离子，Cu^{2+} 大都以 dsp^2 杂化轨道成键，形成平面正方形的内轨型配合物。

Zn^{2+} 的配离子几乎是以 sp^3 杂化轨道成键，形成四面体外轨型配合物。

Cu^+ 能与卤离子(除 F^- 外)、CN^-、SCN^- 等离子形成$[CuX_2]^-$型配离子，但需在过量的配位剂存在时，上述配离子才稳定。这些离子用水稀释时，将形成 CuX 沉淀，例如：

$$2[CuCl_2]^-\xrightarrow{\text{加水稀释}}2CuCl\downarrow+2Cl^-$$

2. 银、镉、汞

Ag^+、Cd^{2+}、Hg^{2+} 都是无色的，由它们组成的化合物一般也是无色的，但 Ag^+、Cd^{2+}、Hg^{2+} 都是具有 18 电子外壳，离子半径大，极化力强，变形性较大，它们能与易变形的负离子发生较强的极化作用，以至它们形成的化合物往往有很深的颜色和较低的溶解度，例如：

Ag_2S 黑色（难溶）	HgS 黑色（难溶）	CdS 黄色（难溶）
AgI 黄色（难溶）	HgI_2 红色（极微溶）	CdI_2 黄绿（可溶）
Ag_2O 棕色（难溶）	HgO 红色或黄色（极难溶）	CdO 棕灰（难溶）

（1）氧化物和氢氧化物　Ag_2O、HgO、Hg_2O（不稳定，立即分解为 HgO 和 Hg，故为黑色）和 CdO 都难溶于水和碱，而易溶于 HNO_3（HgO，CdO 也可溶于盐酸）。

AgOH、$Hg(OH)_2$、$Hg_2(OH)_2$、$Cd(OH)_2$ 都是碱性占优势的，特别是 AgOH 接近于强碱性。AgOH、$Hg(OH)_2$、$Hg_2(OH)_2$ 很不稳定，从溶液析出沉淀后，立即分解为它们的氧化物。

$$2Ag^+ + 2OH^- \longrightarrow 2AgOH \longrightarrow Ag_2O\downarrow + H_2O$$

$$Hg^{2+} + 2OH^- \longrightarrow Hg(OH)_2 \longrightarrow HgO\downarrow + H_2O$$

$$Hg_2^{2+} + 2OH^- \longrightarrow Hg_2(OH)_2 \longrightarrow Hg_2O\downarrow + H_2O$$

（2）Hg^{2+} 与 Hg_2^{2+} 的转化　Hg_2^{2+} 盐在一定条件下也可发生歧化反应。例如 Hg_2Cl_2 与 NH_3 反应，先生成氨基氯化亚汞 Hg_2NH_2Cl 白色沉淀，Hg_2NH_2Cl 进一步歧化为氨基氯化汞 $HgNH_2Cl$ 白色沉淀和黑色 Hg。

$$Hg_2Cl_2 + 2NH_3 \longrightarrow Cl-Hg-Hg-NH_2\downarrow + NH_4Cl$$

$$Cl-Hg-Hg-NH_2 \longrightarrow Cl-Hg-NH_2\downarrow + Hg\downarrow$$

由于有 Hg 析出，故显黑色，这一反应可以用来鉴定 Hg_2^{2+}。

Hg_2I_2（黄绿色）在过量的 KI 溶液中也会发生歧化反应，生成 $[HgI_4]^{2-}$ 和 Hg。

（3）配合物　Ag^+ 和 Hg^{2+} 都可形成配位数 2（sp 杂化轨道成键）的直线形和配位数为 4（sp^3 杂化轨道成键）的四面体形配合物。Cd^{2+} 主要形成配位数为 4（sp^3 杂化轨道成键）的四面体形配合物。

Ag^+ 能与 Cl^-、Br^-、SCN^-、I^-、CN^- 形成配位数为 2 或 4 的配合物，Hg^{2+} 也能与它们形成 $[HgX_4]^{2-}$ 型的稳定配合物。

难溶于水的 AgCl，AgBr，AgSCN，AgI 和 AgCN 都能溶于具有相同离子或溶于与 Ag^+ 配位能力更强的盐溶液中，汞盐也有这种相似性质。例如：

$$AgCl + Cl^- \rightleftharpoons [AgCl_2]^-$$

$$AgBr + 2S_2O_3^{2-} \rightleftharpoons [Ag(S_2O_3)_2]^{3-} + Br^-$$

$$HgI_2 + 2I^- \rightleftharpoons [HgI_4]^{2-}$$

Ag^+ 和 Cd^{2+} 可与过量氨水作用，分别生成配合物离子 $[Ag(NH_3)_2]^+$ 和 $[Cd(NH_3)_4]^{2+}$，但 Hg^{2+} 与过量氨水作用时，在无大量 NH_4^+ 存在条件下，并不生成配合物而生成氨基氯化汞 $HgNH_2Cl$ 沉淀。

Ag^+、Cd^{2+}、Hg^{2+} 形成配合物时，随配位体浓度不同，可形成一系列中间型配合物，例如 Hg^{2+} 与 Cl^- 存在下述平衡：

$$[HgCl]^+ \xrightleftharpoons{Cl^-} [HgCl_2] \xrightleftharpoons{Cl^-} [HgCl_3]^- \xrightleftharpoons{Cl^-} [HgCl_4]^{2-}$$

3. 离子的鉴定

（1）Cu^{2+} 的鉴定　Cu^{2+} 与黄血盐 $K_4[Fe(CN)_6]$ 生成红褐色 $Cu_2[Fe(CN)_6]$ 沉淀。通常用于鉴定 Cu^{2+} 的方法是用浓氨水与其作用，得到深蓝色的 $[Cu(NH_3)_4]^{2+}$ 配离子。

（2）Zn^{2+} 的鉴定　Zn^{2+} 可与无色二苯硫腙生成粉红色螯合物：

$Zn^{2+} + 2C_6H_5-NH-NH-CS-N{=}N-C_6H_5 \rightleftharpoons$ 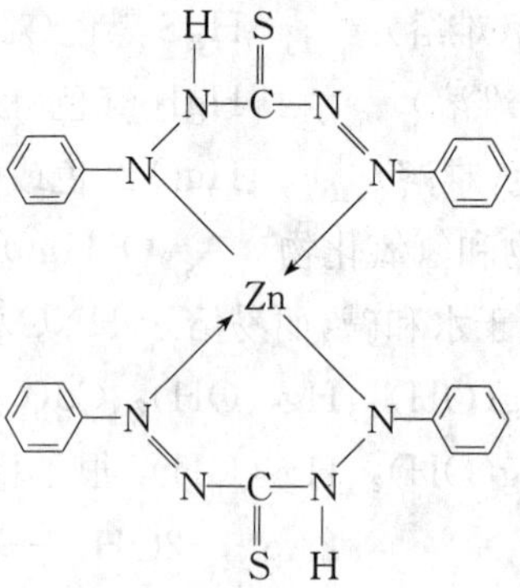 $+2H^+$

(3) Ag^+的鉴定

① Ag^+可被葡萄糖还原。

② Ag^+与Cl^-可生成白色AgCl沉淀,此沉淀易溶于氨水生成$[Ag(NH_3)_2]^+$,利用此反应可与其他阳离子氯化物沉淀分离,得到的溶液再加入KI则生成黄色AgI沉淀。

(4) Cd^{2+}的鉴定　Cd^{2+}可生成黄色CdS沉淀。

(5) Hg^{2+}与Hg_2^{2+}的鉴定　Hg^{2+}和Hg_2^{2+}可被铜置换,使汞析出,在铜的表面上呈现白色光亮的斑点。

三、仪器和药品

【仪器】 离心机。

【药品】

固体:Cu屑。

酸:HCl 2 mol/L,浓。

碱:NaOH 2 mol/L,6 mol/L;$NH_3 \cdot H_2O$ 2 mol/L,6 mol/L。

盐:$CuSO_4$ 0.1 mol/L;$ZnSO_4$ 0.1 mol/L;KI 0.1 mol/L;饱和KCNS;
$K_4[Fe(CN)_6]$ 10%;$CuCl_2$ 1 mol/L;$AgNO_3$ 0.1 mol/L;$Cd(NO_3)_2$ 0.1 mol/L;
$Hg(NO_3)_2$ 0.1 mol/L;$Hg_2(NO_3)_2$ 0.1 mol/L;$HgCl_2$ 0.1 mol/L;
KBr 0.1 mol/L;$Na_2S_2O_3$ 0.1 mol/L。

其他:淀粉溶液,二苯硫腙(打萨腙),四氯化碳溶液,葡萄糖溶液10%。

四、实验内容

1. 铜和锌

(1) 铜和锌的氢氧化物

① 在3支试管中,各取6滴0.1 mol/L $CuSO_4$溶液,并分别加入2 mol/L NaOH溶液,观察沉淀的生成。其中2支试管分别加入2 mol/L盐酸和过量的6 mol/L NaOH溶液,将另1支试管加热,观察各试管中产生的现象。

② 在2支试管中,各取5滴0.1 mol/L $ZnSO_4$溶液,并分别加入2 mol/L NaOH溶液,观察沉淀的生成,然后分别加入2 mol/L盐酸和过量6 mol/L NaOH溶液,观察各试管中产生的现象。

(2) 铜和锌的配合物　分别于2支试管中加入10滴0.1 mol/L $CuSO_4$和0.1 mol/L $ZnSO_4$,加入6 mol/L $NH_3 \cdot H_2O$,制取它们的配离子,并分别加入1 mol/L NaOH溶液,观察

有无沉淀重新产生。

(3) +2 价铜的氧化性和+1 价铜的配合物

① 取两支离心管，分别加入 5 滴 0.1 mol/L $CuSO_4$，20 滴 0.1 mol/L KI 溶液，离心沉降，分离，于清液中检查是否有 I_2 存在。把沉淀用蒸馏水洗涤 2 次，观察沉淀的颜色。

取一份沉淀，加入饱和 KI 溶液至沉淀刚好溶解。将此溶液加蒸馏水稀释，观察又有沉淀产生。

取另一份沉淀，加入饱和 KSCN 溶液至沉淀刚好溶解，然后再用水稀释，观察沉淀又析出，试解释之。

② 取 10 滴 1 mol/L $CuCl_2$ 溶液于 1 小试管中，加入 3～4 滴浓 HCl，再加入少许铜屑，加热至沸，待溶液呈泥黄色，停止加热。取出少量这种溶液并用水稀释，观察是否有白色沉淀产生。解释现象，写出反应方程式。

(4) Cu^{2+} 和 Zn^{2+} 的鉴定

① Cu^{2+} 的鉴定：取 2 滴 0.1 mol/L $CuSO_4$ 溶液，于点滴板上，加 2 滴 10% $K_4[Fe(CN)_6]$ 溶液，$Cu_2[Fe(CN)_6]$红褐色沉淀生成，表示 Cu^{2+} 存在。

② Zn^{2+} 的鉴定：取 2 滴 0.1 mol/L $ZnSO_4$ 溶液，加 6 mol/L NaOH 至溶解，再加 10 滴二苯硫腙，水溶液呈粉红色，表示有 Zn^{2+} 存在。

2. 银、镉、汞

(1) 银、镉、汞的氧化物和氢氧化物的生成和性质　在 4 支试管中，分别加入 5 滴 0.1 mol/L $AgNO_3$、0.1 mol/L $Cd(NO_3)_2$、0.1 mol/L $Hg(NO_3)_2$ 和 0.1 mol/L $Hg_2(NO_3)_2$，再加数滴 2 mol/L NaOH，观察有无沉淀产生和沉淀颜色。说明每支试管中的沉淀是氧化物还是氢氧化物。

(2) 和氨水的反应

① 取 5 滴 0.1 mol/L $AgNO_3$，逐滴加入 2 mol/L 氨水，观察沉淀的生成。然后继续滴加 2 mol/L 观察氨水，观察沉淀的溶解，然后加入 2 滴 2 mol/L NaOH 溶液观察有无沉淀产生。解释原因，并写出反应方程式。

② 取 5 滴 0.1 mol/L $Cd(NO_3)_2$ 溶液，用 6 mol/L 氨水按照(1)的方法操作，解释观察到的现象，写出反应方程式。

③ 取 5 滴 0.1 mol/L $HgCl_2$ 溶液，滴加 2 mol/L 氨水，观察沉淀的生成，再加入过量的 2 mol/L 氨水，观察沉淀是否溶解，写出反应方程式。

④ 取 5 滴 0.1 mol/L $Hg_2(NO_3)_2$ 溶液，加数滴 6 mol/L 氨水，观察沉淀的生成，再加入过量的 6 mol/L 氨水，观察沉淀是否溶解，写出反应方程式。

根据上面实验比较银、镉、汞的盐类与氨水的反应有什么不同？

(3) 银和汞的其他配合物

① 取 5 滴 0.1 mol/L $AgNO_3$，加 10 滴 0.1 mol/L KBr 溶液，观察沉淀的颜色，离心分离，弃去清液，在沉淀中逐滴加 0.1 mol/L $Na_2S_2O_3$ 溶液，搅拌，观察沉淀是否溶解，解释现象，写出反应方程式。

② 取 5 滴 0.1 mol/L $Hg(NO_3)_2$，加 10 滴 0.1 mol/L KI 溶液，观察沉淀的颜色，再加过量 KI 溶液，观察沉淀是否溶解，解释现象，写出反应方程式。

③ 取 5 滴 0.1 mol/L $Hg_2(NO_3)_2$ 溶液，加 10 滴 0.1 mol/L KI 溶液，观察沉淀的颜色，再加入过量 KI 溶液，观察沉淀的变化，解释现象，写出反应方程式。

(4) 银镜的制备　在 1 支洁净的试管中，加 2 mL 0.1 mol/L $AgNO_3$ 溶液，滴加 2 mol/L 氨水至起初生成的沉淀刚好溶解，然后加 3 滴 10％葡萄糖溶液，将试管于水浴中加热，试管内壁即有一层光亮的金属银生成(如何洗下管壁上的 Ag)。

实验六　氧、硫

一、目的要求

1. 验证 H_2O_2、H_2S、H_2SO_3、$Na_2S_2O_3$、$(NH_4)_2S_2O_8$ 的化学性质。

2. 掌握 H_2O_2、S^{2-}、$S_2O_3^{2-}$ 的检查方法。

3. 了解金属硫化物的难溶性。

二、实验原理

1. 氧、硫是周期系第Ⅵ主族元素，氧是人类生存必需的气体。氢和氧的化合物，除了水以外，还有 H_2O_2。过氧化氢是强氧化剂，但和更强的氧化剂作用时，它又是还原剂。

2. H_2S 是有毒气体，能溶于水，其水溶液呈弱酸性。在 H_2S 中，S 的氧化数是 -2，H_2S 是强还原剂。S^{2-} 可与多种金属离子生成不同颜色的金属硫化物沉淀，例如 ZnS(白色)、CuS(棕黑色)、HgS(黑色)、CdS(黄色)。

3. 在碱性溶液中，亚硝酰铁氰化钠 $Na_2[Fe(CN)_5NO]$ 与 S^{2-} 生成红紫色的配合物，这是鉴定 S^{2-} 的灵敏反应，其反应可能是：

$$[Fe(CN)_5NO]^{2-}+S^{2-}=$$

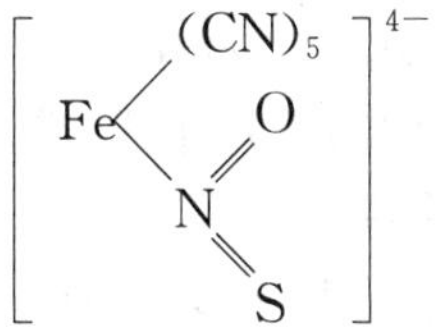

4. SO_2 和 H_2SO_3 是还原剂，但与强还原剂作用时，又表现为氧化剂。

5. $Na_2S_2O_3$ 是一个还原剂，I_2 可以将它氧化成 $Na_2S_4O_6$。$Na_2S_2O_3$ 在酸性溶液中不稳定，会分解成 S 和 SO_2。

$$Na_2S_2O_3+2HCl=2NaCl+SO_2+S\downarrow+H_2O$$

$S_2O_3^{2-}$ 与 Ag^+ 的反应是它的特征反应。可用来鉴定 $S_2O_3^{2-}$。

$$S_2O_3^{2-}+2Ag^+\longrightarrow Ag_2S_2O_3$$

$$Ag_2S_2O_3+H_2O\longrightarrow Ag_2S\downarrow+H_2SO_4$$

6. 浓 H_2SO_4 是一个强氧化剂，在加热时，它能氧化许多金属，而本身则随条件不同而被还原成 SO_2、S 或 H_2S。

H_2SO_4 的还原产物可按如下判断：如溶液呈白色混浊，示析出 S；如产生具有还原性的刺激性气体，则为 SO_2；如产生具有还原性或使 $Pb(Ac)_2$ 试纸变黑的、具有臭鸡蛋气味的气体则为 H_2S。

7. 过二硫酸盐系强氧化剂，能将 I^- 氧化成 I_2。

三、仪器和药品

【仪器】　试管、滴管。

【药品】　固体：MnO_2，$(NH_4)_2S_2O_8$，Zn 粒，Cu 粒，Na_2SO_3，$PbCO_3$ 或 $CdCO_3$。

酸：H_2SO_4 浓，2 mol/L；HCl 6 mol/L；H_2S 饱和溶液。

碱：NaOH 40%；$NH_3 \cdot H_2O$ 2 mol/L。

盐：KI 0.1 mol/L；$KMnO_4$ 0.01 mol/L；$AgNO_3$ 0.1 mol/L；$K_2Cr_2O_7$ 0.1 mol/L；
$Pb(NO_3)_2$ 0.1 mol/L；$CuSO_4$ 0.1 mol/L；$Cd(NO_3)_2$ 0.1 mol/L；
$FeSO_4$ 0.1 mol/L；Na_2S 0.1 mol/L；$Na_2S_2O_3$ 0.1 mol/L；$ZnSO_4$ 0.1 mol/L；
$MnSO_4$ 0.2 mol/L；$Sr(NO_3)_2$ 0.5 mol/L。

其他：淀粉溶液，乙醇 95%，SO_2 水溶液，H_2O_2 3%，I_2 0.1 mol/L。

试纸：蓝色石蕊试纸，$Pb(Ac)_2$ 试纸。

四、实验内容

1. 过氧化氢（H_2O_2）

（1）H_2O_2 的氧化、还原性

① 在试管中加 10 滴 0.1 mol/L KI 溶液，用 2 mol/L H_2SO_4 酸化后，加 2 滴 3% H_2O_2 溶液，观察有何变化。再加 5 滴淀粉试液，观察现象，写出反应式。

② 取一小片 $Pb(Ac)_2$ 试纸，加 1 滴 H_2S 水溶液，则有黑色的 PbS 生成，然后再向 PbS 上滴 1 滴 3%H_2O_2 溶液，观察现象，写出反应式。

（2）H_2O_2 的酸性——过氧化钠的生成　往试管中加 0.5 mL 40% NaOH 溶液和 2 滴 3% H_2O_2 溶液，再加 1 mL 酒精以降低生成物的溶解度，振荡，观察反应情况与产物的颜色和状态，写出反应式，并加以解释。

（3）H_2O_2 的催化分解　往盛有 2 mL 3% H_2O_2 溶液的试管中，加少量 MnO_2 固体，观察 H_2O_2 的催化分解。试验有无 O_2 生成（管口用带余烬的火柴检验）。写出反应式。

2. 硫化氢（H_2S）的性质

（1）H_2S 的还原性　取 2 支试管，分别加 5 滴 0.1 mol/L $K_2Cr_2O_7$ 和 0.01 mol/L $KMnO_4$ 溶液，再加 2 mol/L H_2SO_4 酸化，再分别加入数滴 H_2S 溶液，观察现象，写出反应式。

（2）H_2S 与金属离子的反应　取 6 支试管，分别加 0.1 mol/L $AgNO_3$、$Pb(NO_3)_2$、$CuSO_4$、$FeSO_4$[①]、$ZnSO_4$ 和 $Cd(NO_3)_2$ 溶液 2～3 滴，滴加 H_2S 饱和溶液，观察各试管中有无沉淀生成，若无沉淀，继续加 2 mol/L 氨水至碱性，观察各试管中沉淀的颜色或生成沉淀的情况。

（3）S^{2-} 的鉴定　取数滴 0.1 mol/L Na_2S 溶液，滴入新配制的 1% $Na_2[Fe(CN)_5NO]$（亚硝酰铁氰化钠）溶液，观察产生的现象。

3. 亚硫酸（H_2SO_3）的性质

（1）H_2SO_3 的氧化性　取 H_2SO_3 溶液 2 mL（即 SO_2 水溶液），先试酸性，然后滴加 H_2S 溶液，观察现象，写出反应式。

（2）H_2SO_3 的还原性　取 0.01 mol/L $KMnO_4$ 溶液 10 滴，加 5 滴 2 mol/L H_2SO_4 溶液，再滴加 H_2SO_3 溶液，观察现象，写出反应式。

4. 硫代硫酸钠（$Na_2S_2O_3$）的性质

（1）与酸反应　取 1 mL 0.1 mol/L $Na_2S_2O_3$ 溶液，滴加 6 mol/L HCl 溶液，观察现象，并写出反应式。

（2）还原性　取 0.1 mol/L $Na_2S_2O_3$ 溶液 5 滴，然后逐滴加入 0.1 mol/L I_2 溶液，不断振

---

① 由于 Fe^{2+} 在空气中易被氧化，所以在 $FeSO_4$ 溶液中难免存在 Fe^{3+}，当加入 H_2S 水溶液时，$2Fe^{3+} + H_2S = 2Fe^{2+} + S\downarrow + 2H^+$，溶液中将出现白色混浊。

摇试管，观察现象并写出反应式。

(3) $S_2O_3^{2-}$ 的鉴定　取 0.1 mol/L $Na_2S_2O_3$ 溶液 5 滴，加 1 mL 水，滴加 0.1 mol/L $AgNO_3$ 溶液，即有白色 $Ag_2S_2O_3$ 沉淀生成，振摇后沉淀溶解，再加入过量的 $AgNO_3$ 溶液，又有白色沉淀生成，但迅速转变为黄色、红棕色，最后转变为棕黑色。写出反应式。

5. 浓 H_2SO_4 与金属作用

(1) 浓 H_2SO_4 与活泼金属作用　取浓 H_2SO_4 约 2 mL，小心放入 Zn 粒，微热，观察现象，用化学方法判断所产生的气体是什么，写出反应方程式。

(2) 浓 H_2SO_4 与不活泼金属的作用　如上法作浓 H_2SO_4 和金属铜的反应，观察溶液颜色的变化，用化学方法判断所产生的气体是什么，写出反应方程式。

6. 过二硫酸铵[$(NH_4)_2S_2O_8$]的氧化性

(1) 取$(NH_4)_2S_2O_8$ 晶体少许，加入 2 mL 水溶解后，滴加 0.1 mol/L KI 溶液，观察溶液颜色的变化，再加入淀粉试液，观察有何现象出现，写出反应方程式。

(2) 取 2 mL 2 mol/L H_2SO_4 和 4～5 滴 0.2 mol/L $MnSO_4$ 溶液，混合均匀后，加 1 滴 0.1 mol/L $AgNO_3$(作催化剂)和少量$(NH_4)_2S_2O_8$ 固体，微热，观察溶液的颜色的变化。

$$5S_2O_8^{2-}+2Mn^{2+}+8H_2O=10SO_4^{2-}+2MnO_4^-+16H^+$$

7. S^{2-}、SO_3^{2-}、$S_2O_3^{2-}$ 混合离子的分离和检出

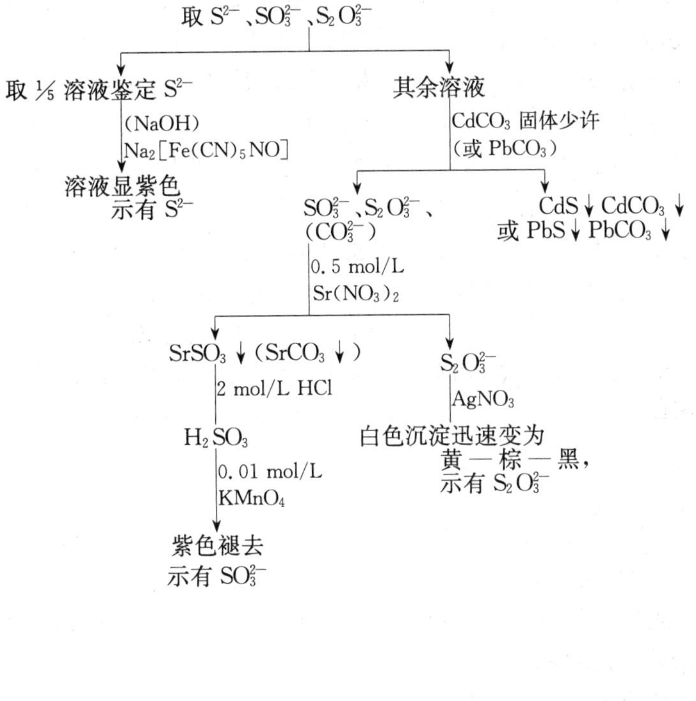

实验七　配合物

一、目的要求

通过实验了解配合物的形成条件和配合物的一些应用。

二、实验原理

配合物的形成过程是一个可逆反应，例如 Cu^{2+} 与 NH_3 分子结合可形成四氨合铜配离子，反应式为

$$Cu^{2+} + 4NH_3 \rightleftharpoons [Cu(NH_3)_4]^{2+}$$

1. 增加配位剂（如 NH_3）的浓度，上述平衡向生成配离子的方向移动；降低配位剂的浓度，平衡向配离子解离的方向移动。

2. 在一个配合物溶液中，加入一种可以与中心离子结合生成难溶物的沉淀剂，就会导致溶液中未配位的金属离子的浓度降低，促进配离子的解离。反之，一种配位剂若能与金属离子生成稳定的配合物，并且此配合物是易溶性的，则加入足量的配位剂可以使该金属离子的难溶盐溶解，若先加入配位剂而后加入沉淀剂，可以阻止沉淀的生成。沉淀剂与配位剂对于金属离子的竞争结果，决定于相应的难溶物的 K_{sp} 和相应的配离子的 $K_{稳}$ 的相对大小。

3. 若配离子的配体是弱碱（如 NH_3）或者是弱酸根（如 CN^-、$S_2O_3^{2-}$、乙二胺四乙酸根），则加入强酸会促使配离子的解离。

4. 在同一金属离子的溶液中，同时存在两种配位剂，则此金属离子首先与能生成较稳定配合物的配位剂结合。例如，在含有 F^- 和 SCN^- 的溶液中加入 Fe^{3+}，则不能生成血红色的 $[Fe(NCS)_6]^{3-}$ 配离子，而主要生成 $[FeF_6]^{3-}$ 配离子。

5. 在配离子中，受配位体的影响，能够改变中心离子原来的电子结构，因而改变其氧化还原性质。例如，$[Co(CN)_6]^{4-}$ 的还原性要比 Co^{2+} 的还原性强得多。

6. 在 Cr^{3+} 与 Na_2H_2Y 所形成的配合物溶液中加入过量 $NH_3 \cdot H_2O$ 可生成 $[Cr(OH)Y]^{2-}$ 的配离子。

7. 一些常数值

(1) 难溶银盐的浓度积

AgCl 的 $K_{sp} = 1.8 \times 10^{-10}$

AgBr 的 $K_{sp} = 5.0 \times 10^{-13}$

AgI 的 $K_{sp} = 8.3 \times 10^{-17}$

(2) 含银配离子的稳定常数值

$[Ag(NH_3)_2]^+$ 的 $K_{稳} = 1.5 \times 10^7$

$[Ag(S_2O_3)_2]^{3-}$ 的 $K_{稳} = 2.4 \times 10^{13}$

$[Ag(CN)_2]^-$ 的 $K_{稳} = 1.3 \times 10^{21}$

(3) 标准电极电势

$E^\ominus_{Co^{3+}/Co^{2+}} = +1.842$ V

$E^\ominus_{I_2/I^-} = +0.535$ V

三、仪器和药品

【仪器】 50 mL 小烧杯，玻棒，10×100 小试管，滴管，15×150 试管。

【药品】

固体：$CuSO_4 \cdot 5H_2O$；NaF。

酸：HCl 1 mol/L。

碱：氨水 2 mol/L，浓；NaOH 1 mol/L；Na_2CO_3 0.1 mol/L。

盐：Na_2S 0.1 mol/L；$BaCl_2$ 0.1 mol/L；KSCN 1 mol/L；NaCl 0.1 mol/L；KBr 0.1 mol/L；EDTA－2Na 0.1 mol/L；$K_4P_2O_7$；$Na_2S_2O_3$ 0.5 mol/L；KCN 0.5 mol/L；$AgNO_3$ 0.1 mol/L；KI 0.1 mol/L；枸橼酸钠 1 mol/L；$CuSO_4$ 0.1 mol/L；$CaCl_2$ 0.1 mol/L；$CoCl_2$ 0.5 mol/L；$CrCl_3$ 0.1 mol/L。

其他：乙醇 95%；H_2O_2 30%；淀粉溶液；丙酮；pH 试纸或红色石蕊试纸；酚酞指示剂；碘试液。

四、实验内容

1. 配合物的形成——硫酸四氨合铜的制备及性质

(1) 反应：$CuSO_4 + 4NH_3 \rightleftharpoons [Cu(NH_3)_4]SO_4$

(2) 操作：在小烧杯中加入 2.5 g 相当于 0.01 mol $CuSO_4 \cdot 5H_2O$，加 10 mL 水，搅拌至全部溶解，加 5 mL 浓氨水（相当于 0.07 mol NH_3），混匀，加 15 mL 的乙醇，搅拌混匀，放置 2～3 min，滤得析出的结晶$[Cu(NH_3)_4]SO_4 \cdot H_2O$，用少量乙醇洗 1～2 次，记录产品性状。

(3) 性质

① 取少量产品，溶于几滴水，观察并记录溶液的颜色，再继续加水，观察溶液颜色的变化。

② 取少量产品，溶于几滴水，逐滴加 1 mol/L HCl 至过量，观察并记录溶液的颜色变化，再加入过量浓氨水，观察溶液颜色的变化。

根据以上现象，讨论该配合物在溶液中的形成和解离。

③ 取少量产品，溶于几滴水，分在三个小试管中。

在第一管中加 0.1 mol/L Na_2CO_3 溶液，观察有无碱式碳酸铜沉淀生成。

在第二管中加 0.1 mol/L Na_2S 溶液，观察有无硫化铜沉淀生成。

根据这两个实验结果讨论 Cu^{2+} 浓度在溶液中的变化。

在第三管中加 0.1 mol/L $BaCl_2$ 溶液，观察有无硫酸钡沉淀生成。

根据配合物的组成，讨论配合物中 Cu^{2+} 和 SO_4^{2-} 所处的位置。

④ 取少量产品(已干燥)，闻一闻有无氨臭味，然后放在一支干试管里，管口挂一条润湿的 pH 试纸或红色石蕊试纸，微火加热。观察并记录：a. 试纸的颜色变化；b. 残余固体的颜色；c. 有无氨臭味；d. 写出反应式。

说明 NH_3 分子是否参与组成配合物，其结合是否稳定。

2. 配合物的稳定性

根据 AgCl、AgBr、AgI 的溶度积以及$[Ag(NH_3)_2]^+$、$[Ag(S_2O_3)_2]^{3-}$、$[Ag(CN)_2]^-$的稳定常数估计在下列各步中应有什么现象，并用实验检验你的估计。

(1) 取 3～4 滴 0.1 mol/L $AgNO_3$ 于试管中，加等体积 0.1 mol/L NaCl 溶液。

(2) 再加 2 滴浓氨水。

(3) 再加 2 滴 0.1 mol/L KBr。

(4) 再加 2 滴 0.5 mol/L $Na_2S_2O_3$。

(5) 再加 2 滴 0.1 mol/L KI。

(6) 再加 2 滴 0.5 mol/L KCN。

观察并记录各步结果,并写出反应式。

3. 配合物的形成和酸碱性

(1) 配合物形成时的 pH 变化:在两试管中分别放 0.1 mol/L $CaCl_2$ 和 0.1 mol/L 乙二胺四乙酸二钠(Na_2H_2Y)溶液各 2 mL,各加 1 滴酚酞指示剂,都用 2 mol/L 氨水调到溶液刚刚变红。把两溶液混合后,观察溶液的颜色有何变化,写出反应式。在什么情况下,配合物形成时溶液的 pH 降低?

(2) 溶液 pH 对配位平衡的影响

① 枸橼酸与 Fe^{3+} 的配位。在试管中放 1 mL 0.1 mol/L $FeCl_3$ 溶液,加 1 mL 1 mol/L 枸橼酸钠溶液,观察并记录溶液的颜色变化。分成 3 份,一支试管作为对照,其余二支试管中分别加 1 mol/L NaOH 及 1 mol/L HCl 使分别成碱性和酸性,比较三支试管中颜色有何不同[Fe^{3+} 呈橙黄色,Fe^{3+} 的枸橼酸配合物呈亮黄至黄绿色,$Fe(OH)_3$ 呈红棕色]。讨论枸橼酸铁在酸性和碱性溶液中的稳定性。

② pH 对$[Fe(SCN)_6]^{3-}$形成的影响。在试管中放 4～5 滴 0.1 mol/L $FeCl_3$ 溶液,加 1 mL 1 mol/L KSCN 溶液,分成两份,一份中加数滴 1 mol/L HCl,一份中加 1 mol/L NaOH,观察并记录溶液颜色变化。讨论$[Fe(SCN)_6]^{3-}$在酸性和碱性溶液中的稳定性。

4. 配合物的动力学稳定性

取 10 滴 0.1 mol/L $CrCl_3$ 溶液,加 2 mL 0.1 mol/L 乙二胺四乙酸二钠(EDTA)溶液,混匀,观察溶液颜色有无变化,有无配合物形成(Cr^{3+} 的 EDTA 配合物呈深紫色)。将溶液煮沸几分钟,观察有无配合物形成。在其中加入 1～2 滴 2 mol/L 氨水,观察是否生成绿色 $Cr(OH)_3$ 沉淀。分析 Cr^{3+} 与乙二胺四乙酸不易形成配合物的原因。

5. 配合物的形成对氧化还原能力的改变

(1) 取 $CoCl_2$ 溶液 4～5 滴,加 30% H_2O_2,观察并记录反应现象。H_2O_2 能否把 Co^{2+} 氧化成 Co^{3+}(Co^{3+} 棕色)?

(2) 取 $CoCl_2$ 溶液 4～5 滴,加过量浓氨水至沉淀溶解,观察颜色的变化。再加 H_2O_2,观察有无颜色变化。继续在其中加 6 mol/L HCl 酸化,记录并观察颜色的变化。此时钴是几价的?形成氨配合物对 Co^{2+} 的还原性有什么影响?

(3) 在试管里放 1 mL $CoCl_2$ 溶液,加 5 滴淀粉指示剂,逐滴加入碘试液,观察并记录颜色的变化。在另一试管中放 2 滴 $CoCl_2$ 溶液,加过量 KCN 溶液至开始生成的沉淀全部溶解,再往其中加入淀粉指示剂 5 滴并逐滴加入碘试液,观察并记录颜色的变化,并写出反应方程式。讨论加氰化钾对 Co^{2+} 还原性的影响。

6. 配位掩蔽

F^- 对 Fe^{3+} 的掩蔽:在试管中加数滴 0.1 mol/L $FeCl_3$ 溶液,加数滴 1 mol/L KSCN 溶液,再加入固体 NaF,摇匀,观察、记录颜色的变化并写出反应方程式。

在另一试管中,加数滴 0.5 mol/L $CoCl_2$ 溶液,加数滴 KSCN 溶液,再加等体积丙酮,出现$[Co(SCN)_4]^{2-}$的蓝色,可用以检定 Co^{2+},加入固体 NaF 少许,观察蓝色是否褪去。

根据上述实验,设计一种在 Fe^{3+} 存在下检验 Co^{2+} 的方法。

7. 螯合物的生成

焦磷酸合铜螯合配离子的生成：在试管中加 2 滴 0.1 mol/L $CuSO_4$ 溶液，逐滴加 $K_4P_2O_7$ 溶液，直至沉淀溶解成深蓝色透明溶液。

$$2Cu^{2+} + P_2O_7^{4-} = Cu_2P_2O_7(s)$$

$$Cu_2P_2O_7 + 3P_2O_7^{4-} = 2[Cu(P_2O_7)_2]^{6-}$$

焦磷酸合铜配离子的结构为

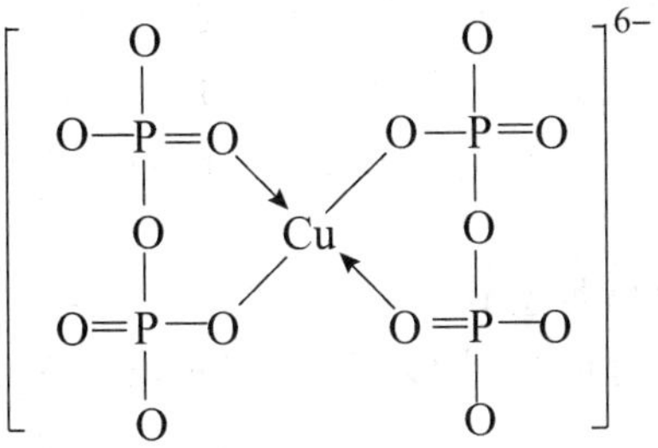

实验八　葡萄糖酸锌 $Zn(C_6H_{11}O_7)_2 \cdot 3H_2O$ 的制备

一、目的要求

1. 了解葡萄糖酸锌的制备方法。

2. 学会锌盐的含量测定。

二、实验原理

葡萄糖酸钙与等摩尔的硫酸锌反应式：

$$Ca(C_6H_{11}O_7)_2 + ZnSO_4 + 3H_2O = Zn(C_6O_{11}O_7)_2 \cdot 3H_2O + CaSO_4 \downarrow$$

三、仪器和药品

【仪器】 台天平，恒温水浴，抽滤装置，酸式滴定管，电炉，蒸发皿，烧杯，量筒，扭力天平等。

【药品】 葡萄糖酸钙；$ZnSO_4 \cdot 7H_2O$；95%乙醇；$NH_3 - NH_4Cl$ 缓冲溶液；0.1 mol/L EDTA－2Na 标准溶液；铬黑 T 指示剂。

四、实验内容

1. 制备步骤

量取 80 mL 蒸馏水置烧杯中，加热至 80～90℃，加入 13.4 g $ZnSO_4 \cdot 7H_2O$ 使完全溶解，将烧杯放在 90℃的恒温水浴中，再逐渐加入葡萄糖酸钙 20 g，并不断搅拌。在 90℃水浴上静止保温 20 min。趁热抽滤(用两层滤纸)，滤液移至蒸发皿中(滤渣为 $CaSO_4$，弃去)，将滤液在沸水浴上浓缩至黏稠状(体积约为 20mL，如浓缩液有沉淀系 $CaSO_4$，需过滤掉)。滤液冷至室温，加 20 mL 95%乙醇(降低葡萄糖酸锌的溶解度)，并不断搅拌，此时有大量的胶状葡萄糖酸锌析出，充分搅拌后，用倾泻法去除乙醇液。于胶状沉淀上，再加 20 mL 95%乙醇，充分搅拌后，沉淀慢慢转变成晶体状，抽滤至干，即得粗品(母液回收)。

重结晶。粗品加水 20 mL，加热(90℃)至溶解，趁热抽滤，滤液冷至室温，加 20 mL 95%乙醇，充分搅拌，结晶析出后，抽滤至干，即得精品，在 50℃烘至恒重。

2. 含量测定

准确称取 0.8 g 葡萄糖酸锌，溶于 20 mL 水中(可微热)，加 10 mL $NH_3 - NH_4Cl$ 缓冲溶液，加铬黑 T 指示剂 4 滴，用 0.1 mol /L EDTA－2Na 标准溶液滴定至溶液呈蓝色。样品中锌的含量计算如下：

$$锌的含量 = \frac{c_{EDTA-2Na} \cdot V_{EDTA-2Na} \times 65}{W_s 1000} \times 100\%$$

式中，$c_{EDTA-2Na}$ 为浓度，mol /L；$V_{EDTA-2Na}$ 为体积，mL；W_s 为样品的质量，g。

习题、检测题参考答案

第2章　习题

1. $v_{HNO_3}=\frac{90\times1.20\times32\%}{63}=0.55(mL)$

$c_{HNO_3}=\frac{0.55\times1000}{(450+90\times1.2)\div1.03}=1.02(mol\cdot L^{-1})$

$w_{HNO_3}=\frac{90\times1.02\times32\%}{450+90\times1.2}\times100\%=6.19\%$

2. 设乙醇的质量摩尔浓度为 m

$\frac{m}{m+3.26}=0.0728$

$m=0.256(mol\cdot kg^{-1})$

3. $\Delta t_f=178-152=26$

$\Delta t_f=K_f\cdot\frac{g\times1\,000}{M\times G}$

$26=40\times\frac{0.028\times1\,000}{M\times0.247}$

相对分子质量 $M=174.4$

4. $\Delta t_f=K_f\frac{g\times1\,000}{M\times G}$

$2.41=34.4\times\frac{3.299\times1\,000}{M\times100}$　　$M=471$

最简式 HgCl，式量=235.5

分子式为 Hg_2Cl_2，相对分子质量=471

5. $\Delta p=2.337\,8-2.327=0.010\,8(kPa)$

$\Delta p=K\cdot m=\frac{p^0M_{H_2O}}{1\,000}\times\frac{g\times1\,000}{M\times G}$

$0.010\,8=\frac{2.337\,8\times18}{1\,000}\times\frac{25.97\times1\,000}{M\times500}$　　$M=202$

6. $\Delta T_f=K_f\frac{g\times1\,000}{M\times G}$

$0.221=K_f\frac{2\times1\,000}{180\times100}$　　$K_f=1.99$

$0.230=K_f\frac{1.50\times1\,000}{M\times100}$

$0.230=1.99\frac{1.50\times1\,000}{M\times100}$　　$M=130$

$\Delta T_b=K_b\frac{g\times1\,000}{M\times G}=1.22\times\frac{1.50\times1\,000}{130\times100}$

(1) $\Delta T_b=0.14$℃

(2) $\Pi_{渗}=mRT=\frac{1.50\times1\,000}{130\times100}\times8.314\times303=290.67(kPa)$

7. $\Pi_{渗}=cRT$

$0.353=\frac{9.63}{M\times1}\times8.314\times298$　　$M=67\,589$

$\Delta T_f=K_f\cdot m=1.86\times\frac{9.63}{67\,589}=0.000\,265$(℃)

∴不能用凝固点下降法测蛋白质相对分子质量。

8. $\Delta t_b=K_b\cdot m$

$0.26=0.52m \qquad m=0.5(\mathrm{mol\cdot kg^{-1}})$

$\Delta t_f=K_f\cdot m=1.86\times0.5=0.93$

$t_f=0-0.93=-0.93(℃)$

$\Pi_{渗}=mRT=0.5\times8.314\times298=1\,239(\mathrm{kPa})$

第2章 检测题

一、选择题

1. B 2. B 3. A 4. C 5. D 6. B 7. C 8. D 9. A 10. C

二、填空题

1. (b) (d) (c) (a)

2. 低 $\Delta T_f=K_f\cdot m$

3. 物质的量的浓度 质量摩尔浓度和摩尔分数

4. 难挥发性 非电解质 稀溶液

5. 溶液的蒸气压降低

三、计算题

1. $p=p^0x_A$

$x_A=\frac{p}{p^0}=\frac{35\,570}{37\,330}=0.952\,9$

$x_A=\frac{120/58}{120/58+6/M}=0.952\,9$

$M=58.65\ \mathrm{g\cdot mol^{-1}}$

2. $p=p^0x_A$

$x_A=\frac{p}{p^0}=\frac{2\,110}{2\,333}=0.904\,4$

$x_A=\frac{1\,000/18}{1\,000/18+m_B/342}=0.904\,4$

$m_B=2\,008\ \mathrm{g}$

3. $\Delta T_f=K_f\cdot m=K_f\frac{g\times1000}{M\times G}=1.86\times\frac{2\times1\,000}{60\times75}=0.83$

$T_f=273-0.83=272.17\ \mathrm{K}$

4. $\Pi_{渗}=mRT$

$\Delta T_f=K_f\cdot m$

$m=\frac{\Delta T_f}{K_f}=\frac{0.56}{1.86}=0.30$

$\Pi_{渗}=0.30\times8.314\times310=773.2\ \mathrm{kPa}$

第3章 习题

1. (1) $\frac{-1\,204}{80.62}=-14.9(\mathrm{kJ\cdot g^{-1}})$

(2) $\frac{48.62}{1\,204}=0.040\,38(\mathrm{g})$

2. (1) $\frac{-3.35\times10^4}{884}=-37.9(\mathrm{kJ\cdot g^{-1}})$

(2) $-3.79\times10^4\ \mathrm{kJ\cdot kg^{-1}}$

3. $\frac{8.70\times10^3}{16.7}=521\ \mathrm{g}$

4. $4(-393.5)+2(-241.8)-2\times226.7=-2\,511(\mathrm{kJ\cdot mol^{-1}})$

5. $\Delta_fH^{\ominus}(\mathrm{CuO})=-143.7+(-11.5)=-155.2(\mathrm{kJ\cdot mol^{-1}})$

6. $-11\ 003=16\times(-393.5)+18\times(-241.8)-2\Delta_f H^{\ominus}(C_8H_{18},l)$

$\Delta_f H^{\ominus}(C_8H_{18},l)=177.3\ kJ\cdot mol^{-1}$

7. $\Delta_f H^{\ominus}(MnO_2)=2\times(-134.8)+(-250.1)=-519.7(kJ\cdot mol^{-1})$

8. (1) $\Delta U=50-10=40\ J$

(2) $\Delta U=20-(-30)=50\ J$

(3) $\Delta U=-25-(-15)=-10\ J$

9. (1) $\Delta U=-87.2\ kJ\cdot mol^{-1}$

(2) $\Delta n_g=2-4=-2$

(3) $\Delta H=\Delta H+\Delta n_g RT=-87.2+(-2)\dfrac{8.314}{1\ 000}\times 298=-92.16(kJ\cdot mol^{-1})$

10. (1) $\Delta H=-89.5\ kJ\cdot mol^{-1}$

(2) $\Delta n_g=3-0=3$

(3) $\Delta U=\Delta H+\Delta n_g RT=-89.5-3\times\dfrac{8.314}{1\ 000}\times 298=-96.9(kJ\cdot mol^{-1})$

11. (1) $\Delta S>0$　(2) $\Delta S>0$　(3) $\Delta S>0$　(4) $\Delta S<0$

12. (1) 任何温度下正反应不能自发进行。

(2) 低温下有利正反应自发进行。

(3) 高温下有利正反应自发进行。

(4) 任何温度下正反应能自发进行。

第 3 章　检测题

一、选择题

1. D　2. A　3. D　4. D　5. C　6. A　7. B　8. D　9. C　10. A

二、填空题

1. $Q=40.68\ kJ\cdot mol^{-1}$　　$\Delta H=40.68\ kJ\cdot mol^{-1}$

$\Delta S=109\ J\cdot mol^{-1}\cdot K^{-1}$　　$\Delta G=0$

2. C　B　77　A　−161.6　D

3. −3.72

4. (3)>(4)>(1)>(2)

5. $-90.7\ kJ\cdot mol^{-1}$　0.451

6. $178\ kJ\cdot mol^{-1}$　$161\ J\cdot mol^{-1}\cdot K^{-1}$

7. Li(s)　LiCl(s)　Ne(g)　$Cl_2(g)$　$I_2(g)$

8. <　>

三、计算题

1. $\Delta_f H^{\ominus}(ZnSO_4,s)=-348.0-296.9-98.3-235.4=-978.6(kJ\cdot mol^{-1})$

2. $\Delta_f H^{\ominus}(B_2H_6,g)=3\times(-285.8)+2\times(-636)-(-2\ 165)=35.6(kJ\cdot mol^{-1})$

3. (1) $\Delta_r G^{\ominus}=-301.2-(-334.3)=33.1(kJ\cdot mol^{-1})$

因为 $\Delta_r G^{\ominus}>0$，所以常温下反应不能自发进行。

(2) 500℃：即 $T=500+273=773\ K$

$\Delta_r H^{\ominus}=-313.8-(-394.3)=80.5(kJ\cdot mol^{-1})$

$\Delta_r S^{\ominus}=\dfrac{\Delta_r H^{\ominus}-\Delta_r G^{\ominus}}{T}=\dfrac{80.5-33.1}{298}=0.159(kJ\cdot mol^{-1}\cdot K^{-1})$

$\Delta_r G^{\ominus}(773\ K)=\Delta_r H^{\ominus}-T\Delta_r S^{\ominus}=80.5-773\times 0.159=-42.4(kJ\cdot mol^{-1})$

在 500℃时反应能自发进行。

第 4 章　习题

1. $v=-\frac{\Delta c_{CH_3CHO}}{\Delta t}=-\frac{0.0248-0.026}{5.4}=0.00022(mol \cdot min^{-1})$

2. (1) $v=kc_A^2c_B$

(2) 三级反应

(3) $k=\frac{2.8\times10^{-3}}{0.2^2\times0.6}=0.117\ L^2 \cdot mol^{-2} \cdot s^{-1}$

3. 反应活化能为 48.2 kJ·mol⁻¹ 的反应速率比较快。因为反应的活化能越小活化分子数越多,反应进行的速率越快。

4. (1) $v=kc_A^2$

(2) $k=\frac{1.2}{0.05^2}=480(L \cdot mol^{-1} \cdot s^{-1})$

(3) $c_A=\sqrt{\frac{v}{k}}=\sqrt{\frac{2.4}{480}}=0.0707(mol \cdot L^{-1})$

5. (1) $v=kc_{Br_2}c_{NO}^2$　三级反应

(2) $v=0.050\times0.10\times0.050^2=1.25\times10^{-5}(mol \cdot L^{-1} \cdot s^{-1})$

6. $\Delta_r H^\ominus=2\times5.64=11.28(kJ \cdot mol^{-1})$

$\Delta_r H^\ominus=E_{a正}-E_{a逆}$

$E_{a逆}=185.7-11.28=174.42(kJ \cdot mol^{-1})$

7. $\ln\frac{k_2}{k_1}=\frac{E_a}{R}(\frac{T_2-T_1}{T_1T_2})$

$\ln\frac{4.87\times10^{-3}}{3.46\times10^{-5}}=\frac{E_a}{8.314}(\frac{338-298}{298\times338})$

$4.95=\frac{E_a}{8.314}\times3.97\times10^{-4}$

$E_a=103\,630(J \cdot mol^{-1})=103.63(kJ \cdot mol^{-1})$

8. (1) $K_c=\frac{[NO_2]^2}{[NO]^2[O_2]}$　$K_p=\frac{p_{NO}^2}{p_{NO}^2p_{O_2}}$

$K_p=K_c(RT)^{-1}$

(2) $K_c=\frac{[N_2]^{1/2}[H_2]^{3/2}}{[NH_3]}$　$K_p=\frac{p_{N_2}^{1/2}p_{H_2}^{3/2}}{p_{NH_3}}$

$K_p=K_c(RT)^1$

(3) $K_c=\frac{[CO][H_2]}{[H_2O]}$　$K_p=\frac{p_{CO}p_{H_2}}{p_{H_2O}}$

$K_p=K_c(RT)^1$

(4) $K_c=[CO_2]$　$K_p=p_{CO_2}$

$K_p=K_c(RT)^1$

9. $2NO(g)+Br_2(g) \rightleftharpoons 2NOBr(g)$

平衡浓度　0.3　0.11　0.046

$K_c=\frac{[NOBr]^2}{[NO]^2[Br_2]}=\frac{0.046^2}{0.3^2\times0.11}=0.21$

$K_p=K_c(RT)^{\Delta n}=0.21\times(8.314\times623)^{-1}=4.1\times10^{-5}(kPa^{-1})$

10. $H_2(g)+CO_2(g) \rightleftharpoons H_2O(g)+CO(g)$

平衡浓度　0.44　0.44　0.56　0.56

$K_c=\frac{[H_2O][CO]}{[H_2][CO_2]}=\frac{0.56\times0.56}{0.44\times0.44}=1.62$

H_2 和 CO_2 的开始浓度

$[H_2]_{开始}=[CO_2]_{开始}=0.44+0.56=1.0(mol\cdot L^{-1})$

11. $\ln\frac{K_2}{K_1}=\frac{\Delta_r H^{\ominus}}{R}(\frac{T_2-T_1}{T_1 T_2})$

$\ln\frac{0.2}{3\times10^{-3}}=\frac{\Delta_r H^{\ominus}\times 1\,000}{8.314}(\frac{1\,200-900}{900\times 1\,200})$

$4.20=\frac{\Delta_r H^{\ominus}\times 1\,000}{8.314}\times 2.78\times10^{-4}$

$\Delta_r H^{\ominus}=125.61(kJ\cdot mol^{-1})$

∵ $\Delta H_r^{\ominus}>0$ ∴ 该反应正向反应为吸热反应。

12. (1) $CO_2(g)+H_2(g)\rightleftharpoons CO(g)+H_2O(g)$

[初始] $\frac{1.5}{3}=0.5$ $\frac{4.5}{3}=1.5$

[平衡] $0.5-x$ $1.5-x$ x x

$K_c=\frac{x^2}{(0.5-x)(1.5-x)}=1$

$x=0.375(mol\cdot L^{-1})$

平衡时 $[CO]=[H_2O]=0.375(mol\cdot L^{-1})$

$[CO_2]=0.5-0.375=0.125(mol\cdot L^{-1})$

$[H_2]=1.5-0.375=1.125(mol\cdot L^{-1})$

(2) 转化率 $=\frac{0.375}{0.5}\times100\%=75\%$

13.

	$k_{正}$	$k_{逆}$	$v_{正}$	$v_{逆}$	K	平衡移动方向
增加总压	不变	不变	变大	变大	不变	逆向
升高温度	变大	变大	变大	变大	变大	正向
加入催化剂	变大	变大	变大	变大	不变	不移动

第 4 章 检测题

一、选择题

1. D 2. A 3. C 4. C 5. D 6. A 7. C 8. A 9. B 10. B

二、填空题

1. 二级反应 $v=kc_{NO}^2 c_{O_2}$ $1.1\times10^{-5}\ mol\cdot L^{-1}\cdot s^{-1}$

2. $mol\cdot L^{-2}\cdot s^{-1}$ $L^{1/2}\cdot mol^{-1/2}\cdot s^{-1}$

3. 增大 增大 不变

4. 51.15

5. (1)A (2)D (3)B (4)C (5)A

6. 205.3

7. (1) 增大 I_2 解离是吸热反应

(2) 减少 总体积减小，增加总压平衡向气体分子数减少的方向移动

(3) 不变 $I_2(g)$ 和 $I(g)$ 的分压都不变

(4) 增大 减少总压平衡向气体分子数增加的方向移动

三、计算题

1. (1) $v=kc_{H_2PO_2^-}c_{OH^-}^2$ 三级反应

(2) $k=\frac{3.2\times10^{-5}}{0.1\times1.0^2}=3.2\times10^{-4}\ L^2\cdot mol^{-2}\cdot min^{-1}$

2.(1) 设 $COCl_2$ 起始浓度为 1 $mol\cdot L^{-1}$ 解离度为 α

$$COCl_2(g)=CO(g)+Cl_2(g)$$

平衡时 $1-\alpha$ α α

$n_{总}=1-\alpha+\alpha+\alpha=1+\alpha$

$p_{COCl_2}=\frac{1-\alpha}{1+\alpha}\times202.6$

$p_{CO}=p_{Cl_2}=\frac{\alpha}{1+\alpha}\times202.6$

$$K_p^{\ominus}=\frac{(\frac{\alpha}{1+\alpha}\times\frac{202.6}{101.3})^2}{\frac{1-\alpha}{1+\alpha}\times\frac{202.6}{101.3}}=8.0\times10^{-9}$$

$\alpha=6.32\times10^{-5}=6.32\times10^{-3}\%$

(2) $\Delta_r G^{\ominus}=-2.303RT\lg K^{\ominus}$

$=-2.303\times8.314\times10^{-3}\times373\lg8.0\times10^{-9}=57.8(kJ\cdot mol^{-1})$

$$\Delta_r S_m^{\ominus}=\frac{\Delta_r H^{\ominus}-\Delta_r G^{\ominus}}{T}=\frac{104.6-57.8}{373}=0.125\ kJ\cdot mol^{-1}\cdot K^{-1}=125(J\cdot mol^{-1}\cdot K^{-1})$$

3. $K^{\ominus}=\frac{p_{CO_2}}{p^{\ominus}}$

$p_{CO_2}=1.16\times101.3=117.5(kPa)$

在 1 037 K 达平衡时,CO_2 的物质的量为

$n=\frac{pV}{RT}=\frac{117.5\times10}{8.314\times1\,037}=0.136(mol)$

$CaCO_3$ 分解分数为 $\frac{0.136}{0.20}\times100\%=68\%$

4. $$PCl_5(g)\ =\ PCl_3(g)\ +\ Cl_2(g)$$

平衡浓度 $\frac{0.7-0.5}{2}$ $\frac{0.5}{2}$ $\frac{0.5}{2}$

$K_c=\frac{[PCl_3][Cl_2]}{[PCl_5]}=\frac{0.25^2}{0.1}=0.625$

$$K^{\ominus}=\frac{\frac{p_{PCl_3}}{p^{\ominus}}\cdot\frac{p_{Cl_2}}{p^{\ominus}}}{\frac{p_{PCl_5}}{p^{\ominus}}}=\frac{K_p}{p^{\ominus}}=\frac{K_c(RT)^{\Delta n}}{p^{\ominus}}=\frac{0.625\times(8.314\times523)^1}{101.3}=26.83$$

PCl_5 的分解分数 $\frac{0.25}{0.35}=71.43\%$

第5章 习题

1. HSO_4^- HS^- H_3PO_4 H_2SO_4 NH_4^+
2. NH_3 HS^- HSO_4^- HPO_4^{2-} SO_4^{2-}
3. 酸: HS^- $H_2PO_4^-$ H_2S HAc H_2O

碱: HS^- CO_3^{2-} $H_2PO_4^-$ NH_3 OH^- H_2O NO_2^-

既是酸又是碱:HS^- $H_2PO_4^-$ H_2O

4. (1) $[OH^-]=\frac{25}{40\times0.14}=1.56(mol\cdot L^{-1})$

(2) $[H^+]=\frac{50\times0.5}{175}=0.143(mol\cdot L^{-1})$

(3) $[OH^-]=\frac{30\times2.5}{120}=0.625(mol\cdot L^{-1})$

(4) $[OH^-]=2\times4.5\times10^{-4}=9\times10^{-4}(mol\cdot L^{-1})$

5. HCl:$[H^+]=0.1\ mol\cdot L^{-1}$ pH=1

HAc:$[H^+]=\sqrt{K_a\cdot c}=\sqrt{1.76\times10^{-5}\times0.1}=1.33\times10^{-3}(mol\cdot L^{-1})$

pH=2.88

0.1 mol·L^{-1} HCl 的酸度大

6. $K_a=c\alpha^2=0.01\times(0.010\%)^2=1\times10^{-10}$

7. $[H^+]=[ClO^-]=\sqrt{K_a\cdot c}=\sqrt{3.5\times10^{-8}\times0.05}=4.18\times10^{-5}(mol\cdot L^{-1})$

$\alpha=\frac{4.18\times10^{-5}}{0.05}\times100\%=0.0836\%$

8. $[S^{2-}]=\frac{K_1K_2[H_2S]}{[H^+]^2}=\frac{5.7\times10^{-8}\times1.2\times10^{-15}\times0.1}{0.3^2}=7.6\times10^{-23}(mol\cdot L^{-1})$

9. $[H^+]=[HCO_3^-]=\sqrt{K_{a_1}\cdot c}=\sqrt{4.3\times10^{-7}\times0.04}=1.31\times10^{-4}(mol\cdot L^{-1})$

$[CO_3^{2-}]=K_{a_2}=5.61\times10^{-11}(mol\cdot L^{-1})$

10. $[NH_3]=0.2(mol\cdot L^{-1})$

$[OH^-]=\sqrt{K_b\cdot c}=\sqrt{1.76\times10^{-5}\times0.2}=1.88\times10^{-3}(mol\cdot L^{-1})$

pOH=2.73 pH=11.27

11. $K_a=\frac{[H^+][Ac^-]}{[HAc]}$

$1.76\times10^{-5}=\frac{6.5\times10^{-5}[Ac^-]}{0.2}$

$[Ac^-]=0.054\ mol\cdot L^{-1}$

$0.054\times82=4.43$ g

12. 设需加 6.0 mol·L^{-1} HAc 为 x mL

$K_a=\frac{[H^+][Ac^-]}{[HAc]}$

$1.76\times10^{-5}=\frac{10^{-5}\frac{1.0\times125}{250}}{\frac{6x}{250}}$

$x=11.84$ mL

13. (1) $NH_3\ +\ HCl\ =\ NH_4Cl$

[初] $\frac{20\times0.1}{30}$ $\frac{10\times0.1}{30}$

[后] $\frac{1}{30}$ $\frac{1}{30}$

$[OH^-]=K_b\frac{[NH_3]}{[NH_4^+]}=1.76\times10^{-5}\frac{1/30}{1/30}=1.76\times10^{-5}$

pOH=4.75 pH=9.25

(2) $[NH_4Cl]=0.05$

$pH=7-\frac{1}{2}pK_b-\frac{1}{2}\lg c=7-\frac{1}{2}\times4.75-\frac{1}{2}\lg0.05=5.28$

(3) $[H^+]=\frac{10\times0.1}{50}=0.02$

pH=1.70

14. $[NH_4^+]=\frac{1.07}{53.5}\times\frac{1000}{100}=0.2$

$[OH^-]=K_b\frac{[NH_3]}{[NH_4^+]}=1.76\times10^{-5}\frac{0.1}{0.2}=8.8\times10^{-6}$

pOH=5.06 pH=8.94

15. $[Ac^-]=\frac{K_a[HAc]}{[H^+]}=1.76\times10^{-5}\frac{0.5}{10^{-5}}=0.88$

$0.88\times136\times0.3=35.9$ g

16. (1) $Al_2S_3+6H_2O=2Al(OH)_3\downarrow+3H_2S\uparrow$

因为 Al_2S_3 水解反应倾向很大，所以在水溶液中不能存在。

(2) 加稀盐酸可以抑制水解。

(3) 因为 $Al_2(SO_4)_3$ 水解使溶液显酸性，而酸又能使 Na_2CO_3 产生 CO_2 气体。

17. $s=\sqrt{K_{sp,BaSO_4}}=\sqrt{1.1\times10^{-10}}=1.05\times10^{-5}$

$1.05\times10^{-5}\times233=2.45\times10^{-3}$ g

18. $[Ag^+]=\sqrt[3]{\frac{K_{sp,Ag_2S}}{4}}\times2=5.0\times10^{-17}\ mol\cdot L^{-1}$

$[Pb^{2+}]=\sqrt{3.4\times10^{-28}}=1.84\times10^{-14}\ mol\cdot L^{-1}$

19. $[Mg^{2+}]=\sqrt[3]{\frac{1.2\times10^{-11}}{4}}=1.44\times10^{-4}\ mol\cdot L^{-1}$

$[OH^-]=2\times1.44\times10^{-4}=2.88\times10^{-4}\ mol\cdot L^{-1}$

20. 在 H_2O 中 $s=\sqrt{K_{sp,AgI}}=\sqrt{1.5\times10^{-16}}=1.22\times10^{-8}$

在 KI 中 $s=\frac{K_{sp,AgI}}{[I^-]}=\frac{1.5\times10^{-16}}{0.010}=1.5\times10^{-14}$

∴ 在 KI 中溶解度小。

21. (1) $[Ag^+][Cl^-]=0.001\times0.001=10^{-6}$

$10^{-6}>K_{sp,AgCl}$，有 $AgCl\downarrow$

(2) $[Pb^{2+}][Cl^-]^2=0.01\times(\frac{0.585}{58.5}\times\frac{1000}{100})^2=0.01\times0.1^2=10^{-4}$

$10^{-4}>K_{sp,PbCl_2}$ 有 $PbCl_2\downarrow$

22. (1) $[Mn^{2+}]=\frac{10\times1.5\times10^{-3}}{15}=1\times10^{-3}\ mol\cdot L^{-1}$

$[NH_3]=\frac{5\times0.15}{15}=0.05\ mol\cdot L^{-1}$

$[OH^-]=\sqrt{1.77\times10^{-5}\times0.05}=9.4\times10^{-4}\ mol\cdot L^{-1}$

$[Mn^{2+}][OH^-]^2=10^{-3}\times(9.4\times10^{-4})^2=8.85\times10^{-10}>K_{sp,Mn(OH)_2}$

∴ 有 $Mn(OH)_2\downarrow$ 生成

(2) $[NH_4^+]=\frac{0.495}{132}\times\frac{1000}{15}\times2=0.5\ mol\cdot L^{-1}$

$[OH^-]=K_b\frac{[NH_3]}{[NH_4^+]}=1.76\times10^{-5}\frac{0.05}{0.5}=1.76\times10^{-6}\ mol\cdot L^{-1}$

$[Mn^{2+}][OH^-]^2=10^{-3}(1.76\times10^{-6})^2=3.13\times10^{-15}<K_{sp,Mn(OH)_2}$

∴ 无 $Mn(OH)_2\downarrow$ 生成

23. $[Mn^{2+}]=\frac{0.20}{2}=0.10\ mol\cdot L^{-1}$

$[NH_3]=\frac{0.001}{2}=0.0005\ mol\cdot L^{-1}$

不生成 $Mn(OH)_2\downarrow$ 则

$[OH^-]=\sqrt{\frac{K_{sp,Mn(OH)_2}}{[Mn^{2+}]}}=\sqrt{\frac{1.9\times10^{-14}}{0.1}}=4.36\times10^{-7}\ mol\cdot L^{-1}$

$[NH_4^+]=K_b\frac{[NH_3]}{[OH^-]}=1.76\times10^{-5}\frac{5\times10^{-4}}{4.36\times10^{-7}}=0.02\ mol\cdot L^{-1}$

$0.02\times2\times53.5\times0.1=0.214$ g

24. AgCl↓所需 $[Ag^+]=\frac{K_{sp,AgBr}}{[Br^-]}=\frac{5.0\times10^{-10}}{0.01}=5.0\times10^{-8}\ mol\cdot L^{-1}$

AgI↓所需 $[Ag^+]=\frac{K_{sp,AgI}}{[I^-]}=\frac{8.3\times10^{-17}}{0.01}=8.3\times10^{-15}\ mol\cdot L^{-1}$

沉淀的顺序:AgI,AgBr,AgCl

当 AgCl 开始沉淀时:

$[I^-]=\frac{K_{sp,AgI}}{[Ag^+]}=\frac{8.3\times10^{-17}}{1.8\times10^{-8}}=4.61\times10^{-9}\ mol\cdot L^{-1}$

$[Br^-]=\frac{K_{sp,AgBr}}{[Ag^+]}=\frac{5.0\times10^{-13}}{1.8\times10^{-8}}=2.78\times10^{-5}\ mol\cdot L^{-1}$

第 5 章 检测题

一、选择题

1. D 2. B 3. D 4. C 5. B 6. B 7. B

8. A 9. C 10. B 11. A 12. C 13. C 14. B 15. C

二、填空题

1. 1×10^{-14} 1×10^{-20}

2. (6) (4) (1) (2) (3) (5)

3. 强 弱 弱

4. 强 示差 相近 拉平

5. 基本不变 变小 变小 不变

6. −0.30 2.22 0.00

7. 11.77 4.63 0.00

8. $H_2PO_4^-$ 1.3×10^{-12}

9. 8×10^{-8} 7.10

10. 减小 增大

11. (1) 1.7×10^{10} $H_3PO_4\sim H_2PO_4^-$ $HPO_4^{2-}\sim PO_4^{3-}$

(2) 1.4 $H_2O\sim OH^-$ $HS^-\sim S^{2-}$

12. $\frac{K_{sp,ZnS}}{K_{sp,CuS}}$

13. 减小 增大 大

14. Cd^{2+} Zn^{2+}

15. (1) 小 (2) 不变 (3) 小 增大

三、计算题

1. 设所需 HAc 溶液体积为 V mL,NaOH 溶液体积为 $(450-V)$ mL

$[NaOH]=[NaAc]=\frac{0.1\times(450-V)}{450}\ mol\cdot L^{-1}$

$[HAc]=\frac{0.1V}{450}-\frac{0.1(450-V)}{450}\ mol\cdot L^{-1}$

pH=4.70 $[H^+]=2\times10^{-5}\ mol\cdot L^{-1}$

$K_a=\frac{[H^+][Ac^-]}{[HAc]}$

$1.76\times10^{-5}=\frac{(2\times10^{-5})\times0.1\times(450-V)]}{0.1V-0.1(450-V)}$

HAc:V=306 mL NaOH 体积 144 mL

2. 设加入 Na_2CO_3 体积为 V mL

$[HCO_3^-]=\frac{0.30\times20}{20+V}\ mol\cdot L^{-1}$

$[CO_3^{2-}]=\frac{0.20V}{20+V}$ mol·L^{-1}

pH=10　　$[H^+]=10^{-10}$ mol·L^{-1}

$K_{a_2}=\frac{[H^+][CO_3^{2-}]}{[HCO_3^-]}$

$5.6\times10^{-11}=\frac{10^{-10}\times0.2V}{0.30\times20}$

$V=16.8$ mL

3. 设 $Mg(OH)_2$ 在 NH_4Cl 溶液中溶解度为 x mol·L^{-1}

$$Mg(OH)_2+2NH_4^+ \rightleftharpoons Mg^{2+}+2NH_3+2H_2O$$

平衡浓度　　$1-2x$　　x　　$2x$

$$K=\frac{[Mg^{2+}][NH_3]^2}{[NH_4^+]^2}\cdot\frac{[OH^-]^2}{[OH^-]^2}=\frac{K_{sp}}{K_b^2}=\frac{1.8\times10^{-11}}{(1.8\times10^{-5})^2}=5.6\times10^{-2}$$

$$\frac{x(2x)^2}{(1-2x)^2}=5.6\times10^{-2}\qquad(1)$$

(1)式中有 x^3，只能采取逐级逼近的方法求解

令 $1-2x=1$ 代入(1)式得 $x_1=0.24$

$1-2x=1-2\times0.24=0.52$ 代入(1)得 $x_2=0.16$

$1-2x=1-2\times0.16=0.68$ 代入(1)得 $x_3=0.19$

$1-2x=1-2\times0.19=0.62$ 代入(1)得 $x_4=0.18$

$1-2x=1-2\times0.18=0.64$ 代入(1)得 $x_5=0.18$

则 $x=0.18$　$[Mg^{2+}]=0.18$ mol·L^{-1}

溶解的 $Mg(OH)_2$ 为

$0.18\times0.5\times58.3=5.25$ g

第6章　习题

1. $3p_z(3,1,0)$　　$4d_{z^2}(4,2,0)$　$5s(5,0,0)$

2. 7N　$1s^2 2s^2 2p^3$

$$1s^2\begin{cases}1\ \ 0\ \ 0\ \ +\frac{1}{2}\\ 1\ \ 0\ \ 0\ \ -\frac{1}{2}\end{cases}$$

$$2s^2\begin{cases}2\ \ 0\ \ 0\ \ +\frac{1}{2}\\ 2\ \ 0\ \ 0\ \ -\frac{1}{2}\end{cases}$$

$$2p^3\begin{cases}2\ \ 1\ \ 0\ \ +\frac{1}{2}\\ 2\ \ 1\ \ 1\ \ +\frac{1}{2}\\ 2\ \ 1\ \ -1\ \ +\frac{1}{2}\end{cases}$$

3. (1) 违背保里不相容原理。$1s^2 2s^2 2p^1$

(2) 违背洪特规则。$1s^2 2s_1^2 2p_x^1 2p_y^1 2p_z^1$

(3) 违背能量最低原理。$1s^2 2s^2$

4. Mn 为ⅦB 价电子构型 $3d^5 4s^2$，最高氧化数为+7，最外层 2 个电子，表现金属性；
Cl 为ⅦA 价电子构型 $3s^2 3p^5$，最高氧化数为+7 最外层 7 个电子，表现非金属性。

5. (1) $4s^2$　$1s^2 2s^2 2p^6 3s^2 3p^6 4s^2$　$Z=20$，s 区，ⅡA，第四周期，+2，K。

(2) $3d^5 4s^1$　$1s^2 2s^2 2p^6 3s^2 3p^6 3d^5 4s^1$　$Z=24$，d 区，ⅥB，第四周期，+6，Cr。

(3) $4s^2 4p^3$　$1s^2 2s^2 2p^6 3s^2 3p^6 3d^{10} 4s^2 4p^3$　$Z=33$，p 区，ⅤA，第四周期，+5，As。

6. H 原子的 $3p_z(3,1,0)$　第三层，p 亚层，无柄哑铃形　沿 z 轴伸展　$E=-13.6\times\frac{1}{3^2}$eV

7. 电子分布　(1) $1s^2 2s^2 2p^6 3s^2 3p^5$

(2) $1s^2 2s^2 2p^6 3s^2 3p^6 3d^{10} 4s^2 4p^6 4d^1 5s^2$

原子序数	(1) 17	(2) 39
周　期	(1) 三	(2) 五
族	(1) ⅦA	(2) ⅢB
	(1) 非金属	(2) 金属

8. (1) 不合理　$n=1, l=0$

(2) 不合理　$n=2, l=1$ 或 0

(3) 合理

(4) 合理

(5) 不合理　$n=2, l=0, m=0$

(6) 不合理　$n=2, l=1$ 或 0

9. (1) $1s^2 2s^2 2p^6 3s^2 3p^6 3d^5 4s^2$

(2) 最外层：2 个电子；最高能级组：7 个电子

(3) 第四周期，ⅦB，d 区

10. (1) 18　　(2) 24　　(3) 35

第 6 章　检测题

一、选择题

1. A　2. B　3. D　4. C　5. C　6. B　7. D　8. B　9. C　10. C

二、填空题

1. 波函数 Ψ　原子轨道　几率密度　电子云

2. 4　1　3　6

3. W $5d^4 6s^2$；Nb $4d^4 5s^1$；Ru $4d^7 5s^1$；Rh $4d^8 5s^1$；Pd $4d^{10} 5s^0$；Pt $5d^9 6s^1$

4. =　<　<　>　<　>

5. [Kr]$4d^5 5s^1$　$n=5, l=0, m=0, m_s=+\frac{1}{2}$　$4d_{x^2-y^2}$　$4d_{z^2}$　$4d_{xy}$　$4d_{xz}$　$4d_{yz}$　$4d_{xz}$

第 7 章　习题

1. BeH_2	sp 杂化	直线形
BBr_3	sp^2 杂化	平面三角形
SiH_4	sp^3 杂化	正四面体
CH_3Cl	sp^3 杂化	四面体
OF_2	sp^3 不等性杂化	角形
2. KBr	离子化合物	
KI	离子化合物	
CS_2	共价化合物	非极性分子
SO_2	共价化合物	极性分子
CCl_4	共价化合物	非极性分子
H_2S	共价化合物	极性分子

$HgCl_2$　　共价化合物　　非极性分子

NF_3　　共价化合物　　极性分子

3.(1) $ZnO>ZnS$

(2) $H_2S<H_2Se$

(3) $NH_3>PH_3$

4. 随着相对分子质量增加，分子间力（主要是色散力）依次增大。所以常温时 F_2、Cl_2 是气体，Br_2 是液体，I_2 是固体。

5.

分子间作用力类型	色散力	诱导力	取向力	氢键
O_2 分子间	✓			
HF 分子间	✓	✓	✓	✓
HCl 分子间	✓	✓	✓	
HCl 与 H_2 分子间	✓	✓		

6. BaO　　离子晶体　　HCl　　分子晶体

O_2　　分子晶体　　Ag　　金属晶体

CaF_2　　离子晶体　　SiO_2　　原子晶体

H_2O　　分子晶体

7. K^+　　$3s^2 3p^6$

Ca^{2+}　　$3s^2 3p^6$

Fe^{2+}　　$3s^2 3p^6 3d^6$

Fe^{3+}　　$3s^2 3p^6 3d^5$

Zn^{2+}　　$3s^2 3p^6 3d^{10}$

Pb^{2+}　　$5s^2 5p^6 5d^{10} 6s^2$

O^{2-}　　$2s^2 2p^6$

8.(1) 最高　CsCl　　最低　CO_2

(2) 最高　Si　　最低　N_2

(3) 最高　$BaCl_2$　　最低　N_2

(4) 最高　NaF　　最低　H_2

第7章　检测题

一、选择题

1. C　2. C　3. B　4. D　5. B　6. C　7. A　8. B　9. B　10. A　11. C　12. D　13. D　14. C

二、填空题

1. $CO_2<SO_2$　$O_3>CO_2$　$O_3>O_2$　$Ne<Ar$　$H_2S<H_2O$　$PH_3<NH_3$

2. $PbO>PbS$　$FeCl_3<FeCl_2$　$SnS>SnS_2$

3. ⑤　①　④　②　③

4. CH_4　sp^3　正四面体　BF_3　sp^2　平面三角形

CO_2　sp　直线形　SO_2　sp^2　角形

5. ③　④　⑥；　④　⑤　（HF_2^- 结构为 F—H…F，没有可形成分子间氢键的 H 原子。NH_4^+：N 上无孤对电子，不能形成分子间氢键）

6. 色散力；　取向力　诱导力　色散力　氢键；

取向力　诱导力　色散力；　取向力　诱导力　色散力；
诱导力　色散力；　诱导力　色散力。

第8章　习题

1. +7　+1　−1　0　+2　+2.5　+6　+6

2. (1) $Fe^{3+}+e^{-}=Fe^{2+}$

(2) $Cr_2O_7^{2-}+6e^{-}+14H^{+}=2Cr^{3+}+7H_2O$

(3) $NO_3^{-}+3e^{-}+4H^{+}=NO+2H_2O$

(4) $MnO_2+2e^{-}+4H^{+}=Mn^{2+}+2H_2O$

3. (1) $2KMnO_4+10KI+8H_2SO_4=5I_2+2MnSO_4+6K_2SO_4+8H_2O$

(2) $PbS+4H_2O_2=PbSO_4+4H_2O$

(3) $Cu_2S+14HNO_3=2Cu(NO_3)_2+H_2SO_4+10NO_2\uparrow+6H_2O$

(4) $2KMnO_4+8H_2C_2O_4=10CO_2+2MnC_2O_4+K_2C_2O_4+8H_2O$

(5) $5K_2Cr_2O_7+3I_2+17H_2SO_4=6KIO_3+5Cr_2(SO_4)_3+2K_2SO_4+17H_2O$

4. (1) $2MnO_4^{-}+5H_2O_2+6H^{+}=2Mn^{2+}+5O_2\uparrow+8H_2O$

(2) $H_2O_2+2I^{-}+2H^{+}=I_2+2H_2O$

(3) $2Cr(OH)_3+3ClO^{-}+4OH^{-}=2CrO_4^{2-}+3Cl^{-}+5H_2O$

(4) $4Zn+NO_3^{-}+7OH^{-}=4ZnO_2^{2-}+NH_3+2H_2O$

(5) $SO_3^{2-}+Cl_2+H_2O=SO_4^{2-}+2Cl^{-}+2H^{+}$

5. (1) $Sn+2H^{+}=Sn^{2+}+H_2$

(2) $Mg+Ni^{2+}=Mg^{2+}+Ni$

6. (1) $Zn|ZnSO_4(c_1)\|FeSO_4(c_2)|Fe$

(2) $Pt|H_2(p_1),H^{+}(c_1)\|AgNO_3(c_2)|Ag$

7.	F_2	MnO_4^{-}	Cl_2	$Cr_2O_7^{2-}$	Br_2	Fe^{3+}	I_2	AgCl
还原产物	F^{-}	Mn^{2+}	Cl^{-}	Cr^{3+}	Br^{-}	Fe^{2+}	I^{-}	Ag

8.	Mg	Al	H_2	H_2S	$SnCl_2$	KI	$FeCl_2$
氧化产物	Mg^{2+}	Al^{3+}	H^{+}	S	Sn^{4+}	I_2	Fe^{3+}

9. 标准状态下 Cl_2、NO_2^{-}、Fe^{2+}、Sn^{2+} 均能被 $KMnO_4$ 氧化

$E^{\ominus}_{池}=E^{\ominus}_{MnO_4^{-}/Mn^{2+}}-E^{\ominus}_{Cl_2/Cl^{-}}=1.491-1.3583=0.1327\ V$

$E^{\ominus}_{池}=E^{\ominus}_{MnO_4^{-}/Mn^{2+}}-E^{\ominus}_{NO_3^{-}/HNO_2}=1.491-0.94=0.551\ V$

$E^{\ominus}_{池}=E^{\ominus}_{MnO_4^{-}/Mn^{2+}}-E^{\ominus}_{Fe^{3+}/Fe^{2+}}=1.491-0.77=0.721\ V$

$E^{\ominus}_{池}=E^{\ominus}_{MnO_4^{-}/Mn^{2+}}-E^{\ominus}_{Sn^{4+}/Sn^{2+}}=1.491-0.15=1.341\ V$

10. (1) $E^{\ominus}_{(+)Mg^{2+}/Mg}=-2.375\ V$

$E^{\ominus}_{(-)Zn^{2+}/Zn}=-0.7626\ V$

$E^{\ominus}_{池}=E^{\ominus}_{+}-E^{\ominus}_{-}=-2.375-(-0.7626)<0$，反应不能进行

(2) $E^{\ominus}_{(+)I_2/I^{-}}=0.535\ V$

$E^{\ominus}_{(-)Fe^{3+}/Fe^{2+}}=0.77\ V$

$E^{\ominus}_{池}=E^{\ominus}_{+}-E^{\ominus}_{-}=-0.535-0.77<0$，反应不能进行

(3) $E^{\ominus}_{(+)Hg^{2+}/Hg_2^{2+}}=0.920\ V$

$E^{\ominus}_{(-)Fe^{3+}/Fe^{2+}}=0.77\ V$

$E^{\ominus}_{池}=E^{\ominus}_{+}-E^{\ominus}_{-}=0.920-0.77>0$，反应能进行

$2Fe^{2+}+2Hg^{2+}=2Fe^{3+}+Hg_2^{2+}$

(4) $E^{\ominus}_{(+)Co^{2+}/Co}=-0.277\ V$

$E^{\ominus}_{(-)Co^{3+}/Co^{2+}}=1.84\ V$

$E^{\ominus}_{池}=E^{\ominus}_{+}-E^{\ominus}_{-}=-0.277-1.84<0$，反应不能进行

(5) $E^{\ominus}_{(+)MnO_4^-/Mn^{2+}}=1.491\ V$

$E^{\ominus}_{(-)Fe^{3+}/Fe^{2+}}=0.77\ V$

$E^{\ominus}_{池}=E^{\ominus}_{+}-E^{\ominus}_{-}=1.491-0.77>0$，反应能进行

$MnO_4^- +5Fe^{2+}+8H^+ = Mn^{2+}+5Fe^{3+}+4H_2O$

11. (1) $E^{\ominus}_{(-)O_2/H_2O}=1.229\ V$

$E^{\ominus}_{(+)I_2/I^-}=0.535$

$E^{\ominus}_{池}=E^{\ominus}_{+}-E^{\ominus}_{-}=0.535-1.229=-0.694<0$，电池反应不能自发进行

(2) $E^{\ominus}_{(-)Sn^{4+}/Sn^{2+}}=0.154\ V$

$E^{\ominus}_{(+)Pb^{2+}/Pb}=-0.126\ 3$

$E^{\ominus}_{池}=E^{\ominus}_{+}-E^{\ominus}_{-}=-0.126\ 3-0.154=-0.280\ 3<0$，电池反应不能自发进行

(3) $E^{\ominus}_{(-)Zn^{2+}/Zn}=-0.762\ 6\ V$

$E^{\ominus}_{(+)Fe^{3+}/Fe^{2+}}=0.77\ V$

$E^{\ominus}_{池}=E^{\ominus}_{+}-E^{\ominus}_{-}=0.77-(-0.762\ 6)=1.532\ 6\ V$，电池反应能自发进行

$2Fe^{3+}+Zn = 2Fe^{2+}+Zn^{2+}$

(4) $E^{\ominus}_{(-)Br_2/Br^-}=1.085\ V$

$E^{\ominus}_{(+)Cl_2/Cl^-}=1.358\ 3\ V$

$E^{\ominus}_{池}=E^{\ominus}_{+}-E^{\ominus}_{-}=1.358\ 3-1.085=0.273\ 3\ V>0$，电池反应能自发进行

$Cl_2+2Br^- = 2Cl^-+Br_2$

(5) $E^{\ominus}_{(-)Sn^{2+}/Sn}=-0.137\ 5\ V$

$E^{\ominus}_{(+)Ag^+/Ag}=0.799\ 6\ V$

$E^{\ominus}_{池}=E^{\ominus}_{+}-E^{\ominus}_{-}=0.799\ 6-(-0.137\ 5)=0.937\ 1\ V$，电池反应能自发进行

$Sn+2Ag^+ = Sn^{2+}+2Ag$

12. 已知$E^{\ominus}_{(+)Cu^+/Cu}=0.522\ V$

$E^{\ominus}_{(-)Cu^{2+}/Cu^+}=0.158\ V$

$$\lg K=\frac{n(E^{\ominus}_{+}-E^{\ominus}_{-})}{0.059\ 2}=\frac{1(0.522-0.158)}{0.059\ 2}$$

$\lg K=6.15\quad K=1.41\times10^6$

所以 Cu^+在水溶液中不能稳定存在。

13. $$\lg K_{sp,AgBr}=\frac{1(0.071\ 3-0.799\ 6)}{0.059\ 2}=-12.30$$

$K_{sp,AgBr}=5\times10^{-13}$

$$\lg K_{sp,AgI}=\frac{1(-0.151\ 8-0.799\ 6)}{0.059\ 2}=-16.07$$

$K_{sp,AgI}=8.5\times10^{-17}$

14. (1) $$E^{\ominus}_{BrO^-/Br^-}=\frac{1\times0.45+1\times1.07}{2}=0.76\ V$$

(2) BrO^-可以歧化成 Br^- 和 BrO_3^-

$3BrO^- = 2Br^- + BrO_3^-$

15. $E^{\ominus}_{(+)MnO_2/Mn^{2+}}=1.228\qquad E^{\ominus}_{(-)Cl_2/Cl^-}=1.358\ 3$

(1)标态时　$E^{\ominus}_{池}=E^{\ominus}_{+}-E^{\ominus}_{-}=1.228-1.358\ 3<0$

反应不能自发进行。

(2)浓[HCl]$=12\ mol\cdot L^{-1}$

$$E_{池}=(E^{\ominus}_{+}-E^{\ominus}_{-})-\frac{0.059\ 2}{2}\lg\frac{1}{[H^{+}]^{4}[Cl^{-}]^{2}}=(1.228-1.358\ 3)-\frac{0.059\ 2}{2}\lg\frac{1}{12^{4}\times 12^{2}}$$

$=-0.130\ 3+0.191\ 6=0.061\ 33\ V$

反应能正向自发进行。

16. 已知$E^{\ominus}_{(+)IO_3^-/I^-}=1.085$

$E^{\ominus}_{(-)\ Br_2(aq)/Br^-}=1.087$

$$E_{池}=[E^{\ominus}_{(+)}-E^{\ominus}_{(-)}]-\frac{0.059\ 2}{6}\lg\frac{[Br_2]^{3}[I^{-}]}{[Br^{-}]^{6}[IO_3^{-}][H^{+}]^{6}}$$

$$=(1.085-1.087)-\frac{0.059\ 2}{6}\lg\frac{10^{-3}\times 10^{-1}}{10^{-6}\times 10^{-3}\times 10^{-6}}$$

$=-0.002-0.108\ 5=-0.110\ 5\ V$

反应逆向进行。

第8章 检测题

一、选择题

1.C　2.D　3.B　4.B　5.A　6.D　7.C　8.A　9.C　10.D

二、填空题

1. 0.177　$H^{+}(1\ mol\cdot L^{-1})\longrightarrow H^{+}(1\times 10^{-3}\ mol\cdot L^{-1})$

2. (−)Ag|AgCl|Cl^{-}(1mol·L^{-1}) ‖ KCl(饱和)|Hg_2Cl_2|Hg

$Hg_2Cl_2+2e^{-}=2Hg+2Cl^{-}$

$Ag+Cl^{-}=AgCl+e^{-}$

$Hg_2Cl_2+2Ag=2Hg+2AgCl$

$K=35.26$

3. 相同　不同　相同

4. −0.24 V

5. 减小　增大

6. (1) 小于　(2) 大于

三、计算题

1. 由元素电势图

$$Cu^{2+}\xrightarrow{0.153}Cu^{+}\longrightarrow Cu$$
$$\underbrace{Cu^{2+}\longrightarrow Cu}_{0.337}$$

$E^{\ominus}_{Cu^{+}/Cu}=2\times 0.337-0.153=0.521\ V$

反应　$Cu^{2+}+Cu+2Cl^{-}=2CuCl(s)$

正极　$Cu^{2+}+Cl^{-}+e^{-}=CuCl(s)$

负极　$Cu+Cl^{-}=CuCl(s)+e^{-}$

$$E^{\ominus}_{Cu^{2+}/CuCl}=0.153+0.059\ 2\ \lg\frac{1}{1.2\times 10^{-6}}=0.503\ 5(V)$$

$E^{\ominus}_{CuCl/Cu}=0.521+0.059\ 2\ \lg 1.2\times 10^{-6}=0.170\ 5(V)$

$E^{\ominus}_{池}=E^{\ominus}_{+}-E^{\ominus}_{-}=0.503\ 5-0.170\ 5=0.333(V)$

$E^{\ominus}_{池}>0$,反应正向进行。

$$\lg K=\frac{1\times 0.333}{0.059\ 2}=5.625$$

$K=4.2\times 10^{5}$

2. (1)$Tl^{3+}+2Tl=3Tl^{+}$

三个电池的电池反应完全相同。

(2) 由元素电动势

$$Tl^{3+} \xrightarrow{1.25} Tl^{+} \xrightarrow{\quad} Tl$$

$$\underbrace{\qquad\qquad\qquad}_{0.72}$$

$E^{\ominus}_{Tl^{+}/Tl}=3\times0.72-2\times1.25=-0.34$

(a) $E^{\ominus}_{池}=0.72-(-0.34)=1.06\ V$

(b) $E^{\ominus}_{池}=1.25-(-0.34)=1.59\ V$

(c) $E^{\ominus}_{池}=1.25-0.72=0.53\ V$

(a) 式 $\lg K=\dfrac{3\times1.06}{0.059\ 2}$

$$\Delta_r G^{\ominus}=-2.303RT\lg K=-2.303\times8.314\times10^{-3}\times298\times\frac{3\times1.06}{0.059\ 2}=-306.5(kJ\cdot mol^{-1})$$

3. $E^{\ominus}_{Cu^{2+}/CuI}=0.153+0.059\ 2\ \lg\dfrac{1}{1\times10^{-12}}=0.863\ 4\ V$

$\lg K=\dfrac{1(0.863\ 4-0.535)}{0.059\ 2}$

$\lg K=5.55$

$K=3.55\times10^{5}$

可以认为 Cu^{2+} 基本反应完全。

剩余$[I^-]=0.5-0.2=0.3(mol\cdot L^{-1})$

$K^{\ominus}=\dfrac{1}{[Cu^{2+}][I^-]^2}$

$3.55\times10^{5}=\dfrac{1}{[Cu^{2+}]0.3^2}$

$[Cu^{2+}]=3.13\times10^{-5}(mol\cdot L^{-1})$

第9章　习题

	配离子电荷	中心离子氧化数
1.(1) 二氯化六氨合钴(Ⅱ)	+2	+2
(2) 四异硫氰酸根合钴(Ⅱ)酸钾,	−2	+2
(3) 六氟合硅(Ⅳ)酸钠	−2	+4
(4) 二氯二氨合铂(Ⅱ)	0	+2
(5) 二氯化一氯五氨合铬(Ⅲ)	+2	+3
(6) 四羟基合锌(Ⅱ)酸钾	−2	+2
(7) 一氯化二氯四水合钴(Ⅲ)	+1	+3

2.	配离子电荷	配位数
(1)	+3	6
(2)	+3	6
(3)	+2	4
(4)	0	6
(5)	0	6

3.(1)$[Co(NH_3)_3(NO_2)_3]$

(2)$[Co(H_2O)(NH_3)_3Cl_2]Cl$

(3)$[Pt(NH_3)_2(OH)_2Cl_2]$

(4)$K_2[PtCl_6]$

4.$[Pt(NH_3)_2Cl_4]$

5. $[Co(NH_3)_5Br]SO_4$　　$[Co(NH_3)_5SO_4]Br$

6. (1) sp 杂化　　直线形

(2) dsp^2 杂化　　平面正方形

(3) sp^3d^2 杂化　　正八面体

(4) dsp^3 杂化　　三角双锥

(5) d^2sp^3 杂化　　八面体

7. (1) $n=1$　　内轨型

(2) $n=3$　　不能确定内轨或外轨

(3) $n=5$　　外轨型

8. 设 Fe^{3+} 的浓度为 x mol·L^{-1}

$$K_{稳}=\frac{[Fe(CN)_6^{3-}]}{[Fe^{3+}][CN^-]^6}$$

$$10^{42}=\frac{0.1}{x(6x)^6}$$

$x=[Fe^{3+}]=1.54\times10^{-7}$ mol·L^{-1}

9. (1) 正向进行　　(2) 逆向进行　　(3) 逆向进行

10. $[Cl^-]=0.41$ mol·L^{-1}

$$[Ag^+]=\frac{K_{sp,AgCl}}{[Cl^-]}=\frac{1.56\times10^{-10}}{0.41}=3.8\times10^{-10}$$

$$Ag^+ + 2CN^- = Ag(CN)_2^-$$

[初]　　2.5　　5.0

[平] 3.8×10^{-10}　　x　　2.5

$$K_{稳}=\frac{2.5}{3.8\times10^{-10}\times x^2}=1.26\times10^{21}$$

$x=2.28\times10^{-6}$

所需 $[CN^-]=5.0+2.28\times10^{-6}$ mol·L^{-1}

11. $$Ag^+ + 2NH_3 \rightleftharpoons Ag(NH_3)_2^+$$

x　　$2x$

$$K_{稳}=\frac{0.1}{x(2x)^2}=1.26\times10^{21}$$

$x=[Ag^+]=2.71\times10^{-8}$ mol·L^{-1}

$[Ag^+][I^-]=2.71\times10^{-8}\times0.1=2.71\times10^{-9}>K_{sp,AgI}$

有 AgI↓析出

12. $[AgNO_3]=\frac{0.1}{2}=0.05$ mol·L^{-1}

$$[NH_3]=\frac{30\times0.932\times18.2\%\times1\,000}{17\times100}=3.0 \text{ mol·L}^{-1}$$

$$Ag^+ \quad + \quad 2NH_3 \quad = \quad [Ag(NH_3)_2]^+$$

x　　$3-2\times0.05$　　0.05

$$K_{稳}=\frac{0.05}{x\times2.9^2}=1.7\times10^7$$

$x=[Ag^+]=3.5\times10^{-10}$ mol·L^{-1}

$[Ag(NH_3)_2]^+=0.05$ mol·L^{-1}

$[NH_3]=2.9$ mol·L^{-1}

13. $Ni^{2+}+4CN^-=[Ni(CN)_4]^{2-}$

$$K_{稳}=\frac{[Ni(CN)_4^{2-}]}{[Ni^{2+}][CN^-]^4}=10^{22}$$

$[Ni(CN)_4^{2-}]=1$ mol·L^{-1}　$[CN^-]=1$ mol·L^{-1}

$[Ni^{2+}]=10^{-22}\ mol \cdot L^{-1}$

$E^{\ominus}_{[Ni(CN)_4]^{2-}/Ni}=-0.246+\frac{0.0592}{2}\lg 10^{-22}=-0.246-0.6512=-0.8972\ V$

第9章　检测题

一、选择题

1. B　2. D　3. A　4. D　5. C　6. D　7. D　8. D

二、填空题

1. (1) 氯化-硝基-氨-羟氨-吡啶合铂(Ⅱ)

(2)一羟基-水-草酸根-乙二胺合铬(Ⅲ)

(3)六氰合钴(Ⅲ)酸六氨合铬(Ⅲ)

(4)二氯-二氢基-二氨合铂(Ⅳ)

2. −3　　八面体　　C　　6　　d^2sp^3　　反

3. 四面体　　平面正方形　　反

4. (1)　3个　　(2)5个　　(3)4个　　(4)2个　　(5)1个　　(6)0

5. (1) $NH_4[Co(NCS)_4(NH_3)_2]$

(2) $[Co(ONO)(NH_3)_3(H_2O)_2]Cl_2$

(3) $[Fe(CN)_5(CO)]^{3-}$

(4) $[Cu(NH_3)_4][PtCl_4]$

(5) $[CrBr_2(H_2O)_4]Br \cdot 2H_2O$

三、计算题

1. 设$[Cu^{2+}]$浓度为$x\ mol \cdot L^{-1}$

$Cu^{2+} \quad + \quad 4NH_3 \quad = \quad [Cu(NH_3)_4]^{2+}$

$x \qquad\qquad 6-0.04 \qquad\qquad 0.01$

$K_{稳}=\frac{0.01}{x\times 5.96^4}=2.09\times 10^{13}$

$x=3.79\times 10^{-19}\ mol \cdot L^{-1}$

$[Cu^{2+}][OH^-]=3.79\times 10^{-19}\times 0.01^2=3.79\times 10^{-23}<K_{sp,Cu(OH)_2}$

∴无$Cu(OH_2)$沉淀生成

2. $Au(CN)_2^- + e^- = Au + 2CN^-$

标态时$[Au(CN)_2^-]=[CN^-]=1\ mol \cdot L^{-1}$

$K_{稳,[Au(CN)_2^-]}=\frac{[Au(CN)_2^-]}{[Au^+][CN^-]^2}=2\times 10^{38}$

$[Au^+]=5\times 10^{-39}\ mol \cdot L^{-1}$

$E^{\ominus}_{Au(CN)_2^-/Au}=E^{\ominus}_{Au^+/Au}+0.0592\lg[Au^+]=1.69+0.0592\lg 5\times 10^{-39}=-0.577\ V$

附　录

附录一

难溶化合物的溶度积　(K_{sp})

化合物	K_{sp}	化合物	K_{sp}
卤化物		$BaCrO_4$	1.2×10^{-10}
AgCl	1.8×10^{-10}	$CaCrO_4$	7.1×10^{-4}
AgBr	5.0×10^{-13}	$PbCrO_4$	2.8×10^{-13}
AgI	8.3×10^{-17}	$SrCrO_4$	2.2×10^{-5}
BaF_2	1.0×10^{-9}	**草酸盐**	
CaF_2	2.7×10^{-11}	BaC_2O_4	1.2×10^{-7}
MgF_2	6.5×10^{-9}	CaC_2O_4	4×10^{-9}
PbF_2	2.7×10^{-8}	MgC_2O_4	8.57×10^{-5}
SrF_2	2.5×10^{-9}	SrC_2O_4	5.6×10^{-6}
硫化物		**碳酸盐**	
Ag_2S	6.3×10^{-50}	$BaCO_3$	5.1×10^{-9}
As_2S_3	4.0×10^{-29}	$CaCO_3$	2.8×10^{-9}
Bi_2S_3	1.6×10^{-72}	$FeCO_3$	3.2×10^{-11}
CdS	3.6×10^{-29}	Ag_2CO_3	8.1×10^{-12}
CoS	4×10^{-26}	$MgCO_3$	3.5×10^{-8}
CuS	6.3×10^{-38}	$PbCO_3$	7.4×10^{-14}
FeS	3.7×10^{-19}	$SrCO_3$	1.1×10^{-9}
Hg_2S	1×10^{-47}	**氢氧化物**	
HgS(红)	4×10^{-53}	$Al(OH)_3$	1.3×10^{-33}
HgS(黑)	1.6×10^{-52}	$Bi(OH)_3$	4×10^{-31}
MnS	1.4×10^{-15}	$Ca(OH)_2$	5.5×10^{-6}
NiS	1.4×10^{-24}	$Co(OH)_2$(新)	1.6×10^{-15}
PbS	8.0×10^{-28}	$Cr(OH)_3$	6.3×10^{-31}
SnS	1.0×10^{-25}	$Cd(OH)_2$(新)	2.5×10^{-14}
Sb_2S_3	7.7×10^{-59}	$Fe(OH)_3$	4×10^{-38}
ZnS	1.2×10^{-23}	$Fe(OH)_2$	8.0×10^{-16}
硫酸盐		$Mg(OH)_2$	1.8×10^{-11}
Ag_2SO_4	1.4×10^{-5}	$Mn(OH)_2$	1.9×10^{-14}
$BaSO_4$	1.1×10^{-10}	$Ni(OH)_2$	2.0×10^{-15}
$CaSO_4$	9.1×10^{-6}	$Pb(OH)_2$	1.2×10^{-15}
$PbSO_4$	1.6×10^{-8}	$Sb(OH)_3$	2×10^{-42}
$SrSO_4$	3.2×10^{-7}	$Zn(OH)_2$	1.2×10^{-17}
铬酸盐		**磷酸盐**	
$Ag_2Cr_2O_4$	1.1×10^{-12}	Ag_3PO_4	1.4×10^{-19}
$Ag_2Cr_2O_7$	2.0×10^{-7}	$AlPO_4$	6.3×10^{-19}

续表

化合物	K_{sp}
$BaHPO_4$	3.2×10^{-7}
$Ba_3(PO_4)_2$	3.4×10^{-23}
BaP_2O_7	3.2×10^{-11}
$BiPO_4$	1.1×10^{-23}
$Cd_3(PO_4)_2$	2.5×10^{-33}
$CaHPO_4$	1×10^{-7}
$Ca_3(PO_4)_2$	2.0×10^{-29}
$CoHPO_4$	2×10^{-7}
$Co_3(PO_4)_2$	2×10^{-35}
$Cu_3(PO_4)_2$	1.3×10^{-37}
$Cu_2P_2O_7$	8.3×10^{-16}
$FePO_4$	1.3×10^{-22}
$MgNH_4PO_4$	2.5×10^{-13}
$Mg_3(PO_4)_2$	$10^{-23}\sim10^{-27}$
$PbHPO_4$	1.3×10^{-10}
$Pb_3(PO_4)_2$	8.0×10^{-43}
$Sr_3(PO_4)_2$	4.0×10^{-28}
$Zn_3(PO_4)_2$	9.0×10^{-33}
砷酸盐	
Ag_3AsO_4	1.0×10^{-22}
$Ba_3(AsO_4)_2$	8.0×10^{-51}
$Cu_3(AsO_4)_2$	7.6×10^{-36}
$Pb_3(AsO_4)_2$	4.0×10^{-36}
氰化物及硫氰化物	
$AgCN$	1.2×10^{-16}
$AgSCN$	1.0×10^{-12}
$CuCN$	3.2×10^{-20}
$CuSCN$	4.8×10^{-15}
$Hg_2(CN)_2$	5×10^{-40}
$Hg_2(SCN)_2$	2×10^{-20}
其他	
$Ag_4[Fe(CN)_6]$	1.6×10^{-41}
$Cd_2[Fe(CN)_6]$	3.2×10^{-17}
$Co_2[Fe(CN)_6]$	1.8×10^{-15}
$Cu_2[Fe(CN)_6]$	1.3×10^{-16}
$Fe_4[Fe(CN)_6]$	3.3×10^{-41}
$Pb_2[Fe(CN_6)]$	3.5×10^{-15}
$Zn_2[Fe(CN)_6]$	4.0×10^{-16}
$Co[Hg(SCN)_4]$	1.5×10^{-6}
$Zn[Hg(SCN)_4]$	2.2×10^{-7}
$Ag_3[Co(NO_2)_6]$	8.5×10^{-21}
$K_2Na[Co(NO_2)_6\cdot H_2O]$	2.2×10^{-11}
$K[B(C_6H_5)_4]$	2.2×10^{-8}
$K_2[PtCl_6]$	1.1×10^{-5}
$BaSiF_6$	1×10^{-6}
$CaSiF_6$	8.1×10^{-4}

附录二

物质的热力学性质

	$\Delta H_f^{\ominus}/(kJ \cdot mol^{-1})$	$\Delta G^{\ominus}/(kJ \cdot mol^{-1})$	$S/(J \cdot mol^{-1} \cdot K^{-1})$
Ag(固)	0	0	42.72
Ag^+(aq)	105.9	77.11	73.93
Ag_2O(固)	−30.6	−10.8	121.7
Al(固)	0	0	28.3
Al^{3+}(aq)	−524.7	−481.2	−313
α-Al_2O_3(固)	−1 669.7	−1 576.4	51.00
B_2H_6(气)	31	82.8	232.9
B_2O_3(固)	−1 264	−1 184	54.02
Br_2(气)	30.7	3.14	245.3
Br_2(液)	0	0	152
Br^-(aq)	−121	−102.32	80.71
HBr(气)	−36.2	−53.22	198.5
C(气)	718.39	673.00	158.0
C(金刚石)	1.9	2.89	2.43
C(石墨)	0	0	5.69
CH_4(气)	−74.85	−50.79	186
C_2H_2(气)	226.7	209.2	201
C_2H_4(气)	52.3	68.12	219.4
$C_2H_5(OH)$液	−277.6	−174.8	161
CO(气)	−110.5	−137.3	197.9
CO_2(气)	−393.5	−394.4	213.6
Ca^{2+}(aq)	−542.96	−553.04	−55.2
$CaCO_3$(方解石)	−1 206.9	−1 128.8	92.9
CaO(固)	−635.5	−604.2	40
$CaSO_3 \cdot 2H_2O$(固)	−1 762	−1 565	180
$CaSO_4 \cdot 2H_2O$(固)	−2 021.1	−1 795.7	194.0
Cl_2(气)	0	0	223.0
Cl^-(aq)	−167.46	−131.17	55.10
HCl(气)	−92.30	−95.27	186.7
Cr^{3+}(aq)	−5 481	−215.5	−307.5
CrO_4^{2-}	−863.2	−706.2	38
$Cr_2O_7^{2-}$	−1 461	1 257	214
Cu(固)	0	0	33.3
Cu^+(aq)	51.9	50.2	−26
Cu^{2+}(aq)	64.39	64.98	−98.7
Cu_2O(固)	−166.7	−146.4	101

续表

	$\Delta H_f^{\ominus}/(kJ \cdot mol^{-1})$	$\Delta G^{\ominus}/(kJ \cdot mol^{-1})$	$S/(J \cdot mol^{-1} \cdot K^{-1})$
CuO(固)	−155	−127	43.5
F_2(气)	0	0	203
F^-(aq)	−329.1	276.5	−9.6
HF(气)	−269	−271	173.5
Fe(固)	0	0	27.2
Fe^{2+}(aq)	−87.9	−84.94	−113
Fe^{3+}(aq)	−47.7	−10.5	−293
FeO(固)	−266	−244	54.0
Fe_2O_3(固)	−822.2	−741.0	90.0
Fe_3O_4(固)	−1 117	−1 014	146
H_2(气)	0	0	130.6
H^+(aq)	0	0	0
H_2O(气)	−241.8	−228.6	188.7
H_2O(液)	−285.8	−237.2	69.96
I_2(气)	62.26	19.4	260.6
I_2(固)	0	0	117
HI(气)	25.9	1.30	206.3
I^-(aq)	−55.94	−51.67	109.4
K^-(aq)	−251.2	−282.28	102
Li^-(aq)	−278.4	−293.8	14
MgO(固)	−601.83	−569.57	27
$MgCO_3$(固)	−1 110	−1 030	65.7
Mn^{2+}(aq)	−219	−223	−84
MnO_2(固)	−520.9	−466.1	53.1
MnO_4^-	−518.4	−425.1	190
N_2(气)	0	0	191.5
NH_3(气)	−46.19	−16.6	192.5
NH_4^+(aq)	−132.8	−79.50	112.8
NH_4Cl(固)	−315.4	−203.9	94.6
Na^+(aq)	−239.6	−261.9	60.2
NO(气)	90.37	86.69	210.6
NO_2(气)	33.8	51.84	240.4
N_2O_4	9.66	98.28	304.3
O_2(气)	0	0	205
O_3(气)	142	163.4	238
OH^-(aq)	−229.94	−157.30	10.54

续表

	$\Delta H_f^{\ominus}/(kJ \cdot mol^{-1})$	$\Delta G^{\ominus}/(kJ \cdot mol^{-1})$	$S/(J \cdot mol^{-1} \cdot K^{-1})$
PCl(气)	−398.9	−324.6	353
PO_4^{3-}(aq)	−1 284	−1 025	−220
HPO_4^{2-}(aq)	−1 299	−1 094	−36
$H_2PO_4^-$(aq)	−1 302	−1 135	89.1
H_3PO_4(固)	−1 281	—	—
P(固，白色)	0	0	44.4
Pb^{2+}(aq)	1.63	−24.3	21
PbO(固，黄色)	−217.9	−188.5	69.4
S(固，斜方)	0	0	31.9
S(固，单斜)	0.297	0.096	32.6
H_2S(气)	−20.14	−33.0	205.6
SO_2(气)	−296.9	−300.4	248.5
SO_3(气)	−395.2	−370.4	256.2
SO_3^{2-}(aq)	−624.2	−497.0	43.5
SO_4^{2-}(aq)	−907.5	−74.2	−17.1
Sn^{2+}(aq)	−10.0	−26.25	25
SiO_2(石英、固)	−859.4	−805.0	41.84
SiF_4(气)	−1 550	−1 510	284
$SiCl_4$(气)	−609.6	−569.9	331
Zn(固)	0	0	41.6
Zn^{2+}(aq)	−152.4	−147.21	−106.5
ZnO(固)	−348.0	−318.2	43.9
$ZnSO_4$(固)	−978.55	−871.57	125

附录三

标准电极电势(298 K)

1. 在酸性溶液内

电 对	电 极 反 应	$\varphi^{\ominus}$/V
H(Ⅰ)-(0)	$2H^{+}+2e^{-}=H_2$	0.000 0
D(Ⅰ)-(0)	$2D^{+}+2d^{-}=D_2$	−0.044
Li(Ⅰ)-(0)	$Li^{+}+e^{-}=Li$	−3.040 1
Na(Ⅰ)-(0)	$Na^{+}+e^{-}=Na$	−2.710 9
K(Ⅰ)-(0)	$K^{+}+e^{-}=K$	−2.931
Rb(Ⅰ)-(0)	$Rb^{+}+e^{-}=Rb$	−2.98
Cs(Ⅰ)-(0)	$Cs^{+}+e^{-}=Cs$	−2.923
Cu(Ⅰ)-(0)	$Cu^{+}+e^{-}=Cu$	0.522
Cu(Ⅰ)-(0)	$CuI+e^{-}=Cu+I^{-}$	−0.185 2
Cu(Ⅱ)-(0)	$Cu^{2+}+2e^{-}=Cu$	0.345
Cu(Ⅱ)-(Ⅰ)	$Cu^{2+}+e^{-}=Cu^{+}$	0.152
* Cu(Ⅱ)-(Ⅰ)	$2Cu^{2+}+2I^{-}+2e^{-}=Cu_2I_2$	0.86
Ag(Ⅰ)-(0)	$Ag^{+}+e^{-}=Ag$	0.799 6
Ag(Ⅰ)-(0)	$AgI+e^{-}=Ag+I^{-}$	−0.152 2
Ag(Ⅰ)-(0)	$AgCl+e^{-}=Ag+Cl^{-}$	0.222 3
Ag(Ⅰ)-(0)	$AgBr+e^{-}=Ag+Br^{-}$	0.071 3
Au(Ⅰ)-(0)	$Au^{-}+e^{-}=Au$	1.692
Au(Ⅲ)-(0)	$Au^{3+}+3e^{-}=Au$	1.498
Au(Ⅲ)-(0)	$AuCl_4^{-}+3e^{-}=Au+4Cl^{-}$	1.002
Au(Ⅲ)-(Ⅰ)	$Au^{3+}+2e^{-}=Au^{+}$	1.401
Be(Ⅱ)-(0)	$Be^{2+}+2e^{-}=Be$	−1.847
Mg(Ⅱ)-(0)	$Mg^{2+}+2e^{-}=Mg$	−2.372
Ca(Ⅱ)-(0)	$Ca^{2+}+2e^{-}=Ca$	−2.86
Sr(Ⅱ)-(0)	$Sr^{2+}+2e^{-}=Sr$	−2.89
Ba(Ⅱ)-(0)	$Ba^{2+}+2e^{-}=Ba$	−2.912
Zn(Ⅱ)-(0)	$Zn^{2+}+2e^{-}=Zn$	−0.761 8
Cd(Ⅱ)-(0)	$Cd^{2+}+2e^{-}=Cd$	−0.402 6
Cd(Ⅱ)-(0)	$Cd^{2+}+2e^{-}=Cd$	−0.352 1
Hg(Ⅰ)-(0)	$Hg_2^{2+}+2e^{-}=2Hg$	0.797 3
Hg(Ⅰ)-(0)	$Hg_2I_2+2e^{-}=2Hg+2I^{-}$	−0.040 5
Hg(Ⅱ)-(0)	$Hg^{2+}+2e^{-}=Hg$	0.851
Hg(Ⅱ)-(Ⅰ)	$2Hg^{2+}+2e^{-}=Hg_2^{2-}$	0.920

续表

电　对	电　极　反　应	$\varphi^{\ominus}/V$
B(Ⅲ)-(0)	$H_3BO_3+3H^++3e^+=B+3H_2O$	−0.869
Al(Ⅲ)-(0)	$Al^{3+}+3e^-=Al$	−1.706
Ga(Ⅲ)-(0)	$Ga^{3+}+3e^-=Ga$	−0.560
In(Ⅲ)-(0)	$In^{3+}+3e^-=In$	−0.338 2
Tl(Ⅰ)-(0)	$Tl^++e^-=Tl$	−0.336 3
La(Ⅲ)-(0)	$La^{3+}+3e=La$	−2.522
Ce(Ⅳ)-(Ⅲ)	$Ce^{4+}+e^-=Ce^{3+}$	1.61
U(Ⅲ)-(0)	$U^{3+}+3e^-=U$	−1.80
U(Ⅳ)-(Ⅲ)	$U^{4+}+e^-=U^{3+}$	−0.607
C(Ⅳ)-(Ⅱ)	$CO_2(g)+2H^++2e^-=HCOOH$	−0.199
C(Ⅳ)-(Ⅲ)	$2CO_2+2H^++2e^-=H_2C_2O_4$	−0.49
Si(Ⅳ)-(0)	$SiO_2+4H^++4e^-=Si+2H_2O$	−0.857
Sn(Ⅱ)-(0)	$Sn^{2+}+2e^-=Sn$	−0.137 5
Sn(Ⅳ)-(Ⅱ)	$Sn^{4+}+2e^-=Sn^{2+}$	0.151
Pb(Ⅱ)-(0)	$Pb^{2+}+2e^-=Pb$	−0.126 3
Pb(Ⅱ)-(0)	$PbCl_2+2e^-=Pb(Hg)+2Cl^-$	−0.262
Pb(Ⅱ)-(0)	$PbSO_4+2e^-=Pb(Hg)+SO_4^{2-}$	−0.350 5
Pb(Ⅱ)-(0)	$PbSO_4+2e^-=Pb+SO_4^{2-}$	−0.359
Pb(Ⅱ)-(0)	$PbI_2+2e^-=Pb(Hg)+2I^-$	−0.358
Pb(Ⅳ)-(Ⅱ)	$PbO_2+4H^++2e^-=Pb^{2+}+2H_2O$	1.455
Ti(Ⅱ)-(0)	$Ti^{2+}+2e^-=Ti$	−1.628
Ti(Ⅳ)-(0)	$TiO_2+4H^++4e^-=Ti+2H_2O$	−0.86
Ti(Ⅲ)-(Ⅱ)	$Ti^{3+}+e^-=Ti^{2+}$	−0.37
Zr(Ⅳ)-(0)	$ZrO_2+4H^++4e^-=Zr+2H_2O$	−1.43
N(Ⅰ)-(0)	$N_2O+2H^++2e^-=N_2+H_2O$	1.77
N(Ⅱ)-(Ⅰ)	$2NO+2H^++2e^-=N_2O+H_2O$	1.59
N(Ⅲ)-(Ⅰ)	$2HNO_2+4H^++4e^-=N_2O+3H_2O$	1.297
N(Ⅲ)-(Ⅱ)	$HNO_2+H^++e^-=NO+H_2O$	0.99
N(Ⅳ)-(Ⅱ)	$N_2O_4+4H^++4e^-=2NO+2H_2O$	1.035
N(Ⅴ)-(Ⅱ)	$NO_3^-+4H^++3e^-=NO+2H_2O$	0.96
N(Ⅳ)-(Ⅲ)	$N_2O_4+2H^++2e^-=2HNO_2$	1.07
N(Ⅴ)-(Ⅲ)	$NO_3^-+3H^++2e^-=HNO_2+H_2O$	0.934
N(Ⅴ)-(Ⅳ)	$2NO_3^-+4H^++2e^-=N_2O_4+2H_2O$	0.803
P(Ⅰ)-(0)	$H_3PO_2+H^++e^-=P$(白磷)$+2H_2O$	−0.508
P(Ⅲ)-(Ⅰ)	$H_3PO_3+2H^++2e^-=H_3PO_2+H_2O$	−0.499
P(Ⅴ)-(Ⅲ)	$H_3PO_4+2H^++2e^-=H_3PO_3+H_2O$	−0.276

续表

电　对	电 极 反 应	$\varphi^{\ominus}$/V
As(0)-(-Ⅲ)	$As+3H^{+}+3e^{-}=AsH_3$	−0.608
As(Ⅲ)-(0)	$HAsO_2+3H^{+}+3e^{-}=As+2H_2O$	0.247 5
As(Ⅴ)-(Ⅲ)	$H_3AsO_4+2H^{+}+2e^{-}=HAsO_2+2H_2O$	0.58
Sb(Ⅲ)-(0)	$Sb_2O_3+6H^{+}+6e^{-}=2Sb+3H_2O$	0.152
Sb(Ⅴ)-(Ⅲ)	$Sb_2O_5(s)+6H^{+}+4e^{-}=2SbO^{+}+3H_2O$	0.581
Bi(Ⅲ)-(0)	$BiO^{+}+2H^{+}+3e^{-}=Bi+H_2O$	0.32
V(Ⅲ)-(Ⅱ)	$V^{3+}+e^{-}=V^{2+}$	−0.255
V(Ⅳ)-(Ⅱ)	$V^{4+}+2e^{-}=V^{2+}$	−1.186
V(Ⅳ)-(Ⅲ)	$VO^{2+}+2H^{+}+e^{-}=V^{3+}+H_2O$	0.337
V(Ⅴ)-(Ⅳ)	$V(OH)_4^{+}+2H^{+}+e^{-}=VO^{2+}+3H_2O$	0.991
V(Ⅵ)-(Ⅳ)	$VO_2^{2+}+4H^{+}+2e^{-}=V^{4+}+2H_2O$	0.62
O(-Ⅰ)-(-Ⅱ)	$H_2O_2+2H^{+}+2e^{-}=2H_2O$	1.776
O(0)-(-Ⅱ)	$O_2+4H^{+}+4e^{-}=2H_2O$	1.229
O(0)-(-Ⅱ)	$\frac{1}{2}O_2+2H^{+}(10^{-7}\ mol\cdot L^{-1})+2e^{-}=H_2O$	0.815
O(Ⅱ)-(-Ⅱ)	$OF_2+2H^{+}+4e^{-}=H_2O+2F^{-}$	2.1
O(0)-(Ⅰ)	$O_2+2H^{+}+2e^{-}=H_2O_2$	0.692
S(0)-(-Ⅱ)	$S+2e^{-}=S^{2-}$	−0.476
S(0)-(-Ⅱ)	$S+2H^{+}+2e^{-}=H_2S(aq)$	0.141
S(Ⅳ)-(0)	$H_2SO_3+4H^{+}+4e^{-}=S+3H_2O$	0.45
S(Ⅵ)-(Ⅳ)	$SO_4^{2-}+4H^{+}+2e^{-}=H_2SO_3+H_2O$	0.172
S(Ⅶ)-(Ⅵ)	$S_2O_8^{2-}+2e^{-}=2SO_4^{2-}$	2.0
Se(0)-(-Ⅱ)	$Se+2H^{+}+2e^{-}=H_2Se(aq)$	−0.399
Se(Ⅳ)-(0)	$H_2SeO_3+4H^{+}+4e^{-}=Se+3H_2O$	0.74
Se(Ⅵ)-(Ⅳ)	$SeO_4^{2-}+4H^{+}+2e^{-}=H_2SeO_3+H_2O$	1.151
Cr(Ⅲ)-(0)	$Cr^{3+}+3e^{-}=Cr$	−0.74
Cr(Ⅲ)-(Ⅱ)	$Cr^{3+}+e^{-}=Cr^{2+}$	−0.41
Cr(Ⅵ)-(Ⅲ)	$Cr_2O_7^{2-}+14H^{+}+6e^{-}=2Cr^{3+}+7H_2O$	1.23
Mo(Ⅲ)-(0)	$Mo^{3+}+3e^{-}=Mo$	−0.20
F(0)-(-Ⅰ)	$F_2+2e^{-}=2F^{-}$	2.87
F(0)-(-Ⅰ)	$F_2(g)+2H^{+}+2e^{-}=2HF(aq)$	3.03
Cl(0)-(-Ⅰ)	$Cl_2(g)+2e^{-}=2Cl^{-}$	1.358 3
Cl(Ⅰ)-(-Ⅰ)	$HClO+H^{+}+2e^{-}=Cl^{-}+H_2O$	1.49
Cl(Ⅲ)-(-Ⅰ)	$HClO_2+3H^{+}+4e^{-}=Cl^{-}+2H_2O$	1.56
Cl(Ⅴ)-(-Ⅰ)	$ClO_3^{-}+6H^{+}+6e^{-}=Cl^{-}+3H_2O$	1.45

续表

电 对	电 极 反 应	$\varphi^{\ominus}$/V
Cl(Ⅰ)-(0)	$HClO+H^{+}+e^{-}=\frac{1}{2}Cl_2+H_2O$	1.63
Cl(Ⅴ)-(0)	$ClO_3^{-}+6H^{+}+5e^{-}=\frac{1}{2}Cl_2+3H_2O$	1.47
Cl(Ⅶ)-(0)	$ClO_4^{-}+8H^{+}+7e^{-}=\frac{1}{2}Cl_2+4H_2O$	1.39
Cl(Ⅲ)-(Ⅰ)	$HClO_2+2H^{+}+2e^{-}=HClO+H_2O$	1.645
Cl(Ⅴ)-(Ⅲ)	$ClO_3^{-}+3H^{+}+2e^{-}=HClO_2+H_2O$	1.21
Cl(Ⅶ)-(Ⅴ)	$ClO_4^{-}+2H^{+}+2e^{-}=ClO_3^{-}+H_2O$	1.19
Br(0)-(- Ⅰ)	$Br_2(l)+2e^{-}=2Br^{-}$	1.085
Br(0)-(- Ⅰ)	$Br_2(aq)+2e^{-}=2Br^{-}$	1.087
Br(Ⅰ)-(- Ⅰ)	$HBrO+H^{+}+2e^{-}=Br^{-}+H_2O$	1.33
Br(Ⅴ)-(- Ⅰ)	$BrO_3^{-}+6H^{+}+6e^{-}=Br^{-}+3H_2O$	1.44
Br(Ⅰ)-(0)	$HBrO+H^{+}+e^{-}=\frac{1}{2}Br_2(l)+H_2O$	1.60
Br(Ⅴ)-(0)	$BrO_3^{-}+6H^{+}+5e^{-}=\frac{1}{2}Br_2+3H_2O$	1.48
I(0)-(- Ⅰ)	$I_2+2e^{-}=2I^{-}$	0.535
I(Ⅰ)-(- Ⅰ)	$HIO+H^{+}+2e^{-}=I^{-}+H_2O$	0.99
I(Ⅴ)-(- Ⅰ)	$IO_3^{-}+6H^{+}+6e^{-}=I^{-}+3H_2O$	1.085
I(Ⅰ)-(0)	$HIO+H^{+}+e^{-}=\frac{1}{2}I_2+2H_2O$	1.45
I(Ⅴ)-(0)	$IO_3^{-}+6H^{+}+5e^{-}=\frac{1}{2}I_2+3H_2O$	1.195
I(Ⅶ)-(Ⅴ)	$H_5IO_6+H^{+}+2e^{-}=IO_3^{-}+3H_2O$	约 1.7
Mn(Ⅱ)-(0)	$Mn^{2+}+2e^{-}=Mn$	1.185
Mn(Ⅳ)-(Ⅱ)	$MnO_2+4H^{+}+2e^{-}=Mn^{2+}+2H_2O$	1.228
Mn(Ⅶ)-(Ⅱ)	$MnO_4^{-}+8H^{+}+5e^{-}=Mn^{2+}+4H_2O$	1.491
Mn(Ⅶ)-(Ⅳ)	$MnO_4^{-}+4H^{+}+3e^{-}=MnO_2+2H_2O$	1.679
Mn(Ⅶ)-(Ⅵ)	$MnO_4^{-}+e^{-}=MnO_4^{2-}$	0.558
Fe(Ⅱ)-(0)	$Fe^{2+}+2e^{-}=Fe$	−0.440 2
Fe(Ⅲ)-(0)	$Fe^{3+}+3e^{-}=Fe$	−0.036
Fe(Ⅲ)-(Ⅱ)	$Fe^{3+}+e^{-}=Fe^{2+}$	0.770
Fe(Ⅲ)-(Ⅱ)	$[Fe(CN)_6]^{3-}+e^{-}=[Fe(CN)_6]^{4-}$	0.55
Co(Ⅱ)-(0)	$Co^{2+}+2e^{-}=Co$	−0.28
Co(Ⅲ)-(Ⅱ)	$Co^{3+}+e^{-}=Co^{2+}$	1.842
Ni(Ⅱ)-(0)	$Ni^{2+}+2e^{-}=Ni$	−0.257
Pt(Ⅱ)-(0)	$Pt^{2+}+2e^{-}=Pt$	约 1.2
Pt(Ⅱ)-(0)	$PtCl_4^{2-}+2e^{-}=Pt+4Cl^{-}$	0.755

2. 在碱性溶液内

电　对	电　极　反　应	$\varphi^{\ominus}/V$
H(Ⅰ)-0	$2H_2O+2e^-=H_2+2OH^-$	−0.827 7
Cu(Ⅰ)-(0)	$[Cu(NH_3)_2]^++e^-=Cu+2NH_3$	−0.12
Cu(Ⅰ)-(0)	$Cu_2O+H_2O+2e^-=2Cu+2OH^-$	−0.361
Cu(Ⅰ)-(0)	$Cu(CN)_3^{2-}+e^-=Cu+3CN^-$	(−1.10)
Ag(Ⅰ)-(0)	$AgCN+e^-=Ag+CN^-$	−0.02
Ag(Ⅰ)-(0)	$Ag(CN)_2^-+e^-=Ag+2CN^-$	−0.31
Ag(Ⅰ)-(0)	$Ag_2S+2e^-=2Ag+S^{2-}$	−0.705 1
Be(Ⅱ)-(0)	$Be_2O_3^{2-}+3H_2O+4e^-=2Be+6OH^-$	−2.63
Mg(Ⅱ)-(0)	$Mg(OH)_2+2e^-=Mg+2OH^-$	−2.69
Ca(Ⅱ)-(0)	$Ca(OH)_2+2e^-=Ca+2OH^-$	−3.02
Sr(Ⅱ)-(0)	$Sr(OH)_2\cdot 8H_2O+2e^-=Sr+2OH^-+8H_2O$	−2.99
Ba(Ⅱ)-(0)	$Ba(OH)_2\cdot 8H_2O+2e^-=Ba+2OH^-+8H_2O$	−2.97
Zn(Ⅱ)-(0)	$Zn(NH_3)_4^{2+}+2e^-=Zn+4NH_3$	−1.04
Zn(Ⅱ)-(0)	$ZnO_2^{2-}+2H_2O+2e^-=Zn+4OH^-$	−1.216
Hg(Ⅱ)-(0)	$HgO+H_2O+2e^-=Hg+2OH^-$	0.098 4
Zn(Ⅱ)-(0)	$Zn(OH)_4^{2-}+2e^-=Zn+4OH^-$	−1.245
Zn(Ⅱ)-(0)	$Zn(CN)_4^{2-}+2e^-=Zn+4CN^-$	−1.26
Cd(Ⅱ)-(0)	$Cd(OH)_2+2e^-=Cd+2OH^-$	0.081
B(Ⅲ)-(0)	$H_2BO_3^-+H_2O+3e^-=B+4OH^-$	−2.5
Al(Ⅲ)-(0)	$H_2AlO_3^-+H_2O+3e^-=Al+4OH^-$	−2.35
La(Ⅲ)-(0)	$La(OH)_3+3e^-=La+3OH^-$	−2.90
Lu(Ⅲ)-(0)	$Lu(OH)_3+3e^-=Lu+3OH^-$	−2.72
U(Ⅲ)-(0)	$U(OH)_3+3e^-=U+3OH^-$	−2.17
U(Ⅳ)-(0)	$UO_2+2H_2O+4e^-=U+4OH^-$	−2.39
U(Ⅳ)-(Ⅲ)	$U(OH)_4+e^-=U(OH)_3+OH^-$	−2.2
U(Ⅵ)-(Ⅳ)	$Na_2UO_4+4H_2O+2e^-=U(OH)_4+2Na^++4OH^-$	−1.61
Si(Ⅳ)-(0)	$SiO_3^{2-}+3H_2O+4e^-=Si+6OH^-$	−1.69
Ge(Ⅳ)-(0)	$H_2GeO_3+4H^++4e^-=Ge+3H_2O$	−0.18
Sn(Ⅱ)-(0)	$HSnO_2^-+H_2O+2e^-=Sn+3OH^-$	−0.909
Sn(Ⅳ)-(Ⅱ)	$Sn(OH)_6^{2-}+2e^-=HSnO_2^-+H_2O+3OH^-$	−0.93
Pb(Ⅳ)-(Ⅱ)	$PbO_2+H_2O+2e^-=PbO+2OH^-$	0.247
N(Ⅴ)-(Ⅲ)	$NO_3^-+H_2O+2e^-=NO_2^-+2OH^-$	0.01
N(Ⅴ)-(Ⅳ)	$2NO_3^-+2H_2O+2e^-=N_2O_4+4OH^-$	−0.85
P(Ⅴ)-(Ⅲ)	$PO_4^{3-}+2H_2O+2e^-=HPO_3^{2-}+3OH^-$	−1.05

续表

电　对	电　极　反　应	$\varphi^{\ominus}$/V
P(0)-(-Ⅲ)	$P+3H_2O+3e^- = PH_3(g)+3OH^-$	0.87
As(Ⅲ)-(0)	$AsO_2^{2-}+2H_2O+3e^- = As+4OH^-$	−0.68
As(Ⅴ)-(Ⅲ)	$AsO_4^{3-}+2H_2O+2e^- = AsO_2^-+4OH^-$	−0.71
Sb(Ⅲ)-(0)	$SbO_2^-+2H_2O+3e^- = Sb+4OH^-$	−0.66
Bi(Ⅲ)-(0)	$Bi_2O_3+3H_2O+6e^- = 2Bi+6OH^-$	−0.46
O(0)-(Ⅲ)	$O_2+2H_2O+4e^- = 4OH^-$	0.401
S(Ⅳ)-(Ⅱ)	$S_4O_6^{2-}+2e^- = 2S_2O_3^{2-}$	0.09
S(Ⅵ)-(Ⅱ)	$2SO_3^{2-}+3H_2O+4e^- = S_2O_3^{2-}+6OH^-$	−0.58
S(Ⅵ)-(Ⅳ)	$SO_4^{2-}+H_2O+2e^- = SO_3^{2-}+2OH^-$	−0.92
S(0)-(-Ⅱ)	$S+2e^- = S^{2-}$	−0.476
Se(Ⅵ)-(Ⅳ)	$SeO_4^{2-}+H_2O+2e^- = SeO_3^{2-}+2OH^-$	0.05
Se(Ⅳ)-(0)	$SeO_3^{2-}+3H_2O+4e^- = Se+6OH^-$	−0.35
Se(0)-(-Ⅱ)	$Se+2e^- = Se^{2-}$	−0.924
Cr(Ⅲ)-(0)	$CrO_2^-+2H_2O+3e^- = Cr+4OH^-$	−1.2
Cr(Ⅲ)-(0)	$Cr(OH)_3+3e^- = Cr+3OH^-$	−1.48
Cr(Ⅵ)-(Ⅲ)	$CrO_4^{2-}+4H_2O+3e^- = Cr(OH)_3+5OH^-$	−0.12
Cl(Ⅶ)-(Ⅴ)	$ClO_4^-+H_2O+2e^- = ClO_3^-+2OH^-$	0.36
Cl(Ⅴ)-(Ⅲ)	$ClO_3^-+H_2O+2e^- = ClO_2^-+2OH^-$	0.35
Cl(Ⅴ)-(-Ⅰ)	$ClO_3^-+3H_2O+6e^- = Cl^-+6OH^-$	0.62
Cl(Ⅲ)-(Ⅰ)	$ClO_2^-+H_2O+2e^- = ClO^-+2OH^-$	0.66
Cl(Ⅲ)-(-Ⅰ)	$ClO_2^-+2H_2O+4e^- = Cl^-+4OH^-$	0.76
Cl(Ⅰ)-(-Ⅰ)	$ClO^-+H_2O+2e^- = Cl^-+2OH^-$	0.81
Br(Ⅴ)-(-Ⅰ)	$BrO_3^-+3H_2O+6e^- = Br^-+6OH^-$	0.76
Br(Ⅰ)-(-Ⅰ)	$BrO^-+H_2O+2e^- = Br^-+2OH^-$	0.70
I(Ⅶ)-(Ⅴ)	$H_3IO_6^{2-}+2e^- = IO_3^-+3OH^-$	约 0.70
I(Ⅴ)-(-Ⅰ)	$IO_3^-+3H_2O+6e^- = I^-+6OH^-$	0.26
I(Ⅰ)-(-Ⅰ)	$IO^-+H_2O+2e^- = I^-+2OH^-$	0.49
Mn(Ⅶ)-(-Ⅳ)	$MnO_4^-+2H_2O+3e^- = MnO_2+4OH^-$	0.595
Mn(Ⅳ)-(Ⅱ)	$MnO_2+2H_2O+2e^- = Mn(OH)_2+2OH^-$	−0.05
Mn(Ⅱ)-(0)	$Mn(OH)_2+2e^- = Mn+2OH^-$	−1.56
Fe(Ⅲ)-(Ⅱ)	$Fe(OH)_3+e^- = Fe(OH)_2+OH^-$	−0.56
Co(Ⅲ)-(Ⅱ)	$Co(NH_3)_6^{3+}+e^- = Co(NH_3)_6^{2+}$	0.108
Co(Ⅲ)-(Ⅱ)	$Co(OH)_3+e^- = Co(OH)_2+OH^-$	0.17
Co(Ⅱ)-(0)	$Co(OH)_2+2e^- = Co+2OH^-$	−0.73
Ni(Ⅱ)-(0)	$Ni(OH)_2+2e^- = Ni+2OH^-$	−0.72
Pt(Ⅱ)-(0)	$Pt(OH)_2+2e^- = Pt+2OH^-$	0.14

附录四

金属配合物稳定常数

	$\lg K_1$	$\lg K_2$	$\lg K_3$	$\lg K_4$	$\lg K_5$	$\lg K_6$	$\lg K_n$
氨							
Co^{2+}	2.11	1.63	1.05	0.76	0.18	−0.38	5.11
Co^{3+}	6.7	7.3	6.1	5.6	5.1	4.4	35.2
Cu^{2+}	4.31	3.67	3.04	2.30			13.32
Hg^{2+}	8.8	8.7	1.0	0.78			19.28
Ni^{2+}	2.80	2.24	1.73	1.19	0.75	0.03	8.74
Ag^{+}	3.24	3.81					7.05
Zn^{2+}	2.37	2.44	2.50	2.15			6.46
氯离子							
Sb^{3+}	2.26	1.23	0.69	0.54			4.72
Bi^{3+}	2.24	2.3	0.3	0.6			5.6
Cu^{2+}	0.1	−1.6					−0.6
Fe^{3+}	1.48	0.65	−0.14	−1.98			0.01
Pb^{2+}	1.62	0.85	−0.74	−0.10			1.60
Hg^{2+}	6.74	6.48	0.85	1.00			15.07
Zn^{2+}	0.43	0.18	−0.08	−0.33			0.20
氰离子							
Cd^{2+}	5.48	5.12	4.63	1.55			18.78
Cu^{+}		$\lg\beta_2$ 24.0	4.59	1.71			30.30
Fe^{2+}							$\lg\beta_6$ 35
Fe^{3+}							$\lg\beta_6$ 42
Hg^{2+}	18.00	16.70	3.83	2.98			$\lg\beta_4$ 41.51
Ni^{2+}							$\lg\beta_4$ 31.3
Ag^{+}		$\lg\beta_2$ 21.1	0.6	1.1			$\lg\beta_4$ 5.30
Zn^{2+}							$\lg\beta_4$ 16.7
氟离子							
Al^{3+}	6.10	5.05	3.85	2.75	1.62	0.47	19.84
Fe^{3+}	5.28	4.02	2.76				12.06
碘离子							
Bi^{3+}	3.63			$\lg\beta_4$ 14.95	1.85	2.00	18.80
Hg^{2+}	12.87	10.95	3.78	2.23			29.83

续表

	$\lg K_1$	$\lg K_2$	$\lg K_3$	$\lg K_4$	$\lg K_5$	$\lg K_6$	$\lg K_n$
焦磷酸根							
Ca^{2+}	4.6						
Mg^{2+}	5.7						
Cu^{2+}	6.7	2.3					9.0
硫氰酸根							
Co^{2+}	−0.04	0.66	0.70	3.00			3.00
Fe^{3+}	2.95	0.41					3.36
Hg^{2+}		$\lg\beta_2$ 17.47					$\lg\beta_4$ 21.23
Ag^{+}		$\lg\beta_2$ 7.57	1.51	1.00			10.08
Zn^{2+}	1.62						
硫代硫酸根							
Ag^{+}	8.82	4.64					13.46
Hg^{2+}		$\lg\beta_2$ 29.44	2.40	1.34			33.24
醋酸根							
Fe^{3+}	3.2						
Pb^{2+}	2.52	1.48	1.4	2.1			8.5
枸橼酸根(按 L^{3-} 阴离子配位)							
Al^{3+}	20.0						
Co^{2+}	12.5						
Cd^{2+}	11.3						
Cu^{2+}	14.2						
Fe^{2+}	15.5						
Fe^{3+}	25.0						
Na^{2+}	14.3						
Zn^{2+}	11.4						
乙二胺							
Co^{2+}	5.91	4.73	3.30				13.94
Cu^{2+}	10.67	9.33	1.0				21.0
Zn^{2+}	5.77	5.06	3.28				14.11
乙二胺四乙酸根(Y^{4-})							
Ag^{+}	7.32						
Al^{3+}	16.11						

续表

	$\lg K_1$	$\lg K_2$	$\lg K_3$	$\lg K_4$	$\lg K_5$	$\lg K_6$	$\lg K_n$
Ba^{2+}	7.78						
Bi^{3+}	22.8						
Ca^{2+}	11.0						
Cd^{2+}	16.4						
Co^{2+}	16.31						
Cr^{3+}	23						
Cu^{2+}	18.7						
Fe^{2+}	14.33						
Fe^{3+}	24.23						
Hg^{2+}	21.80						
Mg^{2+}	8.64						
Mn^{2+}	13.8						
Ni^{2+}	18.56						
Pb^{2+}	18.3						
Sn^{2+}	22.1						
Zn^{2+}	16.4						
草酸根							
Cu^{2+}	6.16	2.3					8.5
Fe^{2+}	2.9	1.62	0.70				5.22
Fe^{3+}	9.4	4.8	4.0				20.2

元素周期表

周期	ⅠA 1	ⅡA 2	ⅢB 3	ⅣB 4	ⅤB 5	ⅥB 6	ⅦB 7	Ⅷ 8	Ⅷ 9	Ⅷ 10	ⅠB 11	ⅡB 12	ⅢA 13	ⅣA 14	ⅤA 15	ⅥA 16	ⅦA 17	0 18	电子层	0族电子数
1	1 H 氢 $1s^1$ 1.00794(7)																	2 He 氦 $1s^2$ 4.002602(2)	K	2
2	3 Li 锂 $2s^1$ 6.941(2)	4 Be 铍 $2s^2$ 9.012182(3)											5 B 硼 $2s^22p^1$ 10.811(7)	6 C 碳 $2s^22p^2$ 12.0107(8)	7 N 氮 $2s^22p^3$ 14.00674(7)	8 O 氧 $2s^22p^4$ 15.9994(3)	9 F 氟 $2s^22p^5$ 18.9984032(5)	10 Ne 氖 $2s^22p^6$ 20.1797(6)	L K	8 2
3	11 Na 钠 $3s^1$ 22.989770(2)	12 Mg 镁 $3s^2$ 24.3050(6)											13 Al 铝 $3s^23p^1$ 26.981538(2)	14 Si 硅 $3s^23p^2$ 28.0855(3)	15 P 磷 $3s^23p^3$ 30.973761(2)	16 S 硫 $3s^23p^4$ 32.066(6)	17 Cl 氯 $3s^23p^5$ 35.4527(9)	18 Ar 氩 $3s^23p^6$ 39.948(1)	M L K	8 8 2
4	19 K 钾 $4s^1$ 39.0983(1)	20 Ca 钙 $4s^2$ 40.078(4)	21 Sc 钪 $3d^14s^2$ 44.955910(8)	22 Ti 钛 $3d^24s^2$ 47.867(1)	23 V 钒 $3d^34s^2$ 50.9415(1)	24 Cr 铬 $3d^54s^1$ 51.9961(6)	25 Mn 锰 $3d^54s^2$ 54.938049(9)	26 Fe 铁 $3d^64s^2$ 55.845(2)	27 Co 钴 $3d^74s^2$ 58.933200(9)	28 Ni 镍 $3d^84s^2$ 58.6934(2)	29 Cu 铜 $3d^{10}4s^1$ 63.546(3)	30 Zn 锌 $3d^{10}4s^2$ 65.39(2)	31 Ca 镓 $4s^24p^1$ 69.723(1)	32 Ge 锗 $4s^24p^2$ 72.61(2)	33 As 砷 $4s^24p^3$ 74.92160(2)	34 Se 硒 $4s^24p^4$ 78.96(3)	35 Br 溴 $4s^24p^5$ 79.904(1)	36 Kr 氪 $4s^24p^6$ 83.80(1)	N M L K	8 18 8 2
5	37 Rb 铷 $5s^1$ 85.4678(3)	38 Sr 锶 $5s^2$ 87.62(1)	39 Y 钇 $4d^15s^2$ 88.90585(2)	40 Zr 锆 $4d^25s^2$ 91.224(2)	41 Nb 铌 $4d^45s^1$ 92.90638(2)	42 Mo 钼 $4d^55s^1$ 95.94(1)	43 Tc 锝 $4d^55s^2$	44 Ru 钌 $4d^75s^1$ 101.07(2)	45 Rh 铑 $4d^85s^1$ 102.90550(2)	46 Pd 钯 $4d^{10}$ 106.42(1)	47 Ag 银 $4d^{10}5s^1$ 107.8682(2)	48 Cd 镉 $4d^{10}5s^2$ 112.411(8)	49 In 铟 $5s^25p^1$ 114.818(3)	50 Sn 锡 $5s^25p^2$ 118.710(7)	51 Sb 锑 $5s^25p^3$ 121.760(1)	52 Te 碲 $5s^25p^4$ 127.60(3)	53 I 碘 $5s^25p^5$ 126.90447(3)	54 Xe 氙 $5s^25p^6$ 131.29(2)	O N M L K	8 18 18 8 2
6	55 Cs 铯 $6s^1$ 132.90545(2)	56 Ba 钡 $6s^2$ 137.327(7)	57—71 La-Lu 镧系	72 Hf 铪 $5d^26s^2$ 178.49(2)	73 Ta 钽 $5d^36s^2$ 180.9479(1)	74 W 钨 $5d^46s^2$ 183.84(1)	75 Re 铼 $5d^56s^2$ 186.207(1)	76 Os 锇 $5d^66s^2$ 190.23(3)	77 Ir 铱 $5d^76s^2$ 192.217(3)	78 Pt 铂 $5d^96s^1$ 195.078(2)	79 Au 金 $5d^{10}6s^1$ 196.96655(2)	80 Hg 汞 $5d^{10}6s^2$ 200.59(2)	81 Tl 铊 $6s^26p^1$ 204.3833(2)	82 Pb 铅 $6s^26p^2$ 207.2(1)	83 Bi 铋 $6s^26p^3$ 208.98038(2)	84 Po 钋 $6s^26p^4$	85 At 砹 $6s^26p^5$	86 Rn 氡 $6s^26p^6$	P O N M L K	8 18 32 18 8 2
7	87 Fr 钫 $7s^1$	88 Ra 镭 $7s^2$	89—103 Ac-Lr 锕系	104 Rf 𬬻* $(6d^27s^2)$	105 Db 𬭊* $(6d^37s^2)$	106 Sg 𬭳*	107 Bh 𬭛*	108 Hs 𬭶*	109 Mt 鿏*	110 Uun*	111 Uuu*	112 Uub*								

镧系	57 La 镧 $5d^16s^2$ 138.9055(2)	58 Ce 铈 $4f^15d^16s^2$ 140.116(1)	59 Pr 镨 $4f^36s^2$ 140.90765(2)	60 Nd 钕 $4f^46s^2$ 144.24(3)	61 Pm 钷 $4f^56s^2$	62 Sm 钐 $4f^66s^2$ 150.36(3)	63 Eu 铕 $4f^76s^2$ 151.964(1)	64 Gd 钆 $4f^75d^16s^2$ 157.25(3)	65 Tb 铽 $4f^96s^2$ 158.92534(2)	66 Dy 镝 $4f^{10}6s^2$ 162.50(3)	67 Ho 钬 $4f^{11}6s^2$ 164.93032(2)	68 Er 铒 $4f^{12}6s^2$ 167.26(3)	69 Tm 铥 $4f^{13}6s^2$ 168.93421(2)	70 Yb 镱 $4f^{14}6s^2$ 173.04(3)	71 Lu 镥 $4f^{14}5d^16s^2$ 174.967(1)
锕系	89 Ac 锕 $6d^17s^2$	90 Th 钍 $6d^27s^2$ 232.0381(1)	91 Pa 镤 $5f^26d^17s^2$ 231.03588(2)	92 U 铀 $5f^36d^17s^2$ 238.0289(1)	93 Np 镎 $5f^46d^17s^2$	94 Pu 钚 $5f^67s^2$	95 Am 镅* $5f^77s^2$	96 Cm 锔* $5f^76d^17s^2$	97 Bk 锫* $5f^97s^2$	98 Cf 锎* $5f^{10}7s^2$	99 Es 锿* $5f^{11}7s^2$	100 Fm 镄* $5f^{12}7s^2$	101 Md 钔* $(5f^{13}7s^2)$	102 No 锘* $(5f^{14}7s^2)$	103 Lr 铹* $(5f^{14}6d^17s^2)$

原子序数 → 19
元素符号 → K 钾 ← 元素名称（注 * 的是人造元素）
红色指放射性元素
$4s^1$ ← 外围电子的构型（括号指可能的构型）
原子量 → 39.0983

注：

1. 相对原子质量录自1997年国际原子量表，以$^{12}C=12$为基准。原子量末位数的准确度加注在其后括号内。
2. 商品Li的原子量范围为6.94 — 6.99。

无机化学教学日历

周次	面授(内容、学时)	自学(内容、学时)	要　求
一	完成第 1～9 章面授,27	8	
二		8	
三		溶液,8	完成第 2 章检测题
四		化学热力学初步,8	
五		化学热力学初步,8	完成第 3 章检测题
六		化学反应速率与化学平衡,8	完成第 4 章检测题
七		化学反应速率与化学平衡,8	
八		酸碱平衡与沉淀平衡,8	完成第 5 章检测题
九		酸碱平衡与沉淀平衡,8	
十		原子结构,8	完成第 6 章检测题
十一		原子结构,8	
十二		分子结构与晶体结构,8	完成第 7 章检测题
十三		分子结构与晶体结构,8	
十四		氧化还原反应,8	完成第 8 章检测题
十五		氧化还原反应,8	
十六		配位化合物,8	
十七		配位化合物,8	
十八		配位化合物,8	完成第 9 章检测题
十九	复习(9)、考试(2)		

说明:

1. 周次以无机化学第一次面授时间开始计算。
2. 无机化学实验安排在第一次面授之后或第二次面授(复习、考试)之前。
3. 不参加面授者不得参加无机化学理论课考试。
4. 不完成无机化学实验或无机化学实验成绩不及格者,不得参加无机化学理论课考试。